人气烘焙
6000例

彭依莎◎主编

陕西新华出版　　陕西旅游出版社

图书在版编目（CIP）数据

人气烘焙 6000 例 / 彭依莎主编. — 西安 ：陕西旅游出版社，2018.9（2023.10重印）
ISBN 978-7-5418-3603-9

Ⅰ．①人… Ⅱ．①彭… Ⅲ．①烘焙—糕点加工 Ⅳ．①TS213.2

中国版本图书馆 CIP 数据核字 (2018) 第 034856 号

人气烘焙6000例　　　　　　　　　　　　　　　　　　彭依莎　主编

责任编辑：贺　姗
摄影摄像：深圳市金版文化发展股份有限公司
图文制作：深圳市金版文化发展股份有限公司
出版发行：陕西旅游出版社（西安市唐兴路 6 号　邮编：710075）
电　　话：029-85252285
经　　销：全国新华书店
印　　刷：三河市兴博印务有限公司
开　　本：720mm×1016mm　　　1/16
印　　张：22
字　　数：250 千字
版　　次：2018 年 9 月　　第 1 版
印　　次：2023 年 10 月　　第 3 次印刷
书　　号：978-7-5418-3603-9
定　　价：58.00 元

目录
Contents

Part2 面包篇

Part3 蛋糕篇

Part4 点心篇

Part 1

饼干篇

  不同于面包的耐心考验、蛋糕的精致要求，饼干休闲小巧且最容易上手，喜爱它的人不分男女老少。无论是逢年过节送礼，还是平日惬意的片刻，或外出野餐，或吃下午茶，都少不了饼干的身影。所以，初识西点时，不妨在家自己动手做各种各样的饼干，好玩，好吃，意义非凡，既可锻炼动手能力，又能收获满满的成就感。

饼干常用材料篇

市场上的烘焙食材多种多样，想要做出美味又精致的饼干，我们需要怎样的食材呢？每种食材有什么不同特点，可以给饼干带来什么不同的变化呢？这些需要我们在动手之前——了解。

面粉

本书所使用的面粉大多为低筋面粉，极少数使用到了高筋面粉。通常来说，市售的面粉均为中筋面粉，而制作蛋糕、饼干大多使用低筋面粉。

糖类

西点的制作中主要使用的是细砂糖，除此之外，本书还使用到了糖粉、蜂蜜、各类糖浆、红糖、枫糖等。

鸡蛋

鸡蛋是制作西点常用到的食材，在使用时需要保持常温，所以要提前从冰箱拿出，放置在常温下1~2小时后再使用。

无盐黄油

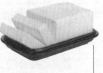

通常在制作甜点的时候，我们所使用的都是无盐黄油。虽然使用有盐黄油可以延长甜点的保存时间，但是有些甜点中如果出现咸味会影响风味。

调味料、着色剂

调味料、着色剂用于增添产品的风味，使产品有好看的颜色，例如：香草荚、香草精、肉桂粉、抹茶粉、可可粉和各种口味的香油等。

奶类

本书常使用的牛奶、淡奶油、奶油奶酪等制品都是由生牛乳加工而成的，用在产品中可以增添产品的香气，提升产品的口感。

饼干常用工具篇

"工欲善其事，必先利其器"，想要在家里做出好吃且漂亮的饼干，到底要准备哪些工具呢？

搅拌盆

在制作甜点的过程中需要使用手动打蛋、电动打蛋器搅拌或搅打原材料。因此对于盛放原材料的容器要求碗壁坚硬，否则在制作过程中碗壁容易破裂。

打蛋器（手动、电动）

打蛋器是在制作甜点的过程中最常用于打发、搅拌的工具。手动打蛋器除了搅拌也可以用于打发食材，只是耗时、费力，一般建议选择电动打蛋器打发。

擀面杖

擀面杖用于擀平面皮、挞皮，碾碎各类坚果、饼干。一般我们使用的是木质的擀面杖，如果制作有黏性的产品可以购买硅胶质的擀面杖。

橡皮刮刀、刮板

橡皮刮刀主要用于混合和搅拌食材，而刮板主要用于分割和辅助食材挪动。这是制作甜点时常用到的两种烘焙工具。

电子秤

电子秤用于称量食材，因为西式甜点的制作对材料配方有一定的比例要求，所以需要精确的称量，才能保证成功率。

饼干模具

饼干模具在市面上有多种款，如长方形饼干模具、瓦片饼干模具，以及圆形压模工具等，可根据自己的喜好购买。

饼干技法篇

烘焙饼干看起来简单，其实也有学问。黄油如何打发，打发到什么程度？面团怎么保存？液体、粉类分别怎么处理，什么时候加入？这些问题都需要在制作之前细细了解。

1. 黄油状态

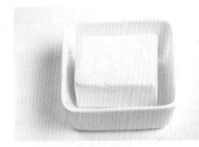

❶ 冰无盐黄油

冰无盐黄油质地坚硬，呈浅黄色，是刚从冰箱中拿出的状态。冻硬的无盐黄油是无法打发的，需要放在室温中软化。

❷ 室温软化的无盐黄油

要确定无盐黄油软化的程度，可用手指戳一下，可不费力戳出一个指印，即是合适的软化程度。

❸ 液态的无盐黄油

得到液态的无盐黄油有两种方法，一是将无盐黄油隔水加热至熔化，二是将其放至微波炉中高火加热30秒。

2. 黄油打发

❶我们常常说的将黄油打发，即将无盐黄油加入如糖粉、糖霜、细砂糖、糖浆等糖类中。

❷用电动打蛋器搅打至蓬松发白，待用。

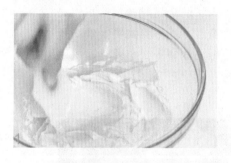

❸需注意的是，无盐黄油应是室温软化的状态。

❹过硬的无盐黄油打发后会变成蛋花状，影响口感。

3. 面团

❶面团保存

饼干面团可以放在冰箱的冷藏或冷冻室中保存。比较湿软的面团只能放在冷藏室中保存1~2天，取出后需要用橡皮刮刀搅拌均匀后再使用；较为干燥的面团可以放在冷冻室中保存5~7天，取出后需要回温才能进行切片或者压模操作。

❷切割饼坯

通常来说饼干配方中的无盐黄油和液体材料较少，制好的饼干面团就比较干燥，且有弹性。一般需要先用擀面杖将饼干坯擀成所需的厚度，再进行操作。如果害怕在擀面过程中面团碎裂，可以覆上保鲜膜后进行操作。

❸捏塑饼坯

捏塑饼坯的质地和压模饼坯很接近，但是通常配方中的无盐黄油会更少一些。利用手将面团整成球形、条状等，这一过程中由于需要用手反复揉搓，所以面团非常容易出油。为了防止这种情况，可以将面团冷藏或冷冻一会儿再操作。捏塑饼坯做出的饼干口感通常是松脆干硬的。

❹冷切饼坯

冷切饼坯是需要放入冰箱冷冻定型的。其配方与无盐黄油挤花饼坯相似，但是要略微干一些。烤出的饼干细腻酥脆，入口即化。可以趁其在湿软的状态下，将其放入饼干模具中定型冻硬后进行切片操作。如果在切片过程中面团已经软了，可以放到冰箱冷冻1~2分钟，再继续进行切片操作。

❺挤花饼坯

挤花饼坯的面团是最软的，所以一定要借助裱花袋进行操作。使用不同的裱花嘴可以挤出各种不同的形状，例如玫瑰、叶子、爱心等。挤花的过程一定要快，否则面团会出油。

4. 液体处理

❶分次倒入

分次倒入液体，指的是将配方中分量多的液体材料分多次倒入打至蓬松发白的无盐黄油中。每次倒入都需要将液体与无盐黄油搅打匀，这样可以保证无盐黄油与液体材料充分混合。

❷直接倒入

直接倒入指的是将液体材料直接倒入充分混合的粉类材料中，这在口感酥脆、略坚硬的饼干制作中很常见。通常来说这类饼干的内部较干燥，厚度较薄，需要在表面戳透气孔，以防止烘烤过程中饼干坯断裂。

5. 粉类处理

❶过筛粉类

质地细腻的粉类吸收了空气中的水分会发生结块的情况，因此需要过筛后使用。过筛的方式有两种，一种是直接过筛到打发的无盐黄油中；另一种是将粉类提前过筛备用，但放置时间不宜过长，否则粉类会再次结块。

❷混合粉类

混合粉类是制作干性饼干常用的技巧。配方中多是后来倒入液体材料，如果有无盐黄油，也是将其切成小块，搓入干粉之中。通常来说配方中有多种粉类，在过筛到一个较大的容器后，要用手动打蛋器拌匀。

阿拉棒

⊙ 20分钟　难易度：★☆☆

🔲 上、下火170℃

材料 低筋面粉130克，鸡蛋1个，黄奶油10克，糖粉30克，蛋黄液适量

Tips 大家可以根据自己烤箱的情况调整温度。

做法 ①低筋面粉加糖粉、鸡蛋拌匀，倒入黄奶油，拌匀，揉成面团。②将面团擀平擀薄，成约1厘米厚的面饼，切成等份的长条。③取一条，左右手反向扭转，使之形成麻花状的阿拉棒生坯。④将生坯放在烤盘上，刷上蛋黄液，放入烤箱，以上、下火170℃，烤20分钟即可。

蛋白霜脆

⊙ 15分钟　难易度：★☆☆

🔲 上、下火120℃

材料 蛋白65克，细砂糖100克，塔塔粉5克，玉米淀粉8克，银珠适量，香橙色香油少许

扫一扫学烘焙

做法 ①细砂糖加蛋白，拌匀，加入塔塔粉，打发至鸡尾状，放入玉米淀粉、香橙色香油，拌匀成蛋白霜。②把蛋白霜装入套有花嘴的裱花袋中，剪开1个小口，挤到铺有高温布的烤盘里，挤成长条，放上银珠成生坯。③把生坯放入预热好的烤箱里，以上、下火120℃烤15分钟即可。

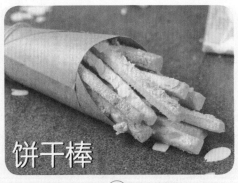

饼干棒

⊙ 14分钟　难易度：★☆☆

🔲 上、下火185℃

材料 饼干体：细砂糖13克，无盐黄油150克，冰水75毫升，低筋面粉200克，盐1克，蛋黄20克；装饰：食用油10毫升，细砂糖20克，杏仁片30克

Tips 最好把黄油提前从冰箱取出放室温软化。

做法 ①在无盐黄油中加入细砂糖13克、盐，拌匀，倒入蛋黄、冰水，拌至融合，筛入低筋面粉，揉成面团。②将面团擀成约4毫米厚的面片，将面片切成正方形，再切成细长条状，刷食用油，撒上细砂糖；将杏仁片切碎，装饰在饼干坯上。③烤箱以上、下火185℃预热，放入烤盘，烤14分钟即可。

家常牛奶棒

⊙ 15分钟　难易度：☆☆☆

🔲 上火170℃、下火150℃

材料 面粉550克，奶粉120克，糖粉170克，泡打粉4克，奶油140克，盐1克，鸡蛋1个，牛奶50毫升

扫一扫学烘焙

做法 ①面粉打窝，加入糖粉、鸡蛋、奶粉、牛奶、泡打粉、盐、奶油，混合成面团。②将面团压平，用保鲜膜包好，放入冰箱冷藏30分钟。③取出面团，除去保鲜膜，切成细条状，成牛奶棒生坯，放在铺有锡纸的烤盘上。④将烤箱预热，放入烤盘，以上火170℃、下火150℃烤15分钟即成。

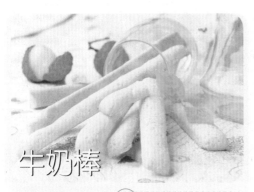

牛奶棒

🕐 15分钟　难易度：★☆☆

🔥 上火170℃，下火160℃

材料 黄油70克，奶粉60克，鸡蛋1个，牛奶25毫升，中筋面粉250克，细砂糖80克，泡打粉2克

Tips 饼干的宽度要一致，以免烤煳。

做法 ①中筋面粉加入奶粉、泡打粉，拌匀，开窝，倒入细砂糖、鸡蛋、牛奶、黄油，揉成面团。②把面团覆上保鲜膜，擀平，成5毫米左右的面皮，冷冻约半小时。③取出面皮，撕去保鲜膜，修齐边缘，切成约1厘米宽的长方条，放在烤盘，静置约10分钟，放入烤箱，烤约15分钟即成。

花生巧克力棒

🕐 15分钟　难易度：★★☆

🔥 上、下火170℃

材料 黄油45克，糖粉50克，蛋黄25克，低筋面粉100克，花生碎适量，可可粉12克，小苏打2克

扫一扫学烘焙

做法 ①低筋面粉倒在面板上，加入可可粉、小苏打、糖粉、蛋黄，搅匀，加黄油，拌匀。②加入花生碎，揉捏均匀，擀成3毫米厚的面皮，修齐四边，切成条。③将饼坯放入烤盘，再放入预热好的烤箱内，以上、下火170℃，烤15分钟即可食用。

巧克力手指饼干

🕐 10分钟　难易度：★★☆

🔥 上、下火160℃

材料 低筋面粉95克，细砂糖60克，蛋白、蛋黄各3个，糖粉少许，白巧克力末、黑巧克力末各适量

做法 ①蛋白中加入一半的细砂糖打发；蛋黄加剩余细砂糖打发。②低筋面粉过筛至蛋白部分中，再分两次加入到蛋黄部分中拌成面糊，入裱花袋，挤成条，撒上糖粉，烤10分钟取出。③黑巧克力、白巧克力均隔水加热至熔化；饼干蘸上黑巧克力液，再挤上白巧克力液，用竹签在饼干上划出花纹即可。

巧克力酥

🕐 20分钟　难易度：★★☆

🔥 上、下火150℃

材料 巧克力面团：黄奶油50克，低筋面粉75克，可可粉17克，糖粉25克；酥坯：黄油150克，糖粉60克，盐1克，蛋白45克，泡打粉2克，低筋面粉225克，黑巧克力液适量

Tips 没有黑巧克力也可以用白巧克力。

做法 ①巧克力面团：低筋面粉中加入可可粉、黄奶油、糖粉拌匀，揉成面团，分成小块，入烤箱烤5分钟，取出。②酥坯：低筋面粉中加入糖粉、泡打粉、盐、蛋白、黄油，揉成面团，搓条，切段，再搓条成生坯，放入烤箱，烤15分钟，取出，裹上黑巧克力液和巧克力面团即可。

香辣条

🕐 10分钟　难易度：★☆☆

🔥 上、下火190℃

材料 中筋面粉200克，黄奶油100克，辣椒粉少许，泡打粉4克，鸡蛋1个，蛋黄20克，细砂糖55克

做法 ①将辣椒粉、泡打粉放入中筋面粉中，加入细砂糖、鸡蛋、黄奶油，混合均匀，揉搓成面团。②把面团擀成约0.5厘米厚的面片，切成长条，再横切成段，制成生坯。③把生坯装入烤盘里，刷上一层蛋黄，放入预热好的烤箱里。④以上、下火190℃烤10分钟至熟即可。

Tips 选用中筋面粉，可使烤好的成品更酥脆。

杏仁指挥棒

🕐 12分钟　难易度：★☆☆

🔥 上、下火180℃

材料 蛋白70克，细砂糖20克，低筋面粉10克，杏仁粉60克，捣碎的杏仁适量

做法 ①蛋白中加入细砂糖打至提起电动打蛋器可以拉出一个鹰嘴状的软钩。②蛋白中筛入低筋面粉、杏仁粉、糖粉，拌匀成细腻的面糊。③裱花袋内装好圆形花嘴，剪一个1厘米的口，将花嘴推出，装入面糊，在烤盘上挤出长5厘米的饼干坯，撒上捣碎的杏仁，放入烤箱中层烘烤12分钟即可。

Tips 杏仁也可以换成其他口味的坚果。

蔓越莓杏仁棒

🕐 17分钟　难易度：★☆☆

🔥 上、下火180℃

材料 无盐黄油60克，细砂糖60克，盐0.5克，鸡蛋（搅散）25克，香草精3克，杏仁片30克，蔓越莓干40克，低筋面粉110克，杏仁粉30克

做法 ①将室温软化的无盐黄油倒入盆中拌匀，加入细砂糖、盐、鸡蛋（搅散）、香草精继续搅拌。②倒入烤香的杏仁片（以160℃烘烤5分钟）和蔓越莓干搅拌一下。③筛入低筋面粉、杏仁粉，翻拌均匀，揉成光滑的面团。④将面团擀成约2毫米厚的面皮，切成条，放进烤箱烘烤12分钟即可。

Tips 蔓越莓干可以切碎后再食用，更好拌匀。

万圣节手指饼

🕐 10~12分钟　难易度：★★☆

🔥 160℃转150℃

材料 无盐黄油65克，低筋面粉140克，糖粉50克，牛奶20毫升，香草精2克，完整的大杏仁适量

做法 ①无盐黄油室温软化后，加入糖粉，打至黄油体积膨胀、颜色变浅。②加入牛奶、香草精、低筋面粉，拌匀，揉紧实成面团。③将面团分成10克一个的小面团，搓成手指的形状，将大杏仁尖头朝外，压在饼干坯上。④将手指饼干坯移到铺了油纸的烤盘上，放入烤箱，烘烤10~12分钟即可。

Tips 要时刻注意饼干的干湿度，所有的烤箱温度都有所不同。

芝士饼干棒

⏱ 14分钟　难易度：★☆☆
🔥 上、下火185℃

材料 饼干体：细砂糖13克，无盐黄油150克，冰水5毫升，低筋面粉200克，蛋黄20克，牛奶15毫升，芝士粉30克；装饰：芝士粉30克

做法 ①将无盐黄油放入无水无油的搅拌盆中，压软，加入芝士粉30克、细砂糖、蛋黄、牛奶、冰水，搅拌至完全融合，筛入低筋面粉拌匀，揉成面团。②将面团擀成厚度约4毫米的面片，切成正方形，再切成细长条状的饼干坯，饼干坯表面撒上芝士粉，放入烤箱的中层，烘烤14分钟即可。

> **Tips** 用牙签戳一下饼干，无粘稠物粘在牙签上就说明饼干烤好了！

全麦饼干棒

⏱ 14分钟　难易度：★☆☆
🔥 上、下火185℃

材料 细砂糖70克，无盐黄油80克，全麦面粉50克，中筋面粉250克，黑芝麻20克，牛奶70毫升

做法 ①将无盐黄油和细砂糖放入搅拌盆中，用橡皮刮刀搅拌均匀，倒入牛奶，搅拌均匀。②加入全麦面粉和黑芝麻，混合均匀，筛入中筋面粉，拌匀，揉成光滑的面团。③将面团擀成厚度约4毫米的面片，切成正方形，再切成细长状的饼干坯，放在烤盘上，入烤箱，烘烤14分钟即可。

扫一扫学烘焙

豆浆坚果条

⏱ 15分钟　难易度：★★☆
🔥 上、下火180℃

材料 枫糖浆30克，亚麻籽油15毫升，豆浆30毫升，低筋面粉40克，泡打粉1克，椰子粉15克，夏威夷果40克

做法 ①将枫糖浆、亚麻籽油、豆浆倒入搅拌盆中，用手动打蛋器搅拌均匀。②将低筋面粉、泡打粉过筛至搅拌盆里，再倒入椰子粉，拌匀，倒入夏威夷果，搅拌均匀，制成饼干面团。③将饼干面团放入铺有油纸的模具中，放入已预热至180℃的烤箱中层，烤约15分钟，取出，切成条即可。

> **Tips** 豆浆的用量可以适度增减，但不要过量。

旺仔小馒头

⏱ 15分钟　难易度：★☆☆
🔥 上、下火160℃

材料 玉米淀粉130克，低筋面粉20克，泡打粉3克，鸡蛋20克，奶粉20克，糖粉30克，牛奶20毫升

做法 ①把玉米淀粉倒在案台上，加入低筋面粉、奶粉、泡打粉、糖粉、鸡蛋，搅散，加入牛奶搅匀，揉搓成面团，再搓成条，取适量面团，搓成细长条。②用刮板将细长条切成数个小剂子，搓圆，制成小馒头生坯。③把小馒头生坯放入铺有烘焙油纸的烤盘中，放入烤箱，烤15分钟至熟即可。

扫一扫学烘焙

小馒头

🕐 15分钟　难易度：★☆☆
🔥 上、下火180℃

材料 玉米淀粉50克，鸡蛋1个，低筋面粉45克，细砂糖20克，熔化的黄奶油8克

做法 ①把低筋面粉倒入玉米淀粉中，混匀，用刮板开窝。②倒入细砂糖、鸡蛋、黄奶油，拌匀，混合均匀，揉搓成面团，用保鲜膜将面团包好，放入冰箱冷藏15分钟。③从冰箱中取出面团，撕去保鲜膜，用刮板将面团切成小块，再搓成圆球，放入烤盘中。④放入烤箱中，烤15分钟至熟即成。

Tips 小馒头生坯要大小均匀，这样烤出来的成品才会受热均匀。

微笑饼干

🕐 30分钟　难易度：★☆☆
🔥 上、下火180℃

材料 低筋面粉120克，糖粉50克，无盐黄油65克，蛋黄17克，香草精1克，可可粉3克，已融化的白巧克力适量，已融化的黑巧克力适量，彩虹豆少许

做法 ①无盐黄油加糖粉拌匀，倒入蛋黄、香草精拌匀。②筛入低筋面粉、可可粉，拌匀成面团，擀成薄面皮，用模具按压出数个圆形饼干坯。③取烤盘，铺上油纸，放上饼干坯，放入已预热至180℃的烤箱，烤30分钟，取出，再用白巧克力、黑巧克力挤出不同的笑脸造型，再放上彩虹豆即可。

芝麻酥球

🕐 20分钟　难易度：★☆☆
🔥 上火190℃、下火150℃

材料 黄奶油90克，糖粉70克，蛋白20克，低筋面粉100克，泡打粉2克，食粉1克，玉米淀粉20克，白芝麻适量

做法 ①将低筋面粉倒在案台上，加入玉米淀粉、泡打粉、食粉，开窝。②倒入糖粉、黄奶油、蛋白，刮入面粉，混合均匀，揉搓成面团。③将面团搓成条，用刮板分切成数个小剂子，搓成球状，再裹上白芝麻，制成生坯。④把生坯放入烤盘中，以上火190℃、下火150℃烤20分钟即可。

扫一扫学烘焙

巧克力玻璃珠

🕐 12分钟　难易度：★★☆
🔥 上、下火175℃

材料 无盐黄油30克，橄榄油20毫升，细砂糖35克，盐0.5克，低筋面粉80克，杏仁粉20克，蛋黄50克，香草精2克，黑巧克力80克，开心果碎或燕麦片适量

做法 ①将室温软化的无盐黄油和橄榄油混合，再加入细砂糖、盐、蛋黄、香草精拌匀，筛入低筋面粉、杏仁粉拌匀，揉成面团。②将面团分成每个约10克的圆球，放进预热至175℃的烤箱烤约12分钟。③将黑巧克力隔水加热熔化，烤好的饼干半边浸入巧克力液中，再撒上开心果碎或燕麦片即可。

Tips 表面的黑巧克力也可以换成白巧克力。

巧克力雪球饼干

⏱ 15分钟　难易度：★☆☆

🔲 上、下火170℃

材料 雪球体：无盐黄油80克，糖粉40克，盐1克，低筋面粉120克，杏仁粉30克，可可粉15克；装饰：糖粉20克

做法 ①将室温软化的无盐黄油打至发白蓬松状，倒入糖粉40克、盐、低筋面粉、杏仁粉和可可粉，拌匀，揉成面团，包上保鲜膜，冷冻1小时。②取出后将面团分成每个20克的小面团，揉圆，放在烤盘上以上、下火170℃，烤15分钟取出。③塑料袋中放入饼干、糖粉，拧紧袋口，轻轻晃匀即可。

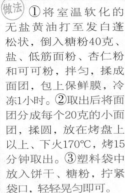

扫一扫学烘焙

巧克力燕麦能量球

⏱ 20分钟　难易度：★★☆

🔲 上、下火180℃

材料 燕麦120克，高筋面粉40克，奶粉20克，细砂糖40克，黑巧克力液100克，蛋黄10克，黄油40克

做法 ①将黑巧克力液倒入容器中，加上黄油，搅拌均匀，放入蛋黄，拌匀，撒上细砂糖，拌匀，倒入奶粉，拌匀。②倒入高筋面粉，拌匀，放入燕麦，搅拌至呈糊状，再分成数等份，搓成圆球生坯。③烤盘中铺上一张大小适合的油纸，放入生坯，放入烤箱，烤约20分钟即可。

黄金烧

⏱ 20分钟　难易度：★☆☆

🔲 上火180℃、下火160℃

材料 黄奶油140克，糖粉100克，低筋面粉240克，蛋黄15克

做法 ①将低筋面粉倒在案台上，开窝，倒入糖粉、蛋黄、黄奶油，搅拌均匀，揉成面团。②取面团，将其搓成长条形，再用刮板切成小剂子，把小剂子搓成球形，捏出三个凹面，制成生坯。③将生坯放入铺有高温布的烤盘中，放入预热好的烤箱，以上火180℃、下火160℃烤20分钟即可。

扫一扫学烘焙

黄金椰蓉球

⏱ 20分钟　难易度：★☆☆

🔲 上、下火170℃

材料 椰蓉粉130克，黄油40克，糖粉40克，蛋黄30克，奶粉15克，牛奶适量

做法 ①将黄油、糖粉加入容器中，拌匀，倒入牛奶，搅拌均匀，放入蛋黄、奶粉，拌匀，倒入椰蓉粉，搅拌均匀，待用。②把拌好的食材捏成数个椰蓉球生坯，放入烤盘中。③打开烤箱，将烤盘放入烤箱中。④关上烤箱，以上、下火170℃烤约20分钟至熟，取出烤盘，装入盘中即可。

曲奇饼

⏱ 15分钟　难易度：★★☆
🔥 上火180℃、下火150℃

材料 奶油100克，色拉油100毫升，糖粉125克，水37毫升，牛奶香粉7克，鸡蛋1个，低筋面粉300克，巧克力100克

做法 ①将奶油、糖粉倒入碗中拌匀，分两次倒入色拉油，拌至呈白色，打入鸡蛋，筛入低筋面粉、牛奶香粉，倒入适量水，拌匀。②将裱花嘴装入裱花袋中，将尖端剪掉一小截，装入面糊，挤到烤盘上。③放入烤箱，烤15分钟，取出。④将巧克力隔水加热，熔成巧克力液，粘到饼干上即可。

> **Tips** 粉类材料使用前需先过筛，让潮湿结块的粉粒松散。

黄油曲奇

⏱ 17分钟　难易度：★☆☆
🔥 上火180℃、下火160℃

材料 黄油130克，细砂糖35克，糖粉65克，香草粉5克，低筋面粉200克，鸡蛋1个

做法 ①取容器，放入糖粉、黄油，打发至乳白色，加入鸡蛋，搅拌，再加入细砂糖、香草粉、低筋面粉，拌匀成面糊。②撑开裱花袋，装入裱花嘴，剪开口，装入面糊，挤在铺有油纸的烤盘中。③烤箱预热好开箱，放入烤盘，以上火180℃、下火160℃，烤17分钟使其成形变熟即可食用。

罗曼咖啡曲奇

⏱ 10分钟　难易度：★☆☆
🔥 上火180℃、下火160℃

材料 黄油62克，糖粉50克，蛋白22克，咖啡粉5克，开水5毫升，香草粉5克，杏仁粉35克，低筋面粉80克

做法 ①糖粉和黄油放入容器，拌至黄油熔化，倒入蛋白，拌匀。②将开水注入咖啡粉中，成咖啡液。③容器中再加入咖啡液、香草粉、杏仁粉、低筋面粉，拌成面糊。④裱花袋中放入裱花嘴，盛入面糊，收紧袋口，在袋底剪出小孔。⑤烤盘中垫上油纸，挤入适量面糊，放入烤箱烤10分钟即成。

扫一扫学烘焙

奶香曲奇

⏱ 15分钟　难易度：★☆☆
🔥 上火180℃、下火150℃

材料 黄油75克，糖粉20克，蛋黄15克，细砂糖14克，淡奶油15克，低筋面粉80克，奶粉30克，玉米淀粉10克

做法 ①取一个大碗，加入糖粉、黄油，用电动打蛋器搅至其呈乳白色后加入蛋黄，继续搅拌。②再依次加入细砂糖、淡奶油、玉米淀粉、奶粉、低筋面粉，搅拌均匀。③裱花嘴装入裱花袋，尖处剪开一个小洞，装入面糊，挤到铺有油纸的烤盘上成长条形，放入烤箱，烤15分钟即可。

扫一扫学烘焙

可爱趣多多

⏱ 15分钟　难易度：★☆☆
🔥 上、下火170℃

材料 低筋面粉150克，蛋黄25克，可可粉40克，糖粉90克，黄油90克，巧克力豆适量

Tips
不要过度搅拌面糊，否则烤出来的饼干口感会干硬。

做法 ①将低筋面粉、可可粉倒在面板上，拌匀，加入糖粉、蛋黄，搅拌均匀，加入黄油，充分搅拌均匀。②将揉好的面团搓成条，取一块揉成圆球，粘上巧克力豆，放入烤盘内，按压一下成饼状。③将剩余的面团依次用此方法制成饼坯，放入预热好的烤箱内，烤15分钟即可食用。

原味曲奇

⏱ 18分钟　难易度：★☆☆
🔥 上、下火175℃

材料 饼干体：无盐黄油125克，糖粉60克，盐1克，蛋黄1个，低筋面粉170克；装饰：蛋白液少许，粗粒砂糖适量

Tips
曲奇中还可以放一些坚果，味道会更好。

做法 ①将室温软化的无盐黄油和糖粉放入盆中，拌匀，加入盐、蛋黄、低筋面粉，拌至无干粉状态，揉成面团，搓成圆柱体，用油纸包好，放入冰箱冷冻约30分钟。②取出面团，在表面刷上一层蛋白液，在粗粒砂糖上滚动一圈，切成厚度约4毫米的饼干坯，放入烤箱，烘烤18分钟即可。

蔓越莓曲奇

⏱ 15分钟　难易度：★★☆
🔥 上、下火175℃

材料 无盐黄油125克，糖粉60克，盐1克，蛋黄20克，低筋面粉170克，蔓越莓干25克

Tips
饼干在大小、形状上要求一致，否则会影响成品的品质！

做法 ①将室温软化的无盐黄油和糖粉放入盆中，搅拌均匀，倒入蛋黄（打散），拌至融合，再加入盐、蔓越莓干、低筋面粉，拌匀，揉成面团。②将面团揉搓成圆柱体，用油纸包好，放入冰箱冷冻约30分钟，取出，切成厚度约4.5毫米的饼干坯，放在烤盘上，放入烤箱，烤15分钟即可。

巧克力腰果曲奇

⏱ 15分钟　难易度：★☆☆
🔥 上、下火150℃

材料 黄奶油90克，糖粉80克，蛋清60克，低筋面粉120克，可可粉15克，盐1克，腰果碎适量

扫一扫学烘焙

做法 ①将黄油倒入大碗中，加入糖粉，搅匀，分两次加入蛋清，快速打发。②倒入低筋面粉、可可粉，搅匀，加入盐，搅拌均匀成面糊。③取裱花嘴，装入裱花袋，剪开一个小口，装入面糊。④将面糊挤在烤盘上，撒上腰果碎，放入预热好的烤箱里，以上、下火150℃烤15分钟即可。

巧克力曲奇

⏱ 10~13分钟　难易度★☆☆

🔥 上、下火180℃

材料 无盐黄油50克，细砂糖100克，鸡蛋液25克，低筋面粉150克，可可粉5克

做法 ①无盐黄油室温软化后，放入干净的搅拌盆中，加入细砂糖、鸡蛋液，拌至完全融合。②筛入低筋面粉、可可粉，用橡皮刮刀搅拌均匀，用手轻轻揉成光滑的面团。③将面团揉搓成圆柱体，冷冻约30分钟，取出，切成约4毫米的饼干坯，放在烤盘上，放入烤箱，烤10~13分钟即可。

巧克力椰子曲奇

⏱ 15分钟　难易度★☆☆

🔥 上、下火175℃

材料 饼干体：无盐黄油50克，糖粉50克，盐2克，鸡蛋液10克，低筋面粉170克，可可粉10克；装饰：椰蓉20克，鸡蛋液10克

做法 ①将室温软化的无盐黄油和糖粉放入搅拌盆中，拌匀，加入盐、鸡蛋液搅拌至完全融合。②筛入可可粉和低筋面粉，拌匀，揉成光滑的面团。③将面团揉搓成圆柱状，刷上鸡蛋液，滚上一层椰蓉，包上油纸，冷冻30分钟。④取出面团，切成厚度约4.5毫米的饼干坯，放入烤箱，烤15分钟即可。

Tips 糖粉易溶于液体中，使烤后的成品较不易扩散。

巧克力酥曲奇

⏱ 25分钟　难易度★☆☆

🔥 上、下火170℃

材料 巧克力曲奇预拌粉350克，黄油140克，鸡蛋1个

做法 ①将预拌粉、软化黄油、打好的鸡蛋加入碗中。②将它们一起用手搓匀，搅拌均匀。③将揉好的面糊放入裱花袋，在铺有油纸的烤盘中，挤出表面纹路清晰的黄油曲奇。④将烤盘放入预热好的烤箱，烤约25分钟，取出烤好的曲奇即可。

Tips 面糊一定要充分搅拌，以免影响口感。

浓香黑巧克力曲奇

⏱ 18分钟　难易度★☆☆

🔥 上、下火170℃

材料 无盐黄油80克，玉米糖浆70克，鸡蛋液60克，牛奶20毫升，58%黑巧克力片100克，低筋面粉150克，可可粉12克，入炉巧克力20克

做法 ①无盐黄油室温软化后，加玉米糖浆，打至蓬松，加鸡蛋液、牛奶搅匀。②黑巧克力片隔水加热熔化，加入到无盐黄油中，拌匀后筛入可可粉、低筋面粉，混匀。③裱花袋中装入面糊，剪开口，裱花袋微微倾斜，以划圈的方式，由外向里挤出面糊，放入入炉巧克力，入烤箱烤约18分钟即可。

Tips 如果是白巧克力的话，熔化温度不可以超过45℃。

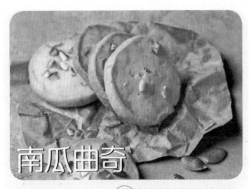

南瓜曲奇

⏱ 15分钟　难易度：★☆☆

🔥 上、下火175℃

材料 饼干体：无盐黄油65克，糖粉20克，盐1克，蛋黄20克，低筋面粉170克，熟南瓜60克；装饰：南瓜子15克

做法 ①将室温软化的无盐黄油和糖粉拌匀，加入盐、蛋黄拌至融合。②加入熟南瓜，搅打匀，筛入低筋面粉，拌至无干粉，揉成面团。③将面团揉成圆柱体，用油纸包好，冷冻约30分钟。④取出面团，用刀切成厚度约4.5毫米的饼干坯，放在烤盘上，撒上南瓜子，放进烤箱，烤15分钟即可。

Tips 面皮的厚度最好保持在0.4～1厘米。

燕麦红莓冷切曲奇

⏱ 15～18分钟　难易度：★☆☆

🔥 上、下火160℃

材料 无盐黄油65克，玉米糖浆60克，鸡蛋1个，即食燕麦片70克，低筋面粉100克，泡打粉1克，红莓干40克

扫一扫学烘焙

做法 ①室温软化的无盐黄油加玉米糖浆，拌至融合，加入鸡蛋、红莓干、即食燕麦片，拌均匀。②筛入低筋面粉、泡打粉，揉成光滑的面团，搓成圆柱形，包裹上油纸，放入冰箱冷冻30分钟。③取出面团，切成厚度为3毫米的饼干坯，置于铺了油纸的烤盘上，放入烤箱，烘烤15～18分钟即可。

彩糖蔓越莓曲奇

⏱ 17分钟　难易度：★☆☆

🔥 上、下火150℃

材料 饼干体：无盐黄油80克，糖粉52克，鸡蛋液20克，低筋面粉132克，蔓越莓干48克；装饰：彩色糖粒适量

做法 ①将无盐黄油加糖粉搅至蓬松，倒入鸡蛋液、蔓越莓干拌匀，筛入低筋面粉，揉成面团。②将面团放入保鲜膜中，再放进长方形饼干模具中，冷冻15分钟。③取出面团，切成厚度约4毫米的饼干坯，放在烤盘上，撒上彩色糖粒。④烤箱以上、下火150℃预热，放入烤盘，烤17分钟即可。

Tips 蔓越莓干事前浸泡朗姆酒可增加口感。

海盐小麦曲奇

⏱ 13分钟　难易度：★☆☆

🔥 上、下火180℃

材料 无盐黄油40克，黄砂糖40克，盐3克，泡打粉1克，牛奶10毫升，低筋面粉60克，小麦面粉30克

做法 ①将无盐黄油、牛奶倒入搅拌盆中，拌匀，加入黄砂糖、小麦面粉、泡打粉、盐，拌匀。②筛入低筋面粉，拌至无干粉状态，揉成面团，放入长方形饼干模具中，放入冰箱冷冻约30分钟。③取出面团，将其切成厚度约5毫米的饼干坯，放在烤盘上，放入烤箱，烤13分钟即可。

Tips 冷藏面团时要盖上保鲜膜，以免表面干燥结皮。

奥利奥可可曲奇

🕐 12~15分钟　难易度：★☆☆

🔲 上、下火180℃

材料 饼干体：无盐黄油150克，黄砂糖100克，细砂糖20克，盐2克，鸡蛋液50克，低筋面粉195克，杏仁粉30克，泡打粉2克，入炉巧克力35克；装饰：奥利奥饼干碎20克

(做法) ①将无盐黄油室温软化，放入搅拌盆中，加入细砂糖，搅拌均匀，加入黄砂糖，搅拌均匀。

②分次倒入鸡蛋液，搅拌均匀，至鸡蛋液与无盐黄油完全融合。

③加入盐、泡打粉、杏仁粉，搅拌均匀，加入切碎的入炉巧克力，搅拌均匀。

④筛入低筋面粉，用橡皮刮刀搅拌至无干粉，用手轻轻揉成光滑的面团。

⑤此时面团较软，需放入冰箱冷冻约15分钟，拿出后，将面团揉搓成圆柱体，再次放入冰箱冷冻约15分钟。

⑥取出面团，撒上奥利奥饼干碎，切成厚度约4毫米的饼干坯，放在烤盘上。

⑦烤箱预热180℃，将烤盘置于烤箱的中层，烘烤12~15分钟即可。

> Tips
> 装饰上奥利奥饼干碎不仅风味更佳，而且看起来也更加漂亮。

燕麦香蕉曲奇

🕐 15分钟　难易度：★☆☆

🔲 上、下火180℃

材料 无盐黄油75克，细砂糖100克，盐2克，鸡蛋液25克，低筋面粉50克，泡打粉2克，香蕉50克，燕麦片100克，核桃碎50克，可可粉10克

(做法) ①将香蕉放在搅拌盆中，用擀面杖碾成泥。

②加入无盐黄油，加入细砂糖，搅拌均匀，倒入鸡蛋液，拌至鸡蛋液与无盐黄油完全融合。

③加入燕麦片和核桃碎，加入盐、泡打粉和可可粉，搅拌均匀。

④筛入低筋面粉，用橡皮刮刀搅拌均匀，用手轻轻揉成光滑的面团，揉搓成圆柱体，包上油纸，放入冰箱冷冻约30分钟。

⑤取出面团，切成厚度约4毫米的饼干坯，放在烤盘上。烤箱预热180℃，将烤盘置于烤箱的中层，烘烤15分钟即可。

> Tips
> 燕麦片可以切碎后再放入面团中搅拌，这样更容易搅拌均匀，食用的时候也更加细腻。

夏威夷抹茶曲奇

🕐 13~15分钟　难易度：★☆☆

🔲 上、下火180℃

材料 低筋面粉110克，细砂糖40克，盐0.5克，泡打粉1克，鸡蛋液25克，无盐黄油60克，夏威夷果50克，抹茶粉4克

（做法）①将夏威夷果切碎；将无盐黄油室温软化，放入干净的搅拌盆中，加入细砂糖，搅拌均匀。

②倒入鸡蛋液，搅拌均匀，至鸡蛋液与无盐黄油完全融合。

③加入切好的夏威夷果碎，搅拌均匀，加入盐和泡打粉，搅拌均匀。

④筛入低筋面粉和抹茶粉，搅拌至无干粉，用手轻轻揉成光滑的面团。

⑤将面团揉搓成圆柱体，用油纸包好，放入冰箱冷冻约30分钟。

⑥取出面团，切成厚度约4毫米的饼干坯，放在烤盘上。烤箱预热180℃，将烤盘置于烤箱的中层，烘烤13~15分钟。

> Tips
> 可以事先准备好密封袋，将烤好的饼干冷却后放入密封袋，置于阴凉处保存。

绿茶爱心挤花曲奇

🕐 12~15分钟　难易度：★☆☆

🔲 上、下火170℃

材料 无盐黄油100克，糖粉45克，蛋白30克，低筋面粉100克，绿茶粉15克

（做法）①无盐黄油室温软化，加入糖粉，搅打至蓬松羽毛状，倒入蛋白，搅匀。

②加入过筛后的低筋面粉、绿茶粉，搅拌成光滑细腻的面糊。

③将面糊放入已经放了玫瑰花嘴的裱花袋中，剪一个直径为1厘米的开口。

④在铺了油纸的烤盘上，挤出爱心的花形，第一步先用力挤出圆满的一端，收尾时放松，轻轻上提。

⑤第二步，挤出另一端，将两端的尾部连接在一起，同样最后轻轻上提，每朵曲奇之间要留有2~3厘米的空隙。

⑥烤箱预热170℃，烤盘置于烤箱的中层，烘烤12~15分钟即可食用。

> Tips
> 曲奇可以保存1周左右，当然尽快食用的话，口感更佳。

西瓜双色曲奇

⏱15分钟　难易度：★★☆
🔥上、下火175℃

材料　无盐黄油50克，糖粉25克，盐1克，鸡蛋液20克，低筋面粉100克，抹茶粉适量，香草精适量，黑芝麻少许，红色色素适量

做法 ①无盐黄油加糖粉、鸡蛋液、盐、香草精、低筋面粉，揉成面团。②一半的面团筛入抹茶粉，揉匀；剩余面团中加红色色素，揉匀，一起冷冻30分钟。③取出后搓成圆柱，把绿色面团擀成厚度约3毫米的面片，包在红色面团外面，揉成圆柱体，切成饼干坯，撒上黑芝麻，烤15分钟即可。

Tips　没有红色色素还可以换成草莓汁。

简易蔓越莓曲奇

⏱25分钟　难易度：★☆☆
🔥上、下火160℃

材料　原味曲奇预拌粉350克，黄油120克，鸡蛋1个，蔓越莓干100克

做法 ①将预拌粉、软化黄油、打好的鸡蛋依次加入碗中，拌匀后，倒入蔓越莓干，揉成面团。②面团放在油纸上，捏成长方体形，将四周修光滑，用油纸裹好，放入冰箱冷冻40分钟。③将冻好的面团取出，切成厚度为5毫米的切片，整齐地摆放在烤盘内，放入烤箱，烤约25分钟即可。

Tips　饼干坯的厚度要适宜，不然不易烤熟。

椰子沙曲奇

⏱10分钟　难易度：★☆☆
🔥上、下火180℃

材料　无盐黄油60克，糖粉50克，蛋黄1个，盐1克，香草精1克，低筋面粉100克，椰子粉50克，杏仁粉20克

做法 ①取搅拌盆，放入室温软化的无盐黄油和糖粉，搅拌匀，加入蛋黄、盐、香草精，拌匀。②筛入低筋面粉、椰子粉、杏仁粉拌至无干粉的状态，成面糊。③裱花袋内装入圆齿花嘴，剪一个1厘米的开口，推出花嘴，装入面糊，挤出花形饼干坯，放入预热至180℃的烤箱，烤10分钟即可。

Tips　要使用糖粉而不是细砂糖制作，否则花纹容易消失。

大理石曲奇

⏱25分钟　难易度：★☆☆
🔥上、下火160℃

材料　原味曲奇预拌粉175克，巧克力曲奇预拌粉175克，鸡蛋液50克，黄油60克

做法 ①空碗中倒入原味曲奇预拌粉、一半的鸡蛋液、一半的黄油，揉成光滑的面团。②另一空碗倒入巧克力曲奇预拌粉、剩余蛋液和黄油，揉成光滑的面团。③两个面团放在一起揉，然后放到油纸上整理成长条形，放入冰箱冷冻40分钟，取出，切成5毫米的薄片，放入烤箱烤约25分钟即可。

Tips　擀面饼的时候一定要注意擀至各处厚度均等。

樱桃曲奇

⏱ 25分钟　难易度：★☆☆
🔥 上、下火160℃

材料 奶油138克，糖粉100克，食盐2克，鸡蛋100克，低筋面粉150克，高筋面粉125克，吉士粉13克，奶香粉1克，红樱桃适量

Tips
搅拌时要顺着一个方向，这样可让饼干膨胀。

做法 ①把奶油、糖粉、食盐倒在一起，先慢后快打至奶白色。②分次加入鸡蛋，完全拌匀。③加入吉士粉、奶香粉、低筋面粉、高筋面粉，完全拌匀至无粉粒状。④装入带有花嘴的裱花袋内，挤入烤盘内，大小要均匀。⑤放上切成粒状的红樱桃。⑥放烤箱烘烤约25分钟，出炉，冷却即可。

抹茶曲奇

⏱ 25分钟　难易度：★☆☆
🔥 上、下火160℃

材料 原味曲奇预拌粉350克，黄油140克，鸡蛋1个，抹茶粉6克

Tips
烤制时间用肉眼观察，曲奇烤至表面金黄即可。

做法 ①将预拌粉、软化的黄油、打好的鸡蛋依次加入碗中。②将它们一起用手搓揉，搅拌均匀后，倒入抹茶粉，充分混合均匀。③将揉好的面糊放入裱花袋，在铺有油纸的烤盘中，挤出表面纹路清晰的黄油曲奇。④将烤盘放入预热好的烤箱，烤约25分钟，取出烤好的曲奇即可。

可可黄油饼干

⏱ 15分钟　难易度：★☆☆
🔥 上、下火160℃

材料 低筋面粉100克，可可粉10克，蛋黄30克，奶粉15克，黄油85克，糖粉50克，面粉少许

Tips
烤箱事先预热下，这样能更快地烤制饼干。

做法 ①低筋面粉加可可粉、奶粉、糖粉、蛋黄、黄油，拌匀并揉成面团。②把面团用保鲜膜包好，冷冻30分钟，取出，撕下保鲜膜。③案台上撒少许面粉，放上面团，将其擀成约5毫米厚的面饼，用圆形模具在面饼上逐一按压，制成9个圆形生坯。④烤盘内垫烘焙油纸，放入生坯，烤15分钟即可。

咖啡曲奇

⏱ 20~25分钟　难易度：★☆☆
🔥 上、下火160℃

材料 原味曲奇预拌粉175克，冲泡好的咖啡15毫升，黄油120克，鸡蛋1个

Tips
咖啡必须使用未加糖和奶精的原味咖啡，口感会更佳。

做法 ①空碗中加入原味曲奇预拌粉、黄油、鸡蛋以及冲泡好的咖啡。②用手搅拌均匀，做成面糊。③把面糊装入裱花袋中，并均匀地挤在烤盘上。④将烤盘放入预热好的烤箱中，烤约20~25分钟。⑤取出烤好的曲奇即可。

双色芝麻曲奇

🕐 16分钟　难易度：★☆☆

🔥 上、下火180℃

材料 低筋面粉200克，盐1克，细砂糖20克，无盐黄油150克，冰水75毫升，黑芝麻15克，白芝麻15克

Tips 黑芝麻和白芝麻还可以用炒制好的，这样更加香。

做法 ①将室温软化的无盐黄油放入搅拌盆，加入细砂糖，搅拌均匀，加入盐，筛入低筋面粉。②再加入黑芝麻、白芝麻、冰水，拌至无干粉，揉成光滑的面团。③将面团擀成厚度约3毫米的饼干面片，切成长方形饼干坯。④烤箱以上、下火180℃预热，将烤盘置于烤箱中层，烘烤16分钟即可。

香葱曲奇

🕐 25分钟　难易度：★☆☆

🔥 上、下火160℃

材料 多功能饼干预拌粉250克，鸡蛋1个，油20毫升，葱花蓉30克，食盐45克，黄油适量

Tips 预拌粉方便制作，在超市等地方都可以购买得到。

做法 ①空碗中倒入多功能饼干预拌粉；取少量盐将准备好的葱花蓉腌渍。②在预拌粉中打入鸡蛋，加入黄油、油和剩下的食盐，搅拌均匀后，再倒入之前腌渍的葱花蓉，搅拌均匀，做成面糊。③用长柄刮板把面糊装入裱花袋中，并均匀地挤在烤盘上，并将烤盘放入预热好的烤箱，烤25分钟即可。

M豆燕麦巧克力曲奇

🕐 18分钟　难易度：★★☆

🔥 上、下火170℃

材料 无盐黄油55克，黄糖糖浆40克，低筋面粉60克，可可粉6克，泡打粉2克，香草精2克，燕麦片25克，彩色巧克力豆25克

Tips 糖浆的口味也可以更换成焦糖、香草等各种风味。

做法 ①无盐黄油室温软化，拌匀后加黄糖糖浆，打至发白，加香草精，筛入低筋面粉、可可粉、泡打粉，加入燕麦片，拌匀成燕麦可可糊，装入裱花袋，裱花袋剪开口。②在铺了油纸的烤盘上以顺时针方向，由外向内划圈，挤出面糊，放上彩色巧克力豆，放入烤箱，烤约18分钟即可。

抹茶杏仁曲奇

🕐 25分钟　难易度：★☆☆

🔥 上、下火170℃

材料 原味曲奇预拌粉350克，黄油120克，鸡蛋1个，抹茶粉6克，杏仁片100克

Tips 抹茶粉、杏仁片加入的量可根据自己的喜好进行增减。

做法 ①将预拌粉、软化黄油、打好的鸡蛋依次加入碗中，拌均匀后，倒入抹茶粉、杏仁片拌匀。②把面团放在油纸上，捏成长方形，将四周修光滑，用油纸裹好，放入冰箱冷冻40分钟。③将冻好的面团取出，去除油纸，切成厚度为5毫米的片，摆放在烤盘内，放入烤箱中，烤约25分钟即可。

瓦片杏仁曲奇

⏱ 25分钟　难易度：★☆☆
🔥 上、下火160℃

材料 蛋白80克，糖粉80克，低筋面粉50克，杏仁片100克，无盐黄油36克

做法 ①将蛋白放入搅拌盆中，加入1/3糖粉，搅打起大泡，再加入1/3糖粉，搅打至泡变小，加入剩余糖粉，打至蛋白变硬，筛入低筋面粉，拌均匀。②无盐黄油隔水熔化，倒入面糊中，加杏仁片，混匀装入裱花袋，剪开口，挤出直径为5厘米的面糊，放入烤箱，烤约25分钟即可。

蜂巢杏仁曲奇

⏱ 20~25分钟　难易度：★☆☆
🔥 上、下火170℃

材料 无盐黄油100克，细砂糖120克，蜂蜜40克，牛奶50毫升，大杏仁140克，香草精1克，低筋面粉140克

做法 ①无盐黄油隔水熔化后，加入细砂糖，搅拌均匀；大杏仁压成杏仁碎。②将杏仁碎加入到黄油中，加入蜂蜜、牛奶、香草精，拌匀，筛入低筋面粉，拌匀成面糊。③裱花袋中放入面糊，剪一个直径为8毫米的开口，将面糊挤在放了油纸的烤盘中，放入烤箱，烘烤20~25分钟。

Tips 面糊装入裱花袋时，可将裱花袋套在一个杯子上。

彩糖咖啡杏仁曲奇

⏱ 17分钟　难易度：★☆☆
🔥 上、下火150℃

材料 饼干体：无盐黄油80克，糖粉52克，速溶咖啡粉5克，淡奶油25克，低筋面粉130克，杏仁片40克；装饰：彩色糖粒适量

做法 ①无盐黄油加糖粉拌匀；速溶咖啡粉加入到淡奶油中，拌匀，再加入到无盐黄油中，筛入低筋面粉，拌匀，加入杏仁片，揉成面团，给面团包上保鲜膜。②放入长方形饼干模具中，冷冻15分钟，取出，切成厚度为4毫米的饼干坯，放在烤盘上，撒上彩色糖粒，放入烤箱，烘烤17分钟即可。

Tips 如果饼干受潮变软，可以将其放回烤箱，用低温烘烤。

原味挤花曲奇

⏱ 15分钟　难易度：★☆☆
🔥 上、下火170℃

材料 无盐黄油115克，糖粉40克，牛奶15毫升，低筋面粉115克

做法 ①无盐黄油放入搅拌盆，室温软化，打至蓬松发白，加入糖粉，搅至羽毛状。②加入牛奶，筛入低筋面粉，搅拌至细腻，装入放了玫瑰花嘴的裱花袋中。③将裱花袋剪一个1厘米的开口，在铺了油纸的烤盘上，有间隔地垂直挤出玫瑰花的形状，放入烤箱，烘烤15分钟。

旋涡曲奇

⏱15分钟　难易度：★☆☆
🔲160℃

材料 无盐黄油50克，糖粉25克，盐1克，鸡蛋液20克，低筋面粉100克，泡打粉1克，可可粉8克

（做法）①将室温软化的无盐黄油用手动打蛋器搅拌均匀，加入糖粉，搅匀，倒入鸡蛋液、盐、泡打粉，搅拌均匀，筛入低筋面粉，用橡皮刮刀摁压成无干粉的面团。

②将面团分成2等份，一份做原味面团，在另一份面团中筛入可可粉，揉成可可面团，均铺上一层保鲜膜。

③将可可面团放置在保鲜膜上，擀成厚度为2毫米的面片。同样，再铺一层新的保鲜膜，将原味面团放在上面，擀成厚度为2毫米的面片。将两种面片无保鲜膜的一面相对，均匀叠加在一起。

④揭开上层的保鲜膜，拎起下层保鲜膜的一端，将面片卷在一起，放入冰箱冷冻30分钟，取出，切成厚度为3毫米的饼干坯，放入烤箱，烘烤15分钟即可出炉。

> **Tips**
> 饼干坯冷冻切片的最佳状态，是摸上去有一点硬，但稍用力感觉能摁下去。

樱桃硬糖曲奇

⏱12~15分钟　难易度：★★☆
🔲160℃转180℃

材料 无盐黄油50克，糖粉25克，盐1克，鸡蛋液20克，低筋面粉100克，泡打粉1克，樱桃味硬糖适量，黑巧克力适量

（做法）①无盐黄油室温软化后，加糖粉打至蓬松羽毛状，加入盐、鸡蛋液搅匀。

②筛入低筋面粉和泡打粉，揉成面团，擀成厚度为2毫米的面片，用花形压模压出形状。

③将其中一半压好的面片，用裱花嘴压出对称的小圆，贴合在完整的面片之上。

④面片置于铺了油纸的烤盘上，放入预热160℃的烤箱，烘烤7~8分钟至半熟。

⑤将樱桃硬糖压碎，放在半熟的饼干的小圆凹槽中，放入升温至180℃的烤箱，烤5~7分钟。用装了隔水熔化的黑巧克力液的裱花袋在凉凉的饼干上装饰出樱桃梗的形状。待巧克力液晾干即可食用。

> **Tips**
> 之所以要在烘烤过程中将温度升至180℃，是因为硬糖的熔点极高，如果不到180℃的话，有可能无法熔成糖浆，饼干造型失败的概率会增加。因此，在烘烤中需要注意细节。

香草曲奇

⊙ 25分钟　难易度：★★☆

▢ 上、下火150℃

材料 下层饼干体：无盐黄油128克，细砂糖64克，淡奶油40克，低筋面粉145克，杏仁粉25克；上层饼干体：无盐黄油100克，糖粉53克，香草精适量，淡奶油20克，低筋面粉140克；装饰：白巧克力、蔓越莓干各适量

(做法) ①下层饼干体：在室温软化的无盐黄油中加入细砂糖拌匀，倒入淡奶油持续拌至融合，筛入低筋面粉和杏仁粉拌匀，揉成光滑的面团。

②用擀面杖将面团擀成厚度为4毫米的饼干面皮，放入冰箱冷冻30分钟。

③取出饼干面皮，用圆形模具在面皮上裁切出圆形饼干坯。

④上层饼干体：将无盐黄油和糖粉倒入搅拌盆中，用橡皮刮刀搅拌均匀，加入香草精、淡奶油，搅拌均匀，筛入低筋面粉用橡皮刮刀翻拌均匀，成细腻的饼干面糊。

⑤将饼干面糊装入装有圆齿花嘴的裱花袋中，环绕圆形饼干坯挤一圈面糊作为装饰。放入烤箱，烤25分钟，取出冷却后将隔水熔化的白巧克力液装入裱花袋中，挤在饼干中间并放上切碎的蔓越莓干即可。

> (Tips) 花瓣不要挤得太大，太大会影响成品的美观，而且不容易烤熟。由于不同烤箱的特点不同，所以要时刻观察烘烤情况，以免表面烤焦。

双色曲奇

⊙ 25分钟　难易度：★☆☆

▢ 上、下火160℃

材料 原味曲奇预拌粉175克，巧克力曲奇预拌粉175克，黄油60克，鸡蛋1个，蛋白液适量

(做法) ①将原味曲奇预拌粉、巧克力曲奇预拌粉、鸡蛋分别放入3个不同的搅拌盆中，把鸡蛋打散。

②把一半的鸡蛋液倒入原味曲奇预拌粉中，再放入一半的黄油，揉成光滑的面团。再将另一半鸡蛋液倒入巧克力曲奇预拌粉中，加入剩余黄油，揉成光滑的面团。

③分别把面团放在油纸上，擀成面饼，并且整理成有规则的形状。在巧克力面饼上刷上一层蛋白液后，将两张面饼平行叠放在一起，卷起来，放入冰箱冷冻40分钟。

④取出面饼，切成5毫米的薄片，均匀摆放在烤盘里，放入烤箱，烤25分钟即可。

> (Tips) 粉类具有很强的吸湿性，如果较长时间放置在室外，粉类会吸附空气中的水汽而产生结块，这个时候过筛就能去除结块。

咖啡蘑菇造型曲奇

⏱10~12分钟　难易度：★★☆
🔲上、下火160℃

材料 无盐黄油80克，细砂糖60克，低筋面粉120克，咖啡粉8克，牛奶30毫升，58%黑巧克力片40克，彩色糖粒适量

做法 ①将室温软化的无盐黄油打至蓬松发白，加入细砂糖，搅打至蓬松羽毛状。

②牛奶加温倒入咖啡粉中，拌匀，加入到无盐黄油碗中，搅匀。筛入低筋面粉，将粉类和黄油拌至光滑细腻的状态。

③将咖啡面糊装入套有圆形裱花嘴的裱花袋中，裱花袋剪开一个1厘米的口子，将花嘴推出。

④在铺了油纸的烤盘上挤出咖啡蘑菇饼。黑巧克力片隔水熔化成巧克力液。

⑤将烤盘置于烤箱的中层，以160℃烘烤10~12分钟，拿出凉凉。

⑥将饼干的一头蘸上黑巧克力液，在表面撒些许彩色糖粒，即可食用。

肉松曲奇

⏱25分钟　难易度：★☆☆
🔲上、下火160℃

材料 多功能饼干预拌粉250克，肉松30克，鸡蛋1个，盐3克，黄油120克，白砂糖90克

做法 ①搅拌盆中依次倒入多功能饼干预拌粉、白砂糖、盐，搅拌均匀。

②加入鸡蛋和黄油，揉成面团（揉3~4分钟），再加入肉松，搅拌均匀。

③将面团放在油纸上，整理成圆柱形，放入冰箱冰冻约40分钟。

④用刀将冷冻好的面团切成5毫米的薄片，均匀地摆放在烤盘里。

⑤将烤盘放入预热好的烤箱中烤约25分钟，取出烤好的曲奇即可。

Tips 曲奇尽量做到每块的薄厚、大小都比较均匀，这样在烤箱烘烤的时候，才不会有的糊了，有的还没上色。

Tips 糖粒最好不要用蘸的方式，因为这样会使巧克力的表面变得凹凸不平，且糖粒会变得很脏，造型上不美观。

苏打饼干

⏱ 10分钟　难易度：★☆☆

🔥 上、下火200℃

材料 酵母6克，水140毫升，低筋面粉300克，盐2克，小苏打2克，黄奶油60克

做法 ① 将低筋面粉、酵母、小苏打、盐倒在案台上，充分混匀，用刮板在中间掏一个窝，倒入备好的水，用刮板搅拌使水被吸收。

② 加入黄奶油，一边翻搅一边按压，将所有食材混匀，制成平滑的面团。

③ 在案台上撒上些许干粉，放上面团，用擀面杖将面团擀制成1毫米厚的面片，将面片四周不整齐的地方修掉，用刀将面片切成大小一致的长方片。

④ 在烤盘内垫入烘焙油纸，将切好的面片整齐地放入烤盘内，用叉子依次在每个面片上戳上小孔。

⑤ 将烤盘放入预热好的烤箱内，关上烤箱门，将上、下火温度均调为200℃，烤制10分钟至饼干松脆即可。

> *Tips* 切饼干坯的时候不要拖动，以免破坏饼干的形状。

高钙奶盐苏打饼干

⏱ 15分钟　难易度：★☆☆

🔥 上、下火170℃

材料 低筋面粉130克，黄奶油20克，鸡蛋1个，食粉1克，酵母2克，盐1克，水40毫升，色拉油10毫升，奶粉10克

做法 ① 奶粉加低筋面粉100克、酵母、食粉，拌匀开窝，倒入水、鸡蛋，搅散，刮入面粉、黄奶油，揉搓成大面团。

② 将30克低筋面粉倒在案台上，加入色拉油、盐，混合均匀，揉搓成小面团。

③ 用擀面杖将大面团擀成面皮，把小面团放在面皮上，压扁，面皮两端向中间对折，擀平。

④ 将两端向中间对折，再用擀面杖擀成方形面皮，用刀将面皮边缘切齐整，用叉子在面皮上扎上均匀的小孔。

⑤ 把面皮切成长条块，再切成方块，制成饼坯，放入铺有高温布的烤盘里，放入预热好的烤箱里，以上、下火170℃烤15分钟即可。

> *Tips* 可在饼干生坯上刷适量蛋黄液，这样烤好的饼干色泽会更好。

奶香苏打饼干

🕐 15分钟　难易度 ★☆☆

🔲 上、下火160℃

材料 低筋面粉100克，小苏打2克，盐2克，三花淡奶60毫升，酵母2克

扫一扫学烘焙

做法 ①往案台上倒入低筋面粉、盐、小苏打、酵母，用刮板拌匀，倒入三花淡奶，混合匀，揉成面团，擀薄制成饼坯。②用星星模具按压饼坯，取出8个饼干生坯。③在烤盘内垫一层烘焙油纸，将饼干生坯放在烤盘里。④将烤盘放入烤箱中，以上、下火160℃烤15分钟至熟即可。

海苔苏打饼干

🕐 10分钟　难易度 ★☆☆

🔲 上、下火200℃

材料 低筋面粉130克，奶粉10克，海苔5克，水40毫升，黄奶油30克，盐、苏打粉各少许，酵母适量

做法 ①低筋面粉加酵母、苏打粉、盐混匀，倒入水、黄奶油、海苔，混匀制成面团，擀成1毫米的面皮，用模具压出大小一致的圆形面皮。②在烤盘内垫入高温布，放入面皮，用叉子依次在每个面皮上戳上装饰花纹。③将烤盘放入预热好的烤箱，以上、下火200℃，烤10分钟。

红茶苏打饼干

🕐 10分钟　难易度 ★☆☆

🔲 上、下火200℃

材料 酵母3克，水70毫升，低筋面粉150克，盐2克，小苏打2克，黄奶油30克，红茶末5克

扫一扫学烘焙

做法 ①低筋面粉加酵母、小苏打、盐，混匀，倒入水、黄奶油、红茶末，揉成面团，擀制成1毫米的面皮，修齐四边，切成长方片。②在烤盘内垫入高温布，放入面片，用叉子在每个面片上戳上装饰花纹。③将烤盘放入预热好的烤箱内，以上、下火200℃，烤10分钟即可。

小贴士 压膜前先将模具沾取少许面粉再压，会比较容易脱膜。

黄金芝士苏打饼干

🕐 15分钟　难易度 ★☆☆

🔲 上、下火160℃

材料 油皮的部分：低筋面粉200克，水100毫升，色拉油40毫升，酵母3克，苏打粉2克，芝士10克；油心的部分：低筋面粉60克，色拉油22毫升

做法 ①油皮：低筋面粉加酵母、苏打粉、色拉油、水、芝士，揉成面团。②油心：低筋面粉加入色拉油，搓揉成一个纯滑面团。③油皮面团擀薄成面饼；油心面团按压后放在油皮面饼一端，将面饼另外一端盖住面团，擀薄，对折，擀薄，用饼干模具按压饼坯成饼干生坯，烤15分钟即可。

鸡蛋奶油饼干

⏱ 15分钟　难易度：★☆☆

🔲 上、下火150℃

材料 低筋面粉100克，黄奶油30克，糖粉20克，食粉2克，蛋白20克，盐2克，黑芝麻、白芝麻各适量

做法 ①低筋面粉加入黄奶油、糖粉、蛋白，稍加搅拌，加入食粉、盐、黑芝麻、白芝麻，揉成面团，擀成面皮。②用模具在面皮上压出数个饼干生坯，去掉边角料，放入预热好的烤箱里。③以上、下火150℃烤15分钟至熟，取出烤好的饼干即可。

香葱苏打饼干

⏱ 15分钟　难易度：★☆☆

🔲 上、下火170℃

材料 黄奶油30克，酵母粉4克，低筋面粉165克，牛奶90毫升，苏打粉1克，葱花、白芝麻各适量，盐3克

扫一扫学烘焙

做法 ①低筋面粉加酵母粉拌匀，加入白芝麻、苏打粉、盐、牛奶，揉搓均匀，加入黄奶油、葱花揉成面团。②用擀面杖把面团擀成3毫米厚的面片，用模具压出9个饼干生坯。③把饼干生坯放入烤盘中，用叉子在饼干生坯上扎出小孔。④将烤盘放入烤箱中，以上、下火170℃烤15分钟至熟即可。

芝麻苏打饼干

⏱ 10分钟　难易度：★☆☆

🔲 上、下火200℃

材料 低筋面粉100克，黄奶油30克，盐2克，黑芝麻、白芝麻各适量，苏打粉1克，酵母2克，水适量

做法 ①低筋面粉加酵母、苏打粉、盐、水、黄奶油、黑芝麻、白芝麻，混匀，揉成面团。②将面团擀制成1毫米厚的面片，修齐四边，切成长方片，放入烤盘内。③用叉子依次在每个面片上戳上小孔。④将烤盘放入预热好的烤箱内，以上、下火200℃，烤10分钟即可。

芝士脆果子

⏱ 20分钟　难易度：★☆☆

🔲 上、下火170℃

材料 可可粉5克，芝士粒25克，玉米淀粉50克，鸡蛋1个，低筋面粉45克，细砂糖10克，熔化的黄奶油8克

做法 ①玉米淀粉加低筋面粉、可可粉拌匀，倒入细砂糖、鸡蛋、黄奶油，拌匀，揉搓成面团。②用保鲜膜包好面团，放入冰箱冷藏15分钟，取出，撕去保鲜膜。③用刮板将面团分成小块，捏平，放入芝士，包好，搓成圆球。④将脆果子生坯放入烤箱，以上、下火170℃烤20分钟即可。

Tips 面团揉搓的时间不宜过长，以免影响成品松酥的口感。

蛋白甜饼

⏱ 15分钟　难易度：★☆☆

🔥 上、下火160℃

材料 中筋面粉50克，蛋白1个，糖粉50克，黄奶油50克

做法 ①搅拌盆中倒入黄奶油，快速搅拌均匀，倒入糖粉、蛋白、过筛后的中筋面粉，拌匀成饼浆。②将饼浆装入裱花袋中，裱花袋尖端剪出一个小口。③烤盘中放入高温布，挤入大小均等的饼浆。④将烤盘放入烤箱，以上、下火160℃，烤15分钟至熟即成。

Tips 利用蛋白打发后烘烤出来的饼干，口感特别脆硬。

达克酥饼

⏱ 20分钟　难易度：★☆☆

🔥 上火190℃、下火150℃

材料 黄奶油65克，糖粉80克，色拉油20毫升，蛋白20克，低筋面粉100克，椰蓉30克，泡打粉2克

做法 ①低筋面粉加泡打粉，拌匀开窝，加入糖粉、蛋白、黄奶油、椰蓉、色拉油，揉搓成面团。②将面团分切成数个小剂子，搓圆，裹上椰蓉，制成生坯。③装入烤盘中，再放入预热好的烤箱里，以上火190℃、下火150℃烤20分钟至熟。④取出烤好的酥饼，装入盘中即可食用。

蛋黄小饼干

⏱ 15分钟　难易度：★☆☆

🔥 上、下火170℃

材料 低筋面粉90克，鸡蛋1个，蛋黄1个，白糖50克，泡打粉2克，香草粉2克

做法 ①把低筋面粉装入搅拌盆里，加入泡打粉、香草粉，拌匀，倒在案台上，开窝。②倒入白糖，加入鸡蛋、蛋黄，混合均匀，和成面糊。③把面糊装入裱花袋中，在烤盘里铺一层烘焙油纸，挤出9个饼干生坯。④将烤盘放入烤箱，以上、下火170℃烤15分钟即可。

扫一扫学烘焙

蛋香小饼干

⏱ 10分钟　难易度：★☆☆

🔥 上、下火160℃

材料 低筋面粉100克，蛋白105克，蛋黄45克，细砂糖60克

做法 ①将蛋白和细砂糖倒入备好的容器中，搅拌均匀，分次加入蛋黄、低筋面粉，拌匀，待用。②将拌好的材料装入裱花袋，挤压均匀，裱花袋尖端剪去一个小口。③将材料挤入烤盘，制成数个圆形饼干生坯。④打开烤箱，将烤盘放入烤箱中，以上、下火160℃，烤约10分钟至熟即可。

Tips 饼干出炉、完全放凉后，需尽快放入密封的玻璃罐。

花生薄饼

⏱ 20分钟　难易度：★☆☆

🔲 上、下火150℃

材料 低筋面粉155克，奶粉35克，黄奶油120克，糖粉85克，盐1克，鸡蛋85克，牛奶45毫升，花生碎适量

扫一扫学烘焙

做法 ①黄奶油加糖粉揉搓匀。②打入鸡蛋，拌匀，加入牛奶，搅拌均匀，放入低筋面粉、奶粉、盐，搅拌成糊状。③将面糊装入裱花袋中，在裱花袋尖端部位剪出一个小口。④把面糊挤入铺有高温布的烤盘上，在面糊上撒入适量花生碎。⑤将烤盘放入烤箱，烤20分钟即可食用。

花生香酥饼干

⏱ 20分钟　难易度：★★☆

🔲 上、下火180℃

材料 低筋面粉100克，鸡蛋1个，黄奶油65克，花生酱35克，糖粉50克

扫一扫学烘焙

做法 ①低筋面粉开窝，倒入糖粉、鸡蛋、花生酱、黄奶油，揉制成面团。②将面团揉搓至粗圆条状，包裹上保鲜膜，放入冰箱冷藏30分钟，取出，撕去保鲜膜。③将面团切成约1厘米厚的圆块，制成饼干生坯，放入烤盘中。④预热烤箱，温度调成上、下火180℃，放入烤盘，烤20分钟即可。

花生奶油饼干

⏱ 15分钟　难易度：★☆☆

🔲 上、下火170℃

材料 低筋面粉100克，鸡蛋1个，花生酱35克，黄奶油65克，糖粉50克

做法 ①低筋面粉开窝，倒入糖粉、鸡蛋，搅匀，加入花生酱、黄奶油，刮入低筋面粉，混合均匀，揉搓成纯滑的面团。②把面团搓成长条状，切成数个大小均匀的剂子，搓成球状，放入铺有高温布的烤盘。③用叉子在面团上压出花纹，制成饼干生坯，放入烤箱，以上、下火170℃烤15分钟至熟即可。

> *Tips*
> 用手整形的饼干也要厚薄一致，边缘不要过薄。

朗姆葡萄饼干

⏱ 15分钟　难易度：★☆☆

🔲 上、下火180℃

材料 黄奶油180克，葡萄干100克，低筋面粉125克，朗姆酒20毫升，糖粉150克，泡打粉3克

做法 ①黄奶油倒入盆中，快速拌匀，倒入糖粉，拌匀；朗姆酒倒入葡萄干中泡5分钟。②低筋面粉、泡打粉过筛至盆中，拌匀，揉成面团。③将浸泡过的葡萄干放到面团上，揉搓均匀，搓成条，切成小剂子，揉搓成圆球。④把小剂子放入烤盘中，再将小剂子压平，放入烤箱，烤15分钟即成。

抹茶薄饼

⏱ 18分钟　难易度 ★☆☆

🔥 上火180℃、下火160℃

材料 低筋面粉100克，奶粉55克，黄奶油95克，抹茶粉10克，糖粉80克，鸡蛋70克

扫一扫学烘焙

做法 ①将黄奶油、糖粉倒入大碗中，用电动打蛋器打发均匀。②分两次倒入蛋液，搅拌均匀，放入奶粉、低筋面粉、抹茶粉，继续打发成糊状。③将面糊装入裱花袋中，在尖端部位剪出一个小口。④将面糊挤入铺有高温布的烤盘中，放入烤箱，以上火180℃、下火160℃烤约18分钟至熟即可。

南瓜子薄片

⏱ 8分钟　难易度 ★☆☆

🔥 上、下火170℃

材料 低筋面粉35克，南瓜子30克，鸡蛋1个，白糖30克，色拉油10毫升

做法 ①把低筋面粉倒入大碗中，倒入色拉油、鸡蛋、白糖，用打蛋器搅匀。②加入南瓜子，搅匀。③用勺子舀适量的浆汁，倒在铺有高温布的烤盘中，制成数个薄片生坯。④将烤盘放入烤箱中，以上、下火170℃烤8分钟至熟即可。

Tips 南瓜子还可以换成葵花籽仁。

香醇肉桂酥饼

⏱ 10分钟　难易度 ★★☆

🔥 上、下火160℃

材料 黄奶油100克，糖粉33克，低筋面粉100克，肉桂粉1克

做法 ①将黄奶油倒入搅拌盆中，加入糖粉，用电动打蛋器快速搅匀。②加入肉桂粉、低筋面粉，搅拌成糊状。③把面糊装入套有花嘴的裱花袋里，挤在烤盘中的高温布上，制成面条状饼坯。④把生坯放入预热好的烤箱里，关上箱门，以上、下火160℃烤10分钟至熟即可。

扫一扫学烘焙

杏仁瓦片

⏱ 10分钟　难易度 ★★☆

🔥 上、下火170℃

材料 黄奶油40克，全蛋1个，低筋面粉50克，杏仁片180克，细砂糖110克，蛋白100克

做法 ①黄奶油隔水加热至熔化，待用。②蛋白加鸡蛋、细砂糖拌匀，加入熔化的黄奶油，拌匀，倒入低筋面粉，拌匀，倒入杏仁片，拌匀，静置30分钟。③取铺有锡纸的烤盘，倒入4份杏仁糊，压平。④将烤箱温度调成上、下火170℃，放入烤盘，烤10分钟，取出，修整齐即可。

Tips 杏仁瓦片比较薄，烘烤的过程中要注意饼干上色状况。

芝麻薄脆

⏱ 10分钟　难易度：★☆☆
🔲 上火180℃、下火140℃

材料 低筋面粉20克，糖粉60克，熔化的黄奶油25克，蛋白100克，白芝麻25克，黑芝麻10克

（做法）①依次将低筋面粉、糖粉过筛至容器中，倒入蛋白、熔化的黄奶油，拌匀。②再加入白芝麻、黑芝麻，用长柄刮板拌匀。③取铺有锡纸的烤盘，用勺子将面糊倒在锡纸上，摊平。④将烤箱温度调成上火180℃、下火140℃，放入烤盘，烤10分钟即可。

巧克力法式薄饼

⏱ 8分钟　难易度：★★☆
🔲 上、下火180℃

材料 无盐黄油70克，糖粉50克，盐0.5克，鸡蛋液25克，香草精3克，低筋面粉80克，杏仁粉30克，可可粉15克，巧克力适量

（做法）①室温软化的无盐黄油加糖粉、盐、鸡蛋液、香草精、低筋面粉、杏仁粉、可可粉，拌成面糊。②裱花袋中装入圆形花嘴，装入面糊，挤在铺好油纸的烤盘上，每个饼干坯由三条长约3厘米的饼干面糊组成。③烤盘放进烤箱烤8分钟。白巧克力隔水加热熔化，装进裱花袋中，挤在饼干表面即可。

> **Tips** 无盐黄油最好提前从冰箱拿出来室温软化，这样节省时间。

坚果法式薄饼

⏱ 10分钟　难易度：★★☆
🔲 上、下火175℃

材料 饼干体：无盐黄油85克，糖粉50克，盐0.5克，鸡蛋液25克，香草精3克，低筋面粉85克，杏仁粉45克；装饰：榛果适量，杏仁适量，开心果适量，蛋白少许，巧克力液适量

（做法）①室温软化的无盐黄油加入糖粉、盐、鸡蛋液、香草精、低筋面粉、杏仁粉拌匀成面糊。②裱花袋中装上圆齿花嘴，装入面糊，在铺好油纸的烤盘上挤出长约6厘米的饼干坯。③在饼干坯的表面放上榛果、杏仁、开心果，并涂上少许蛋白，放入烤箱，烤10分钟取出，装饰上巧克力液即可。

> **Tips** 坚果可以根据个人喜好替换成其他种类。

花蛋饼

⏱ 12分钟　难易度：★★☆
🔲 上、下火180℃

材料 饼干体：无盐黄油50克，细砂糖40克，鸡蛋液25克，低筋面粉100克，泡打粉2克，盐1克；蛋糕馅料：细砂糖25克，水40克，蛋黄20克，淡奶油20克

（做法）①将水倒入锅中，加入25克细砂糖，加热至溶化后关火，倒入蛋黄中，加淡奶油成蛋糕馅料。②无盐黄油加入细砂糖40克、鸡蛋液、泡打粉、盐、低筋面粉，揉成面团。③将面团擀成面片，用星星模具压出星星状的饼干坯，再用小瓶盖在星星的中心压出一个凹槽，倒入蛋糕馅，入烤箱，烤12分钟即可。

> **Tips** 蛋奶馅还可以换成草莓酱或者蓝莓酱等酱料。低筋

彩色巧克力饼干

🕐 8分钟　难易度：★☆☆

🔥 上、下火180℃

材料 饼干体：无盐黄油110克，细砂糖50克，葡萄糖浆20克，鸡蛋1个，香草精3克，盐0.5克，低筋面粉140克，泡打粉2克，可可粉20克；装饰：彩色巧克力针适量，入炉巧克力适量

做法 ① 将室温软化的无盐黄油、细砂糖以及葡萄糖浆倒入碗里用打蛋器搅拌均匀。

② 将鸡蛋搅散，少量多次地放入碗中，再加入香草精和盐，一起搅拌均匀。

③ 筛入低筋面粉、泡打粉、可可粉，用橡皮刮刀搅拌均匀，再用手揉成面团。

④ 将面团分成每个约15克的小球，放在烤盘上，再用手轻轻压扁。

⑤ 用入炉巧克力和彩色巧克力针装饰在面团表层。

⑥ 最后放进预热至180℃的烤箱中层烘烤约8分钟即可。

饼坯在烤盘中码放时注意每个之间要留一些空隙，这样做不仅能使饼干在烘烤时受热均匀，还能防止在烤制的过程中，因饼干膨胀，粘黏在一起。

黑白双豆饼干

🕐 12分钟　难易度：★☆☆

🔥 上、下火180℃

材料 饼干体：无盐黄油40克，花生酱40克，香草精2克，细砂糖40克，鸡蛋液25克，盐0.5克，泡打粉2克，低筋面粉80克；装饰：夏威夷果40克，巧克力碎块50克

做法 ① 将室温软化的无盐黄油和花生酱放入搅拌盆里，用电动打蛋器搅拌均匀。

② 加入细砂糖、香草精，搅拌均匀。

③ 将鸡蛋液分次加入到装有无盐黄油的盆中，每次加入都要搅拌均匀。

④ 加入盐、泡打粉，搅拌均匀，筛入低筋面粉用橡皮刮刀搅拌均匀，揉成光滑的面团。

⑤ 将面团分成每个重约35克的圆球，再用手稍稍压扁，嵌入巧克力碎块和夏威夷果。

⑥ 最后放进预热至180℃的烤箱中层烘烤约12分钟即可。

鸡蛋等材料要提前半小时或一小时从冰箱取出，恢复室温的材料在跟黄油等材料混合时会比较容易被充分吸收。

蔓越莓冷切饼干

🕐 15分钟　难易度：★☆☆
📋 上、下火175℃

材料　无盐黄油125克，糖粉60克，盐1克，蛋黄20克，蔓越莓干25克，低筋面粉170克

做法　① 将室温软化的无盐黄油和糖粉放入搅拌盆中，用手动打蛋器搅拌均匀。

②加入盐、蛋黄继续搅拌。

③再加入蔓越莓干，搅拌均匀。

④再筛入低筋面粉，用橡皮刮刀搅拌均匀，再揉成光滑的面团。

⑤将面团揉成圆柱状，用油纸包好，放入冰箱冷冻30分钟。

⑥取出面团，用刀切成4.5毫米厚的饼干坯，放置在烤盘上。

⑦将烤盘放进预热至175℃的烤箱中层，烘烤15分钟即可。

> Tips　蔓越莓干最好要包裹在面团中，防止蔓越莓烤得太干影响口感。

芝士饼干

🕐 15分钟　难易度：★☆☆
📋 上、下火175℃

材料　无盐黄油50克，奶油奶酪50克，细砂糖40克，盐1克，低筋面粉125克，杏仁粉20克，香草精3克

做法　①将室温软化的无盐黄油、奶油奶酪放入搅拌盆中，用电动打蛋器低速搅打60秒。

②加入细砂糖、盐，改用手动打蛋器搅拌均匀，接着加入香草精，搅拌均匀。

③筛入低筋面粉、杏仁粉用橡皮刮刀翻拌均匀，然后揉成光滑的面团。

④用擀面杖将面团擀成厚度为3毫米的饼干面皮，再切成宽2厘米、长7厘米的饼干坯。

⑤用叉子在切好的饼干坯上戳出8个小洞，每隔两个小洞压一条纹路。

⑥最后放进预热至175℃的烤箱中层烘烤约15分钟即可。

> Tips　饼干棒可以在取出之后，筛上一层糖粉，这样饼干的味道会更好。

草本薄饼

🕐 13分钟　难易度：★☆☆

▭ 上、下火180℃

材料 冰牛奶60毫升，无盐黄油45克，低筋面粉150克，盐5克，罗勒粉10克

Tips
低筋面粉做出的饼干口感更加酥脆。

做法 ①在搅拌盆中放入室温软化的无盐黄油，加入罗勒粉搅拌均匀。②加入盐，搅拌均匀，筛入低筋面粉，搅拌均匀，倒入冰牛奶，拌匀，揉成光滑的草本面团。③将面团用擀面杖擀成厚度约4毫米的面片，用八角星模具，压出相应形状的饼干坯，放入烤箱，烘烤13分钟即可。

橄榄脆饼

🕐 12分钟　难易度：★☆☆

▭ 上、下火170℃

材料 低筋面粉200克，细砂糖10克，酵母粉1克，盐2克，泡打粉1克，水30毫升，牛奶70毫升，橄榄油40毫升，橄榄碎40克

Tips
加入细砂糖的饼干更容易上色。

做法 ①过筛低筋面粉，然后加入细砂糖、酵母粉、盐、泡打粉，搅拌均匀。②加入水、牛奶、橄榄油，搅拌匀，揉成光滑的面团，放置30分钟，加入橄榄碎，继续揉匀。将面团擀成厚度为4毫米的面皮，切成正方形。③用叉子在面皮上戳透气孔，放在烤盘上，放入烤箱，烘烤12分钟。

芝士薄饼

🕐 15分钟　难易度：★☆☆

▭ 上、下火180℃

材料 牛奶60毫升，无盐黄油45克，低筋面粉150克，盐5克，芝士粉10克

Tips
饼干刚出炉的时候时有点软的，待放凉后便会变得酥脆了。

做法 ①将无盐黄油倒入搅拌盆中，加入盐、芝士粉，搅拌均匀。②倒入牛奶，筛入低筋面粉，搅拌至无干粉，揉成光滑的面团。③将制好的面团擀成厚度约4毫米的面片，再用花形模具在面片上压出饼干坯，放在烤盘上。④烤箱以上、下火180℃预热，将烤盘置于烤箱的中层，烘烤15分钟即可。

可可薄饼

🕐 18分钟　难易度：★★☆

▭ 上火170℃、下火160℃

材料 无盐黄油75克，糖粉25克，蛋黄15克，低筋面粉80克，玉米淀粉35克，可可粉10克，香草精2克

Tips
加入糖粉的饼干在未装饰前颜色会偏白一些。

做法 ①在室温软化的无盐黄油中加入糖粉、蛋黄、香草精拌匀。②筛入玉米淀粉、可可粉、低筋面粉，揉成面团，擀成厚度约4毫米的面片，用龙猫模具，在面片上压出饼干坯。③清除多余的面片，用圆形模具，给每只龙猫压出肚子的痕迹，不要压断，放入烤箱，烤18分钟即可。

胡椒薄饼

🕐 13分钟　难易度：★☆☆
🔲 上、下火180℃

材料　冰牛奶60毫升，无盐黄油45克，低筋面粉150克，盐5克，胡椒粉5克

做法 ①在盆中放入室温软化的无盐黄油、胡椒粉、盐，搅拌匀。②筛入低筋面粉，搅拌至无干粉，倒入冰牛奶，拌匀，揉成光滑的胡椒面团。③将面团擀成厚度约4毫米的面片，用花形模具压出相应形状的饼干坯，用叉子叉出小孔。④烤箱以上、下火180℃预热，放入烤盘，烘烤13分钟即可。

Tips
烘烤过程中注意观察饼干的上色状况，以便调节烘烤温度。

全麦薄饼

🕐 12～15分钟　难易度：★☆☆
🔲 上、下火180℃

材料　全麦面粉150克，黄砂糖60克，盐1克，泡打粉1克，牛奶30毫升，无盐黄油60克

做法 ①将室温软化的无盐黄油放入搅拌盆中，用橡皮刮刀压软。②加入黄砂糖，倒入牛奶、盐、泡打粉，拌匀，加入全麦面粉，拌匀，揉成光滑的面团。③用擀面杖将面团擀成厚度约4毫米的面片，用圆形模具，压出饼干坯。④烤箱预热180℃，将烤盘置于烤箱的中层，烘烤12～15分钟即可。

Tips
如果饼干放凉后还很软，可以回炉再烤几分钟。

全麦巧克力薄饼

🕐 12～15分钟　难易度：★★☆
🔲 上、下火180℃

材料　饼干体：低筋面粉70克，淡奶油10克，全麦面粉25克，无盐黄油50克，细砂糖30克，盐0.5克；装饰：黑巧克力100克

做法 ①无盐黄油加细砂糖、淡奶油、盐、全麦面粉、低筋面粉，揉成面团。②将面团擀成厚面片，用圆形模具在面片上压出饼干坯。③其中一半的饼干坯中心处用星星模具镂空，再将其覆盖在另一半完整的饼干坯上，放入烤箱，烘烤12～15分钟，取出，将熔化的黑巧克力液注入饼干中心即可。

Tips
无盐黄油打发后会充满空气，可以让饼干变得口感松脆。

罗蜜雅饼干

🕐 15分钟　难易度：★★☆
🔲 上火180℃、下火150℃

材料　饼皮：黄奶油80克，糖粉50克，蛋黄15克，低筋面粉135克；馅料：糖浆30克，黄油15克，杏仁片适量

做法 ①饼皮：黄奶油中加入糖粉，搅匀，加入蛋黄、低筋面粉，搅匀，装入套有花嘴的裱花袋里。②馅料：黄油加杏仁片、糖浆拌匀成馅料，装入裱花袋。③将饼皮面糊挤在铺有高温布的烤盘里，制成饼坯。④将饼坯中间部位压平，挤上馅料，放入烤箱，烤15分钟即可。

扫一扫学烘焙

花朵小西饼

⏱ 10分钟　难易度：★☆☆
🔥 上、下火180℃

材料 黄奶油70克，糖粉50克，蛋黄15克，低筋面粉110克，可可粉适量

扫一扫学烘焙

做法
①黄奶油倒入搅拌盆，加入糖粉，快速搅匀，加入蛋黄，搅匀。②倒入低筋面粉，搅拌均匀，加入可可粉，搅匀，制成饼干糊。③把饼干糊装入套有花嘴的裱花袋里，挤在烤盘中的高温布上，制成饼干生坯。④将生坯放入预热好的烤箱里，以上、下火180℃烤10分钟至熟即可。

芝士番茄饼干

⏱ 17分钟　难易度：★★☆
🔥 上、下火160℃

材料 饼干体：奶油奶酪30克，糖粉75克，无盐黄油30克，鸡蛋液35克，芝士粉45克，番茄酱60克，低筋面粉100克，黑胡椒粒1克，披萨草2克；装饰：糖粉适量

> **Tips**
> 没有番茄酱也可以取番茄汁使用，味道一样好。

做法
①将室温软化的奶油奶酪和一半的糖粉拌匀，再加入室温软化的无盐黄油和剩余的糖粉拌匀。②倒入鸡蛋液、芝士粉、番茄酱拌匀，筛入低筋面粉，倒入黑胡椒粒和披萨草拌成面糊。③将面糊倒入装有圆齿花嘴的裱花袋中，挤在烤盘上。④在饼干坯上撒上适量糖粉，放进烤箱烤17分钟即可。

牛奶饼干

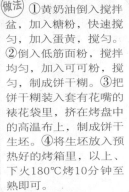

⏱ 10分钟　难易度：★☆☆
🔥 上、下火160℃

材料 低筋面粉150克，糖粉40克，蛋白15克，黄油25克，淡奶油50克

做法
①低筋面粉开窝，倒入糖粉、蛋白、黄油、淡奶油，边搅拌边按压，使面团均匀平滑。③将揉好的面团擀平擀薄，制成3毫米厚的面片，修齐四边，切成小长方形，成饼干生坯。⑤将饼干生坯放在放好烘焙油纸的烤盘中，将烤盘放入预热好的烤箱内，烤10分钟至其熟透定型即可。

扫一扫学烘焙

牛奶方块小饼干

⏱ 15~20分钟　难易度：★☆☆
🔥 上、下火170℃

材料 糖粉40克，低筋面粉145克，黄奶油35克，纯牛奶40毫升，鸡蛋15克，奶粉15克

做法
①低筋面粉中倒入奶粉，拌匀开窝，倒入糖粉、鸡蛋，搅拌均匀。②倒入纯牛奶、黄奶油，揉匀至成纯滑面团。③用擀面杖将面团擀成约1厘米厚的面饼，切成大约2厘米的方块，饼干生坯制成。④烤盘中放入饼干生坯，以上、下火170℃，烤15~20分钟即成。

圣诞牛奶薄饼干

🕐 20分钟　难易度：★☆☆
🔥 上、下火160℃

材料 色拉油50毫升，细砂糖50克，肉桂粉2克，纯牛奶45毫升，低筋面粉275克，全麦粉50克，红糖粉125克

扫一扫学烘焙

做法 ①将低筋面粉、全麦粉、肉桂粉倒在案台上，开窝，倒入细砂糖、纯牛奶，拌匀。②倒入红糖粉、色拉油，将材料混合均匀，揉搓成面团。③将面团擀成5毫米厚的面皮，将边缘切齐整，切成方块，再切成小方块，放在烤盘里，用叉子在生坯上扎上小孔，放入烤箱，烤20分钟即可。

美式巧克力豆饼干

🕐 20分钟　难易度：★☆☆
🔥 上、下火170℃

材料 黄奶油120克，糖粉90克，鸡蛋50克，低筋面粉170克，杏仁粉50克，泡打粉4克，巧克力豆100克；装饰：糖粉适量

Tips 糖粉则可以帮助饼干表面纹路细腻清晰，让饼干不宜散架。

做法 ①黄奶油加泡打粉、糖粉，拌匀，加入鸡蛋、过筛后的低筋面粉、杏仁粉，拌匀制成面团。②倒入巧克力豆，拌匀并搓圆。③每次取一小块面团搓圆，放在铺有高温布的烤盘上，稍稍压平。④将烤盘放入烤箱，以上、下火170℃烤20分钟至熟，取出，筛上糖粉即可。

巧克力蔓越莓饼干

🕐 20分钟　难易度：★☆☆
🔥 上、下火170℃

材料 低筋面粉90克，蛋白20克，奶粉15克，可可粉10克，黄油80克，蔓越莓干适量，糖粉30克

扫一扫学烘焙

做法 ①低筋面粉加奶粉、可可粉，拌匀后铺开，倒入打好的蛋白、糖粉，拌匀。②加入黄油，拌匀后进行按压，揉成光滑面团，加入蔓越莓干，揉匀，搓成条，包上保鲜膜，放入冰箱冷冻1个小时。③取出，拆开保鲜膜，把面团切成厚度约1厘米的饼干生坯，放入烤箱，烤约20分钟即可。

巧克力核桃饼干

🕐 18分钟　难易度：★★☆
🔥 上、下火150℃

材料 核桃碎100克，黄奶油120克，杏仁粉30克，细砂糖50克，低筋面粉220克，鸡蛋100克，黑巧克力液、白巧克力液各适量

扫一扫学烘焙

做法 ①低筋面粉加杏仁粉拌匀，倒入细砂糖、鸡蛋、黄奶油，混匀，揉成面团。②放入核桃碎，揉匀，压成5毫米厚的面皮，切成长方形面饼。③把面饼放入烤盘，放入烤箱，以上、下火150℃烤约18分钟。④取出，将饼干一端蘸上适量白巧克力液，另一端蘸上适量黑巧克力液即可。

巧克力奇普饼干

⏱ 15分钟　难易度 ★☆☆

🔥 上、下火160℃

材料 低筋面粉100克，黄油60克，红糖30克，细砂糖20克，蛋黄20克，核桃碎20克，巧克力50克，苏打粉4克，盐2克，香草粉2克

做法 ①黄油加细砂糖，拌匀，加入红糖、苏打粉、盐、香草粉、低筋面粉，拌匀，再加入核桃碎、巧克力豆，揉成面团。②取适量的面团，搓圆，放入烤盘，按压制成饼状。③将烤盘放入预热好的烤箱内，以上、下火160℃，烤15分钟即可食用。

Tips 加入苏打粉后要搅打均匀，否则吃的时候会有微苦的味道。

巧克力杏仁饼

⏱ 15分钟　难易度 ★☆☆

🔥 上火170℃、下火130℃

材料 黄奶油200克，杏仁片40克，低筋面粉275克，可可粉25克，鸡蛋1个，蛋黄2个，糖粉150克

做法 ①将可可粉加入低筋面粉中，拌匀，倒入黄奶油、糖粉、鸡蛋、蛋黄，混匀，揉成面团。②把杏仁片加到面团里，揉匀，包上保鲜膜，整理成条，放入冰箱冷冻30分钟。③取出面团，撕去保鲜膜，用刀把面团切成小块，即成饼干生坯，放入烤盘中，放入烤箱，烤15分钟即可。

扫一扫学烘焙

抹茶巧克力饼干

⏱ 12分钟　难易度 ★☆☆

🔥 上、下火180℃

材料 饼干体：无盐黄油70克，细砂糖55克，盐0.5克，鸡蛋液25克，香草精3克，泡打粉1克，抹茶粉5克，低筋面粉100克；装饰：入炉巧克力条100克，打发淡奶油适量

做法 ①将室温软化的无盐黄油加入细砂糖和盐，拌匀，分次倒入鸡蛋液拌至融合。②加入香草精、泡打粉、抹茶粉、低筋面粉，揉成面团，分成每个约10克的圆球，置于烤盘上，稍微压一下，放上切块的入炉巧克力。③最后放进预热至180℃的烤箱，烘烤12分钟，挤上打发的淡奶油即可。

Tips 烤箱的容积越大，所需的预热时间就越长。

意式巧克力脆饼

⏱ 15分钟　难易度 ☆☆☆

🔥 上、下火175℃

材料 入炉巧克力适量，无盐黄油50克，细砂糖70克，鸡蛋液50克，牛奶30毫升，低筋面粉200克，杏仁粉50克，可可粉2克，泡打粉2克，盐1克

做法 ①将入炉巧克力切碎；室温软化的无盐黄油加入细砂糖，拌至蓬松。②加入鸡蛋液、牛奶，筛入低筋面粉、杏仁粉、可可粉、泡打粉，拌匀，加入入炉巧克力碎和盐，揉成面团，揉成圆柱状，用油纸包好，冷冻30分钟。③取出面团，切成4.5毫米厚的小饼干坯，放进烤箱，烤15分钟即可。

榛果巧克力焦糖夹心饼干

⏱ 20分钟　难易度：★★☆
🔥 上、下火160℃

材料 饼干体：无盐黄油70克，榛果巧克力酱50克，糖粉60克，鸡蛋液15克，低筋面粉123克，可可粉12克；焦糖夹心馅：细砂糖25克，水4毫升，淡奶油28克，有盐黄油34克，吉利丁片0.5克

做法 ① 饼干体：室温软化的无盐黄油加榛果巧克力酱、糖粉、鸡蛋液、低筋面粉、可可粉揉成面团，擀成面皮，裁切出圆形，冷冻30分钟，后烤20分钟，取出。② 馅：淡奶油加水、细砂糖煮至120℃关火，加入有盐黄油、泡软的吉利丁片拌匀。放入裱花袋中，挤在两片饼干之间即可。

💡 *Tips* 在制作的时候需要注意，夹心一般在饼干冷却后挤入。

豆浆巧克力豆饼干

⏱ 10分钟　难易度：★☆☆
🔥 上、下火180℃

材料 亚麻籽油30毫升，豆浆25毫升，枫糖浆40克，盐1克，低筋面粉103克，泡打粉1克，苏打粉2克，核桃碎30克，巧克力豆（切碎）40克

做法 ① 将亚麻籽油、豆浆、枫糖浆、盐倒入搅拌盆，拌匀。② 低筋面粉、泡打粉、苏打粉过筛至搅拌盆，加巧克力豆碎、核桃碎，揉匀成饼干面团。③ 将饼干面团分成每个重量约30克的小面团，揉成圆形，压扁，成饼干坯，放在铺有油纸的烤盘上，放入预热至180℃的烤箱，烤10分钟即可。

💡 *Tips* 如果没有枫糖浆，也可以换成蜂蜜。

香蕉巧克力豆脆饼

⏱ 35分钟　难易度：★★☆
🔥 上、下火170℃

材料 香蕉（去皮）30克，芥花籽油30毫升，蜂蜜20克，低筋面粉90克，泡打粉1克，核桃碎15克，巧克力碎22克

做法 ① 将香蕉倒入搅拌盆中，捣碎，加入芥花籽油、蜂蜜，拌匀，加入过筛后的低筋面粉、泡打粉，拌匀，倒入核桃碎、巧克力碎，揉成面团。② 将面团揉成条状，放在铺有油纸的烤盘上，放入烤箱，烤25分钟。③ 取出，放凉后切成块，再放入已预热至170℃的烤箱，烤10分钟即可。

💡 *Tips* 巧克力碎可以用黑巧克力和白巧克力混合。

巧克力燕麦球

⏱ 16分钟　难易度：★★☆
🔥 上、下火175℃

材料 无盐黄油75克，细砂糖100克，鸡蛋液25克，中筋面粉50克，泡打粉2克，可可粉5克，燕麦片100克，黑巧克力25克

做法 ① 无盐黄油加入细砂糖、鸡蛋液、燕麦片、泡打粉，筛入中筋面粉和可可粉，揉成面团。② 将面团分成每个30克的饼干坯，搓圆，放入烤盘，放入预热至175℃的烤箱，烤16分钟，取出。③ 黑巧克力隔温水熔化，再将熔化的巧克力液装入裱花袋中，剪出小口，挤在饼干的表面即可。

杏仁巧克力饼干

⏱ 13~15分钟　难易度：★★☆
🔥 上、下火180℃

材料 饼干体：黑巧克力110克，无盐黄油25克，黄砂糖50克，盐1克，鸡蛋液50克，低筋面粉40克，泡打粉1克；装饰：入炉巧克力适量，杏仁适量

做法 ①将黑巧克力与室温软化的无盐黄油混合，隔水加热，搅拌均匀。②加入黄砂糖、鸡蛋液、盐和泡打粉，拌匀，筛入低筋面粉，拌匀，揉成光滑的面团。③将面团分成每个25克的饼干坯，揉圆，放在烤盘上压扁，放上入炉巧克力和杏仁，放入已预热180℃的烤箱，烘烤13~15分钟即可。

> Tips
> 杏仁还可以换成核桃等坚果。

口袋巧克力饼干

⏱ 13分钟　难易度：★☆☆
🔥 上、下火180℃

材料 饼干体：无盐黄油90克，细砂糖110克，盐2克，鸡蛋液50克，低筋面粉200克，泡打粉2克，可可粉20克；内馅：夏威夷果碎30克，核桃碎20克，入炉巧克力45克

做法 ①无盐黄油压软，加入细砂糖、盐、泡打粉、鸡蛋液拌匀，筛入低筋面粉、可可粉，揉成面团，分成每个30克的饼干坯，揉圆。②在切碎的入炉巧克力中加入夏威夷果碎、核桃碎拌匀成馅料。③将小面团捏成薄片，加入馅料，收口捏紧朝下，放在烤盘，按扁，放入烤箱，烤13分钟即可。

> Tips
> 一般的烤盘都需要垫上油纸的，因为大部分的烤盘很粘面团。

杏仁蜂蜜小西饼

⏱ 15分钟　难易度：★☆☆
🔥 上、下火150℃

材料 饼坯：黄奶油250克，糖粉150克，蛋白15克，低筋面粉250克，柠檬皮末25克，杏仁粉32克；馅料：黄奶油6.5克，细砂糖2.5克，蛋白6克，低筋面粉2克，蜂蜜3克，杏仁粉5克

做法 ①馅料：将材料倒入碗中拌匀，装入裱花袋里。②饼坯：低筋面粉加入杏仁粉，拌匀开窝，放入黄奶油、糖粉、蛋白，混合匀，搓成面团。③加入柠檬皮末，揉成长条形，包上保鲜膜，冷冻1小时，取出。去掉保鲜膜，切成饼坯，装入烤盘里，再逐个挤上适量馅料，放烤箱烤15分钟即可。

扫一扫学烘焙

杏仁奇脆饼

⏱ 15分钟　难易度：★☆☆
🔥 上火190℃、下火140℃

材料 黄奶油90克，低筋面粉110克，糖粉90克，蛋白50克，杏仁片适量

做法 ①将黄奶油倒入搅拌盆中，加入糖粉、蛋白，搅拌匀，筛入低筋面粉，用长柄刮板，搅拌成糊状，装入裱花袋里。②用剪刀将裱花袋尖角处剪开一个小口，将面糊挤在铺有高温布的烤盘里。③撒上适量杏仁片，放入烤箱，烤约15分钟即可。

> Tips
> 如果是不粘的烤盘则可以不用高温布，但要注意饼干的颜色。

杏仁奶油饼干

⏱15分钟　难易度：★★☆
🔥上火170℃、下火175℃

材料 饼干体：无盐黄油50克，糖粉50克，盐0.5克，低筋面粉90克，可可粉10克，牛奶10毫升，杏仁适量；杏仁奶油：无盐黄油30克，糖粉30克，鸡蛋液25克，杏仁粉45克，香草精2克

小圆形模具镂空中心部位的时候不要切断。

做法 ①饼干体：室温软化的无盐黄油加糖粉、盐、牛奶拌匀，筛入低筋面粉、可可粉，揉成面团，冷藏后取出，擀成面皮，用大圆形模具裁切出圆形饼干坯，再用小圆形模具镂空中心部位，冷藏。②杏仁奶油：无盐黄油加糖粉、鸡蛋液、香草精、杏仁粉拌匀。挤到饼干坯上，放上杏仁，烤15分钟即可。

意大利杏仁饼干

⏱12分钟　难易度：★☆☆
🔥上、下火180℃

材料 蛋白30克，细砂糖10克，香草精2克，杏仁粉55克，糖粉60克，低筋面粉60克，杏仁18克

制作时请严格按照配方称重，不要擅自修改配料重量。

做法 ①将蛋白倒入无水无油的搅拌盆中，加入细砂糖打至黏稠。②加入香草精，筛入杏仁粉、糖粉、低筋面粉，搅拌均匀，揉成光滑的面团。③将面团分成每个约20克的小面团，揉圆，置于烤盘上，压扁，在每个小圆饼干坯上压一颗杏仁。④放入预热至180℃的烤箱，烤12分钟即可。

花形焦糖杏仁饼干

⏱20分钟　难易度：★★☆
🔥上、下火150℃

材料 饼干体：有盐黄油65克，糖粉40克，淡奶油15克，咖啡酱3克，低筋面粉105克；焦糖杏仁馅：细砂糖45克，透明麦芽糖225克，蜂蜜75克，淡奶油75克，有盐黄油15克，杏仁碎33克

做法 ①室温软化的有盐黄油加糖粉拌匀，倒入淡奶油和咖啡酱，筛入低筋面粉，揉成面团，擀成面皮，用模具裁切出花形饼干坯，并用小圆形模具在花形饼干坯中间抠出圆形，冷藏。②细砂糖加透明麦芽糖、蜂蜜、淡奶油、有盐黄油煮熔化，加杏仁碎拌匀，倒入饼干镂空的部分，烤20分钟即可。

意式杏仁脆饼

⏱15分钟　难易度：★☆☆
🔥上、下火180℃

材料 低筋面粉80克，可可粉20克，黄砂糖30克，盐0.5克，鸡蛋液10克，大豆油15毫升，杏仁片35克

也可以事先将杏仁片烘烤一下。

做法 ①将低筋面粉、可可粉、盐、黄砂糖、杏仁片放入搅拌盆中，搅拌均匀。②倒入大豆油，搅拌匀，倒入鸡蛋液，搅打均匀，轻轻揉成光滑的面团。③将面团擀成厚度约15厘米的方形面团，放入冰箱冷冻约30分钟，取出，切成长条状。④烤箱预热180℃，放入饼干坯，烘烤15分钟即可。

杏仁薄片

🕐 10分钟　难易度：★☆☆
🔥 上、下火170℃

材料 亚麻籽油15毫升，枫糖浆40克，豆浆25毫升，香草精25克，盐0.5克，杏仁碎适量，低筋面粉30克，泡打粉0.5克

Tips 可以根据自己的喜好，加入自己喜欢的坚果。

做法 ①将亚麻籽油、枫糖浆、豆浆倒入搅拌盆，拌匀，倒入香草精、盐、杏仁碎拌匀。②将低筋面粉、泡打粉过筛至搅拌盆，拌匀成饼干面糊，舀起一勺放在铺有油纸的烤盘上，用勺子轻轻修整饼干面糊的形状，制成饼干坯。③将烤盘放入已预热至170℃的烤箱，烤约10分钟即可。

杏仁瓦片饼干

🕐 12~15分钟　难易度：★☆☆
🔥 上、下火160℃

材料 蛋白60克，细砂糖50克，低筋面粉35克，杏仁片50克，无盐黄油40克

Tips 裱花袋的开口不要剪得太大，这样挤出来的面糊不美观。

做法 ①将蛋白放进搅拌盆里，打出泡沫，加入细砂糖，搅匀，加入过筛好的低筋面粉、杏仁片，拌匀。②将无盐黄油放入微波炉中，加热30秒至熔化，加入步骤①中拌匀成面糊。③将面糊放入裱花袋中，剪出一个直径约8毫米的开口，在烤盘中挤出圆形饼干坯，放入烤箱，烘烤12~15分钟即可。

夏威夷可可饼干

🕐 10分钟　难易度：★☆☆
🔥 上、下火180℃

材料 豆浆25毫升，亚麻籽油30毫升，枫糖浆40克，盐0.5克，全麦面粉70克，泡打粉1克，苏打粉0.5克，蔓越莓干30克，夏威夷果30克，可可粉15克

Tips 豆浆的量要控制，太多面糊会太稀。

做法 ①将豆浆、亚麻籽油、枫糖浆、盐倒入搅拌盆，拌匀，加入过筛后的全麦面粉、泡打粉、苏打粉拌匀，倒入可可粉、夏威夷果、蔓越莓干，揉成饼干面团。②把面团分成每个重约30克的小面团，搓圆，再压扁，成饼干坯，放在铺有油纸的烤盘上，放入烤箱，烤约10分钟即可。

核桃可可饼干

🕐 15分钟　难易度：☆☆☆
🔥 上、下火180℃

材料 胡萝卜汁40毫升，蜂蜜30克，盐1克，低筋面粉70克，泡打粉2克，苏打粉2克，可可粉10克，核桃仁30克

Tips 胡萝卜汁最好过滤一下，这样制作出来的饼干更加细腻。

做法 ①将胡萝卜汁、蜂蜜、盐倒入搅拌盆中，拌匀，加入过筛后的低筋面粉、泡打粉、苏打粉拌匀，倒入可可粉，揉搓成面团，取约30克的面团，搓圆，再压扁，将核桃仁按压在面团上。②依此方法完成剩余面团的制作，即成核桃可可饼干坯，放在铺有油纸的烤盘上，放入烤箱，烤15分钟即可。

杏仁粒曲奇饼

○ 25分钟　难易度：★☆☆

上、下火150℃

材料 奶油120克，糖粉100克，鸡蛋80克，低筋面粉220克，高筋面粉50克，杏仁粉50克，杏仁粒适量

Tips 可把杏仁片打成粉加入，烤至浅黄色即可，不要太深。

做法 ①把奶油、糖粉混合，快打至奶白色。②分次加入鸡蛋搅拌均匀，加入低筋面粉、高筋面粉、杏仁粉，拌至无粉粒，取出放在案台上揉搓成面团。③将面团切成3等份，搓成长条，分别在表面撒少许水粘上杏仁粒、排入托盘放冰箱冷冻。④冻硬后取出，切成厚薄均匀的饼片，放烤箱烤熟。

可可卡蕾特

○ 15分钟　难易度：★☆☆

上、下火180℃

材料 饼干体：无盐黄油85克，糖粉70克，巧克力酱30克，鸡蛋液18克，朗姆酒5毫升，低筋面粉70克，可可粉5克；装饰：鸡蛋液少许

做法 ①无盐黄油加入糖粉，打至发白，加入巧克力酱、鸡蛋液，搅匀，筛入低筋面粉和可可粉拌匀，倒入朗姆酒，拌成面团，压扁，包上保鲜膜冷冻15分钟。②取出面团，擀成厚度约4毫米的面片，用花形模具压出花形的饼干坯。③在饼干坯的表面刷上鸡蛋液，放入烤箱，烤15分钟即可。

可可蛋白饼干

○ 18分钟　难易度：★☆☆

上、下火180℃

材料 蛋白60克，水40毫升，细砂糖120克，可可粉20克

Tips 烘烤时间要根据烤箱而定，烘烤途中观察饼干的外表。

做法 ①将细砂糖和水混合，再加热至118℃左右。②蛋白放入搅拌盆中，打至打蛋器可以拉出鹰嘴钩，中途倒入已经煮好的糖水拌匀。③筛入可可粉，拌匀成可可蛋白糊，装入有圆形裱花嘴的裱花袋中，剪出开口，在烤盘上挤出圆形饼干坯。④烤箱预热180℃，放入饼干坯，烤18分钟即可。

玛格丽特小饼干

○ 20分钟　难易度：★☆☆

上火170℃、下火160℃

材料 低筋面粉100克，玉米淀粉100克，黄油100克，糖粉80克，盐2克，熟蛋黄30克

扫一扫学烘焙

做法 ①低筋面粉加玉米淀粉拌匀开窝，倒入糖粉、黄油、盐、熟蛋黄，揉成面团。②将面团搓成长条，用刮板切成大小一致的小段，揉圆，放入铺好烘焙油纸的烤盘上，用拇指压在面团上面，压出自然裂纹，制成饼坯。③将烤盘放入烤箱内，以上火170℃、下火160℃，烤20分钟即可。

橄榄油原味香脆饼

⏱15分钟　难易度：★☆☆
🔲上、下火170℃

材料 全麦粉100克，橄榄油20毫升，盐2克，苏打粉1克，水45毫升

做法 ①全麦粉倒在案台上，开窝，倒入苏打粉、盐、水、橄榄油搅匀，揉搓成面团。②把面团擀成3毫米厚的面片，再切成长方形的饼坯，去掉多余的面片，用叉子在饼坯上扎小孔，将饼坯放入铺有烘焙油纸的烤盘中。③将烤盘放入烤箱，以上、下火170℃烤15分钟至熟即可。

Tips 如果发现面团发黏，可以用高粉沾一些在手上可防止粘手。

奶黄饼

⏱10分钟　难易度：★☆☆
🔲上、下火150℃

材料 鸡蛋2个，细砂糖100克，低筋面粉100克，吉士粉10克

扫一扫学烘焙

做法 ①将鸡蛋倒入大碗中，加入细砂糖，用电动打蛋器搅匀。②加入低筋面粉、吉士粉，快速搅匀，搅成纯滑的面浆。③把面浆装入裱花袋里，裱花袋尖角处剪开一个小口，将面浆挤到铺有高温布的烤盘里。④把烤盘放入预热好的烤箱里，以上、下火150℃烤10分钟至熟即可。

清爽柠檬饼干

⏱15分钟　难易度：★★☆
🔲上、下火160℃

材料 低筋面粉200克，黄油130克，糖粉100克，盐5克，柠檬皮碎10克，柠檬汁20毫升

做法 ①往案台上倒入低筋面粉、盐，用刮板拌匀，开窝，倒入糖粉、黄油，拌匀。②加入柠檬皮碎、柠檬汁，刮入面粉，混合均匀，揉成一个纯滑面团，逐一取适量的面团，稍微揉圆。③将揉好的小面团放入垫有烘焙纸的烤盘上，按压一下至成圆饼生坯，放入烤箱，烤15分钟至熟即可。

Tips 黄油从冰箱取出后，切成小块，以利于快速软化。

圣诞饼干

⏱15分钟　难易度：★☆☆
🔲上、下火170℃

材料 色拉油50毫升，细砂糖125克，红糖50克，牛奶45毫升，姜粉2克，肉桂粉2克，低筋面粉275克，全麦面粉50克

做法 ①将低筋面粉倒在面板上，加上全麦面粉、姜粉、肉桂粉，开窝，倒入细砂糖、红糖、色拉油和牛奶，和匀，揉成面团，擀成5毫米左右的面皮，切开，分成数个长方块的饼干生坯，放在烤盘中，静置约10分钟。②烤箱预热，放入烤盘，以上、下火170℃烤约15分钟。

砂糖饼干

🕐 15分钟　难易度：★☆☆
🔲 上、下火170℃

材料 低筋面粉125克，盐1克，黄奶油75克，牛奶15毫升，白糖12克

Tips 冬天可以用电吹风，一点点均匀地把黄奶油吹软。

做法 ①把低筋面粉倒在案台上，用刮板开窝，倒入牛奶、部分白糖、黄奶油、盐，搅拌匀。②将材料混合均匀，揉搓成面团，将面团搓成条状。③在案台上撒上剩余白糖，将面条均匀地蘸上白糖，用刀切成数个饼坯。④将饼坯放在烤盘上，把烤盘放入烤箱，以上、下火170℃烤15分钟即可。

糖花饼干

🕐 12~15分钟　难易度：★★☆
🔲 上、下火175℃

材料 饼干体：低筋面粉140克，椰子粉20克，可可粉20克，糖粉60克，盐1克，鸡蛋液25克，无盐黄油60克，香草精3克；装饰：黑巧克力100克，彩色糖粒适量

Tips 黄油要在20℃的时候进行搅打才更容易打好。

做法 ①室温软化的无盐黄油加入糖粉、鸡蛋液、香草精、椰子粉、盐拌匀，筛入可可粉和低筋面粉，拌匀，揉成面团，擀成厚度约4毫米的面片。②用花形圆模具压出相应形状的饼干坯，放在烤盘上。③将烤盘置于烤箱，烘烤12~15分钟，取出，蘸上熔化的巧克力液，表面撒彩色糖粒即可。

糖霜饼干

🕐 25分钟　难易度：★☆☆
🔲 上、下火160℃

材料 原味曲奇预拌粉350克，黄油80克，鸡蛋液50克，蛋白40克，柠檬汁4滴，糖粉200克

Tips 蛋白要打发到没有液体状，提拉时有一个尖会立起方可。

做法 ①原味曲奇预拌粉加鸡蛋液、黄油，揉成面团，擀成面饼。②用模具在面饼上压出饼干坯，边角料可再次揉成面团擀成面饼压成饼干坯，摆入烤盘内。③放入预热好的烤箱里，上、下火160℃烤制25分钟。④蛋白打发，加入糖粉，打发至糖霜状态，滴入鲜柠檬汁，拌匀，挤在饼干上即可。

香草饼干

🕐 15分钟　难易度：★☆☆
🔲 上、下火170℃

材料 黄奶油60克，糖粉25克，盐3克，低筋面粉110克，香草粉7克，莳萝草末、迷迭香末各适量

扫一扫学烘焙

做法 ①低筋面粉加入莳萝草末、迷迭香末、香草粉、糖粉拌匀开窝，加入盐、黄奶油，混匀。②揉搓成光滑的面团，擀成约5毫米厚的面皮，把面皮两侧切齐整，再切成长方块。③再将另两侧切齐整，改切成8等份的小块，用叉子在生坯上扎孔，切成小方块，放入烤箱，烤15分钟即可。

芝麻南瓜子小饼干

⏱ 15分钟　难易度：★☆☆

🔲 上、下火170℃

材料 黄奶油80克，白糖50克，香草粒适量，牛奶16毫升，低筋面粉150克，鸡蛋1个，白芝麻、南瓜子各适量

扫一扫学烘焙

做法 ①低筋面粉加入牛奶、白糖、鸡蛋，拌匀，放入香草粒、黄奶油，揉成面团。②用保鲜膜包好，放入冰箱，冰冻30分钟，取出面团，去掉保鲜膜，切成饼状。③在饼坯边缘粘上白芝麻，在中心放上南瓜子，再放入铺有高温布的烤盘中，放入烤箱，以上、下火170℃烤15分钟即可。

牛轧糖饼干

⏱ 12分钟　难易度：★★☆

🔲 上、下火175℃

材料 饼干体：无盐黄油100克，糖粉70克，盐1克，低筋面粉170克，杏仁粉30克，鸡蛋液25克；牛轧糖糖浆：淡奶油100克，麦芽糖40克，细砂糖55克，无盐黄油30克，夏威夷果碎90克

做法 ①室温软化的无盐黄油加糖粉、盐、低筋面粉和杏仁粉拌匀，加鸡蛋液揉成面团。②擀成厚面皮，用大圆形模具裁切出圆形面皮，再用小圆形模具将中间镂空。③锅里加入淡奶油、麦芽糖、细砂糖、无盐黄油，煮至浓稠，加入夏威夷果碎拌匀成糖浆，倒在面皮中，放进烤箱烤12分钟即可。

黄豆雪球饼干

⏱ 15分钟　难易度：★☆☆

🔲 上、下火170℃

材料 雪球体：无盐黄油80克，糖粉40克，盐1克，低筋面粉100克，黄豆粉40克，杏仁粉30克；装饰：糖粉10克，黄豆粉10克

做法 ①室温软化的无盐黄油加入糖粉、盐，筛入低筋面粉、杏仁粉和黄豆粉，揉成面团，压扁，用保鲜膜包好，冷冻1小时，取出，分成每个20克的小面团，揉圆，放在烤盘上，放入烤箱，烘烤15分钟取出。②取出后，将雪球饼干放入塑料袋，倒入装饰用的糖粉和黄豆粉，拧紧袋口，晃匀即可。

Tips 饼干烤好后要稍微放凉再放入塑料袋中裹上黄豆粉。

草莓沙波罗饼干

⏱ 12分钟　难易度：★★☆

🔲 上、下火180℃

材料 饼干体：无盐黄油50克，糖粉30克，盐0.5克，鸡蛋液10克，香草精2克，低筋面粉110克；装饰：草莓果酱适量，夏威夷果适量，葵花子适量，开心果仁适量

做法 ①室温软化的无盐黄油加糖粉、盐拌匀，分次倒入鸡蛋液、香草精，拌匀，筛入低筋面粉，揉成光滑的面团，擀成厚面皮。②用圆形模具在面皮上裁切出圆形饼干坯放在烤盘上，挤上草莓果酱。③将夏威夷果、葵花子、开心果仁切碎并撒在饼干坯表面，放进烤箱，烤12分钟即可。

Tips 坚果可以放入保鲜袋中，用擀面杖碾碎使用。

松软饼干

⏱ 12分钟　难易度：★☆☆
🔥 上、下火165℃

材料 饼干体：无盐黄油75克，蛋白120克，细砂糖60克，蜂蜜35克，盐0.5克，香草精4克，低筋面粉60克，杏仁粉60克，泡打粉2克；装饰：白巧克力液适量，开心果碎少许，蜂蜜适量

做法 ①室温软化的无盐黄油加热至变色；蛋白加细砂糖打发，加蜂蜜、盐、香草精、无盐黄油、低筋面粉、杏仁粉、泡打粉拌成面糊，装入裱花袋。②在模具上涂上无盐黄油，再挤入面糊，放入烤箱，烤12分钟，取出。③将白巧克力液装入裱花袋，挤在饼干上，放上开心果碎并淋上蜂蜜即可。

Tips 这款饼干的口感比较松软，配牛奶食用味道更好。

月牙坚果饼干

⏱ 15分钟　难易度：★★☆
🔥 上、下火180℃

材料 饼干体：无盐黄油80克，细砂糖50克，鸡蛋液25克，香草精3克，盐0.5克，低筋面粉120克，泡打粉1克，可可粉15克；装饰：腰果碎适量，杏仁适量，杏仁片适量，白巧克力少许

做法 ①室温软化的无盐黄油加细砂糖、鸡蛋液、香草精、盐拌匀，筛入低筋面粉、泡打粉、可可粉，揉成面团，擀成面皮。②用月牙形模具在面皮上印出月牙饼干坯，放在烤盘上；腰果碎、杏仁、杏仁片均嵌在面皮上，烤15分钟，取出。③白巧克力隔水加热熔化，挤在饼干上即可。

Tips 加入鸡蛋液时要缓慢分次加入，打匀后再加入下一次。

迷你布朗尼

⏱ 15分钟　难易度：★☆☆
🔥 上、下火165℃

材料 饼干体：鸡蛋100克（约2个），黄砂糖50克，玉米糖浆20克，盐0.5克，低筋面粉90克，可可粉10克，泡打粉1克，黑巧克力50克，无盐黄油80克，核桃适量，杏仁适量，开心果适量，腰果适量

做法 ①鸡蛋打散，放入黄砂糖、玉米糖浆、盐、低筋面粉、可可粉和泡打粉拌成面糊。②将黑巧克力加入到室温软化的无盐黄油里，隔水熔化成巧克力黄油。③将巧克力黄油加入到面糊中，拌匀，装入裱花袋。④模具上涂上无盐黄油，挤入面糊，放上核桃、杏仁、开心果和腰果，烤15分钟即可。

伯爵芝麻黑糖饼干

⏱ 20分钟　难易度：★★☆
🔥 上、下火150℃

材料 饼干体：有盐黄油75克，糖粉40克，蛋白15克，低筋面粉105克，伯爵茶粉2克；焦糖芝麻馅：细砂糖41克，麦芽糖20克，蜂蜜7克，有盐黄油13克，淡奶油7克，黑芝麻30克

做法 ①室温软化的有盐黄油加糖粉打发，倒入蛋白、伯爵茶粉、低筋面粉，揉成面团，冷藏后取出，擀成厚面皮。②用六角形模具在面皮上裁出六角星饼干坯，用圆形模具在中间裁出圆形并抠掉。③细砂糖加麦芽糖、蜂蜜、有盐黄油、淡奶油加热至熔化，倒入黑芝麻拌匀，填入饼干坯中，烤20分钟即可。

林兹挞饼干

🕐 30分钟　难易度：★★☆

🔥 上、下火180℃

材料 无盐黄油86克，糖粉65克，鸡蛋液11克，低筋面粉90克，杏仁粉64克，草莓果酱100克

做法 ①室温软化的无盐黄油加糖粉打发，倒入鸡蛋液，筛入低筋面粉、杏仁粉，拌成面糊。②取正方形的烤模，将200克面糊放入烤模中。③草莓果酱装入裱花袋中，剪一个小口挤在面糊的表层，抹平；将剩余的面糊装入裱花袋，在草莓果酱层之上挤出网状面糊，放入烤箱，烤30分钟即可。

Tips 鸡蛋液的用量可以精微多一点，饼干会更松软。

黑饼干

🕐 10分钟　难易度：★☆☆

🔥 上、下火180℃

材料 黄砂糖50克，盐0.5克，泡打粉0.5克，鸡蛋液25克，葡萄籽油40毫升，香草精3克，低筋面粉100克，可可粉10克，白巧克力30克

做法 ①黄砂糖加盐、鸡蛋液、葡萄籽油、香草精、低筋面粉、可可粉、泡打粉，揉成面团，擀成厚面皮，裁成正方形，切出长5厘米、宽2厘米的饼干坯并用叉子在面皮上戳出小洞。②将饼干坯放在铺好油纸的烤盘上，放进烤箱烤10分钟。③将白巧克力隔水加热熔化，装饰在饼干表面即可。

Tips 如果没有黄砂糖，也可以用细砂糖或者蜂蜜代替。

柳橙腰果饼干

🕐 12分钟　难易度：★☆☆

🔥 上、下火180℃

材料 无盐黄油140克，细砂糖100克，鸡蛋液50克，盐1克，泡打粉4克，柳橙酒10毫升，柳橙皮120克，腰果120克

做法 ①室温软化的无盐黄油加细砂糖拌匀，分次加入鸡蛋液，加入盐、泡打粉、柳橙酒、90克的柳橙皮拌匀，筛入低筋面粉，揉成面团，再分成重20克的小面团，用手稍稍压扁。②在压扁的饼干坯上用腰果和剩余的柳橙皮作装饰，整齐排列在烤盘上。③烤盘放入烤箱，烤约12分钟即可出炉。

Tips 如果没有腰果，也可以换成其他坚果，如开心果、夏威夷果。

燕麦核桃饼干

🕐 12分钟　难易度：★☆☆

🔥 上、下火180℃

材料 无盐黄油100克，细砂糖90克，香草精3克，盐1克，泡打粉1克，燕麦片100克，捏碎的核桃80克，低筋面粉135克，肉桂粉2克

做法 ①室温软化的无盐黄油加细砂糖拌匀，加入香草精、盐、泡打粉、燕麦片和捏碎的核桃拌匀，筛入低筋面粉和肉桂粉，拌匀成光滑的面团。②将面团放进长方形饼干模具中，冷冻30分钟，取出切成每段8毫米厚的小面团，放在烤盘上。③最后放进预热至180℃的烤箱中层烤12分钟即可。

Tips 面团放在冰箱里可以使其精微硬化，便于切割。

焦糖核桃饼干

⏱30分钟　难易度：★☆☆
🔥上、下火150℃

材料 饼干体：无盐黄油100克，细砂糖40克，鸡蛋（搅散）15克，低筋面粉120克，杏仁粉40克，盐2克；焦糖核桃：无盐黄油80克，细砂糖40克，淡奶油40克，蜂蜜40克，核桃100克

做法 ①饼干体：室温软化的无盐黄油加细砂糖、鸡蛋、低筋面粉、杏仁粉、盐，揉成面团，冷藏30分钟。②面团擀成面皮，放在烤盘上，戳上透气孔，烤15分钟后成饼底。③焦糖核桃：无盐黄油加细砂糖煮至焦黄，加入淡奶油、蜂蜜、核桃拌匀。放入饼底上，烤15分钟，取出切块即可。

钻石核桃沙布蕾

⏱25分钟　难易度：★☆☆
🔥上、下火160℃

材料 饼干体：无盐黄油80克，细砂糖52克，牛奶12毫升，杏仁粉35克，低筋面粉125克，核桃碎50克；装饰：核桃碎适量

做法 ①室温软化的无盐黄油加细砂糖打至蓬松，倒入牛奶、杏仁粉、低筋面粉、核桃碎，揉成面团，整成一个长方体，用油纸包好，冷藏30分钟。②取出面团，将其切成厚度为5毫米的饼干坯，然后整齐排列在烤盘上。③在饼干坯上装饰核桃碎，放入烤箱，烘烤约25分钟即可。

用刮刀翻拌面团，拌到没有干粉，完全融合即可。

核桃饼干

⏱12分钟　难易度：★☆☆
🔥上、下火180℃

材料 饼干体：无盐黄油68克，细砂糖40克，盐0.5克，鸡蛋液25克，低筋面粉130克，杏仁粉20克，泡打粉0.5克；内馅：捣碎的核桃25克，细砂糖50克

做法 ①饼干体：60克无盐黄油加细砂糖、盐、鸡蛋液拌匀，筛入低筋面粉、杏仁粉和泡打粉，揉成面团，擀成面皮，表面涂上剩余熔化的无盐黄油，铺上捣碎的核桃和50克细砂糖，卷起面皮，冷冻1小时后取出。②将面皮切成厚度为8毫米的饼干坯，放入烤箱，烘烤约12分钟即可出炉。

面皮冷冻是为了让面筋松弛，口感更松脆。

椰香核桃饼干

⏱30分钟　难易度：★☆☆
🔥上、下火150℃

材料 饼干体：椰浆30毫升，细砂糖50克，大豆油45毫升，鸡蛋液25克，低筋面粉120，椰子粉35克；装饰：核桃25克

做法 ①将椰浆和细砂糖用打蛋器拌匀，加入大豆油，拌匀。②倒入鸡蛋液继续搅拌均匀，筛入低筋面粉、椰子粉搅拌均匀，成细腻的面糊。③将面糊装入装有圆齿花嘴的裱花袋中，并在烤盘上挤出花形饼干坯。④在饼干坯上装饰核桃，将烤盘放进预热至150℃的烤箱中层，烘烤30分钟即可。

提子软饼干

⏱ 12分钟　难易度 ★☆☆
🔥 上、下火180℃

材料 泡打粉1克，盐1克，红糖30克，糖粉10克，可可粉10克，朗姆酒50毫升，提子干30克，牛奶30毫升，无盐黄油50克，低筋面粉100克

做法 ①提子干切碎放在朗姆酒中浸泡一夜沥干。②无盐黄油室温软化后，加入红糖、糖粉和盐，搅打至羽毛状。③将提子碗中剩余的朗姆酒用筛网过滤入黄油碗中拌匀，加入牛奶、低筋面粉、泡打粉、可可粉拌匀。④加入提子干，拌匀，用小勺将面糊分好，铺在烤盘上，放入烤箱烤12分钟即可。

Tips 如果饼干的表面和底部都呈金黄色就说明饼干烤好了。

紫菜脆饼

⏱ 25分钟　难易度 ★★☆
🔥 上、下火160℃

材料 奶油100克，糖粉50克，食盐2克，鲜奶30克，低筋面粉150克，奶粉20克，紫菜（切碎）30克，鸡精2克

做法 ①把奶油、糖粉、食盐混合、拌匀。②分数次加入鲜奶，完全拌匀至无液体状。③加入低筋面粉、奶粉、紫菜碎、鸡精，拌匀拌透。④取出，搓成面团，再擀成厚薄均匀的面片，分切成长方形饼坯。⑤排入垫有高温布的钢丝网上。⑥入炉，以160℃的炉温烘烤约20分钟，完全熟透出炉。

咖啡腰果饼干

⏱ 10分钟　难易度 ★★☆
🔥 上、下火180℃

材料 咖啡面团：无盐黄油40克，糖粉30克，盐1克，鸡蛋液10克，浓缩咖啡液4克，低筋面粉70克，捣碎的腰果适量；原味面团：无盐黄油70克，糖粉55克，盐1克，鸡蛋液20克，低筋面粉100克，杏仁粉30克

做法 ①咖啡面团：室温软化的无盐黄油加糖粉、盐、鸡蛋液、浓缩咖啡液、低筋面粉拌匀，揉匀，加入腰果碎揉成圆柱状。②原味面团的方法与咖啡面团一样，只需去掉浓缩咖啡液，并在筛入低筋面粉后筛入杏仁粉。③将原味面团擀成长方形，上面放咖啡面团，卷起冷冻后切片，烤10分钟。

无花果燕麦饼干

⏱ 20分钟　难易度 ★☆☆
🔥 上、下火180℃

材料 饼干体：亚麻籽油30毫升，蜂蜜30克，盐0.5克，碧根果粉15克，燕麦粉35克，低筋面粉50克，泡打粉1克；装饰：半干无花果适量

做法 ①亚麻籽油加蜂蜜、盐拌均匀，加碧根果粉、燕麦粉、过筛后的低筋面粉、泡打粉拌匀，揉成面团，分成每个重量约20克的小面团，用手揉搓成圆形。②将圆形小面团压扁后放在铺有油纸的烤盘上，再将半干无花果按压进面团里，成饼干坯，放入烤箱，烤约20分钟，取出即可。

Tips 无花果还可以换成其他坚果。

蓝莓花生饼干

⏱ 10分钟　难易度 ★☆☆
🔲 上、下火180℃

材料 饼干体：蜂蜜60克，亚麻籽油30毫升，花生酱50克，低筋面粉70克，苏打粉1克；装饰：蓝莓酱15克

Tips：蓝莓酱还可以换成草莓酱、巧克力酱。

做法 ①蜂蜜加亚麻籽油、花生酱拌匀，加入过筛后的低筋面粉、苏打粉，拌成饼干面糊，装入裱花袋。②裱花袋尖端剪开口，在铺有油纸的烤盘上挤出圆形，用小勺子将面糊的中心压出一个凹槽。③将蓝莓酱装入裱花袋中，再将其挤在面糊凹槽内，放入预热至180℃的烤箱，烤约10分钟即可。

花生酥饼

⏱ 10分钟　难易度 ★☆☆
🔲 上、下火180℃

材料 饼干体：花生碎50克，无盐黄油60克，细砂糖50克，蜂蜜12克，鸡蛋液25克，花生酱50克，低筋面粉90克，泡打粉1克；装饰：花生碎适量

做法 ①无盐黄油加细砂糖拌匀，加蜂蜜、鸡蛋液、花生酱、花生碎拌匀，筛入低筋面粉和泡打粉拌成面糊。②将面糊装入裱花袋中，剪一个直径为1厘米的开口，在烤盘上挤出大小均匀的圆形饼干坯。③在圆形的面团表层加入适量剁碎的花生。将烤盘放入预热至180℃的烤箱中层，烤10分钟即可。

芝麻脆糖饼干

⏱ 15~18分钟　难易度 ★☆☆
🔲 上、下火150℃

材料 蛋白40克，糖粉300克，盐5克，鸡蛋液40克，无盐黄油40克，淡奶油40克，低筋面粉40克，白芝麻40克，黑芝麻粉200克

Tips：饼干越小，就越容易烤出酥脆的口感。

做法 ①蛋白中加入糖粉和盐，拌匀，倒入鸡蛋液，搅拌均匀。②倒入淡奶油，并注入熔化的无盐黄油，搅拌均匀，筛入低筋面粉。③加入黑芝麻粉，搅拌均匀后加入白芝麻，拌匀。倒入铺有油纸的烤盘中，抹平。烤箱预热150℃，将烤盘置于烤箱的中层，烤15~18分钟，取出后，切块即可。

芝麻煎饼

⏱ 10分钟　难易度 ★☆☆
🔲 上、下火160℃

材料 蛋白60克，细砂糖70克，盐0.5克，香草精2克，低筋面粉90克，无盐黄油60克，黑芝麻20克，白芝麻30克

Tips：选用新鲜鸡蛋的蛋白打发是最好的选择。

做法 ①将蛋白和细砂糖倒入搅拌盆里，用电动打蛋器打发，加入盐、香草精搅拌均匀。②筛入低筋面粉，拌匀成细腻的面糊，加入熔化的无盐黄油拌匀，倒入黑芝麻、白芝麻拌匀。③将面糊装入裱花袋中，剪出一个直径为1厘米的开口。④在烤盘上挤出圆形饼干坯，放入烤箱，烤约10分钟即可。

蔓越莓饼干

⏱ 15分钟　难易度：★☆☆
🔥 上、下火160℃

材料 低筋面粉90克，蛋白20克，奶粉15克，黄油80克，糖粉30克，蔓越莓干适量

扫一扫学烘焙

做法 ①低筋面粉倒在面板上，加入奶粉，拌匀，加入糖粉、蛋白，倒入黄油，揉好后加入蔓越莓干，揉成长条，包上保鲜膜。②放入冰箱冷冻1个小时，取出后拆下保鲜膜，切成5毫米厚的饼干生坯，摆入烤盘。③打开烤箱，将烤盘放入烤箱中，以上、下火160℃烤约15分钟即可。

蔓越莓燕麦饼干

⏱ 15分钟　难易度：★☆☆
🔥 上、下火175℃

材料 饼干体：无盐黄油28克，细砂糖83克，鸡蛋液20克，淡奶油5克，燕麦片10克，低筋面粉80克；装饰：蔓越莓干适量

> **Tips**
> 蔓越莓干还可以换成提子干、梅子干。

做法 ①无盐黄油和细砂糖搅拌均匀后，用电动打蛋器稍微打发，倒入鸡蛋液和淡奶油搅打均匀。②加入燕麦片再筛入低筋面粉拌匀，揉成面团。③将面团分成等量的小面团，放置在烤盘上，用手指在小面团的中央按出凹洞。④将蔓越莓干放入凹洞中，放进预热至175℃的烤箱，烘烤15分钟即可。

燕麦谷物饼干

⏱ 25分钟　难易度：★★☆
🔥 上、下火170℃

材料 糖浆部分：细砂糖50克，蜂蜜20克，无盐黄油62克；固体部分：低筋面粉62克，早餐综合谷物片70克，燕麦片50克，黑芝麻10克，细砂糖50克

> **Tips**
> 细砂糖和蜂蜜的量要足够，这样饼干才更加有黏性。

做法 ①锅中倒入细砂糖50克、蜂蜜、室温软化的无盐黄油，煮至沸腾关火拌匀，倒入碗中，筛入低筋面粉，加入早餐综合谷物片、燕麦片、黑芝麻、细砂糖50克拌至黏稠状，倒入模具中，抹平。②放入预热至170℃的烤箱中层，烘烤25分钟，拿出烤盘，待固体糖块冷却后脱模，切成块状即可。

牛油果燕麦饼干

⏱ 10分钟　难易度：★☆☆
🔥 上、下火180℃

材料 亚麻籽油40毫升，牛油果泥50克，蜂蜜40克，柠檬汁2毫升，盐0.5克，低筋面粉60克，泡打粉1克，苏打粉1克，肉桂粉1克，椰子粉2克，蔓越莓干30克，碧根果碎30克，即食燕麦60克

做法 ①亚麻籽油加牛油果泥、蜂蜜、柠檬汁、盐拌匀，筛入低筋面粉、泡打粉、苏打粉、肉桂粉、椰子粉，拌匀，倒入蔓越莓干、碧根果碎、即食燕麦，拌匀，制成面团。②将面团分成每个重量约30克的小面团，搓圆，再压扁，成饼干坯，放在烤盘上，放入烤箱，烤10分钟至上色即可。

蔓越莓雪球饼干

🕐 15分钟　难易度：★☆☆
🔲 上、下火180℃

材料 无盐黄油100克，细砂糖32克，草莓香油1滴，蔓越莓干20克，杏仁粉18克，低筋面粉123克

做法 ①将无盐黄油提前拿出，室温软化后放入盆中，倒入细砂糖、草莓香油，拌至融合。②倒入蔓越莓干搅拌，筛入杏仁粉、低筋面粉，翻拌至无干粉，揉成光滑的面团。③将面团分成每个20克的小面团并揉成均匀的小球放置在烤盘上。④最后放入预热至180℃的烤箱中层，烤15分钟即可。

燕麦全麦饼干

🕐 15分钟　难易度：★☆☆
🔲 上、下火170℃

材料 低筋面粉50克，燕麦100克，盐3克，泡打粉5克，橄榄油10毫升，水100毫升

扫一扫学烘焙

做法 ①将低筋面粉、燕麦、泡打粉倒在面板上，拌匀开窝，加入盐、橄榄油、水，揉匀成面团。②将面团搓成粗条，取下适量面团揉圆，压成饼状，放入烤盘，剩下的面团依次做成饼坯。③打开预热好的烤箱，放入烤盘，以上、下火170℃，烤15分钟即可食用。

蜂蜜燕麦饼干

🕐 10分钟　难易度：★☆☆
🔲 上、下火180℃

材料 芥花籽油30毫升，香草精2克，盐0.5克，蜂蜜50克，低筋面粉60克，燕麦粉30克，泡打粉1克

做法 ①将芥花籽油、香草精、盐、蜂蜜倒入盆中，拌匀，筛入低筋面粉、燕麦粉、泡打粉，制成饼干面糊，装入套有圆齿裱花嘴的裱花袋里，在裱花袋尖端处剪一个小口。②烤盘铺上油纸，在油纸上挤出数个长度约为8厘米的饼干坯。③将烤盘放入预热至180℃的烤箱中层，烤10分钟即可。

> *Tips*
> 还可以将面糊挤成其他的形状，保持大小一致即可。

蜂蜜碧根果饼干

🕐 10分钟　难易度：★☆☆
🔲 上、下火180℃

材料 碧根果碎20克，芥花籽油30毫升，蜂蜜60克，盐0.5克，低筋面粉90克，泡打粉1克

做法 ①芥花籽油加蜂蜜、盐拌匀，筛入低筋面粉、泡打粉，倒入碧根果碎，拌成无干粉的面团。②在操作台上铺上保鲜膜，放上面团，用擀面杖将面团擀成厚薄一致的薄面皮。③用爱心模具按压出数个饼干坯，取下饼干坯，放在铺有油纸的烤盘上，再放入烤箱，烤约10分钟即可。

> *Tips*
> 模具表面最好抹上油，这样更容易脱模。

花样坚果饼干

⏱ 15分钟　难易度：★☆☆
🔥 上、下火180℃

材料 饼干体：无盐黄油70克，花生酱30克，糖粉100克，盐1克，蛋黄40克，低筋面粉120克，杏仁粉50克，可可粉10克，牛奶15毫升；装饰：蛋白30克，核桃碎40克，杏仁、草莓果酱各适量

（Tips）核桃碎还可以换成开心果碎或者芝麻等坚果。

做法 ①无盐黄油加花生酱、糖粉、盐、蛋黄、牛奶、低筋面粉、杏仁粉、可可粉，拌匀，揉成面团，包上保鲜膜，冷藏1小时。②取出后分成每个15克的饼干坯，揉圆，压扁，放上杏仁，或蘸上蛋白、裹上核桃碎，放入烤箱，烤15分钟，取出后，在裹上核桃碎的饼干中心装饰草莓果酱即可。

大理石饼干

⏱ 15分钟　难易度：★☆☆
🔥 上、下火175℃

材料 无盐黄油80克，糖粉65克，蛋黄1个，盐0.5克，香草精3克，低筋面粉130克，杏仁粉30克，可可粉3克

（Tips）每个烤箱都有自己的"脾气"，要熟悉自己的烤箱的"脾气"。

做法 ①无盐黄油加糖粉拌匀，加入蛋黄、盐、香草精，筛入低筋面粉和杏仁粉，揉成面团。②取出30克的面团加入可可粉揉成可可粉面团。白色面团中少量多次地加入可可粉面团并滚成圆柱状，用保鲜膜包好放进冰箱冷冻1小时。③取出，切成厚度为4.5毫米厚的饼干坯，放入烤箱烤15分钟即可。

蛋白果仁脆饼

⏱ 25分钟　难易度：★☆☆
🔥 上、下火160℃

材料 蛋白30克，细砂糖50克，香草精2克，无盐黄油10克，核桃50克，杏仁50克，腰果50克，低筋面粉20克，肉桂粉1克

做法 ①蛋白加细砂糖打至可以拉出鹰嘴状的软钩，加入香草精、熔化的无盐黄油和切碎的核桃、杏仁、腰果拌匀，筛入低筋面粉和肉桂粉搅拌至无干粉状，成细腻的面糊。②将面糊装入裱花袋中，剪一个1厘米的开口。③在烤盘上挤出圆形饼干坯，放入预热至160℃的烤箱中层，烘烤约25分钟。

南瓜芝士饼干

⏱ 23分钟　难易度：★☆☆
🔥 上、下火170℃

材料 有盐黄油50克，麦芽糖80克，鸡蛋（搅散）10克，南瓜60克，杏仁粉15克，芝士粉10克，低筋面粉130克

（Tips）如果没有南瓜，可以换成软糯的紫薯或者红薯。

做法 ①室温软化的有盐黄油加麦芽糖搅打匀，分次加入鸡蛋，搅拌至有盐黄油发白膨胀。②加入蒸熟压成泥的南瓜和过筛的杏仁粉、芝士粉、低筋面粉搅拌成光滑的面团。③将面团擀成厚度4毫米的面皮，用小鹿饼干模具在擀平的面皮上裁切出小鹿形状的饼干坯，放入烤箱，烤23分钟即可。

南瓜饼干

⏱15分钟　难易度：★☆☆
🔥上、下火175℃

材料 饼干体：无盐黄油65克，糖粉20克，盐1克，蛋黄20克，南瓜60克，低筋面粉170克；装饰：南瓜子15克

Tips 如果家里没有南瓜子，也可根据喜好放上胡桃碎等。

做法 ①室温软化的无盐黄油加糖粉拌匀，加入盐、蛋黄、煮熟的南瓜，拌匀，筛入低筋面粉，拌匀揉成光滑的面团，揉成圆柱状，再用油纸包好，放入冰箱冷冻30分钟。②取出面团，切成4.5毫米厚的饼干坯，放置在烤盘上，撒上南瓜子。③最后放进预热175℃的烤箱中层，烤15分钟即可。

紫薯饼干

⏱8分钟　难易度：★☆☆
🔥上、下火175℃

材料 无盐黄油60克，糖粉50克，盐0.5克，鸡蛋液25克，低筋面粉120克，紫薯泥50克，香草精2克

Tips 放置时间过久的鸡蛋蛋白黏度低、碱性增大，打发比较难。

做法 ①将室温软化的无盐黄油充分拌匀，倒入糖粉和盐拌匀，分次倒入鸡蛋液，拌匀，加入香草精、紫薯泥，搅拌均匀，筛入低筋面粉，揉成面团，擀成厚度为4毫米的面皮。②使用花形饼干模具裁切出饼干坯。③将饼干坯放在烤盘上，用叉子在面皮上戳出一排小孔，放入烤箱烤8分钟即可。

薯泥脆饼

⏱12分钟　难易度：★☆☆
🔥上、下火180℃

材料 低筋面粉150克，盐1克，苏打粉1克，橄榄油45毫升，土豆泥55克，披萨草适量

Tips 如果烤出的饼干色泽不均匀，主要是因为饼干的厚度不一致。

做法 ①低筋面粉过筛，加入盐和苏打粉，搅拌均匀，加入橄榄油，继续搅拌均匀。②将碾成泥的土豆加入到面团中，再加入披萨草，混合成光滑的面团。③用擀面杖，将面团擀成厚度为4毫米的面皮，用刀将面皮切成正方形，移入烤盘。④烤箱预热170℃，放入烤盘，烘烤12分钟即可。

海苔脆饼

⏱10~12分钟　难易度：★☆☆
🔥上、下火180℃

材料 中筋面粉100克，细砂糖5克，海盐1克，泡打粉2克，牛奶20毫升，菜油10毫升，鸡蛋液20克，海苔碎适量

Tips 戳上透气孔的饼干烘烤后不容易裂开。

做法 ①在搅拌盆内加入过筛的中筋面粉、细砂糖、泡打粉及海盐，混匀，加入鸡蛋液、菜油、牛奶、海苔碎，揉成面团。②使用擀面杖将面团擀成厚度为3毫米的面片，切成长方形的薄片。③将饼干坯移到铺了油纸的烤盘上，准备一个叉子，在饼干坯上戳上透气孔，放入烤箱烤10~12分钟即可。

椰丝瓦片饼干

⏱12分钟　难易度：★☆☆
🔥上、下火160℃

材料 蛋白70克，细砂糖50克，低筋面粉5克，无盐黄油20克，椰丝65克

做法 ①将蛋白和细砂糖倒入盆中，打至硬性发泡，即提起电动打蛋器可以拉出一个鹰嘴状的软钩。②筛入低筋面粉用橡皮刮刀翻拌均匀，加入椰丝、熔化的无盐黄油，搅拌均匀成细腻的面糊。③将面糊装入裱花袋中，并在烤盘上挤出圆形的饼干坯。④将烤盘放进烤箱中层烘烤12分钟即可。

Tips 加热熔化的无盐黄油在室温下会重新凝结，变回固体状态。

凤梨酸奶饼干

⏱20分钟　难易度：★☆☆
🔥上、下火170℃

材料 饼干体：无盐黄油40克，细砂糖100克，原味酸奶45毫升，低筋面粉130克，凤梨酱50克；装饰：玉米片20克，椰蓉20克

做法 ①将无盐黄油和细砂糖倒入搅拌盆中，用橡皮刮刀搅拌均匀。②分次加入原味酸奶，拌匀，筛入低筋面粉搅匀，倒入凤梨酱，用橡皮刮刀搅匀。③将面团分成等份的小面团，外层裹上椰蓉和玉米片，放置在铺好油纸的烤盘上，用手轻轻压扁，烤盘放进预热至170℃的烤箱烘烤20分钟即可。

Tips 可将无盐黄油放在正在预热的烤箱上使其保持液体状态。

黑松露饼干

⏱12分钟　难易度：★☆☆
🔥上、下火170℃

材料 饼干体：中筋面粉100克，细砂糖5克，盐2克，泡打粉2克，牛奶20毫升，菜籽油10毫升，鸡蛋液25克，黑松露酱适量，披萨草适量

做法 ①中筋面粉过筛，加入细砂糖、盐、泡打粉，搅拌匀，加入牛奶、菜籽油、鸡蛋液，搅拌均匀后，揉成光滑的面团，加入黑松露酱和披萨草搅拌均匀。②将面团擀成厚度为3毫米的面皮，切成正方形的饼干坯，移动到烤盘上。③用小叉子在面皮上戳透气孔，放入烤箱，烤12分钟即可。

Tips 家用烤箱大多分为好几层，但最好每次只烤一盘饼干。

柠檬开心果脆饼

⏱15分钟　难易度：★☆☆
🔥上、下火175℃

材料 无盐黄油50克，细砂糖70克，盐1克，鸡蛋（搅散）50克，柠檬汁30毫升，柠檬皮屑30克，开心果碎50克，低筋面粉200克，杏仁粉50克，泡打粉2克

做法 ①无盐黄油室温软化后，加入细砂糖打发，加入盐、鸡蛋、柠檬汁、柠檬皮屑、开心果碎拌匀，筛入低筋面粉、杏仁粉、泡打粉，揉成光滑的面团。②将面团揉成圆柱体，用油纸包好，放入冰箱冷冻30分钟。③取出面团，切成4.5毫米厚的饼干坯，放置在烤盘上，放进烤箱，烤15分钟即可。

Tips 饼干尽量切得薄些，利于烤熟，而且节省时间。

抹茶雪方饼干

⏱ 18分钟　难易度：★☆☆

🔥 上、下火160℃

材料 饼干体：无盐黄油100克，细砂糖32克，低筋面粉120克，杏仁粉18克，抹茶粉5克；装饰：防潮糖粉60克，抹茶粉5克

💡 防潮糖粉和抹茶粉最好过筛后再用，不容易结团。

（做法）①无盐黄油室温软化，加入细砂糖打至蓬松羽毛状，筛入低筋面粉、杏仁粉、抹茶粉拌匀，揉成光滑的面团，装进保鲜袋，冷藏30分钟。②取出，擀成厚度为1厘米的方形面饼，切成正方形饼干坯，烤18分钟，取出。③保鲜袋中放入防潮糖粉、5克抹茶粉、饼干，攥住收口，晃匀即可。

海盐小麦饼干

⏱ 13分钟　难易度：★☆☆

🔥 上、下火180℃

材料 无盐黄油40克，牛奶10毫升，黄砂糖40克，小麦面粉30克，泡打粉1克，盐3克，低筋面粉60克

💡 无盐黄油提前取出，于室温软化，或者放入微波炉精微加热。

（做法）①室温软化的无盐黄油加牛奶拌匀，倒入黄砂糖拌匀，倒入小麦面粉、泡打粉、盐，拌匀，筛入低筋面粉，拌匀，揉成饼干面团。②将面团放进长方形饼干模具中，放入冰箱冷冻30分钟，取出，切成厚度为5毫米的薄片。③烤箱预热至180℃，放入饼干坯，烘烤13分钟即可食用。

抹茶瓦片脆饼

⏱ 3分钟　难易度：★★☆

🔥 上、下火150℃

材料 无盐黄油50克，糖粉50克，杏仁粉10克，低筋面粉45克，蛋白35克，淡奶油10克，抹茶粉5克

💡 瓦片模具可以让制作的饼干更薄，更酥脆。

（做法）①无盐黄油隔水加热熔化成液体，加入糖粉，拌均匀，筛入杏仁粉和低筋面粉，拌至无干粉的状态，加入蛋白、淡奶油搅拌至完全融合，筛入抹茶粉，搅拌成均匀的饼干面糊。②拿出瓦片模具，将饼干面糊抹在模具上，用刮板刮平表面，揭开模具，得到饼干坯，放进烤箱烘烤3分钟即可。

黄豆粉饼干

⏱ 12分钟　难易度：★☆☆

🔥 上、下火180℃

材料 饼干体：无盐黄油60克，糖粉60克，盐0.5克，鸡蛋（搅散）25克，香草精3克，黄豆粉40克，低筋面粉110克，杏仁粉30克，面粉少许；表层：黄豆粉20克

💡 黄豆粉也可以换成过筛后的糖粉。

（做法）①无盐黄油搅拌匀，倒入糖粉、盐，拌匀，倒入鸡蛋、香草精继续搅拌，筛入黄豆粉40克、低筋面粉和杏仁粉拌匀，揉成光滑的面团。②在面团上撒面粉，将面团擀成约2厘米厚的面皮，再切成小方块饼干坯，放在铺好油纸的烤盘上，放进烤箱烤12分钟，取出，筛上黄豆粉即可。

橡果饼干

⏱ 20分钟　难易度 ★☆☆
🔥 上、下火160℃

材料 无盐黄油50克，糖粉25克，盐1克，鸡蛋液25克，低筋面粉100克，泡打粉1克，黑巧克力50克

做法 ①无盐黄油室温软化，加糖粉、鸡蛋液、盐混合匀，筛入混合了泡打粉的低筋面粉，拌匀，揉成面团，分成每个6~7克的小面团，搓成橡果的形状。②将小面团放在烤盘上，放入烤箱，烘烤20分钟，取出。③将黑巧克力放入小锅中，隔热水熔化成液体；将饼干的头部蘸上黑巧克力液即可。

Tips 隔水熔化黑巧克力的过程中，水温不要超过50℃。

简单芝士饼干

⏱ 15分钟　难易度 ★☆☆
🔥 上、下火170℃

材料 无盐黄油60克，盐1克，糖20克，鸡蛋液25克，低筋面粉120克，芝士粉50克

做法 ①无盐黄油室温软化，加入盐、糖，用电动打蛋器打至体积变大、颜色发白。②加入鸡蛋液，搅打均匀，筛入低筋面粉和部分芝士粉，拌匀后，揉成光滑的面团。③将面团擀成厚度为3毫米的面片，用花形模具压出饼干花形，戳上透气孔，撒上芝士粉，放在烤盘内，放入烤箱，烤15分钟即可。

Tips 烤盘上最好铺上吸油纸，这样更方便。

奶香芝士饼干

⏱ 18分钟　难易度 ★☆☆
🔥 上、下火160℃

材料 无盐黄油50克，盐5克，细砂糖40克，鸡蛋液35克，低筋面粉120克，芝士粉50克，牛奶25毫升

做法 ①无盐黄油室温软化，加入细砂糖和盐搅打至蓬松羽毛状，加入鸡蛋液和牛奶，筛入低筋面粉和30克芝士粉，搅拌均匀后，揉成光滑的面团，搓成长条。②将面团分成20克一个的小面团，再捏成正方形，表面划一个十字，撒上剩余的芝士粉。③烤箱预热160℃，放入烤盘，烤18分钟即可。

Tips 饼干坯表面的十字可以用叉子划出。

浓咖啡意大利脆饼

⏱ 20分钟　难易度 ★★☆
🔥 上、下火180℃

材料 低筋面粉100克，杏仁35克，鸡蛋1个，细砂糖60克，黄油40克，泡打粉3克，咖啡粉3克，热水5毫升

做法 ①低筋面粉倒在案板上，撒上泡打粉拌匀，倒入细砂糖、鸡蛋，搅散蛋黄，将热水倒入咖啡粉中，溶解之后倒入面粉中，加入黄油，揉搓匀，撒上杏仁，揉成光滑的面团，搓成椭圆柱状，切成数个小剂子。②烤盘上铺上烘焙油纸，摆上剂子，按压几下，制成椭圆形生坯，放入烤箱烤约20分钟即可。

扫一扫学烘焙

意大利浓香脆饼

⏱ 20分钟　难易度：★★☆
🔥 上、下火180℃

材料 杏仁粉15克，细砂糖30克，可可粉8克，泡打粉1克，低筋面粉40克，杏仁片15克，黑巧克力15克，鸡蛋液30克，无盐黄油5克，香草精1克，彩色糖珠适量，牛奶巧克力适量

Tips 该款饼干的口感类似布朗尼，微苦，可以配合牛奶食用。

做法 ①杏仁粉加细砂糖、可可粉、泡打粉、低筋面粉、杏仁片、黑巧克力碎、鸡蛋液、香草精、隔水加热熔化的无盐黄油，拌匀揉成面团。②将面团整成厚约2厘米的面饼；隔热水熔化牛奶巧克力。③将面饼放入烤箱，烤20分钟，取出切条。④在前端蘸些许巧克力液，并撒上彩色糖珠即可。

豆腐饼干

⏱ 8~10分钟　难易度：★☆☆
🔥 上、下火175℃

材料 豆腐25克，糖粉20克，鸡蛋液50克，盐2克，低筋面粉60克，泡打粉1克

Tips 为饼干坯戳上透气孔，是为了防止在烘烤的过程中饼干断裂。

做法 ①用纱布包裹豆腐，沥干水分，并将豆腐捣烂。②鸡蛋液加入糖粉、盐、捣烂的豆腐，筛入低筋面粉、泡打粉，拌匀，揉成光滑的面团，擀成厚度为2毫米的薄片，整成方形，切成菱形。③用小叉子为饼干坯戳上透气孔，放入烤盘，预热烤箱175℃，放入烘烤8~10分钟即可。

海盐全麦饼干

⏱ 15分钟　难易度：★☆☆
🔥 上、下火180℃

材料 低筋面粉100克，全麦面粉30克，盐1克，泡打粉1克，无盐黄油40克，牛奶50毫升，海盐适量

做法 ①低筋面粉过筛，加入过筛的全麦面粉、盐、泡打粉和无盐黄油，混匀，倒入30毫升牛奶，混合匀后，揉成光滑的面团，擀成厚度为3毫米的面片，使用模具压出喜欢的形状。②用叉子给饼干坯戳出透气孔，移到烤盘上，在饼干坯的表面刷上适量的牛奶，撒上海盐，放入烤箱，烤15分钟即可。

葱香三角饼干

⏱ 10~12分钟　难易度：★☆☆
🔥 上、下火180℃

材料 中筋面粉100克，细砂糖5克，盐3克，泡打粉2克，牛奶20毫升，菜油10毫升，鸡蛋液20克，香葱适量

Tips 有一些特制的烤盘有不粘涂层，可以不铺油纸或油布。

做法 ①过筛的中筋面粉加细砂糖、盐、泡打粉，混合均匀，加入鸡蛋液、菜油、牛奶，拌匀成面团，加入香葱，揉匀，擀成厚度为3毫米的面片。②将面片切成三角的形状，此时烤箱预热180℃，用刮板将面片移动到铺了油纸的烤盘上。③烤盘置于烤箱的中层，烘烤10~12分钟即可。

趣多多

🕐 25分钟　难易度：★☆☆

🔥 上、下火160℃

材料 巧克力曲奇预拌粉350克，黄油120克，鸡蛋1个，巧克力豆100克

做法 ①将预拌粉、软化黄油依次加入碗中，将打好的鸡蛋倒入预拌粉内，用手揉搓搅拌均匀。②将面团分成每个重量13克左右的小面团，用手揉匀压扁，摆放在铺有油纸的烤盘上。③在每个面饼上均匀摆放巧克力豆。④将烤盘放入预热好的烤箱，温度为上、下火160℃，烤制25分钟，取出即可。

土豆蔬菜饼干

🕐 20分钟　难易度：★☆☆

🔥 上、下火160℃

材料 熟土豆60克，盐0.5克，枫糖浆30克，黑胡椒碎0.5克，大豆油22毫升，豆浆15毫升，低筋面粉90克，苏打粉1克，西蓝花（切碎）22克

做法 ①熟土豆加盐、枫糖浆、黑胡椒碎、大豆油、豆浆，拌匀，加入过筛后的低筋面粉、苏打粉，拌至无干粉的状态，倒入西蓝花碎，按压均匀，成饼干面团。②将面团擀成厚面皮，用圆形模具按压出数个饼干坯，并在饼干坯上戳出透气孔。③将饼干坯放在烤盘上，移入烤箱，烤20分钟即可。

> Tips
> 厚面皮的厚度大约为5毫米。

豆浆肉桂碧根果饼干

🕐 20分钟　难易度：★★☆

🔥 上、下火180℃

材料 亚麻籽油30毫升，枫糖浆30克，豆浆28毫升，肉桂粉1克，香草精2克，盐1克，低筋面粉90克，泡打粉1克，碧根果粉10克，碧根果碎15克

做法 ①亚麻籽油加枫糖浆、豆浆、肉桂粉、香草精、盐，拌匀，再加入过筛后的低筋面粉、碧根果、泡打粉，翻拌均匀，倒入碧根果碎，继续翻拌成面团。②将面团放在铺有油纸的烤盘上揉搓成圆柱状，放入烤箱，烤10分钟后取出，切块，再放入烤箱中层，再烤约10分钟即可。

> Tips
> 烤盘上铺上油纸可以防止粘连，还能方便清洗。

豆浆榛果布朗尼脆饼

🕐 35分钟　难易度：★★☆

🔥 上、下火170℃

材料 亚麻籽油30毫升，枫糖浆30克，豆浆30毫升，盐0.5克，低筋面粉75克，可可粉15克，泡打粉1克，苏打粉0.5克，榛果碎15克

做法 ①亚麻籽油加枫糖浆、豆浆、盐拌匀，加入过筛后的低筋面粉、可可粉、泡打粉、苏打粉，拌匀，倒入榛果碎，揉匀成面团，放在铺有油纸的烤盘上，按压成长条状的块。②将烤盘放入已预热至170℃的烤箱中层，烤约25分钟，取出，切成大小一致的块，再放入烤箱中层，烤约10分钟即可。

> Tips
> 注意第一次的烘烤时间，不要烤过头了。

豆浆热带水果脆饼

🕐 40分钟　难易度：★★☆
🔥 上、下火170℃

材料 亚麻籽油30毫升，枫糖浆30克，豆浆22毫升，香草精1克，盐0.5克，低筋面粉118克，泡打粉2克，橙皮丁22克

做法 ①亚麻籽油加枫糖浆、豆浆、香草精、盐拌匀，加入过筛后的低筋面粉、泡打粉拌匀，倒入橙皮丁，拌匀成面团，按压成条状，放入已预热至170℃的烤箱中层，烤约25分钟。②取出烤过的饼干放凉，分切成小块，放回烤盘上。③将烤盘放入已预热至170℃的烤箱中层，再烤约15分钟即可。

Tips 还可以将橙皮丁换成其他水果干。

豆浆饼

🕐 20分钟　难易度：★☆☆
🔥 上、下火170℃

材料 枫糖浆35克，芥花籽油8毫升，豆浆15毫升，香草精1克，低筋面粉75克，泡打粉1克，红豆馅适量，黑芝麻10克

做法 ①枫糖浆加芥花籽油、盐、豆浆、香草精拌匀，加入过筛后的低筋面粉、泡打粉，拌匀成饼干面团，再分成每个重约35克的小面团，搓圆，按扁，每个放入20克的红豆馅。②包起来后整成栗子状，在底部粘上一层黑芝麻，即成豆浆饼干坯。③将豆浆饼干坯放烤盘上，放入烤箱，烤20分钟即可。

Tips 豆浆还可以换成豆奶等饮品。

葵花子萝卜饼干

🕐 15分钟　难易度：★★☆
🔥 上、下火180℃

材料 胡萝卜汁30毫升，芥花籽油30毫升，蜂蜜30克，盐1克，低筋面粉80克，泡打粉1克，苏打粉2克，葵花子30克

做法 ①将胡萝卜汁加芥花籽油、蜂蜜、盐拌匀，加入过筛后的低筋面粉、泡打粉、苏打粉，拌匀，倒入葵花子，揉成面团，再分成每个约30克的小面团，搓圆，压扁，即成饼干坯。②将饼干坯放在铺有油纸的烤盘上，放入烤箱中层。③烤约15分钟至饼干上色，取出烤好的饼干即可。

Tips 葵花子还能换成黑芝麻或者白芝麻。

花生饼干

🕐 15分钟　难易度：★☆☆
🔥 上、下火180℃

材料 花生酱20克，芥花籽油30毫升，蜂蜜50克，盐1克，低筋面粉90克，泡打粉1克，花生碎15克

做法 ①花生酱加芥花籽油、蜂蜜、盐拌匀，加入过筛后的低筋面粉、泡打粉，拌成饼干面团。②将面团分成每个重约30克的小面团，用手揉搓成小的圆形面团，再压扁。③将按扁的面团粘裹上一层花生碎，即成花生饼干坯，放在铺有油纸的烤盘上，放入烤箱中层，烤约15分钟即可。

椰子脆饼

🕐 15分钟　难易度：★☆☆
🔥 上火170℃、下火160℃

材料 低筋面粉120克，椰子粉60克，细砂糖50克，盐1克，鸡蛋液25克，无盐黄油60克，香草精3克

做法　①将无盐黄油放入搅拌盆压软，倒入鸡蛋液、香草精、细砂糖、盐、椰子粉，拌匀，筛入低筋面粉，拌匀揉成面团。②将面团擀成厚度约4毫米的面片，先切成方形，再改切成正方形的饼干坯。③在饼干坯上戳出透气孔，烤箱以上火170℃、下火160℃预热，放入饼干坯，烤15分钟即可。

Tips 制作薄脆饼干时，为了便于取出饼干，最好铺上油纸。

芝士脆饼

🕐 15分钟　难易度：★☆☆
🔥 上、下火180℃

材料 无盐黄油100克，细砂糖60克，蛋黄20克，低筋面粉160克，芝士粉20克，盐1克

做法　①将无盐黄油放入搅拌盆中，拌匀，加入细砂糖、蛋黄，搅拌均匀，加入盐、芝士粉，再筛入低筋面粉，拌至无干粉，揉成光滑的面团，用擀面杖擀成厚度约4毫米的面片。②先将面片切成三角形，再用圆形模具抠出圆形，做出奶酪造型的饼干坯并放入烤箱，烘烤15分钟即可。

Tips 饼干冷却后最好和几块方糖一起存放，避免饼干受潮。

抹茶红豆饼干

🕐 20分钟　难易度：★☆☆
🔥 上、下火170℃

材料 无盐黄油125克，糖粉88克，牛奶75毫升，低筋面粉175克，高筋面粉75克，红豆粒125克，抹茶粉20克

做法　①无盐黄油加糖粉打发至发白，分两次加入牛奶，搅拌，加入红豆粒，搅匀。②倒入低筋面粉、高筋面粉和抹茶粉，和匀，整成面团，放入饼干模具中，冷冻10~20分钟。③拿出冻面团，将其切成厚度为3毫米的饼干坯，再整齐地排列在烤盘上，放入烤箱，烘烤20分钟即可食用。

Tips 此处的红豆粒用的是糖渍红豆，是已经煮熟的甜红豆粒。

薯泥脆饼

🕐 12分钟　难易度：★☆☆
🔥 上、下火180℃

材料 低筋面粉150克，盐1克，苏打粉1克，土豆泥55克，橄榄油45毫升，披萨草适量

做法　①低筋面粉过筛到搅打盆中，加入盐和苏打粉，搅拌均匀，倒入橄榄油，继续搅拌均匀。②将土豆泥加入到面团中，拌匀，再加入披萨草，揉成面团。③将面团擀成厚度约4毫米的面片，再切成正方形的饼干坯，移入烤盘中。④烤箱以上、下火180℃预热，将烤盘置于烤箱，烤12分钟即可。

Tips 若需要保存更长时间，可将饼干密封后放入冰箱的冷冻室。

收涎饼

⏱ 20分钟　难易度：★☆☆
🔲 上、下火180℃

材料 无盐黄油75克，绵白糖90克，鸡蛋液30克，苏打粉2克，低筋面粉165克，泡打粉3克

Tips 中空的正方形边长为2厘米。

做法 ①无盐黄油加绵白糖打至发白，加入鸡蛋液、苏打粉拌匀。将低筋面粉过筛，加入泡打粉，再加入蛋糊中，揉成面团。②面团盖上保鲜膜，松弛20分钟，分成若干个小面团，压成厚度约为8毫米的面皮。③在面皮的中心切割出菱形或者正方形的中空，边长约为2厘米，入烤箱，烤20分钟即可。

锅煎蛋饼干

⏱ 15分钟　难易度：★★☆
🔲 上、下火160℃

材料 低筋面粉110克，鸡蛋液20克，无盐黄油65克，黄色翻糖膏适量，竹炭粉5克，泡打粉2克，白色棉花糖适量，细砂糖50克

Tips 竹炭粉中包含了多种天然的矿物成分，对身体有益。

做法 ①黄油室温软化后加入细砂糖，打至发白，分次加入蛋液，搅打匀，筛入竹炭粉、低筋面粉和泡打粉，拌匀，冷藏30分钟取出。②擀成面片，用模具压出锅底和手柄。锅底上面放一小片棉花糖，作为蛋白，将手柄组装在锅上，放入烤箱，烤15分钟，取出，放上翻糖膏搓成的小球即可。

原味卡蕾特

⏱ 15分钟　难易度：★☆☆
🔲 上、下火180℃

材料 饼干体：无盐黄油100克，糖粉60克，蛋黄15克，朗姆酒5毫升，低筋面粉105克；装饰：鸡蛋液少许

Tips 若饼干在回温的过程中不小心受潮，可放入烤箱烤几分钟。

做法 ①将无盐黄油放入盆中搅打匀，加入糖粉，打至蓬松发白。②倒入蛋黄，筛入低筋面粉，拌匀，倒入朗姆酒，搅拌成面团，包上保鲜膜，冷冻15分钟。③取出面团，擀成厚度约4毫米的面片，用花形模具压出饼干坯，表面刷上鸡蛋液。④烤箱预热180℃，将烤盘置于烤箱，烤15分钟即可。

核桃布朗尼饼干

⏱ 15分钟　难易度：★★☆
🔲 上、下火180℃

材料 饼干体：黑巧克力110克，无盐黄油50克，黄砂糖100克，盐2克，鸡蛋2个，低筋面粉160克，泡打粉2克；装饰：核桃适量

做法 ①将黑巧克力与室温软化的无盐黄油混合，隔水加热熔化，拌匀。②加入黄砂糖，分两次倒入鸡蛋，拌匀，加入盐和泡打粉，拌匀。③筛入低筋面粉，拌匀后装入裱花袋，剪出约1厘米的开口。④在烤盘上挤出水滴形状的饼干坯，整颗的核桃在饼干坯表面装饰，放入烤箱，烤15分钟即可。

彩糖布朗尼饼干

⏱15分钟　难易度：★☆☆
🔥上、下火180℃

材料 饼干体：黑巧克力110克，无盐黄油25克，黄砂糖50克，盐1克，鸡蛋1个，低筋面粉40克，泡打粉1克；装饰：入炉巧克力适量，彩糖适量

做法 ①将黑巧克力混合室温软化的无盐黄油，隔水加热至熔化，加入黄砂糖，拌匀。②倒入鸡蛋，拌匀，加入盐和泡打粉，筛入低筋面粉，拌匀。③将面糊装入裱花袋中，剪出约1厘米的开口，在烤盘上挤出半圆球形状的饼干坯，表面用入炉巧克力和彩糖装饰，放入烤箱，烤15分钟即可。

Tips 烤箱事先用180℃预热，这样更易烤制。

达克瓦兹

⏱12分钟　难易度：★☆☆
🔥上、下火180℃

材料 饼干体：蛋白60克，细砂糖20克，杏仁粉40克，糖粉30克，低筋面粉20克；装饰：糖粉20克；奶油夹心：黑巧克力90克，淡奶油30克，黄糖糖浆5克

做法 ①将蛋白加入细砂糖，打发，筛入低筋面粉、杏仁粉、糖粉，拌匀。②将面糊装入裱花袋，挤出，作为饼干体，放入烤箱，烤12分钟。③取出后，用网筛将20克糖粉筛在其表面；黑巧克力隔温水熔化。④黄糖糖浆加淡奶油拌匀，倒入黑巧克力液中，拌匀，放入裱花袋，挤在两片饼干之间即可。

抹茶达克瓦兹

⏱12分钟　难易度：★☆☆
🔥上、下火180℃

材料 饼干体：蛋白60克，细砂糖20克，杏仁粉33克，糖粉30克，低筋面粉20克，抹茶粉10克；装饰：糖粉20克；奶油夹心：黑巧克力90克，淡奶油30克，玉米糖浆5克

做法 ①蛋白中加入细砂糖，打发，筛入低筋面粉、杏仁粉、糖粉、抹茶粉，拌匀。②将面糊装入裱花袋，挤出，作为饼干体，放入烤箱，烤12分钟。③取出后，将20克糖粉筛在其表面；黑巧克力隔温水熔化。将玉米糖浆倒入淡奶油中，拌匀，加入黑巧克力液，拌匀后放入裱花袋，挤在两片饼干之间即可。

Tips 如果觉得抹茶粉颜色暗，可换成绿茶粉，绿茶粉颜色鲜亮。

摩卡达克瓦兹

⏱12分钟　难易度：☆☆☆
🔥上、下火180℃

材料 饼干体：蛋白60克，细砂糖20克，杏仁粉33克，糖粉30克，低筋面粉20克，速溶咖啡粉10克；装饰：糖粉20克；奶油夹心：黑巧克力90克，淡奶油30克，黄糖糖浆5克

做法 ①蛋白中加入细砂糖，打发，筛入低筋面粉、杏仁粉、糖粉、咖啡粉拌匀。②将面糊装入裱花袋，挤出，作为饼干体，放入烤箱，烤12分钟。③取出后，将20克糖粉筛在其表面；黑巧克力隔温水熔化。将黄糖糖浆倒入淡奶油中，拌匀，加入黑巧克力液，拌匀后放入裱花袋，挤在两片饼干之间即可。

Tips 自制的饼干在做好后应尽快吃完，口感新鲜又健康。

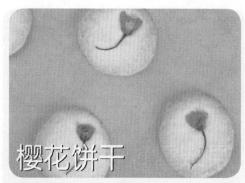

樱花饼干

⏲ 20分钟　难易度：★☆☆
🔥 上、下火160℃

材料 低筋面粉120克，盐渍樱花若干，细砂糖30克，无盐黄油75克

做法
①提前一天将盐渍樱花泡水，直到花瓣舒展。②黄油软化与细砂糖搅打至蓬松羽毛状，加入盐，筛入低筋面粉揉成团，包保鲜膜冷藏30分钟。③将花瓣捞出用纸巾吸干水分。将面团擀成厚度为3毫米的面片，并用圆形模具压出形状，将樱花摆放在圆形饼干坯的中心，放入烤箱，烤20分钟即可。

Tips 盐渍樱花一定要用水浸泡，否则烤过后吃起来会过咸。

蛋白糖脆饼

⏲ 45~50分钟　难易度：★☆☆
🔥 上、下火100℃

材料 蛋白60克，糖粉60克

做法
①将蛋白放入搅拌盆中，加入1/3的糖粉，搅打至起大泡，加入1/3的糖粉，搅打至蛋白泡变绵密，加入剩余的糖粉，打至呈光滑的状态。②在裱花袋中放入齿形花嘴，剪开小口，加入打好的蛋白，挤出爱心的花形。③烤箱预热100℃，烘烤45~50分钟即可。

Tips 可以根据喜好自行挤出不同的形状。

椰香蛋白饼干

⏲ 30分钟　难易度：★☆☆
🔥 上、下火130℃

材料 蛋白30克，香草精2克，细砂糖30克，椰蓉50克

做法
①将蛋白放入无水无油的搅拌盆中，加入细砂糖，打至可拉出鹰嘴钩。②加入椰蓉，倒入香草精，搅拌均匀，装入裱花袋。③在裱花袋的闭口处用剪刀剪出一个约1厘米的开口，在烤盘上挤出蛋白花饼干坯。④烤箱预热130℃，将烤盘置于烤箱，烘烤30分钟后，放置10分钟即可。

Tips 用蛋白制作的饼干会比较有韧劲。

抹茶蛋白饼

⏲ 15分钟　难易度：★☆☆
🔥 上、下火120℃

材料 蛋白45克，细砂糖40克，糖粉10克，抹茶粉10克，柠檬汁适量

做法
①将蛋白放入搅拌盆中，加入细砂糖，搅打至蛋白起大泡。②倒入柠檬汁搅打至可拉出一个鹰嘴钩的形状，筛入糖粉和抹茶粉，搅拌均匀。③将蛋白霜装入裱花袋中，剪出约5毫米的开口，在烤盘上挤出水滴形状的饼干坯。④烤箱预热120℃，将烤盘放进烤箱中层，烤15分钟即可。

Tips 抹茶粉还可以换成可可粉、草莓粉等。

马卡龙

⏱12分钟　难易度：★★☆
🔥上、下火145℃

材料 马卡龙体：杏仁粉100克，糖粉100克，蛋白80克，水25毫升，细砂糖100克；奶油馅：无盐黄油100克，糖粉50克，淡奶油30克

Tips 水和细砂糖一起加热到120℃左右即可。

做法 ①内馅：无盐黄油加入糖粉打至发白，倒入淡奶油，搅匀。②粉糊：杏仁粉、糖粉、40克蛋白，拌匀。③蛋白糊：剩余蛋白打发；细砂糖和水加热，注入蛋白中，打发。④蛋白糊加粉糊拌匀，装入裱花袋，挤出直径约4厘米的圆形马卡龙坯，烤10分钟，取出，用两个马卡龙夹住内馅即可。

原味雪球饼干

⏱15分钟　难易度：★☆☆
🔥上、下火170℃

材料 饼干体：无盐黄油80克，糖粉40克，盐1克，低筋面粉120克，杏仁粉40克，杏仁片30克；装饰：糖粉20克

Tips 塑料袋要保持干燥，这样更加方便操作。

做法 ①无盐黄油放入搅拌盆中，打至蓬松发白，加入糖粉和盐，搅拌匀。②筛入低筋面粉、杏仁粉，加入杏仁片，拌匀成面团，用保鲜膜包好，冷藏1小时。③将面团分成每个20克的饼干坯，揉圆，放在烤盘上，放入烤箱，烤15分钟。④塑料袋中放入饼干，加入20克糖粉，拧紧袋口，晃动匀即可。

黄豆粉雪球饼干

⏱15分钟　难易度：★☆☆
🔥上、下火170℃

材料 饼干体：无盐黄油80克，糖粉40克，盐1克，低筋面粉100克，黄豆粉40克，杏仁片30克；装饰：糖粉10克，黄豆粉10克

做法 ①将无盐黄油搅打均匀，加入糖粉，筛入低筋面粉和黄豆粉，加盐、杏仁片，揉成面团。②将面团压扁，用保鲜膜包好，冷藏1小时，分成每个20克的饼干坯，揉圆，放在烤盘上。③将烤盘置于烤箱的中层，烘烤15分钟。④将雪球饼干放进塑料袋，加入糖粉和黄豆粉，拧紧袋口，晃动匀即可。

口袋地瓜饼干

⏱13分钟　难易度：★★☆
🔥上、下火180℃

材料 饼干体：无盐黄油90克，细砂糖110克，盐2克，鸡蛋液50克，低筋面粉220克，泡打粉2克；内馅：地瓜泥180克，牛奶20毫升，蜂蜜20克

Tips 如果饼干的边缘上了色，基本就要烘烤成熟了。

做法 ①将无盐黄油压软，加入细砂糖、泡打粉、盐、鸡蛋液，拌匀，筛入低筋面粉，拌匀成面团。②将面团分成每个30克的饼干坯，揉圆。牛奶加地瓜泥、蜂蜜，拌匀成馅料，装入裱花袋。③在饼干坯的中央压出一个凹洞，挤入馅料，收口捏紧朝下，放在烤盘上，按扁，入烤箱，烤13分钟即可。

口袋乳酪饼干

⏱13分钟　难易度★☆☆
▢上、下火180℃

材料 饼干体：无盐黄油90克，细砂糖110克，盐2克，鸡蛋液50克，低筋面粉220克，泡打粉2克；内馅：蔓越莓干60克，奶油奶酪50克

Tips 这款饼干外酥里脆，口感丰富。

做法 ①将无盐黄油压软，加入细砂糖打至发白，加入泡打粉、盐、鸡蛋液打匀，筛入低筋面粉拌匀，揉成面团，分成每个30克的饼干坯，揉圆。②将蔓越莓干和奶油奶酪拌匀成馅料，装入裱花袋中。③在面团中央压出一个凹洞，挤入馅料，收口捏紧，放在烤盘上，按扁，放入烤箱，烤13分钟即可。

腰果粒饼干

⏱20分钟　难易度★☆☆
▢上、下火160℃

材料 奶油63克，砂糖50克，鸡蛋25克，低筋面粉100克，杏仁粉10克，奶粉10克，腰果粒50克

做法 ①把奶油、砂糖倒在一起，混合拌匀。②分次加入鸡蛋拌匀。③加入低筋面粉、杏仁粉、奶粉、腰果粒拌匀。④倒在案台上，搓成面团。⑤用擀面杖擀成厚薄均匀的面片。⑥用心形模具压出形状，摆入垫有高温布的钢丝网上，放入烤箱烤20分钟即可。

黄油小饼干

⏱10分钟　难易度★☆☆
▢上、下火170℃

材料 低筋面粉150克，糖粉50克，黄油100克，蛋黄20克，盐2克，香草粉2克

扫一扫学烘焙

做法 ①低筋面粉加香草粉拌匀，开窝，加入糖粉、盐、蛋黄，拌匀，加入黄油，制成面团。②将面团搓成长条，用刮板切成大小一致的小段，依次搓成圆形，放入烤盘压成圆饼状。③用叉子依次在饼坯上压上漂亮的条形花纹，将装有饼坯的烤盘放入预热好的烤箱内，烤10分钟至松脆即可。

白兰饼

⏱20分钟　难易度★☆☆
▢上、下火170℃

材料 低筋面粉160克，黄奶油70克，3糖粉50克，蛋白25克，香草粉5克，芒果果肉馅适量

扫一扫学烘焙

做法 ①将低筋面粉、香草粉拌匀开窝，倒入糖粉、蛋白、搅匀，加入黄奶油，混合均匀。②揉搓成光滑的面团，再搓成长条，切成大小均等的小剂子，搓成圆球，放入烤盘里。③用手指在剂子上压一个小窝，放入适量芒果果肉馅，制成生坯。④将烤盘放入预热好的烤箱，烤20分钟即可。

贝果干酪

⏱15分钟　难易度：★★☆
🔥上、下火170℃

材料 黄奶油160克，食粉2克，吉士粉20克，鸡蛋1个，纯牛奶20毫升，花生碎35克，糖粉165克，低筋面粉320克，蛋黄15克

(做法) ①低筋面粉开窝，倒入糖粉、吉士粉、鸡蛋、纯牛奶、食粉，搅拌匀。

②放入黄奶油，刮入混合好的低筋面粉，揉搓成光滑的面团。

③把花生碎倒在面团上，继续揉搓，使花生碎与面团混合均匀，再将面团搓成长条。

④取一段面团，再搓成长条，摘成数个大小均等的小剂子，揉搓成球形，压扁。

⑤将生坯装入烤盘里，刷上一层蛋黄，用竹签在生坯上划出深度适宜的花纹，再刷上一层蛋黄，即成饼干生坯，备用。

⑥把饼干生坯放入预热好的烤箱，以上、下火170℃烤15分钟即可。

希腊可球

⏱15分钟　难易度：★☆☆
🔥上、下火170℃

材料 黄油80克，糖粉45克，盐1克，蛋黄20克，低筋面粉100克，草莓果酱适量

(做法) ①取容器，倒入黄油、糖粉，拌匀。

②加入盐、蛋黄，搅拌片刻，倒入备好的低筋面粉，搅匀。

③手上沾点干粉，取适量的面团，搓成圆形。

④放入烤盘，用筷子沾点干粉在面团上轻轻戳一个小洞。

⑤再用筷子沾点草莓果酱填入面团的小洞内。

⑥将剩余的面团依次用此方法做出希腊可球生坯。

⑦将烤盘放入预热好的烤箱内，上火调为170℃，下火也调为170℃，时间定为15分钟烤至其松脆即可。

Tips 可用适量的核桃仁代替花生米，口感也很好。

扫一扫学烘焙

扫一扫学烘焙

Tips 每次在希腊可球上戳洞前都沾一下干粉，以免碰到面团使其变形。

柳橙饼干

🕐 15分钟　难易度：★★☆

🔲 上、下火180℃

材料 奶油120克，糖粉60克，鸡蛋1个，低筋面粉200克，杏仁粉45克，泡打粉2克，橙皮末适量，橙汁15毫升

做法 ①将奶油、糖粉倒入大碗中，搅拌均匀，先倒入蛋白，拌匀，加入剩下的蛋黄，拌匀。

②将低筋面粉、杏仁粉、泡打粉过筛至大碗中，搅拌均匀，揉搓成面团。

③将橙皮末放到面团上，揉搓成细长条。

④用刮板切出数个大小均等的小剂子，将小剂子搓成圆球，放入烤盘，再刷上橙汁。

⑤将烤盘放入烤箱中，以上、下火180℃烤15分钟至熟。

⑥从烤箱中取出烤盘，将烤好的柳橙饼干装入盘中即可。

Tips 在揉搓面团的时候，如果面团粘手，可以撒上适量面粉。

扫一扫学烘焙

草莓酱可球

🕐 20分钟　难易度：★★☆

🔲 上、下火180℃

材料 低筋面粉100克，黄奶油80克，糖粉45克，盐1克，鸡蛋20克，草莓果酱适量

做法 ①操作台上倒入低筋面粉，用刮板开窝，倒入糖粉，加入鸡蛋，用刮板拌匀。

②刮入面粉，搅拌均匀，倒入黄奶油，按压拌匀，加入盐，拌匀，制成面团。

③将面团等分成15克一个的小球，稍搓圆放入烤盘。

④用筷子蘸少量面粉，在面团顶部戳一个适度的小孔。

⑤将草莓果酱装入裱花袋中，用剪刀将袋子尖端剪开一个小口，将草莓果酱挤入戳好的小孔里。

⑥将烤盘放入预热好的烤箱中，烤20分钟即可。

Tips 戳小孔的时候注意不要戳太深，以免挤入的草莓酱过多，进行烤制时溢出来。

扫一扫学烘焙

草莓小西饼

🕐 25分钟　难易度：★☆☆

🔥 上火180℃、下火160℃

材料 奶粉8克，蛋黄1个，花生碎适量，鸡蛋1个，糖粉37克，低筋面粉55克，黄奶油65克，杏仁粉60克，草莓酱适量

扫一扫学烘焙

做法 ①黄奶油加糖粉拌匀，放入鸡蛋、低筋面粉、杏仁粉、奶粉，混合匀，揉成面团。②将面团搓条，切成数个小剂子，再搓圆，放入烤盘，刷上蛋黄，粘上花生碎。③用筷子在小剂子中间插一下；把草莓酱倒入裱花袋中，尖端剪开口，在小剂子中间凹陷处挤上草莓酱，放入烤箱，烤15分钟即可。

水果大饼

🕐 25分钟　难易度：★☆☆

🔥 上、下火170℃

材料 鸡蛋1个，细砂糖60克，色拉油60毫升，低筋面粉180克，泡打粉1克，食粉1克，吉士粉6克，蔓越莓果肉馅适量

扫一扫学烘焙

做法 ①鸡蛋加细砂糖、色拉油拌匀，制成鸡蛋浆。低筋面粉加吉士粉、泡打粉、食粉、鸡蛋浆，混匀，揉成面团，再压扁，擀成面皮，用圆形模具压出6个圆形饼坯，其中3个饼坯上放入适量蔓越莓果肉馅，再分别盖上1个饼坯，制成生坯。②将生坯放入烤盘中，再放入预热好的烤箱里，烤25分钟即可。

蓝莓果酱饼干

🕐 10分钟　难易度：★★★

🔥 上、下火160℃

材料 无盐黄油70克，糖粉70克，鸡蛋液25克，香草精3克，低筋面粉125克，杏仁粉50克，蓝莓果酱适量，糖粉适量

Tips
饼干模具还可以根据自己的喜好选择不同的形状。

做法 ①室温软化的无盐黄油加糖粉、鸡蛋液、香草精、低筋面粉和杏仁粉，揉成面团，擀成面皮，用大圆形饼干模具裁出8个大的圆形饼干坯，再用小的圆形饼干模具镂空其中4个饼干坯，将有小圆的饼干坯和没抠的饼干坯重叠，放入烤箱，烤10分钟取出。②将蓝莓果酱挤入饼干的中央，筛上糖粉即可。

花样果酱饼干

🕐 15分钟　难易度：★★☆

🔥 上、下火180℃

材料 饼干体：无盐黄油70克，花生酱30克，糖粉100克，盐1克，蛋黄40克，低筋面粉120克，杏仁粉50克；装饰：蛋白30克，核桃碎40克，草莓果酱适量

做法 ①无盐黄油加花生酱搅打匀，加入糖粉、盐、蛋黄、低筋面粉和杏仁粉，拌匀成面团，包好保鲜膜，冷藏1小时，取出，分成每个15克的饼干坯，揉圆，蘸上蛋白、核桃碎，压扁。②烤箱以上、下火180℃预热，将烤盘置于烤箱，烤15分钟。③草莓果酱装入裱花袋，剪开口，挤在饼干上即可。

玻璃糖饼干

⏱ 10分钟　难易度：★★☆
🔥 上、下火180℃

材料 无盐黄油65克，细砂糖60克，盐0.5克，鸡蛋液25克，香草精3克，低筋面粉135克，杏仁粉25克，水果硬糖适量

Tips 饼干面皮的厚度大约为3毫米。

做法 ①室温软化的无盐黄油加入细砂糖、盐、鸡蛋液、香草精、低筋面粉和杏仁粉拌匀，揉成面团，擀成厚面皮，在面皮上裁切出10个花形饼干坯，再在其中的5个花形饼干坯中间抠出一个小圆，将两种饼干坯重叠在一起。②将水果硬糖敲碎，放入饼干坯镂空处，放进烤箱，烘烤10分钟即可。

白巧克力双层饼干

⏱ 16分钟　难易度：★★☆
🔥 上、下火150℃

材料 上层饼干体：无盐黄油75克，细砂糖40克，白巧克力25克，淡奶油20克，低筋面粉140克；下层饼干体：白巧克力液60克

Tips 饼干坯的厚度约为4毫米。

做法 ①室温软化的无盐黄油加细砂糖打至发白，加入隔水加热熔化的白巧克力液，分次倒入淡奶油、低筋面粉，揉成面团，揉成圆柱状，冷冻30分钟。②取出面团，切成厚饼干坯，放入烤箱，烤约16分钟。③在模具中挤入白巧克力液，放入饼干，转入冰箱冷藏至白巧克力凝固即可。

奶油饼干

⏱ 15分钟　难易度：★☆☆
🔥 上、下火170℃

材料 黄奶油100克，糖粉60克，蛋白30克，低筋面粉150克，草莓果酱适量

扫一扫学烘焙

做法 ①低筋面粉加入糖粉、蛋白、黄奶油，混合均匀，揉搓成光滑的面团。②把面团擀成面皮，用大圆形模具在面皮上压出8个圆形面皮，再用较小的圆形模具在4个圆形面皮上压出环状面皮，把环状面皮放在4个圆形面皮上，制成生坯，放入烤盘，填入草莓果酱，放入烤箱，烤15分钟即可。

卡雷特饼干

⏱ 20分钟　难易度：★☆☆
🔥 上火180℃、下火150℃

材料 黄奶油75克，糖粉40克，蛋黄10克，低筋面粉95克，泡打粉4克，柠檬皮末适量；装饰材料：蛋黄1个

扫一扫学烘焙

做法 ①低筋面粉加入泡打粉、糖粉、蛋黄，搅散，加入黄奶油，混合匀，揉搓成面团。②把柠檬皮末倒在面团上，揉搓均匀，搓成长条，切成数个小剂子。③取模具，放入小剂子，压严实，制成生坯，刷一层蛋黄，用叉子在生坯上划上条纹。④把生坯放入预热好的烤箱，烤20分钟即可。

家庭小饼干

⏱ 10分钟　难易度：★☆☆

🔥 上、下火160℃

材料 低筋面粉50克，玉米淀粉20克，奶粉20克，泡打粉5克，细砂糖20克，黄油10克，蛋黄30克

扫一扫学烘焙

做法 ①将低筋面粉、玉米淀粉、奶粉、泡打粉倒在案台上，搅拌均匀。②在中间掏个窝，加入细砂糖、蛋黄、黄油，将四周的粉覆盖上去，翻搅按压，制成面团。③将面团搓成条，切成小段，揉圆，放在放好烘焙油纸的烤盘上，压成饼状，制成饼坯，放入烤箱内，烤10分钟即可。

奶油夹心饼干

⏱ 8分钟　难易度：★★☆

🔥 上、下火180℃

材料 饼干体：无盐黄油70克，细砂糖60克，淡奶油15克，香草精3克，低筋面粉110克，可可粉17克；内馅：无盐黄油10克，蜂蜜10克

Tips 面皮的厚度约为3毫米，太厚了不易烤熟。

做法 ①软化的无盐黄油加细砂糖打至蓬松，加淡奶油和香草精、低筋面粉、可可粉，揉成面团，擀成面皮，用圆形模具在面皮上压出圆形图案。②将圆面皮置于烤盘上，在面皮上戳出孔，放进烤箱，烤8分钟。③将圆内馅中的无盐黄油和蜂蜜打至发白，装入裱花袋，挤在两片饼干之间即可。

巧克力夹心脆饼

⏱ 10分钟　难易度：★★☆

🔥 上、下火160℃

材料 黄油100克，糖粉80克，蛋白40克，低筋面粉70克，黑巧克力液100克，黄油20克

Tips 如果饼干口感过硬，可能是黄油没有软化到位。

做法 ①糖粉加100克黄油、蛋白，打至七分发，倒入低筋面粉，拌成糊状。②裱花袋中盛入面糊，剪开口，挤出适量面糊到油纸上成饼干生坯，放入烤箱烤10分钟，取出，用圆形模具压出饼干坯。③黑巧克力液加20克黄油拌匀，铺在油纸上，静置7分钟，压出数个圆形块，夹入两块饼干之间即可。

巧克力牛奶饼干

⏱ 15分钟　难易度：★★☆

🔥 上、下火170℃

材料 饼皮：黄奶油100克，糖粉60克，低筋面粉180克，蛋白20克，可可粉20克，奶粉20克，黑巧克力液、白巧克力液各适量；馅料：白奶油50克，纯牛奶40毫升

做法 ①低筋面粉加奶粉、可可粉、蛋白、糖粉、黄奶油，揉成面团，擀成面皮。②用模具在面皮上压出8个圆形饼坯，烤15分钟。③白奶油加入牛奶搅匀，装入裱花袋。白巧克力液装入裱花袋。④将馅料挤在4块饼干上。其余饼干蘸上黑巧克力液，盖在有馅的饼干上，再画上白巧克力液即可。

香脆朱力饼

⏱ 5~7分钟　难易度：★☆☆
🔥 上、下火200℃

材料 饼：鸡蛋2个，蛋黄4个，低筋面粉180克，糖粉150克，盐适量；馅：奶油150克，糖粉30克，朗姆酒10毫升，盐适量

做法 ①饼：鸡蛋加蛋黄、糖粉、适量盐拌匀，加低筋面粉拌成糊，入裱花袋，尖端剪开口。②烤盘铺锡纸，挤上面糊，筛上糖粉（分量外），烤5~7分钟。③馅：奶油加30克糖粉，打至蓬松，加入少量盐、朗姆酒拌匀，抹在饼的表面，另取一块饼干盖在上面，合成夹心饼，均匀地筛上糖粉即可。

香丁丁

⏱ 20分钟　难易度：★☆☆
🔥 上火200℃、下火180℃

材料 糖粉80克，黄奶油53克，盐5克，鸡蛋80克，低筋面粉200克，泡打粉5克，朗姆酒适量，瓜子碎适量

做法 ①黄奶油倒入碗中拌匀，加入适量的糖粉，拌匀，加入鸡蛋，拌匀，倒入少许盐，快速拌匀。②将低筋面粉、泡打粉、朗姆酒倒入碗中，用手拌匀，制成面团。③依次将面团捏成一个个的小块面团，揉搓成圆形，粘上瓜子碎，放入烤盘。④将烤盘放入烤箱，烤20分钟至熟即可食用。

扫一扫学烘焙

小甜饼

⏱ 20分钟　难易度：★☆☆
🔥 上火200℃、下火180℃

材料 糖粉80克，黄奶油50克，盐5克，鸡蛋80克，低筋面粉200克，泡打粉5克，朗姆酒适量

做法 ①将黄奶油倒入碗中，搅拌至松散，放入糖粉，拌匀，加入鸡蛋，拌匀，倒入盐，拌匀。②将低筋面粉、泡打粉、朗姆酒倒入碗中，拌匀，制成面团。③依次取适量的面团，揉搓成光滑的小圆面团，放入烤盘。④将烤盘放入烤箱，以上火200℃、下火180℃，烤20分钟即可。

扫一扫学烘焙

枸杞什锦饼

⏱ 15分钟　难易度：★☆☆
🔥 上、下火190℃

材料 糖粉150克，蛋黄1个，黄奶油140克，纯牛奶16毫升，食粉4克，泡打粉3克，枸杞5克，朗姆酒8毫升，中筋面粉250克

做法 ①将食粉放到中筋面粉上，加入泡打粉，拌匀开窝，倒入糖粉、蛋黄，用刮板搅散。②倒入纯牛奶、朗姆酒，搅拌均匀，加入黄奶油、枸杞，混合均匀，揉搓成光滑的面团。③取适量揉好的面团，把面团搓成长条状，再分成小剂子，搓成圆球状，装入烤盘里，放入烤箱，烤15分钟即可。

扫一扫学烘焙

黑芝麻咸香饼

⏱ 15分钟　难易度 ★☆☆
🔲 上、下火170℃

材料 低筋面粉150克，黄奶油300克，鸡蛋1个，牛奶20毫升，白糖20克，熟黑芝麻20克，泡打粉3克，盐3克

扫一扫学烘焙

做法 ①低筋面粉加熟黑芝麻、牛奶、盐、白糖、泡打粉、鸡蛋，搅拌匀。②加入黄奶油，揉搓成纯滑的面团，静置10分钟。③在案台上撒少许低筋面粉，用擀面杖把面团擀成面皮，用模具在面皮上压出数个饼坯。④在烤盘上铺一层高温布，放上饼坯，以上、下火170℃烤15分钟即可。

芝麻土豆饼

⏱ 15分钟　难易度 ★☆☆
🔲 上、下火170℃

材料 低筋面粉100克，鸡蛋1个，高筋面粉90克，蛋黄1个，白芝麻适量，糖粉60克，黄奶油100克，土豆泥80克

扫一扫学烘焙

做法 ①黄奶油加糖粉打匀，分次加入蛋液，打匀，加土豆泥、高筋面粉、低筋面粉，揉成面团。②面团搓成长条，切成几个大小均等的小剂子，搓圆，压扁，刷上蛋黄，粘上适量白芝麻。③放入烤盘中，放入烤箱，以上、下火170℃烤15分钟至熟，从烤箱中取出即可。

海苔肉松饼干

⏱ 15分钟　难易度 ★☆☆
🔲 上、下火160℃

材料 低筋面粉150克，黄奶油75克，鸡蛋50克，白糖10克，盐3克，泡打粉3克，肉松30克，海苔2克

> **Tips**
> 如果饼干表面上色重，底部上色浅，就需要降低上火温度。

做法 ①低筋面粉倒在案台上，放入泡打粉、白糖、盐、鸡蛋，搅匀，倒入黄奶油，揉成面团。②加入海苔、肉松，揉匀，裹上保鲜膜，冷冻1小时，取出，去除保鲜膜。③用刀切成15毫米厚的饼干生坯，放入铺有高温布的烤盘。④放入烤箱，以上、下火160℃烤15分钟即可。

双色饼干

⏱ 10分钟　难易度 ★★☆
🔲 上、下火175℃

材料 原味面团：无盐黄油60克，糖粉55克，盐0.5克，淡奶油15克，香草精2克，低筋面粉120克，杏仁粉30克；可可面团：无盐黄油60克，糖粉55克，盐0.5克，淡奶油15克，可可粉15克，香草精2克，低筋面粉100克，杏仁粉30克

做法 ①室温软化的无盐黄油加糖粉、盐、淡奶油、香草精、低筋面粉、杏仁粉拌匀，揉成原味面团。按上述做法，加可可粉揉成可可面团，冷藏30分钟。②将面团擀成面皮，用较大的模具裁切可可面皮，再用较小的模具裁切原味面皮。用颜色不同的两种饼干面皮相互填充成饼干坯，烤10分钟即可。

猫舌饼

⏱ 18分钟　难易度：★☆☆
🔲 上、下火180℃

材料 低筋面粉130克，黄奶油83克，糖粉130克，蛋白100克

扫一扫学烘焙

做法 ①将黄奶油、糖粉倒入大碗中，用电动打蛋器打发均匀，分三次倒入蛋白，搅拌均匀。②筛入低筋面粉，继续搅拌成糊状。将面糊装入裱花袋中，在尖端部位剪开一个小口。③在铺有烘焙纸的烤盘上横向挤入面糊。④将烤盘放入烤箱中，以上、下火180℃烤约18分钟即可。

猫爪饼干

⏱ 25分钟　难易度：★☆☆
🔲 上、下火160℃

材料 原味曲奇预拌粉350克，巧克力曲奇预拌粉175克，黄油60克，鸡蛋液50克

> **Tips** 面团要擀制成薄一点的面饼，这样烤出来的饼干更加香脆。

做法 ①原味曲奇预拌粉加一半蛋液、一半的黄油，揉成面团。巧克力曲奇预拌粉加剩余的蛋液和黄油，揉成面团，分别放在油纸上，擀成面饼。②原味曲奇面饼用大的圆形模具按压出形状，巧克力曲奇面饼用小一点的圆形模具按压出形状，放在原味曲奇面饼上，做出猫的脚趾，烤25分钟即可。

毛毛虫饼干

⏱ 12分钟　难易度：★☆☆
🔲 上、下火175℃

材料 饼干体：无盐黄油80克，糖粉50克，蛋白15克，盐0.5克，低筋面粉90克，可可粉10克；装饰：白巧克力液适量

做法 ①将室温软化的无盐黄油和糖粉倒入搅拌盆中打至蓬松羽毛状。②加入蛋白和盐搅拌均匀，筛入低筋面粉、可可粉拌至无干粉状，成光滑的面糊。③将面糊装入有圆齿花嘴的裱花袋中，在烤盘上挤出毛毛虫形状的饼干坯。④放进烤箱，烤12分钟，取出，装饰上白巧克力液即可。

> **Tips** 隔水熔化的巧克力液可以放在烤箱上面，以免凝结。

蜗牛饼干

⏱ 14分钟　难易度：★★☆
🔲 上、下火175℃

材料 饼干体：无盐黄油43克，糖粉60克，盐1克，牛奶10毫升，香草精2克，低筋面粉95克，杏仁粉25克；装饰：巧克力（隔水熔化）适量

做法 ①室温软化的无盐黄油加糖粉、盐拌匀，加入牛奶和香草精，拌匀，筛入低筋面粉、杏仁粉，揉成面团，擀平，取部分卷成旋涡形状做成蜗牛的壳，再揉一条面团当作蜗牛的身体。②最后放进预热至175℃的烤箱中层烘烤约14分钟。③将熔化的巧克力液装入裱花袋，然后为蜗牛饼干点上眼睛即可。

双色耳朵饼干

⏱15分钟　难易度：★★☆

🔲上、下火180℃

材料 黄奶油130克，香芋色香油适量，低筋面粉205克，糖粉65克

㊙做法 ①把黄奶油、糖粉倒在案台上，混合均匀，筛上低筋面粉，按压，拌匀，揉搓成面团。

②将面团揉搓成长条，切成两半，取其中一半，压平，倒入香芋色香油，按压，揉搓成香芋面团，压扁。

③将另一半面团擀成薄片，放上香芋面片，按压一下，切整齐，卷成卷，揉搓成细长条，切去两端不平整的部分，再将面团对半切开。

④取其中一半，用保鲜膜包好，放入冰箱，冷冻30分钟，取出，撕开保鲜膜。

⑤把一端切整齐，再切成厚度为5毫米的小剂子。

⑥放入烤盘中，放入烤箱，以上、下火180℃烤15分钟即可。

小剂子的厚度要切得均匀，这样烤出的饼干口感更佳。

扫一扫学烘焙

双色巧克力耳朵饼干

⏱15分钟　难易度：★★☆

🔲上、下火180℃

材料 糖粉65克，低筋面粉200克，黄奶油130克，可可粉8克

㊙做法 ①把黄奶油、糖粉倒在案台上，混合匀，筛上低筋面粉，拌匀，揉成面团。

②将面团揉搓成长条，切成两半，取其中一半，倒入可可粉，混合均匀，揉成条，撒入少许低筋面粉（分量外），压平，擀平，制成巧克力面皮。

③将另一半面团用擀面杖擀平，放上巧克力面皮，将边缘切整齐，卷成卷，搓条，切去两端不平整的部分，再对半切开，分别用保鲜膜包好，冷冻30分钟。

④取出冷冻好的材料，撕开保鲜膜，切成厚度为5毫米的小剂子，放入烤盘，放入烤箱，烤15分钟即可。

可可粉还可以换成胡萝卜汁等材料。

双色拐杖饼干

🕐 15～18分钟　难易度：★☆☆
🔲 上、下火170℃

材料　无盐黄油50克，糖粉35克，鸡蛋液20克，低筋面粉100克，红色色素适量

做法 ①无盐黄油室温软化，加入糖粉，用橡皮刮刀混合均匀，加入一半的鸡蛋液，搅匀后，再加入剩余的鸡蛋液，使无盐黄油与鸡蛋液充分混合。

②拿出一个小碗，将一半的无盐黄油与鸡蛋液的混合液舀出，并各筛入50克低筋面粉。

③分别揉成光滑的面团，其中一个面团揉入红色色素。

④将两份面团分成每个重量为10克的小面团，都搓成小条，取不同颜色的小条像卷麻花一样卷起，并摆成拐杖的形状。

⑤烤箱预热170℃，将烤盘置于烤箱的中层，烘烤15～18分钟，完毕后在烤箱内放置15~20分钟，出炉凉一凉即可。

> **Tips** 红色可食用色素可以在超市选购，如果想自己调制，可以用胡萝卜或者苋菜汁等调制。

条纹黑白饼干

🕐 12分钟　难易度：★★★
🔲 上、下火175℃

材料　原味面团：无盐黄油62克，糖粉50克，香草精2克，牛奶15毫升，鸡蛋10克，低筋面粉100克，杏仁粉30克，盐1克；可可面团：无盐黄油62克，糖粉55克，低筋面粉100克，可可粉、牛奶、杏仁粉、盐、香草精各适量

做法 ①将室温软化的无盐黄油、糖粉和盐放入搅拌盆中，用手动打蛋器充分拌匀。

②加入牛奶、鸡蛋，再加入香草精继续搅拌至完全融合的状态。

③筛入低筋面粉、杏仁粉用橡皮刮刀翻拌至无干粉的状态，揉成原味面团。

④按照原味面团的制作步骤，在做法③筛入低筋面粉和杏仁粉后接着筛入可可粉，拌匀，揉成光滑的可可面团。

⑤用擀面杖将两份面团分别擀成厚度为3毫米的饼干面皮。

⑥将两种面皮重叠放置，切开，颜色交替叠加，重复此动作，再用水果刀将叠加面皮修成长方体，然后切成厚度为3毫米的饼干面片，烤约12分钟即可。

> **Tips** 这里的条纹还可以根据自己的喜好，调成其他的颜色，比如加入绿茶、抹茶、胡萝卜汁等。

三色饼干

⏱10分钟　难易度：★☆☆

🔥上、下火175℃

材料　南瓜面团：无盐黄油20克，糖粉40克，盐1克，淡奶油10克，香草精2克，南瓜35克，低筋面粉75克；可可面团：无盐黄油40克，糖粉40克，盐1克，淡奶油10克，香草精2克，可可粉12克，低筋面粉75克；抹茶面团：无盐黄油40克，糖粉40克，盐1克，淡奶油10克，香草精2克，抹茶粉3克，低筋面粉85克；粘接：蛋白少许

做法　① 将室温软化的无盐黄油倒入搅拌盆中，充分搅拌匀，加入糖粉和盐，拌至完全融合，再加入淡奶油和香草精，筛入低筋面粉和可可粉，拌匀，揉成可可面团。

②按照可可面团的做法制作，将可可粉替换成抹茶粉，制成光滑的抹茶面团。

③按照可可面团的做法，将可可粉换成南瓜泥，搅拌至融合，制成南瓜面团。

④将三种面团放置冰箱冷藏1小时，擀成宽为3厘米、厚度为1厘米的长条形面皮。

⑤在面皮的表面刷上蛋白，依次叠加三种面皮。用油纸包好，再将叠加的面皮放进冰箱冷冻1小时，取出面皮，将其切成厚度为4毫米的饼干坯，烤10分钟即可。

四色棋格饼干

⏱15分钟　难易度：★☆☆

🔥上、下火160℃

材料　香草面团：低筋面粉150克，黄奶油80克，糖粉60克，鸡蛋25克，香草粉2克；巧克力面团：低筋面粉78克，可可粉12克，黄奶油48克，糖粉36克，鸡蛋15克；红曲面团：低筋面粉78克，红曲粉12克，黄奶油48克，糖粉36克，鸡蛋15克；抹茶面团：低筋面粉78克，抹茶粉12克，黄奶油48克，糖粉36克，鸡蛋15克

做法　① 低筋面粉中加香草粉、糖粉、蛋白、黄奶油，混合匀，揉搓成香草面团。

②低筋面粉加可可粉、糖粉、鸡蛋、黄奶油，混匀，揉成巧克力面团，擀成面片。

③把做好的香草面团压平，刷上一层蛋黄，放上压好的巧克力面片。

④低筋面粉加红曲粉、糖粉、鸡蛋、黄奶油，揉成红曲面团；低筋面粉加抹茶粉、糖粉、鸡蛋、黄奶油，揉成抹茶面团，压成面片。将红曲面团压平，刷上蛋黄，盖在抹茶面片上，压平，冷冻至定型，取出；把香草巧克力面团冷冻至定型。

⑤将两块冻好的面团均切成15毫米宽的条状，将切好的两种双色面片并在一起，做成方块，烤15分钟即可。

Tips　将面团冷冻至硬后再切，这样更不容易变形。

Tips　冷冻面团是为了更好地定型以及后期的分割处理，所以在造型之前最好冷冻一下。

紫薯蜗牛曲奇

⏱ 12分钟　难易度：★★☆
🔲 上、下火180℃

材料 紫薯面团：无盐黄油50克，糖粉45克，盐0.5克，淡奶油20克，熟紫薯40克，杏仁粉10克，低筋面粉40克；原味面团：无盐黄油25克，糖粉25克，淡奶油5克，杏仁粉5克，低筋面粉50克

做法 ① 将室温软化的无盐黄油加入糖粉充分搅拌后加入盐。

② 加入淡奶油搅拌均匀，加入碾成泥的紫薯搅拌均匀，筛入杏仁粉和低筋面粉用橡皮刮刀翻拌至无干粉的状态，揉成光滑的紫薯面团。

③ 根据上述做法制作原味面团。

④ 在面团底部铺保鲜膜，用擀面杖将两种面团擀成厚度为3毫米的饼干面皮，并将两种面皮叠加。

⑤ 面皮卷成圆筒状，用油纸包好，放进冰箱冷冻1小时左右。

⑥ 取出将面团切成厚度为3毫米的饼干坯，放置在烤盘上。烤盘放进预热至180℃的烤箱中层烘烤12分钟即可。

> **Tips** 包上保鲜膜不仅可以防止面团粘连，还能够留住面团中的水分，使面团在制作之前不至于干枯，不好进行造型操作。

长颈鹿装饰饼干

⏱ 15分钟　难易度：★★☆
🔲 上、下火160℃

材料 无盐黄油65克，糖粉50克，蛋黄1个，香草精1克，低筋面粉130克，巧克力笔若干

做法 ① 准备一个干净的搅拌盆，并拿出电动打蛋器和橡皮刮刀。

② 将室温软化的无盐黄油放入搅拌盆中，加入糖粉，用电动打蛋器搅打至蓬松羽毛状。

③ 加入蛋黄、香草精，将其一起均匀搅打在黄油中，筛入低筋面粉，揉成面团，将面团擀成厚度为3毫米的面片。

④ 拿出长颈鹿模具，压出相应形状的饼干坯，多余的边角可以反复擀成面片。

⑤ 去除多余的边角面皮，轻轻铲起造型面片，移动到铺了油纸的烤盘上。

⑥ 烤箱预热160℃，将烤盘置于烤箱的中层，烘烤15分钟，出炉凉凉后，使用巧克力笔为长颈鹿饼干装饰出花纹即可。

> **Tips** 烘烤时，注意观察饼干坯上色的情况，以调节烤箱的温度和烘烤时间。可使用饼干测试烤箱温度是否均匀。

卡通饼干

⏱25分钟　难易度：★☆☆
🔲上、下火170℃

材料 原味曲奇预拌粉350克，黄油80克，鸡蛋1个

做法 ①将预拌粉、软化黄油、打好的鸡蛋依次加入碗中，用手搓揉，混合均匀。②面团放在油纸上，将油纸对折，用擀面杖擀成厚度为5毫米左右的面饼，放入冰箱冷冻15分钟。③取出冷冻好的面饼，用卡通模具压成形，将其整齐地排放在烤盘内。④将烤盘放入烤箱中烤约25分钟即可。

猕猴桃小饼干

⏱15分钟　难易度：★★☆
🔲上、下火170℃

材料 低筋面粉275克，黄奶油150克，糖粉100克，鸡蛋50克，抹茶粉8克，可可粉5克，吉士粉5克，黑芝麻适量

做法 ①低筋面粉加糖粉、鸡蛋、黄奶油揉成面团，分3等份。一份加吉士粉，搓条；另一份加可可粉揉匀；剩余面团加抹茶粉，揉匀。②把抹茶粉面团擀成面片，放入吉士粉面团，卷好，冷冻2小时，取出。③把可可粉面团擀成面片，放上双色面团，裹好，冷冻后切片，点缀上黑芝麻，烤15分钟即可。

Tips
烤箱的容积越大，所需的预热时间就越长。

牛奶星星饼干

⏱15分钟　难易度：★★☆
🔲上、下火160℃

材料 低筋面粉100克，牛奶30毫升，奶粉15克，黄油80克，糖粉50克

做法 ①低筋面粉加奶粉拌匀，开窝，倒入糖粉、黄油拌匀，加入牛奶，混匀，揉成纯滑面团。②案台上撒少许面粉，放上面团，用擀面杖将面团擀成约5毫米厚的面饼。③用星星模具在面饼上按压出6个星星形状的饼坯。④将星星饼坯装入烤盘中，再将烤盘放入烤箱，烤15分钟即可。

扫一扫学烘焙

纽扣饼干

⏱15分钟　难易度：★★☆
🔲上、下火160℃

材料 低筋面粉120克，盐1克，细砂糖40克，黄油65克，牛奶35毫升，香草粉3克

做法 ①低筋面粉加盐、香草粉，拌匀开窝，倒入细砂糖、牛奶、黄油，揉成面团。②把面团擀薄，成3毫米左右的面皮，用压模压出饼干的形状，点上数个小孔，制成数个纽扣饼干生坯。③烤箱预热，放入烤盘，以上、下火160℃烤约15分钟，至食材熟透即可。

扫一扫学烘焙

纽扣小饼干

⏱ 15分钟　难易度：★★☆
🔲 上、下火160℃

材料 低筋面粉160克，鸡蛋1个，盐1克，奶粉10克，糖粉50克，黄奶油80克

扫一扫学烘焙

做法 ①低筋面粉加入奶粉、盐、糖粉、鸡蛋，拌匀，倒入黄奶油，揉搓面团，搓条，切成小剂子，压扁。②用较大的模具把剂子压成圆饼状，再用较小的模具按压面团，形成花纹，放入烤盘，用叉子在饼坯中心处轻轻插一下，制成纽扣饼干生坯。③将烤盘放入烤箱，烤15分钟至熟，取出即可。

手指饼干

⏱ 10分钟　难易度：★★☆
🔲 上、下火160℃

材料 低筋面粉95克，细砂糖60克，蛋白、蛋黄各3个，糖粉适量

做法 ①将蛋白打发，加入30克细砂糖，打至六分发成蛋白部分。蛋黄加30克细砂糖，打发成蛋黄部分。②将低筋面粉过筛至蛋白部分，拌匀，倒入蛋黄部分中，拌匀，装入裱花袋中，尖端剪开口，在铺有高温布的烤盘上挤入面糊，呈长条状，烤10分钟即可。

数字饼干

⏱ 10分钟　难易度：★☆☆
🔲 上、下火200℃

材料 黄奶油240克，糖粉200克，鸡蛋100克，低筋面粉400克，高筋面粉100克

扫一扫学烘焙

做法 ①黄奶油中加入糖粉、鸡蛋，拌匀，加入过筛后的低筋面粉、高筋面粉，拌匀，制成面糊。②将面糊揉成面团，搓条，对半切开。一半面团包上保鲜膜，压扁，冷藏30分钟，取出，撕开保鲜膜，压平。③案板上撒上面粉，按压面团片刻，用数字符号模具按压出饼坯，烤10分钟即可。

字母饼干

⏱ 25分钟　难易度：★★☆
🔲 上、下火160℃

材料 原味曲奇预拌粉350克，黄油80克，鸡蛋1个

Tips 冷冻面饼，是为了压模的时候更好脱模。

做法 ①将预拌粉、软化黄油依次加入碗中，加入打好的鸡蛋，用手揉搓，将食材混合均匀。②面团放在油纸上，将油纸对折擀成厚度为5毫米左右的面饼，放入冰箱冷冻15分钟。③取出冷冻好的面饼，用字母模型在面饼上压出形状，放入烤盘内。④将烤盘放入烤箱里，烤制25分钟即可。

姜饼人

⏱15分钟　难易度：★☆☆
🔥上、下火170℃

材料 无盐黄油50克，黄糖糖浆20克，盐1克，泡打粉1克，鸡蛋液10克，姜粉5克，玉桂粉2克，低筋面粉100克

Tips 巧克力笔和彩色糖片都可以在超市购买。

做法 ①无盐黄油室温软化，加入黄糖糖浆、鸡蛋液，拌匀，筛入姜粉、玉桂粉。②加泡打粉、过筛混合了盐的低筋面粉，拌匀，揉成面团，擀成厚度为5毫米的面片。③用姜饼人模具压出相应形状。烤箱预热170℃，烤盘置于烤箱，烘烤15分钟。待凉凉后，用巧克力笔和彩色糖片装饰即可。

伯爵茶飞镖饼干

⏱15~18分钟　难易度：★★☆
🔥上、下火170℃

材料 无盐黄油45克，糖粉25克，盐1克，鸡蛋液10克，低筋面粉50克，泡打粉1克，伯爵茶粉5克，香草精1克

Tips 如果怕面团粘连，可以在案板上撒上少许面粉。

做法 ①无盐黄油室温软化，加入糖粉，搅打至蓬松羽毛状，加入鸡蛋液、香草精、盐、伯爵茶粉、混合了泡打粉的低筋面粉，拌至无干粉，并揉成光滑的面团。②用擀面杖将面团擀成厚度为3毫米的面片，使用花形模具和圆形裱花嘴制作出飞镖的形状，放入烤箱，烘烤15~18分钟即可。

咖啡奶瓶饼干

⏱15分钟　难易度：★☆☆
🔥上、下火160℃

材料 无盐黄油50克，糖粉50克，鸡蛋液20克，低筋面粉105克，泡打粉1克，盐1克，咖啡粉5克，香草精1克

Tips 没有咖啡粉，还可以替换成可可粉。

做法 ①无盐黄油室温软化，加入糖粉，搅打至蓬松羽毛状，加入鸡蛋液、香草精、低筋面粉、咖啡粉、泡打粉和盐，用橡皮刮刀翻拌至无干粉，揉成面团。②将面团擀成厚度为3毫米的面片，并用奶瓶模具压出奶瓶的形状。③烤箱预热160℃，烤盘置于烤箱的中层，烤15分钟即可。

绿茶圣诞树饼干

⏱12分钟　难易度：★★☆
🔥上、下火180℃

材料 无盐黄油50克，细砂糖50克，盐1克，绿茶粉6克，低筋面粉105克，泡打粉1克

做法 ①无盐黄油室温软化，加入细砂糖搅打至呈蓬松羽毛状，加盐、绿茶粉，搅打均匀。②泡打粉和低筋面粉混合过筛，加入到无盐黄油中，拌至无干粉后，揉成光滑的面团。③将面团擀成厚度为3毫米的面片，用圣诞树模具压出相应的形状。④烤箱预热180℃，放入烤盘，烤12分钟即可。

空心饼

⏱30分钟　难易度：★★★
🔥上、下火190℃

材料 水125毫升，鲜奶125毫升，奶油105克，低筋面粉125克，鸡蛋200克，黄桃罐头适量

做法 ①把水、鲜奶、奶油倒在一起，在电磁炉上搅拌加热至沸腾。②加入低筋面粉快速搅拌至成团且不粘锅。③降温至50℃后，分次加入鸡蛋拌匀。④待冷却后，装入已放了牙嘴的裱花袋，挤在高温布上。⑤入炉，以190℃的炉温，烤25分钟，取出，切2/3宽，挤入打发的鲜奶油，放入黄桃罐头即可。

Tips 面糊必须煮熟透，烘烤定型前不宜将炉门打开。

格子饼干

⏱25分钟　难易度：★★★
🔥上、下火160℃

材料 原味曲奇预拌粉350克，巧克力曲奇预拌粉175克，黄油60克，鸡蛋液50克

做法 ①原味曲奇预拌粉加一半鸡蛋液、一半的黄油，揉成原味面团；另一半鸡蛋液和黄油倒入巧克力曲奇预拌粉中，揉成巧克力面团。②两种面团均擀成面饼，叠放在一起，冷冻10分钟，取出，切成宽1厘米的细条，按顺序依次叠放在一起，放在油纸内，冷冻30分钟后切片，烤25分钟即可。

Tips 饼坯的厚度约为5毫米。

地瓜铜球饼干

⏱12分钟　难易度：★☆☆
🔥上、下火175℃

材料 饼干体：熟地瓜500克，糖粉30克，蛋黄20克，盐1克，淡奶油50克；装饰：黑芝麻适量

做法 ①将煮熟的地瓜碾成泥状，加入糖粉，拌匀，加入蛋黄，搅拌成均匀的面糊。②加入淡奶油，将面糊搅拌均匀，加入盐，搅拌均匀。③将面糊装入有圆齿花嘴的裱花袋中，在铺好油纸的烤盘上挤出圆形玫瑰纹的饼干坯。④然后在饼干坯上面撒上黑芝麻，放进烤箱，烤12分钟即可。

Tips 烤箱最好以175℃预热一下。

巧克力奶油饼圈

⏱12分钟　难易度：★☆☆
🔥上、下火175℃

材料 饼干体：无盐黄油80克，糖粉55克，蛋白20克，盐0.5克，低筋面粉100克，可可粉15克；装饰：巧克力100克，捣碎的开心果20克

做法 ①室温软化的无盐黄油加糖粉拌匀，加蛋白、盐、低筋面粉、可可粉，拌匀成饼干面糊。②裱花袋装上圆齿花嘴，将饼干面糊放入其中，在烤盘上挤出环形饼干坯。③放进烤箱，烘烤约12分钟。④巧克力隔水加热熔化。将烤好的饼干的1/3处蘸上巧克力液，撒上开心果碎即可。

Tips 环形饼干坯的大小要均匀，这样烤出来更好看。

铜板酥

🕐 20分钟　难易度：★★☆

🔲 上、下火150℃

材料 黄奶油144克，糖粉75克，盐2克，纯牛奶32毫升，高筋面粉160克，低筋面粉80克，泡打粉3克，抹茶粉20克，全蛋1个

做法 ①高筋面粉加入低筋面粉，拌匀开窝，倒入黄奶油、糖粉、全蛋、牛奶、泡打粉、盐，混合均匀，揉搓成湿面团，分成2等份。

②取其中一个面团，加入抹茶粉，混合均匀成抹茶面团；把另一面团搓成长条。

③把抹茶面团擀成面皮，把面条放在抹茶面皮里，包裹好，将两端切齐整。

④用保鲜膜把面团包裹严实，放入冰箱冷冻1小时至其变硬，取出，撕去保鲜膜。

⑤用刀把面条切成厚度适宜的饼坯，放入铺有高温布的烤盘里。

⑥放入预热好的烤箱里，以上、下火150℃烤20分钟至熟即可。

> 📖 Tips　生坯不宜切得太厚，否则不易烤熟，易造成外焦里生。

娃娃饼干

🕐 15分钟　难易度：★★☆

🔲 上、下火170℃

材料 低筋面粉110克，黄奶油50克，鸡蛋25克，糖粉40克，盐2克，巧克力液130克

做法 ①把低筋面粉倒在案台上，用刮板开窝，倒入糖粉、盐，加入鸡蛋，搅匀。

②放入黄奶油，将材料混合均匀，揉搓成光滑的面团。

③用擀面杖把面团擀成5毫米厚的面片。

④用圆形模具在面片上压出8个饼坯。

⑤在烤盘铺一层烘焙油纸，放入饼坯，再放入烤箱，以上、下火170℃烤15分钟，取出，稍微放凉。

⑥将饼干的一部分浸入搅拌盆内的巧克力液中，做出头发状，再用竹签蘸上巧克力液，在饼干上画出眼睛、鼻子和嘴巴即可。

> 📖 Tips　可以根据自己的喜好，延伸出其他造型。

海星饼干

⏱18分钟　难易度：★★☆
🔲160℃转180℃

材料　无盐黄油65克，糖粉50克，蛋黄1个，香草精2克，低筋面粉130克，硬糖适量

做法 ①无盐黄油室温软化，打至发白，加入糖粉，打至蓬松羽毛状，放入蛋黄，搅打匀，再加入香草精，筛入低筋面粉，拌匀揉成面团，擀成厚度为2毫米的面片。

②用大的星星模具先压饼干坯，再在其中一半的星星中央压摁小的星星，将小星星移出形成镂空。

③得到一半镂空的饼干和一半星星形状的饼干，将镂空的饼干坯覆盖在星星饼干坯上。

④准备一个密封袋，用擀面杖将硬糖压碎。把硬糖碎放在饼干坯镂空的地方。

⑤入炉烘烤，先以160℃烘烤10分钟定型，然后将温度升至180℃，烘烤6~8分钟，将硬糖烤至完全熔化，拿出后凉凉即可食用。

Tips 要注意，中间镂空的部分要和星星部分对齐，这样更加美观。

腰果小酥饼

⏱15分钟　难易度：★★☆
🔲上、下火170℃

材料　黄奶油100克，糖粉40克，低筋面粉60克，玉米淀粉60克，腰果碎60克，糖粉适量

做法 ①将低筋面粉倒在案台上，加入玉米淀粉，用刮板开窝。

②倒入糖粉、黄奶油，刮入面粉，混合均匀，加入腰果碎，揉搓成面团。

③把面团搓成长条状，用刮板分切成大小均等的小剂子，搓成条，再弯成"U"形，成生坯。

④把生坯放入铺有高温布的烤盘里，放入预热好的烤箱里。

⑤关上箱门，以上、下火170℃烤15分钟至熟。

⑥打开箱门，取出烤好的酥饼，将糖粉过筛至酥饼上即可。

Tips 饼坯的厚薄、大小应一致，这样更易烤熟。

连心奶香饼干

🕐15分钟　难易度：★☆☆
🔲上、下火160℃

材料 无盐黄油65克，糖粉50克，蛋黄1个，香草精1克，低筋面粉130克，食用色素适量

做法 ①无盐黄油室温软化，稍打至体积膨胀，加入糖粉、香草精、蛋黄，搅打均匀。②加入食用色素，筛入低筋面粉，用橡皮刮刀翻拌至无干粉。③揉成光滑的面团，将其擀成厚度为3毫米的面片，用连心模具压出相应的形状。④将烤盘放置在烤箱，烘烤15分钟后在烤箱内放置8~10分钟即可。

Tips 烤箱需要以160℃先预热一下。

星星造型饼干

🕐15分钟　难易度：★★☆
🔲上、下火160℃

材料 无盐黄油65克，糖粉50克，蛋黄1个，香草精1克，低筋面粉130克

做法 ①无盐黄油室温软化，稍打至体积膨胀，加入糖粉，搅打匀，加入蛋黄，搅打均匀。②加入香草精，搅打均匀，筛入低筋面粉，用橡皮刮刀翻拌至无干粉，揉成光滑的面团。③将其擀成厚度为3毫米的面片，用星星模具压出相应的形状。④将烤盘放置在烤箱，烘烤15分钟即可。

Tips 星星造型的饼干模具也可以换成其他形状的，大小一致就可以。

椰蓉爱心饼干

🕐15分钟　难易度：★★☆
🔲上、下火160℃

材料 无盐黄油65克，糖粉50克，蛋黄1个，香草精1克，椰蓉30克，低筋面粉100克

做法 ①无盐黄油室温软化，打至体积微微膨胀，加入糖粉、蛋黄，搅打均匀。②加入香草精、椰蓉，搅拌均匀，筛入低筋面粉，拌至无干粉，揉成光滑的面团。③用擀面杖将其擀成厚度为3毫米的面片，用爱心模具压出相应的形状。④将烤盘放置在烤箱中层，烘烤15分钟即可。

黑芝麻年轮饼干

🕐15分钟　难易度：★★★
🔲上、下火180℃

材料 饼干体：无盐黄油90克，细砂糖80克，盐1克，鸡蛋液50克，低筋面粉200克；内馅：黑芝麻粉80克，细砂糖50克，热水30毫升

做法 ①无盐黄油加入细砂糖、盐，搅打至发白，倒入鸡蛋液，搅匀。②筛入低筋面粉，搅拌成面团，包上保鲜膜，冷冻30分钟。③黑芝麻粉中加50克细砂糖、热水，拌匀。取出面团，擀成厚度约5毫米的面片，表面涂上黑芝麻糊，卷起成圆柱体，冷冻约30分钟，取出，切成片，烤15分钟即可。

Tips 鸡蛋液要一边倒一边搅拌，避免水油分离。

果酱年轮饼干

⏱ 15分钟　难易度 ★★☆

▢ 上、下火180℃

材料 饼干体：无盐黄油90克，细砂糖80克，盐1克，鸡蛋1个，低筋面粉200克；内馅：草莓酱40克，蔓越莓干20克

做法 ①无盐黄油加入细砂糖、盐，打至发白，倒入鸡蛋、低筋面粉，揉成面团。②将面团包上保鲜膜，放冰箱冷冻约30分钟，取出，擀成厚度约5毫米的面片。③面片的表面抹上草莓酱，撒上些许蔓越莓干，卷好，冷冻约30分钟。④取出面团，切成厚度为7~8毫米的饼干坯，烤15分钟即可。

扭扭曲奇条

⏱ 10分钟　难易度 ★☆☆

▢ 上、下火170℃

材料 无盐黄油80克，绵白糖60克，鸡蛋液25克，低筋面粉100克，可可粉8克，香草精适量

Tips
饼干坯不要太干了，不然不容易成型。

做法 ①无盐黄油加入绵白糖搅拌均匀，倒入鸡蛋液、香草精，筛入低筋面粉，拌匀揉成面团。②分出一半的面团，加入可可粉揉均匀。两份面团，均擀平，切成正方形，再切成长条形饼干坯。将黑、白饼干坯分别扭成螺旋的形状。③将烤盘置于烤箱的中层，烘烤10分钟即可。

鸡蛋卷

⏱ 8~10分钟　难易度 ★☆☆

▢ 上、下火175℃

材料 无盐黄油50克，细砂糖65克，蛋白70克，香草精2克，低筋面粉30克

Tips
室温软化无盐黄油的时候注意不要使黄油熔化成液态。

做法 ①室温软化的无盐黄油加细砂糖搅拌均匀，分次加入蛋白，拌匀，加入香草精，筛入低筋面粉翻拌成光滑的面糊，静置1小时。②将面糊搅拌一下装入有圆形花嘴的裱花袋中，在烤盘上挤出大小均匀的圆片。③放入预热至175℃的烤箱中层，烤8~10分钟，取出并趁热卷成蛋卷即可。

巧克力核桃蛋卷

⏱ 15分钟　难易度 ★☆☆

材料 黄奶油100克，盐5克，细砂糖100克，鸡蛋3个，核桃碎15克，低筋面粉110克，可可粉10克

扫一扫学烘焙

做法 ①将鸡蛋倒入搅拌盆中，加入细砂糖、盐，用电动打蛋器快速搅匀，加入黄奶油，快速搅匀。②加入可可粉、低筋面粉，搅成面糊，倒入核桃碎，搅匀。③把面糊倒入烧热的煎锅里，用小火煎至熟，将煎好的面糊置于白纸上，卷成蛋卷。④把做好的蛋卷装入盘中即可。

咖啡坚果烟卷

⏱ 7~9分钟　难易度：★★☆

🔥 上、下火180℃

材料 饼干体：蛋白50克，细砂糖35克，糖粉40克，低筋面粉12克，芝士粉50克，咖啡粉5克；装饰：黑巧克力30克，切碎的坚果25克

做法 ①蛋白打至有气泡，分2次加入细砂糖打至可拉出鹰嘴状的软钩。②筛入糖粉、低筋面粉、芝士粉、咖啡粉，拌成面糊，倒入方形瓦片饼干模具刮平。③放进烤箱，烤7~9分钟，出炉后立即卷起，冷却。④将黑巧克力隔水加热熔化，将饼干沾上黑巧克力液和切碎的坚果，待凝固即可。

Tips
饼干在凝固的过程中尽量不要移动。

杏仁巧克力烟卷

⏱ 7~9分钟　难易度：★★☆

🔥 上、下火180℃

材料 饼干体：蛋白50克，细砂糖35克，糖粉20克，杏仁粉50克，低筋面粉8克；装饰：苦甜巧克力适量，杏仁碎适量

做法 ①蛋白打至有气泡，分2次加入细砂糖打至可拉出鹰嘴状的软钩。②筛入糖粉、低筋面粉、杏仁粉，拌成面糊，倒入方形瓦片饼干模具刮平。③揭起瓦片饼干模具，放进烤箱，烤7~9分钟，出炉后卷起，冷却。④将苦甜巧克力隔水加热熔化，将饼干两端蘸上巧克力液和杏仁碎，待凝固即可。

Tips
巧克力液不要过厚，这样不容易凝固。

桃酥

⏱ 15分钟　难易度：★☆☆

🔥 上火180℃、下火160℃

材料 低筋面粉200克，蛋黄25克，泡打粉3克，苏打粉2克，核桃60克，细砂糖70克，玉米油120毫升，盐少许

做法 ①将低筋面粉、泡打粉、苏打粉依次倒于面板上，拌匀后铺开，依次加入盐、细砂糖、蛋黄，搅拌均匀，放入玉米油、核桃，继续按压均匀。②将面团捏成数个圆形桃酥生坯，摆好盘。③打开烤箱，将烤盘放入烤箱中，关上烤箱，以上火180℃、下火160℃，烤约15分钟即可。

Tips
开始拌面粉的时候，采用边拌边压的方式，更容易拌匀。

全麦核桃酥饼

⏱ 15分钟　难易度：★☆☆

🔥 上火160℃、下火180℃

材料 全麦粉125克，糖粉75克，鸡蛋1个，核桃碎适量，黄奶油100克，泡打粉5克

做法 ①将全麦粉倒在案台上，用刮板开窝，倒入糖粉、鸡蛋，搅散。②放入黄奶油、泡打粉、核桃碎，加入全麦粉，混合均匀，揉搓成面团。③把面团搓成长条，用刮板切成小剂子，揉搓成饼坯。④放入烤盘中，再放入预热好的烤箱里，以上火160℃、下火180℃，烤15分钟至熟即可。

扫一扫学烘焙

葡萄奶酥

⏱ 15分钟　难易度：★☆☆

▢ 上、下火160℃

材料 低筋面粉195克，葡萄干60克，玉米淀粉15克，蛋黄45克，奶粉12克，黄油80克，细砂糖50克，蛋黄1个

扫一扫学烘焙

做法 ①将低筋面粉铺在面板上，加入奶粉、玉米淀粉，搅拌开窝，倒入细砂糖、45克蛋黄，搅拌匀。②倒入黄油，搅拌匀，揉成面团，加入葡萄干，继续揉搓。③将其擀成5毫米厚的片，把擀好的面片切去边缘，切成小方块，刷上蛋黄，放入烤箱中，以上、下火160℃烤15分钟即可。

葡萄奶酥饼干

⏱ 15分钟　难易度：★☆☆

▢ 上、下火180℃

材料 饼干体：蛋黄2个，黄奶油95克，糖粉80克，食粉2克，泡打粉2克，低筋面粉160克，葡萄干80克；浆液：黄奶油12克，盐少许，蛋黄40克

做法 ①饼干体中的黄奶油加入糖粉、蛋黄、低筋面粉、食粉、泡打粉，搅匀按压，加入葡萄干，揉搓成面团，搓成条。②取一碗，倒入蛋黄、盐、黄奶油，拌匀，制成浆液。③取适量面团，搓成圆，按压，放在烤盘上，表面刷上拌好的浆液，放入烤箱，以上、下火180℃烤15分钟即可。

奶酥饼

⏱ 15分钟　难易度：★☆☆

▢ 上火180℃、下火190℃

材料 黄奶油120克，盐3克，蛋黄40克，低筋面粉180克，糖粉60克

扫一扫学烘焙

做法 ①将黄奶油倒入大碗中，加入盐、糖粉，快速搅匀，分次加入蛋黄，并搅拌均匀。②将低筋面粉过筛至碗中，用长柄刮板拌匀，制成面糊。③把面糊装入套有花嘴的裱花袋里，剪开口，以画圈的方式把面糊挤在铺有高温布的烤盘里，制成饼坯，放入烤箱，烤15分钟至熟即可。

奶香核桃酥

⏱ 15分钟　难易度：★☆☆

▢ 上火180℃、下火160℃

材料 低筋面粉250克，泡打粉3克，猪油100克，鸡蛋20克，奶粉25克，细砂糖100克，水25毫升，苏打粉5克，蛋黄30克，核桃适量

Tips
还可以在饼干的表面抹上适量的蜂蜜。

做法 ①低筋面粉加泡打粉、奶粉拌匀，开窝，加入细砂糖、鸡蛋、水、苏打粉，搅匀，加入猪油，揉成面团，搓成宽长条，切成大小一致的块。②取适量面团搓圆，放入烤盘按压成圆饼状，刷一层蛋黄液，中间放上核桃，成核桃酥坯，放入烤箱，以上火180℃、下火160℃，烤15分钟即可。

红糖核桃饼干

🕐 20分钟　难易度：★☆☆

🔲 上、下火180℃

材料 低筋面粉170克，蛋白30克，泡打粉4克，核桃80克，黄油60克，红糖50克

做法 ①将低筋面粉倒于面板上，加入泡打粉，拌匀后铺开。

②倒入蛋白、红糖，搅拌均匀，倒入黄油，将面糊揉按成形，加入核桃，揉按均匀。

③取适量面团，按捏成数个饼干生坯，将制好的饼干生坯装入烤盘，待用。

④打开烤箱，将烤盘放入烤箱中。

⑤关上烤箱，以上火、下火均为180℃，烤约20分钟至熟。

⑥取出烤盘，把烤好的红糖核桃饼干装入盘中即可。

核桃酥

🕐 12分钟　难易度：★★☆

🔲 上火210℃、下火150℃

材料 黄奶油100克，糖粉63克，鸡蛋50克，低筋面粉127克，泡打粉5克，核桃碎适量

做法 ①将黄奶油倒入碗中，用电动打蛋器搅拌，放入糖粉，搅拌均匀，加入鸡蛋，拌匀。

②将核桃碎倒入碗中，拌匀，倒入部分低筋面粉、泡打粉，搅拌均匀，制成面糊。

③将面糊倒在操作台上，撒入剩下的低筋面粉，压拌均匀，制成面团。

④用保鲜膜将面团包好，并用刮板压成长方体状，放入冰箱，冷藏1小时。

⑤从冰箱中取出面团，撕开保鲜膜，将面团依次切成块状。

⑥将面团块整齐地放入烤盘中。

⑦把烤盘放入预热好的烤箱内，将烤箱温度调成上火210℃、下火150℃，烤12分钟即可。

> **Tips** 核桃仁可以倒入锅中干炒片刻，味道会更香。

扫一扫学烘焙

> **Tips** 面团多揉一会儿，以使核桃均匀散开。

香酥花生饼

🕐 15分钟　难易度：★☆☆

🍳 上、下火160℃

材料 低筋面粉160克，鸡蛋1个，苏打粉5克，黄油100克，花生酱100克，细砂糖80克，花生碎适量

（做法）①往案台上倒入低筋面粉、苏打粉，用刮板拌匀，开窝。

②加入鸡蛋、细砂糖，稍稍拌匀。

③放入黄油、花生酱。

④刮入面粉，混合均匀。

⑤将混合物搓揉成一个纯滑面团。

⑥逐一取适量面团，揉圆至成生坯。

⑦将生坯均匀粘上花生碎。

⑧烤盘垫一层高温布，将粘好花生碎的生坯放在烤盘里，每个用手按压一下至成圆饼状。

⑨将烤盘放入烤箱中，以上、下火160℃烤15分钟至熟即可。

Tips　花生可以事先碾碎再倒入面团中，口感会更好。

拿酥饼

🕐 15分钟　难易度：★★☆

🍳 上、下火180℃

材料 酥皮：低筋面粉325克，白糖300克，猪油50克，黄奶油100克，鸡蛋1个，臭粉2.5克，奶粉40克，食粉2.5克，泡打粉4克，吉士粉适量；装饰：蛋黄1个

（做法）①把低筋面粉倒在案台上，加入白糖、吉士粉、奶粉、臭粉、食粉、泡打粉，混合均匀。

②把黄油、猪油混合均匀，加入到混合好的低筋面粉中，混合均匀，再加入鸡蛋，搅拌，揉搓成面团。

③取适量面团，搓成条状，切成数个大小均等的剂子，把剂子捏成圆球状，制成生坯。

④把生坯装入烤盘，逐个刷一层蛋黄液，放入烤箱里。

⑤关上箱门，将烤箱上、下火均调为180℃，时间设为15分钟，开始烘烤。

⑥戴上手套，打开箱门，将烤好的拿酥饼取出，将拿酥饼装盘即可。

Tips　拿酥饼烤好后，因烤盘温度较高，要戴上隔热手套取出，以免烫伤手。

芝麻酥

🕐 15分钟　难易度：★☆☆

🔥 上火170℃、下火180℃

材料 低筋面粉500克，猪油220克，白糖330克，鸡蛋1个，臭粉3.5克，泡打粉5克，食粉2克，水50毫升，芝麻15克

做法 ①将低筋面粉、食粉、泡打粉、臭粉混合过筛，放入白糖、鸡蛋拌匀，注入少许水，拌匀，放入猪油，搅拌匀，制成面团，搓成长条，分成数段。②取一段面团，分成数个剂子，揉搓成中间厚、四周薄的圆形酥皮，滚上芝麻，制成生坯，放在烤盘中，放入烤箱，烤约15分钟即可。

芝麻沙布烈

🕐 20分钟　难易度：★☆☆

🔥 上、下火160℃

材料 黄奶油200克，糖粉120克，蛋黄60克，盐2克，低筋面粉210克，泡打粉3克，黑芝麻20克

做法 ①低筋面粉倒在案台上，开窝，倒入糖粉、蛋黄、泡打粉，搅散，加入黄奶油，揉成面团。②把面团压扁，放上黑芝麻，揉搓，混合匀，加入盐，揉匀，搓成圆筒状。③用刮板分切成数个等份的剂子，逐个将剂子揉搓成圆饼生坯，放入垫有高温布的烤盘里，放入烤箱，烤20分钟即可。

Tips 可以事先将黄奶油熔化成液体状，这样能节省时间。

杏仁千层酥

🕐 15～20分钟　难易度：★☆☆

🔥 上、下火180℃

材料 千层酥皮120克，蛋白液少许，蛋黄液10克，糖粉25克，杏仁片30克，干淀粉适量

做法 ①将千层酥皮从冰箱中拿出，两面抹上干淀粉，室温放软。②其中一张酥皮的表面抹上蛋白液，覆盖在另一张酥皮上，按压贴紧，擀开成正方形面片。③将酥皮切成长8厘米、宽4厘米的小酥皮，在其表面刷蛋黄液，并撒上糖粉和杏仁片。④将酥皮放入烤箱烤15～20分钟即可。

Tips 将酥皮重叠后擀成一片可以使千层酥的层次更丰富。

香甜裂纹小饼

🕐 15分钟　难易度：☆☆☆

🔥 上、下火170℃

材料 低筋面粉110克，白糖60克，橄榄油40毫升，蛋黄1个，泡打粉5克，可可粉30克，盐2克，酸奶35毫升，南瓜子适量

做法 ①低筋面粉加入可可粉，拌匀，淋入橄榄油，加入白糖、酸奶，拌匀，放入泡打粉、盐、南瓜子、蛋黄，搅拌匀，揉搓成面团，搓成长条状，再切成数个剂子，揉成圆球状。②在每个面球上均匀地裹上一层低筋面粉（分量外），放入铺有高温布的烤盘中。③将烤盘放进烤箱，烤15分钟至熟即可。

扫一扫学烘焙

红糖桃酥

⏱ 15分钟　难易度：★☆☆　☆
🔥 上火180℃、下火160℃

材料 细砂糖50克，红糖粉25克，盐1克，猪油80克，蛋黄15克，低筋面粉150克，食粉2克，泡打粉1克，核桃碎40克

扫一扫学烘焙

做法 ①将低筋面粉倒在案台上，开窝，倒入细砂糖、蛋黄，搅匀，加入泡打粉、食粉、盐、红糖粉，混合匀，加入猪油，揉搓匀，放入核桃碎，混合均匀，揉搓成面团。②将面团摘成小剂子，放入烤盘，捏成饼状，放入预热好的烤箱里。③关上箱门，以上火180℃、下火160℃烤15分钟即可。

红茶小酥饼

⏱ 18分钟　难易度：★☆☆　☆
🔥 上、下火160℃

材料 黄奶油100克，糖粉30克，蛋黄11克，低筋面粉143克，锡兰红茶4.5克

扫一扫学烘焙

做法 ①把低筋面粉倒在案台上，用刮板开窝，倒入糖粉、蛋黄，拌匀，加入黄奶油、红茶，混合匀，搓成面团，搓成长条状，用保鲜膜包裹好，再放入冰箱，冷冻2小时至定型。②取出冻好的材料，撕去保鲜膜，用刀切数个饼坯，放入铺有高温布的烤盘中，放入烤箱，烤18分钟即可。

红茶奶酥

⏱ 18分钟　难易度：★☆☆　☆
🔥 上火170℃、下火160℃

材料 无盐黄油135克，糖粉50克，盐1克，鸡蛋1个，低筋面粉100克，杏仁粉50克，红茶粉2克

做法 ①室温软化的无盐黄油中加入糖粉，搅拌均匀，倒入鸡蛋，用手动打蛋器搅拌均匀，加入杏仁粉，搅拌均匀，加入盐、红茶粉，搅拌均匀，筛入低筋面粉，拌至无颗粒。②裱花袋装上圆齿形裱花嘴，装入面糊，在烤盘上挤出齿花水滴形状的曲奇。③放入烤箱，烘烤18分钟即可。

Tips 无盐黄油还可以采用隔水加热的方式来帮助软化。

迷你牛角酥

⏱ 10~15分钟　难易度：★☆☆　☆
🔥 上、下火185℃

材料 冷藏酥皮2片，鸡蛋液适量

做法 ①酥皮在室温下解冻，至可以折叠不会断掉的状态。②将酥皮从中间对剖，然后分成4个三角形。③从三角形的底边卷起，做成迷你牛角的形状。④放入烤盘，在表面刷上鸡蛋液，烤箱预热185℃，烤盘置于烤箱的中层，烘烤10~15分钟即可。

Tips 酥皮可以自己事先做好，冷藏。

夏威夷果酥

⏱12分钟　难易度：★★☆

🔲上、下火160℃

材料 饼干体：无盐黄油50克，细砂糖20克，鸡蛋液20克，低筋面粉100克，泡打粉1克；装饰：夏威夷果适量，鸡蛋液少许

做法 ①将室温软化的无盐黄油加入细砂糖，搅拌均匀。

②然后加入鸡蛋液20克，拌均匀。

③筛入低筋面粉，加入泡打粉，用橡皮刮刀翻拌至无干粉，然后揉成光滑的饼干面团。

④面团外裹一层保鲜膜，用擀面杖，将面团擀成厚度为4毫米的面皮。

⑤用圆形模具将面皮压出相应的形状，去除多余的面皮，可以将其反复操作，做出更多的饼干坯。

⑥每个饼干坯的表面都放上一颗夏威夷果，压实。

⑦在饼干坯表面刷上鸡蛋液，整齐陈列在烤盘上。烤箱预热至160℃，完毕后将烤盘置于烤箱的中层，烘烤12分钟即可。

Tips 饼干表面刷上蛋液可以让烤出的饼干色泽更加金黄漂亮。

扫一扫学烘焙

香酥小饼干

⏱15分钟　难易度：★☆☆

🔲上、下火170℃

材料 黄奶油100克，糖粉50克，熟蛋黄2个，盐少许，低筋面粉100克，玉米淀粉100克

做法 ①将黄奶油倒入容器中，用电动打蛋器快速打发，加入糖粉，搅拌均匀。

②放入熟蛋黄，搅拌匀，用长柄刮板将拌匀的材料刮到碗的中间，继续搅拌。

③将盐、玉米淀粉、低筋面粉倒入容器中。

④用刮板搅拌片刻，再倒在操作台上，揉搓成面团。

⑤依次取下约20克的小面团，揉圆。

⑥放入烤盘，并用手在面团中间部位轻轻按压，使其微微裂开。

⑦将烤箱温度调成上、下火170℃，预热。将烤盘放入烤箱，烤15分钟至熟，装入盘中即可。

Tips 面团调得不要太干，以免压不出微裂的花纹，这样会影响美观。

薰衣草饼

⏱ 25分钟　难易度：★☆☆

🔥 上、下火150℃

材料 奶油100克，糖粉50克，鲜奶30克，低筋面粉150克，薰衣草粉3克

做法 ①把奶油、糖粉混合，拌匀成奶白色。

②分次加入鲜奶，拌透。

③加入低筋面粉、薰衣草粉完全拌匀。

④取出，堆叠揉成纯滑的面团。

⑤擀成厚薄均匀的面片。

⑥用印模压出形状。

⑦排在垫有高温布的钢丝网上。

⑧入炉，以150℃的炉温烤约25分钟，完全熟透后出炉冷却即可。

椰蓉蛋酥饼干

⏱ 15分钟　难易度：★☆☆

🔥 上火180℃、下火150℃

材料 低筋面粉150克，奶粉20克，鸡蛋4克，盐2克，细砂糖60克，黄油125克，椰蓉50克

做法 ①将低筋面粉、奶粉搅拌片刻，在中间掏一个窝。

②加入备好的细砂糖、盐、鸡蛋，在中间搅拌均匀。

③倒入黄油，将四周的粉覆盖上去，一边翻搅一边按压至面团均匀平滑。

④取适量面团揉成圆形，在外圈均匀粘上椰蓉。

⑤放入烤盘，轻轻压成饼状，将其余面团依次制成饼干生坯。

⑥将烤盘放入预热好的烤箱里，调成上火180℃、下火150℃，时间定为15分钟烤至定型，将烤盘取出即可食用。

扫一扫学烘焙

Tips
薰衣草粉也可以换成香草粉、可可粉等。

Tips
如果怕热量太高，饼干表面可以什么都不粘。

香草奶酥

🕐 18分钟　难易度：★☆☆

🔥 上火170℃、下火160℃

材料 无盐黄油90克，糖粉50克，盐1克，鸡蛋50克，低筋面粉100克，杏仁粉50克，香草精2克

做法 ①将无盐黄油放在搅拌盆中，压软，倒入鸡蛋，搅拌均匀，加入糖粉，搅拌均匀。②倒入香草精，搅拌均匀，加入盐，拌匀，加杏仁粉拌匀，筛入低筋面粉，搅匀成面糊。③将面糊装入已经装有圆齿形裱花嘴的裱花袋中，在烤盘上挤出爱心的形状，放入烤箱，烘烤18分钟即可。

> **Tips** 花嘴的形状可以根据自己的喜好来选择。

芝士奶酥

🕐 15分钟　难易度：★☆☆

🔥 上、下火180℃

材料 无盐黄油80克，糖粉80克，盐1克，鸡蛋液25克，低筋面粉150克，香草精3克，奶油奶酪80克

做法 ①将奶油奶酪和无盐黄油放入搅拌盆中搅拌均匀，加入糖粉，拌匀，分次倒入鸡蛋液，拌匀。②加入盐、香草精，筛入低筋面粉，搅拌成细腻的面糊，装入有圆齿形裱花嘴的裱花袋中。③在烤盘上挤出花形，烤箱预热180℃，将烤盘置于烤箱的中层，烘烤15分钟即可。

> **Tips** 烤箱最好提前预热，以免饼干液化，不容易成型。

可可奶酥

🕐 13分钟　难易度：★☆☆

🔥 上、下火180℃

材料 无盐黄油120克，糖粉50克，盐2克，鸡蛋液50克，低筋面粉90克，杏仁粉50克，可可粉10克，牛奶15毫升

做法 ①将无盐黄油放入无水无油的搅拌盆中，压软，倒入鸡蛋液，搅拌均匀。②加糖粉，搅拌均匀，倒入牛奶、盐、杏仁粉，拌匀，筛入低筋面粉、可可粉。③用橡皮刮刀拌成细腻的饼干面糊，倒入已经装有圆齿形裱花嘴的裱花袋中。④在烤盘上挤出花形，放入烤箱，烤13分钟即可。

> **Tips** 香草精是制作饼干常用的香精，只需要几滴就有浓郁的芳香。

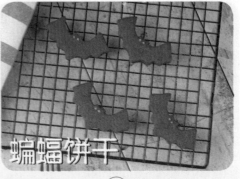

蝙蝠饼干

🕐 15分钟　难易度：★★☆

🔥 上、下火170℃

材料 低筋面粉130克，无盐黄油65克，牛奶20毫升，糖粉50克，橙色巧克力笔1支，香草精3克，可可粉10克

做法 ①黄油软化，加糖粉，打至蓬松羽毛状。②加入牛奶和香草精，筛入低筋面粉和可可粉，拌匀揉成光滑的面团，擀成3毫米厚的面片，使用蝙蝠模具压出蝙蝠的形状。③烤箱调温至170℃，压成形并装盘的生坯置于烤箱中层，烤约15分钟取出，凉凉后，用巧克力笔为蝙蝠点上眼睛。

蝴蝶酥

🕐 15分钟　难易度：★★☆

🔲 上、下火185℃

材料 冷藏酥皮3片，鸡蛋液适量，细砂糖适量

做法 ①酥皮室温解冻，取一片刷上鸡蛋液，撒上细砂糖。②盖上一层酥皮，重复以上动作，再盖上第三层酥皮，同样重复。③酥皮从中间对剖成两个长方形，对边至中线折叠，对折一次，切成厚度为8毫米的面片。④将酥皮坯呈"Y"字形摆在烤盘上，刷上蛋液，撒上细砂糖，烤15分钟即可。

Tips 细砂糖不能长期暴露在空气中，储存需要密封。

咖啡豆

🕐 20分钟　难易度：★★☆

🔲 上、下火170℃

材料 无盐黄油45克，淡奶油10克，可可粉3克，糖粉30克，速溶咖啡粉12克，低筋面粉100克

做法 ①室温软化黄油后，加入糖粉拌匀，筛入速溶咖啡粉、可可粉、低筋面粉，继续搅匀。②加入淡奶油，搅匀，揉成咖啡面团。③将咖啡面团分成5克一个的小面团，搓成枣形，用刮板划上一刀，成咖啡豆形状，放入烤盘中。烤箱调温至170℃，烤盘置于烤箱中层，烤20分钟即可。

地震饼干

🕐 25分钟　难易度：★☆☆

🔲 上、下火180℃

材料 鸡蛋液25克，白兰地20毫升，糖粉100克，低筋面粉100克，可可粉40克，苏打粉2克，无盐黄油30克

做法 ①将低筋面粉、可可粉、80克的糖粉、苏打粉混合筛入盆中。②将软化的黄油与粉类混合，加入白兰地、蛋液，拌匀。③将面粉与液体混合揉成团，包上保鲜膜放入冰箱冷藏30分钟，取出，分成15~17克一个的小团。④小团放入剩余的20克糖粉中滚一圈，入烤箱，烤25分钟即可。

Tips 在面团过软的情况下可将其放入冰箱冷藏30分钟。

紫薯饼

🕐 18分钟　难易度：★☆☆

🔲 上、下火180℃

材料 紫薯泥60克，黄奶油50克，蜂蜜28克，蛋黄10克，水10毫升，泡打粉7克，低筋面粉100克

做法 ①将泡打粉放到低筋面粉中，拌匀开窝，加入水、黄奶油、蜂蜜，揉成光滑的面团。②把面团切成大小均等的小剂子，将剂子捏成饼坯，放入适量紫薯泥。③收口捏紧，搓成球状，再压成饼状，制成生坯，放在烤盘里，刷上蛋黄液。④把生坯放入烤箱，烤约18分钟至熟即可。

扫一扫学烘焙

绿茶酥

⏱ 25分钟　难易度：★☆☆

🔥 上、下火180℃

材料 水油皮部分：中筋面粉150克，细砂糖35克，猪油40克，水60毫升；油酥部分：低筋面粉100克，猪油50克，绿茶粉3克；馅料：莲蓉馅适量

㊗做法 ①水油皮：将中筋面粉倒在案板上，开窝，加入细砂糖、水，搅动，放入猪油，拌匀，揉搓至材料纯滑，即成油皮面团。

②油酥：将低筋面粉倒在案板上，撒上绿茶粉，和匀，开窝，放入猪油，拌匀，揉至材料纯滑，即成酥皮面团。

③取油皮面团，擀成5毫米左右厚的薄皮，把酥皮面团压平，放在油面皮上。

④折起面皮，再擀成3毫米左右厚的薄片，卷起薄片，呈圆筒状，分成数个小剂子。

⑤将小剂子擀薄，盛入适量的莲蓉馅，包好，收紧口，做成数个绿茶酥生坯，放在垫有油纸的烤盘中。烤箱预热，放入烤盘，烤25分钟即可。

花生酥

⏱ 15分钟　难易度：★★☆

🔥 上火175℃、下火180℃

材料 低筋面粉500克，猪油220克，白糖330克，鸡蛋1个，臭粉3.5克，泡打粉5克，食粉2克，水50毫升，烤花生少许，蛋黄2个

㊗做法 ①将低筋面粉、食粉、泡打粉、臭粉混合，倒入筛网中过筛，撒在案板上，用刮板开窝。

②放入白糖，打入鸡蛋，轻轻搅拌，注入少许水，刮入面粉，拌至糖分溶化。

③放入猪油，搅拌匀，至其溶于面粉中，制成面团，搓成长条，分成数段。

④将蛋黄倒入小碗中，打散、搅匀，制成蛋液待用。

⑤取一段面团，分成数个剂子，揉搓成圆形，放入烤盘，再在中间按压一个小孔。

⑥用刷子均匀地刷上一层蛋液，嵌入备好的烤花生，制成花生酥生坯。

⑦烤箱预热，放入烤盘，以上火175℃、下火180℃，烤15分钟即可。

Tips 制作面团时，可注入少许温水，这样糖分更易溶化。

Tips 油皮和酥皮合在一起后，最好多擀几次，这样绿茶粉的清香才会渗入到面团中。

罗兰酥

⏱15分钟　难易度：★★★
🔥上、下火190℃

材料 黄奶油125克，细砂糖75克，低筋面粉100克，蛋黄2个，高筋面粉100克；装饰：蛋黄液少许，蔓越莓果酱适量

（做法）①将高筋面粉、低筋面粉倒在案台上，用刮板开窝，加入细砂糖、蛋黄，搅匀，放入黄奶油，再刮入面粉，混合均匀，揉搓成光滑的面团。

②在案台撒上一层面粉，把面团压扁，用擀面杖擀成约5毫米厚的面皮。

③用模具压出12个圆形面皮，再用小一号的模具在其中6块圆形面皮中心压出小一圈的面皮，去掉边角料，再把较小的面皮去掉，制成6个环状面皮，刷上一层蛋黄液，分别放在圆形面皮上。

④将生坯放在烤盘里，再刷上一层蛋黄液，把蔓越莓果酱装入环内。

⑤将生坯放入预热好的烤箱里，以上、下火190℃烤15分钟即可。

Tips 烤箱的温度不宜过高，否则容易将饼干烤焦。

菊花酥

⏱15分钟　难易度：★★★
🔥上火170℃、下火190℃

材料 水皮：低筋面粉150克，糖粉30克，猪油30克，水70毫升；油皮：低筋面粉120克，猪油60克，馅：莲蓉适量；装饰：蛋黄1个，白芝麻适量

（做法）①水皮：低筋面粉加糖粉、水，搅拌均匀，制成面团，加入猪油，撒入适量的低筋面粉，继续压拌均匀，制成水皮。

②油皮：将低筋面粉倒在操作台上，开窝，倒入猪油，反复压拌均匀，制成油皮。

③操作台上撒入适量低筋面粉，放入水皮，擀薄，放入油皮，包好，擀薄，折两折，再擀薄，制成面皮。

④往操作台上撒适量低筋面粉，放上面皮，折两折，擀薄，翻面，卷成圆筒，揉搓，切成小块，取其中6块，依次擀薄。

⑤馅：将莲蓉搓成条，取适量莲蓉放在面皮上，包好，压扁，再擀薄，以对角的方式切8刀，沿顺时针方向反卷起来，按压成菊花瓣状，刷上蛋黄液，撒上白芝麻，烤15分钟即可。

Tips 在莲蓉包上切花刀的时候，最好切得整齐、一致，成品会显得精致、美观。

迷你肉松酥饼

⏱15分钟　难易度：★☆☆

🔥上、下火170℃

材料 低筋面粉100克，蛋黄20克，黄油50克，糖粉40克，肉松20克

（做法）①把低筋面粉倒在案台上，用刮板开窝，倒入蛋黄、糖粉，用刮板拌匀。

②加入黄油，刮入低筋面粉，将材料混合均匀，揉搓成纯滑的面团。

③把面团搓成长条状，用刮板切成数个小剂子，捏成饼状，放入适量肉松，收口，捏紧，揉成小球状，即成酥饼生坯。

④放入铺有高温布的烤盘里，用叉子按压酥饼坯，压出花纹。

⑤将烤盘放入烤箱中，以上、下火170℃烤15分钟至熟，取出烤好的酥饼即可。

Tips 在酥饼生坯上可以刷一层蛋黄，这样烤出的酥饼颜色更好看。

扫一扫学烘焙

椰蓉开口酥

⏱15分钟　难易度：★☆☆

🔥上、下火170℃

材料 油皮：中筋面粉200克，白糖20克，水90毫升，猪油90克；油酥：低筋面粉180克，蛋黄20克，糖粉、黄奶油各适量；馅料：红豆沙适量

（做法）①油皮：中筋面粉加入水、白糖、蛋黄，拌匀，揉成面团，倒入猪油，搓成纯滑的面团。

②油酥：低筋面粉加入糖粉、蛋黄、黄油，搓成面团。

③把油皮面团擀成面皮，放上揉搓好的油酥面团，压平，往中间折，盖住油酥面团，对折，擀平。

④把面皮切成两半，取其中一半，卷成卷，切成数个小剂子，擀成面皮，放入适量红豆沙，收口，捏成圆球形。

⑤把生坯放在烤盘上，逐一刷上一层蛋黄，用小刀轻轻划两刀。放入烤箱，以上、下火170℃烤15分钟即可。

Tips 红豆沙馅料还可以换成莲蓉馅等其他口味的馅料，做法相同。

格格花心

🕐 15分钟　难易度：★★☆

🔲 上、下火170℃

材料　黄奶油100克，鸡蛋1个，糖粉50克，奶粉15克，低筋面粉175克，蛋黄1个

做法　①将低筋面粉倒在案台上，用刮板开窝，倒入糖粉、鸡蛋，搅散，加入黄奶油，刮入面粉，混合均匀。

②加入奶粉，揉搓成光滑的面团，搓成长条，用刮板切成大小均等的小剂子，再搓成圆饼形生坯。

③把生坯放入铺有高温布的烤盘里，刷上蛋黄液，用竹签划上网格花纹。

④把生坯放入预热好的烤箱里，关上箱门，以上、下火170℃烤15分钟至熟。

⑤打开箱门，取出烤好的饼干，装在容器里即可。

Tips　饼干烤好以后，要待其完全放凉之后再取出。

扫一扫学烘焙

黄金小酥饼

🕐 20分钟　难易度：★★☆

🔲 上火170℃、下火175℃

材料　黄奶油140克，糖粉75克，蛋黄30克，水10毫升，低筋面粉190克，蛋黄15克

做法　①把低筋面粉倒在案台上，用刮板开窝，倒入糖粉、蛋黄，搅散。

②加入黄奶油，刮入周边材料，混合均匀，加入水，继续揉搓，搓成光滑的面团。

③把面团搓成长条状，用刮板切成数个均等的剂子，把剂子揉搓成圆饼生坯。

④将生坯放入垫有高温布的烤盘里，逐个刷上蛋黄液，用竹签在生坯上划上条形花纹。

⑤把生坯放入预热好的烤箱里，将烤箱调为上火170℃、下火175℃，烤20分钟至熟，戴上手套，打开箱门，把烤好的酥饼取出即可。

Tips　用竹签在生坯上划上条形花纹不仅可以使烤出的饼干更好看，还能帮助饼干在烤制过程中散热，以免裂开。

扫一扫学烘焙

核桃脆果子

⏱20分钟　难易度：★★☆
🔲上、下火170℃

材料　玉米淀粉50克，鸡蛋1个，低筋面粉45克，核桃仁适量，细砂糖20克，蛋黄1个，熔化的黄奶油8克

（做法）①把玉米淀粉、低筋面粉倒在案台上，用刮板开窝，倒入细砂糖、鸡蛋、黄奶油，拌匀。

②将材料混合均匀，再按压成纯滑的面团。

③用保鲜膜包好，放入冰箱冷藏15分钟。

④从冰箱中取出面团，撕去保鲜膜，用刮板将面团切成小块，用手捏平，放入核桃仁，包好，并搓成圆球。

⑤将脆果子生坯放入烤盘中，刷上适量搅散的蛋黄。

⑥将烤盘放入烤箱，以上、下火170℃烤20分钟至熟即成。

咸蛋酥

⏱15分钟　难易度：★★★
🔲上、下火180℃

材料　酥皮：低筋面粉325克，白糖300克，猪油50克，黄奶油100克，鸡蛋1个，臭粉2.5克，奶粉40克，食粉2.5克，泡打粉4克，吉士粉适量；馅料：莲蓉120克，咸蛋黄2个；装饰：蛋黄1个，黄奶油30克

（做法）①把低筋面粉倒在案台上，加入白糖、吉士粉、奶粉、臭粉、食粉、泡打粉，混合均匀。

②把黄奶油、猪油混合均匀，加入到混合好的低筋面粉中，混合匀，加入鸡蛋，揉成面团。

③把莲蓉压扁，搓成条状，切两个莲蓉剂子。把咸蛋黄包入剂子中，搓成球状，制成馅料。

④取适量面团，搓条，切两个小剂子，捏成半球面状，放入馅料，搓成球状，制成生坯。

⑤生坯粘上包底纸，装入烤盘中，分别刷上一层蛋黄。将烤箱上、下火均调为180℃，时间设为15分钟，放入生坯，烤熟取出，趁热刷上一层黄奶油即可。

（Tips）还可以在咸蛋酥上挤上一层打发淡奶油，味道很特别。

扫一扫学烘焙

（Tips）刷上适量蛋黄，可以使成品更美观。可以配合牛奶或者甜味饮料食用。

花生脆果子

🕐 15分钟　难易度：★★☆

🔲 上、下火180℃

材料　玉米淀粉50克，花生米适量，低筋面粉45克，细砂糖20克，鸡蛋1个，熔化的黄奶油8克

做法 ①把低筋面粉倒入玉米淀粉中，将混合好的材料倒在案台上，用刮板开窝。

②倒入细砂糖、鸡蛋、黄奶油，拌匀，将材料混合均匀，揉搓成纯滑的面团。

③用保鲜膜将面团包好，放入冰箱冷藏15分钟，从冰箱中取出面团，撕去保鲜膜。

④用刮板将面团切成小块，将小面团捏平，放入花生米，包好，揉成圆球。

⑤将做好的生坯放入烤盘，把烤盘放入烤箱中，以上、下火180℃烤15分钟至熟，取出即可。

> **Tips** 花生米还可以放进保鲜袋中，压碎后使用，这样方便食用。

腰果脆果子

🕐 15分钟　难易度：★★☆

🔲 上、下火180℃

材料　玉米淀粉50克，细砂糖20克，低筋面粉45克，鸡蛋1个，腰果适量，熔化的黄奶油8克

做法 ①把低筋面粉倒入玉米淀粉中，将混合好的材料倒在案台上，用刮板开窝。

②倒入细砂糖、鸡蛋、黄奶油，拌匀，将材料混合均匀，揉搓成纯滑的面团。

③用保鲜膜将面团包好，放入冰箱冷藏15分钟，从冰箱中取出面团，撕去保鲜膜。

④用刮板将面团切成小块，将小面团捏平，放上腰果，包好，揉成圆球。

⑤将脆果子生坯放到烤盘上，把烤盘放入烤箱，以上、下火180℃烤15分钟至熟。

⑥将烤盘取出，将烤好的腰果脆果子装入容器中即可。

> **Tips** 包面团时，腰果可露出一点，这样会使成品更好看。

长苗酥饼

🕐 20分钟　难易度：★★☆
🔥 上、下火160℃

材料　奶油60克，糖粉50克，液态酥油50克，水50毫升，中筋面粉175克，可可粉8克，白巧克力适量

（做法）①把奶油、糖粉倒在一起，先慢后快，打至奶白色。

②分次加入液态酥油、水，拌匀至无液体状。

③加入中筋面粉、可可粉，完全拌匀至无粉粒。

④装入放有牙嘴的裱花袋内，挤入烤盘，粗细长短要均匀。

⑤入炉，以160℃的炉温烘烤，约烤20分钟，至完全熟透，出炉冷却即可。

⑥把白巧克力熔化，装入裱花袋内，剪一个小孔，快速挤在冷却的饼面上，风干即可。

杏仁酸奶饼干

🕐 25分钟　难易度：★☆☆
🔥 上、下火180℃

材料　无盐黄油110克，细砂糖70克，杏仁碎70克，朗姆酒30毫升，淡奶油150克，低筋面粉270克，泡打粉6克，盐2克，原味酸奶80毫升，牛奶30毫升

（做法）①将室温软化的无盐黄油放入搅拌盆中，用电动打蛋器稍打一下。

②加入细砂糖，搅打至蓬松发白。

③倒入朗姆酒、牛奶搅拌均匀，再倒入原味酸奶，继续搅拌。

④加入杏仁碎，搅拌均匀。

⑤加入盐、泡打粉，倒入淡奶油，搅拌均匀。

⑥筛入低筋面粉，搅拌均匀，揉成光滑的面团。轻轻拍打面团，将其擀成圆面饼，用刮板将圆面饼分成8等份。

⑦放进预热至180℃的烤箱中，烘烤15分钟，拿出烤盘调转180°，再烘烤10分钟即可食用。

Tips　无盐黄油还可以隔水熔化或者使用微波炉加热熔化，只需要用高火加热30秒即可，如果没有完全熔化也不用担心，只需要稍稍搅拌用余温即可熔化黄油。

Part 2

面包篇

　　每次路过面包店，总是不由自主地被各种新鲜出炉的面包的香气所吸引。很多人想要自己动手做面包，却被繁复的步骤吓退。其实，面包的制作也可以轻松简单。本章选取经典款面包，无论是造型各异的面包，还是佐以多种馅料的三明治，都美味又营养。为家人，为爱人，或者为自己，亲自动手做几款好吃、健康又充满趣味的面包吧。

面包制作必备材料

市场上的烘焙食材多种多样，想要做出美味又可爱的造型面包，我们需要什么样的食材呢？

高筋面粉

高筋面粉颜色较深，筋度大，有黏性，用手抓不易成团，蛋白质含量在10.5%~13.5%，吸水量为65%左右，在国外被称为面包面粉。

中筋面粉

中筋面粉颜色为乳白色，半松散体质，筋度和黏度较均衡，蛋白质含量在8.0%~10.5%，吸水量为50%左右，市售面粉无特别说明的一般都是此类面粉。

低筋面粉

低筋面粉颜色较白，用手抓易成团，不易松散，蛋白质含量为6.5%~8.5%，吸水量为49%左右，适量添加在面包的制作中，可以使面包的口感较松软。

无铝泡打粉

无铝泡打粉又称复合膨松剂、发泡粉或发酵粉，由苏打粉加上其他酸性材料制成，能够通过化学反应使面包快速变得蓬松、软化，增强面包的口感。

全麦面粉

全麦面粉中含有众多的维生素和矿物质，是欧式面包中常用的面粉，用手抓少许全麦面粉在掌心搓开，可以看到粉碎的麸皮，口感较一般面粉粗糙，是市售面粉中营养价值最高的面粉。

苏打粉

苏打粉是强碱和弱碱中和后生成的酸式盐，溶于水时呈弱碱性，用在面包制作中可以使面包更加松软，在作用后会残留碳酸钠。使用过多会导致面包成品有碱味，应避免长期大量使用。

无筋面粉

无筋面粉又称澄面、澄粉，是从小麦中提取淀粉所制成的，黏度和透明度较高，蒸熟后晶莹剔透。少数对麸质过敏的人适合食用此类面粉制品。

玉米面粉

玉米面粉又称玉米淀粉，有白色和黄色两种，含有丰富的营养素，具有降血压、降血脂、抗动脉硬化、美容养颜等保健功能，也是适宜糖尿病病人食用的佳品。

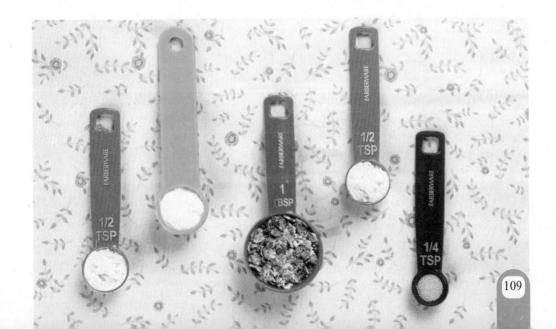

面包制作常用小工具

想要在家里做出造型可爱又好吃的面包，到底要准备哪些工具呢？下面介绍几款小工具，准备好这些工具，可以让面包的制作更方便快捷呢。

手动打蛋器

手动打蛋器适用于打发少量的黄油，或者某些不需要打发，只需要把鸡蛋、糖、油等混合物搅拌均匀的环节，使用手动打蛋器会更加方便快捷。

电动打蛋器

电动打蛋器更方便省力，鸡蛋的打发用手动打蛋器很困难，必须使用电动打蛋器。

塑料刮板

粘在操作台上的面团可以用塑料刮板铲下来，也可以协助我们把整形好的小面团移到烤盘上去，还可以分割面团哦。

橡皮刮刀

扁平的软质刮刀，适用于搅拌面糊，在粉类和液体类混合的过程中起重要作用。在搅拌的同时，可把附着在碗壁上的面糊刮得干干净净。

擀面杖

擀面杖是面团整形过程中必备的工具，无论是把面团擀圆、擀平还是擀长都需要用到哦。

油布或油纸

烤盘需用油布或油纸垫上以防粘黏。有时候在烤盘上涂油同样可以起到防粘的效果，但使用垫纸可以免去清洗烤盘的麻烦。

裱花袋

裱花袋可以用于挤出花色面糊，还可以用来装上巧克力液做装饰用。搭配不同的裱花嘴可以挤出不同的花形，可以根据需要购买。

吐司模

如果你要制作吐司，吐司模是必备工具。家庭制作建议购买450克规格的吐司模。

毛刷

面包为了上色漂亮，都需要在烘烤之前在面包表层刷一层液体，毛刷在这个时候就派上用场了。

各种刀具

粗锯齿刀用来切吐司，细锯齿刀用来切蛋糕，小抹刀用来涂馅料和果酱。根据不同的需要，选购不同的刀具。

烤箱

烤箱是十分常见的家用电器。因不同的烤箱其温度存在差异，本书中的烤箱温度、时间仅供参考，实际烘烤温度、时间需要根据自家烤箱的秉性进行调节。

电子秤

制作烘焙食品需要材料的克数精准，以保证制作的产品口感和造型达到最佳的状态。尤其是一些液体材料与干性材料的配比，如果不严格称量很有可能导致制作失败。

保鲜膜

保鲜膜用于将制作好的面团封住，是烘焙中常用的工具。使用保鲜膜擀出的面皮表面光滑，制作出的烘焙产品更加美观。

筛网

筛网用于过筛粉类，由于粉类放置过久会吸收空气中的水分凝结成块，所以需要用筛网筛过后才能使用，否则会影响成品的口感。

若家中所使用的烤箱无上、下火设置，建议采用书中所给温度的平均值。制作过程中需根据自家烤箱的实际状况调节烘烤的温度和时间。

面包的发酵方法

制作面包的关键在于面团的发酵，制作面包时要注意发酵的时间、温度等。本书中的面包产品用到了下面四种发酵方法：

1. 直接法

将所有材料按照先后顺序（先粉类，后液体）放入搅拌盆中，搅拌均匀，然后进行发酵，所做出的面团即为基本面团（如图①、图②）。直接法的优点在于省时省力，且容易上手，尤其适用于面包烘焙初学者，做出的产品成功率高。但是需要注意，直接法发酵如果发酵过度，会导致面包制作失败。直接法发酵适合用于制作奶油面包卷、白吐司等需要体现材料原始风味的面包产品。

①

②

2. 中种发酵法

中种发酵法也叫二次搅拌法，与直接法和老面发酵法不同，中种发酵法能使面团充分发酵，并进行水合作用（如图①）。操作方法是：在制好中种面团后，加入其他材料(如图②)，需要揉面两次，使得面团更容易出筋，且膨胀力强，成品体积大，内部组织细腻、柔软。中种发酵法适用于制作玉米面包、绿茶红豆面包等。

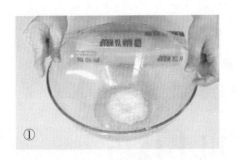
①

②

3. 老面发酵法

老面发酵法也叫低温发酵法。顾名思义，老面的制作是指在前一天将面团揉好，待第一次发酵完成后，放入冰箱冷藏室，发酵一晚上再使用（如图①）。使用时，将老面面团加入水搅拌，再加入新材料，揉成团（如图②）。老面发酵的面团，口感细致有嚼劲。需要注意的是，老面冷藏发酵的过程中如果时间把控得不好，会导致面团发酸。

①

②

4. 液种发酵法

液种发酵法是制作欧包的常用方法之一，是先将等量的粉类和水做成发酵种（如图①），然后与主面团材料混合的一种发酵方式（如图②）。液种通过低温发酵后，与主面团的材料混合，可以缩短主面团的发酵时间，且液种做出的面皮能呈现出食物的天然香甜，不带发酵的酸味。液种发酵法适用于制作佛卡夏、汤种牛奶小餐包等。

①

②

面包制作超实用小技巧

要想让面包好吃，关键在于面团的制作，下面将为大家介绍制作面包的常见问题和解决这些问题的实用小妙招。

1. 揉面技巧

①揉面的过程中，用手抓住面团的一端，另一只手按压拉长面团，再用力往外甩，重复这样的揉面动作可以使面团更快地起筋。

②揉面至延展阶段，即把面团揉至八成，面团的状态为慢慢拉开可以形成不易断裂的薄膜，破洞呈锯齿状，适合做普通的甜面包；在此基础上继续揉面至形成大片能印出指纹的薄膜，破洞边缘光滑，即把面团揉至了十成，适合做吐司。

2. 发酵技巧

①家庭中最简易的发酵方法是利用喷雾和湿布对面团进行发酵，这样的发酵过程除了慢，也没有什么缺点。如有条件的话可以购买一个发酵箱或有发酵功能的烤箱，这样省心也省事。

②发酵正常的面团，用手指蘸少许干粉在面团上戳个洞，不回缩就表示面团已经发酵好了。

3. 面团保存技巧

在做面包的过程中往往会有剩余的面团没有用武之地，我们可以用保鲜膜将其包住放入冰箱冷冻，使它成为老面团，这种面团可以做麦穗面包哦！

4. 揉圆面团的技巧

①对于小面团，将面团扣在手心里，用大拇指及手掌根部推动面团画圈，使其形成表面光滑的圆球。

②对于大面团，两手放在面团前面，将面团向自己身体方向拉，然后调转90°重复向自己身体方向拉的动作，至面团成表面光滑的圆球。也可以两手拢住面团向底部收。

5. 整形技巧

①在把面团擀平后，面团卷起之前，把卷起的边缘处用手指往外推压变薄，这样可以方便面团卷起后的收口捏合。

②揉圆后的面团需要盖上保鲜膜在操作台上松弛一定的时间。盖保鲜膜是为了避免在松弛的过程中面团干燥；揉圆后的面团弹性较强，延展性不足，如果强行整形，面团会很快回弹，也很容易将面团擀断，所以需要松弛。

③在对较湿软的面团进行整形时，可以使用适量的面包粉，用量为可满足整形要求的最少量，如果过多则会影响面包组织。

6. 烤箱温度调整技巧

关于烤面包的温度，书中会给出大致的参考，而实际操作的时候需要根据家庭烤箱的温度调整。如果根据书中的温度烤出来的东西焦了，说明烤箱的温度比标准温度高一些，就可以在给出温度的基础上以5℃为单位向下调整；反之，东西没烤熟就说明家用的烤箱温度比较低，则应上调5℃。当然你也可以买一个烤箱温度计，更精准地控温。

7. 搓面团的技巧

面团放在工作台上，双手的手掌基部摁在面团上，双手同时施力，前后搓动，边搓边推。前后滚动数次后，面团向两侧延伸。搓的时间不必过久，出力不宜过猛，否则面团容易断裂、发黏；保持双手的干燥，否则面团不光泽，同时会出现发黏的现象。

德式小餐包

🕐 10分钟　难易度：★☆☆

上、下火190℃

材料 高筋面粉500克，黄奶油70克，奶粉20克，细砂糖100克，盐5克，鸡蛋1个，水200毫升，酵母8克，芝士粉适量

扫一扫学烘焙

做法 ①将细砂糖加水搅拌至细砂糖溶化。②将高筋面粉、酵母、奶粉混匀，开窝，放入糖水、鸡蛋、黄奶油、适量盐揉搓成面团。③用保鲜膜将面团包好，静置10分钟。④将面团分成均等的2等份，揉捏匀，撒上芝士粉，发酵2小时。⑤将生坯放入烤箱以上、下火190℃烤10分钟即可。

蜂蜜小面包

🕐 15分钟　难易度：★☆☆

上、下火190℃

材料 高筋面粉500克，黄奶油70克，奶粉20克，细砂糖100克，盐5克，鸡蛋1个，水200毫升，酵母8克，杏仁片、蜂蜜各适量

扫一扫学烘焙

做法 ①细砂糖用水溶化。高筋面粉、酵母、奶粉倒在面板上开窝，放入糖水、鸡蛋、黄奶油、盐，揉成光滑面团，静置10分钟。②将面团分成数个60克一个的小面团，揉成圆球，放入4个蛋糕纸杯中。③发酵90分钟，撒入杏仁片，放入烤箱以上、下火190℃烤15分钟，取出，表面刷蜂蜜即可。

早餐包

🕐 15分钟　难易度：★☆☆

上、下火190℃

材料 高筋面粉500克，黄奶油70克，奶粉20克，细砂糖100克，盐5克，鸡蛋1个，水200毫升，酵母8克，蜂蜜适量

扫一扫学烘焙

做法 ①将细砂糖、水拌成糖水。②把高筋面粉、酵母、奶粉倒在面板上开窝，放入糖水、鸡蛋、黄奶油、盐，揉成光滑面团，静置10分钟。③将面团分成数个60克的小面团，揉成圆球形，发酵90分钟。④将面团放入烤箱以上、下火190℃烤15分钟至熟，取出，用刷子刷上蜂蜜。

牛奶小餐包

🕐 16~18分钟　难易度：★★☆

上火175℃、下火170℃

材料 液种面糊：冷开水85毫升，高筋面粉18克；主面团：牛奶150毫升，高筋面粉320克，酵母粉3克，细砂糖30克，盐1克，植物油30毫升；表面装饰：鸡蛋液适量，白芝麻适量

> *Tips*
> 和面时要和得均匀，发酵后的成品才会更有弹性。

做法 ①往18克高筋面粉中加入冷开水，加热成液种面糊。②将主面团材料中所有粉类放入盆中搅匀，加入液种面糊、牛奶和植物油揉成面团，发酵20分钟。③将面团分12等份，揉圆，松弛15分钟，擀平，卷成橄榄形，发酵60分钟，刷鸡蛋液，撒白芝麻，放入烤箱烤16~18分钟即可。

彩蔬小餐包

🕐 10~12分钟　难易度：★☆☆

🔥 上火190℃、下火180℃

材料 面团：高筋面粉200克，细砂糖25克，酵母粉4克，鸡蛋1个，牛奶30毫升，无盐黄油30克，盐4克；其他：洋葱50克，红甜椒30克，胡萝卜20克，培根15克，全蛋液适量

Tips 黄油放至室温才可以使用。

做法 ①将面团材料中的粉类（除盐外）放入大盆中搅匀，加入牛奶、鸡蛋、无盐黄油、盐，加入切碎的洋葱、红甜椒、胡萝卜和培根，揉成面团，发酵25分钟。②将面团分成4等份揉圆，发酵50分钟。③在面团表面刷上全蛋液，放入烤箱以上火190℃、下火180℃烤10~12分钟，取出即可。

盐奶油面包

🕐 18~20分钟　难易度：★☆☆

🔥 上火180℃、下火170℃

材料 面团：高筋面粉200克，酵母粉2克，细砂糖15克，鸡蛋1个，牛奶80毫升，无盐黄油20克；馅料：有盐黄油40克；表面装饰：鸡蛋液适量

Tips 面团松弛时表面喷少许水，松弛的效果会更好。

做法 ①牛奶加热后倒入酵母粉混匀。②将高筋面粉和细砂糖倒入盆中，加入鸡蛋、牛奶液、无盐黄油，揉成面团，发酵约15分钟。③取出面团分割成8等份，揉圆，松弛10~15分钟，擀成长形，每个放5克有盐黄油，卷起成橄榄形，发酵60分钟，刷鸡蛋液，放入烤箱烤18~20分钟即可。

早餐奶油卷

🕐 15分钟　难易度：★☆☆

🔥 上、下火180℃

材料 高筋面粉250克，海盐5克，细砂糖25克，酵母粉9克，奶粉8克，鸡蛋液25克，蛋黄12克，牛奶12毫升，水117毫升，无盐黄油45克，鸡蛋液适量

Tips 使用45℃的水，有利于面团发酵。

做法 ①将高筋面粉、海盐、细砂糖、奶粉和酵母粉拌匀，再加入水、25克鸡蛋液、蛋黄、牛奶、无盐黄油，揉成光滑面团，发酵15分钟。②将面团分成4等份，松弛10分钟。③将面团搓成圆锥状，擀平，卷成橄榄形，发酵30分钟后，刷适量鸡蛋液。④放入烤箱，烤15分钟即可。

奶油卷

🕐 15分钟　难易度：★☆☆

🔥 上、下火190℃

材料 高筋面粉500克，黄奶油70克，奶粉20克，细砂糖100克，盐5克，鸡蛋1个，水200毫升，酵母8克

扫一扫学烘焙

做法 ①细砂糖和水拌匀成糖水。②把高筋面粉、酵母、奶粉倒在面板上开窝，倒入糖水、鸡蛋、黄奶油、盐，揉成光滑面团，静置10分钟。③将面团分成数个60克的小面团，搓成圆球形，擀成片，卷成橄榄形，发酵90分钟。④入烤箱，以上、下火190℃烤熟，用刷子刷上适量黄油即可。

年轮小餐包

⏱ 18分钟　难易度：★☆☆

🔥 上火180℃、下火160℃

材料 面包体：高筋面粉125克、细砂糖20克、速发酵母1克、牛奶63毫升、无盐黄油13克、盐1克；表面装饰：低筋面粉93克、水93毫升、无盐黄油75克、盐1克

Tips 将酵母等材料均匀地搅开，做出来的面包质地均匀。

做法 ①将高筋面粉、细砂糖、速发酵母、牛奶拌匀，和成面团。②加入无盐黄油和盐，揉成光滑面团，松弛25分钟。③装饰：锅中倒入水、无盐黄油、盐、低筋面粉拌匀成泡芙酱，装入裱花袋中。④面团分成5等份，揉圆发酵50分钟，分别在表面挤上泡芙酱，放入烤箱中烤约18分钟即可。

全麦鲜奶卷

⏱ 18~20分钟　难易度：★☆☆

🔥 上火170℃、下火165℃

材料 面团：高筋面粉270克、全麦面粉30克、酵母3克、细砂糖30克、牛奶205毫升、无盐黄油25克、盐1克；表面装饰：牛奶8毫升

Tips 为了防止面团在发酵过程中干燥，可以在面团表面盖上湿布。

做法 ①把材料中的粉类（除盐外）放入大盆中，加入牛奶、盐、无盐黄油，揉成光滑面团，发酵15分钟。②取出面团，分成4等份揉圆，搓成水滴形，松弛10~15分钟，擀平，卷成全麦鲜奶卷生坯，发酵45分钟。③在面团表面刷牛奶，放入烤箱以上火170℃、下火165℃烤18~20分钟即可。

德式裸麦面包

⏱ 10分钟　难易度：★☆☆

🔥 上、下火190℃

材料 高筋面粉500克、黄奶油70克、奶粉20克、细砂糖100克、盐5克、鸡蛋1个、水200毫升、酵母8克、裸麦粉50克

扫一扫学烘焙

做法 ①将细砂糖加水拌成糖水。②将490克高筋面粉、酵母、奶粉混匀开窝，加入糖水、鸡蛋、黄奶油、盐揉成面团，静置10分钟。③面团中倒入裸麦粉揉匀，再分成数个剂子，揉匀，常温发酵2个小时。④剩余高筋面粉过筛，撒在面团上，在生坯表面划出花瓣样划痕，放入烤箱烤10分钟即可。

全麦面包

⏱ 15分钟　难易度：☆☆☆

🔥 上、下火190℃

材料 高筋面粉200克、细砂糖、全麦粉各50克、鸡蛋1个、酵母4克、黄油35克、水100毫升

扫一扫学烘焙

做法 ①将高筋面粉、全麦粉、酵母倒在面板上，用刮板和匀，开窝。②倒入细砂糖、鸡蛋、水、黄油，揉成面团。③称取数个60克左右的面团，揉圆，放入纸杯中发酵。④待面团发酵至两倍大，放入烤盘中，摆放整齐。⑤烤箱预热，放入烤盘，以上、下火190℃烤约15分钟即可。

金麦叶形面包

⏱ 18分钟　难易度：★☆☆
🔥 上、下火190℃

材料 面包体：高筋面粉125克，低筋面粉25克，全麦粉100克，速发酵母4克，水150毫升，蜂蜜10克，无盐黄油10克，盐1克；表面装饰：高筋面粉适量

做法 ①将高筋面粉、低筋面粉过筛入碗里，加入全麦粉、速发酵母、水、蜂蜜，拌成团，包入盐和无盐黄油，揉至面团光滑，松弛25分钟。②将面团分成2等份，擀成长圆形，卷成橄榄形，发酵45分钟，筛上适量高筋面粉，用小刀划出叶子的纹路。③放入已预热190℃的烤箱中，烤约18分钟。

Tips 划面团要选择锋利的小刀或刀片，并且划的时候要迅速。

意大利全麦面包棒

⏱ 20分钟　难易度：★☆☆
🔥 上、下火180℃

材料 面包体：高筋面粉50克，全麦面粉15克，细砂糖1克，速发酵母2克，水33毫升，橄榄油8毫升，盐1克；表面装饰：芝士粉适量，椒盐适量，白芝麻适量

做法 ①将筛好的高筋面粉、全麦面粉、细砂糖、盐、速发酵母倒入碗里搅匀，放入水、橄榄油，揉成面团，松弛25分钟。②将面团分割成几个等量小面团，揉圆，发酵片刻。③将面团擀成椭圆形，卷成长条状。④撒上芝士粉、椒盐和白芝麻，放入预热180℃的烤箱中烤20分钟。

Tips 将面团擀成长条形的时候可以根据自己的喜好决定粗细长短。

金麦椒盐面包圈

⏱ 20分钟　难易度：★★☆
🔥 上、下火200℃

材料 酵母粉2克，水90毫升，高筋面粉100克，燕麦粉50克，盐2克，芥花籽油10毫升，蜂蜜8克，黑胡椒碎2克

做法 ①将酵母粉倒入水中拌匀成酵母水。②将高筋面粉、燕麦粉、盐、芥花籽油、蜂蜜、酵母水、黑胡椒碎倒入盆中拌匀，揉成光滑面团，发酵15分钟。③将面团分成2等份，揉圆，擀成长圆形，搓成长条，如图制成心形面团，室温发酵约30分钟。④放入烤箱中烤20分钟即可。

Tips 每个面团要大小一致，否则烤出来的面包受热会不均匀。

胚芽核桃包

⏱ 15分钟　难易度：★☆☆
🔥 上、下火190℃

材料 高筋面粉200克，全麦粉、细砂糖各50克，酵母4克，鸡蛋1个，水100毫升，黄奶油35克，核桃适量，小麦胚芽适量

做法 ①将高筋面粉、全麦粉、酵母倒在面板上，开窝。②加入鸡蛋、细砂糖、水、黄奶油、核桃和匀，揉成面团。③称取4个60克的面团，揉圆，擀平，卷成橄榄形状，蘸小麦胚芽，即成生坯，发酵。④用刀片在生坯上划开口，抹上适量黄油，放入烤箱上、下火190℃烤至熟透即可。

Tips 在核桃包上划一道口子，可以使黄奶油渗透到里面，味道更佳。

119

杂粮包

⏱15分钟　难易度：★☆☆

🔥上、下火190℃

材料 高筋面粉150克，杂粮粉350克，鸡蛋1个，黄奶油70克，奶粉20克，水200毫升，细砂糖100克，盐5克，酵母8克

Tips 若没有黄奶油，可以用熬制的鸡油代替。

做法 ①将杂粮粉、高筋面粉、酵母、奶粉倒在案台上，开窝。②倒入细砂糖、水、鸡蛋、盐、黄奶油，揉搓均匀，制成面团。③将面团揉成数个60克的小面团，揉匀，放入烤盘，使其发酵90分钟。④将烤盘放入烤箱中，以上、下火190℃烤15分钟至熟。⑤将杂粮包装入盘中即可。

杏仁杂粮包

⏱15分钟　难易度：★☆☆

🔥上、下火190℃

材料 高筋面粉150克，杂粮粉350克，鸡蛋1个，黄奶油70克，奶粉20克，水200毫升，细砂糖100克，盐5克，酵母8克，杏仁片适量

扫一扫学烘焙

做法 ①将杂粮粉、高筋面粉、酵母、奶粉倒在案台上，开窝。②倒入细砂糖、水、鸡蛋、盐、黄奶油，揉搓均匀。③将面团揉成数个60克的小面团，揉圆，放入烤盘中，使其发酵90分钟。④在面团上放入杏仁片，放入烤箱中以上、下火190℃烤15分钟至熟即可。

提子杂粮包

⏱15分钟　难易度：★☆☆

🔥上、下火190℃

材料 高筋面粉160克，杂粮粉350克，鸡蛋1个，黄奶油70克，奶粉20克，水200毫升，细砂糖100克，盐5克，酵母8克，提子干适量

Tips 揉搓面团的时间不宜过长，以免产生筋度影响口感。

做法 ①将杂粮粉、150克高筋面粉、酵母、奶粉倒在案台上，开窝。②倒入细砂糖、水、鸡蛋、盐、黄奶油揉匀。③将面团分成数个60克的小面团，按平，放上提子干，包好并揉圆，发酵90分钟。④将剩余高筋面粉过筛至生坯上，放入烤箱中以上、下火190℃烤15分钟至熟即可。

竹炭餐包

⏱15分钟　难易度：☆☆☆

🔥上、下火190℃

材料 高筋面粉500克，黄奶油70克，奶粉20克，细砂糖100克，盐5克，鸡蛋1个，水200毫升，酵母8克，食用竹炭粉2克，白芝麻适量

扫一扫学烘焙

做法 ①细砂糖加水溶化，把高筋面粉、酵母、奶粉倒在面板上开窝，倒入糖水、鸡蛋、黄奶油、盐混匀，揉成光滑面团，静置10分钟。②分次将食用竹炭粉加在面团中，揉成纯滑面团，切成均等的小面团，搓成圆球生坯，发酵90分钟，撒上白芝麻。③放入烤箱，以上、下火190℃烤15分钟即可。

黑森林面包

⏱ 20分钟　难易度：★☆☆

🔲 上、下火190℃

材料 红糖粉30克，奶粉6克，蛋白20克，水40毫升，改良剂1克，酵母3克，高筋面粉200克，细砂糖10克，盐25克，水20毫升，纯牛奶20毫升，焦糖4克，黄奶油20克，提子干适量

做法 ①将酵母、奶粉、改良剂倒在高筋面粉中开窝。②倒入细砂糖、40毫升水、红糖粉、焦糖、20毫升水、纯牛奶、蛋白、盐、黄奶油，揉成光滑面团。③把面团摘成数个60克的小面团，擀成面皮，铺提子干，卷成橄榄形，发酵90分钟，划几刀。④放入烤箱以上、下火190℃烤20分钟即可。

Tips
烤好的面包要放在常温下慢慢冷却，否则会导致面包开裂。

英国生姜面包

⏱ 10分钟　难易度：★☆☆

🔲 上、下火190℃

材料 高筋面粉500克，黄奶油70克，奶粉20克，细砂糖100克，盐5克，鸡蛋1个，水200毫升，酵母8克，姜粉10克

扫一扫学烘焙

做法 ①将细砂糖加水搅拌至细砂糖溶化，待用。②将高筋面粉、酵母、奶粉混匀开窝，加入糖水、鸡蛋、黄奶油、盐，揉成光滑面团，静置10分钟。③取适量面团压平，倒入姜粉，揉成纯滑面团，切成数等份，揉成小球生坯，发酵2小时。④放入烤箱中以上、下火190℃烤10分钟即可。

黄金奶油面包

⏱ 20分钟　难易度：★★☆

🔲 上、下火190℃

材料 面包体：高筋面粉500克，黄奶油70克，奶粉20克，细砂糖100克，盐5克，鸡蛋50克，水200毫升，酵母8克；黄金酱：色拉油400毫升，鸡蛋4个，细砂糖5克

Tips
可以根据自己的口味，在黄金酱中加入其他馅料。

做法 ①面包体：将细砂糖、水拌成糖水。②把高筋面粉、酵母、奶粉拌匀，放入糖水、鸡蛋、黄奶油、盐，揉成面团，静置10分钟。③将面团分成数个60克的小面团，揉圆，发酵90分钟。④黄金酱：将鸡蛋、细砂糖、色拉油拌成黄金酱，倒入裱花袋中，挤在生坯上。⑤入烤箱烤20分钟即可。

宝宝面包棒

⏱ 12~14分钟　难易度：★☆☆

🔲 上、下火180℃

材料 高筋面粉350克，细砂糖30克，酵母粉2克，水200毫升，无盐黄油30克，盐1克

Tips
发酵面团时可以包上保鲜膜，防止面团变得干燥。

做法 ①将面团材料中的所有粉类（除盐外）放入盆中搅匀，加入水、无盐黄油和盐，揉成光滑面团，发酵25分钟。②取出面团擀成长方形，切成长形棒状，放在烤盘上，表面喷少许水，发酵约50分钟。③将烤盘放入烤箱中层，以上、下火180℃烤12~14分钟，烤至表面上色，取出即可。

法国海盐面包

⏱ 12分钟　难易度：★☆☆
🔥 上火240℃、下火220℃

材料　面团：高筋面粉250克，海盐5克，酵母粉2克，黄糖糖浆2克，无盐黄油8克；海盐奶油：无盐黄油50克，海盐5克

做法 ①将高筋面粉、海盐5克、酵母粉拌匀，放入黄糖糖浆、无盐黄油，揉成面团发酵15分钟。②将面团分成135克一个的小面团揉圆，松弛15分钟。③将面团擀平，卷成橄榄形，发酵35分钟。④无盐黄油50克和海盐拌匀，装入裱花袋。⑤在面团上斜划一刀，挤上海盐黄油，放入烤箱烤12分钟即可。

Tips
用手揿发酵后的面团，不易揿烂就说明面团发酵好了。

爱尔兰苏打面包

⏱ 30分钟　难易度：★☆☆
🔥 上火200℃、下火180℃

材料　面团：中筋面粉250克，细砂糖30克，泡打粉8克，牛奶160毫升，盐3克，无盐黄油50克，酵母粉2克；表面装饰：中筋面粉适量

做法 ①将面团材料中的粉类（除盐外）搅匀。②加入牛奶、无盐黄油和盐，揉成团，发酵10分钟。③把面团分成3等份，揉圆，松弛10~15分钟，放在烤盘上，发酵约30分钟，表面撒中筋面粉。④用小刀在面团表面划出十字，放入烤箱以上火200℃、下火180℃烤30分钟，取出即可。

Tips
在面团上划刀是为了使面团释放多余的气体，不会在烘烤时产生裂纹。

橄榄油乡村面包

⏱ 20分钟　难易度：★☆☆
🔥 上火190℃、下火195℃

材料　高筋面粉250克，全麦面粉50克，酵母粉2克，盐5克，橄榄油30毫升，温水195毫升，麦芽糖15克

做法 ①将高筋面粉、全麦面粉、酵母粉搅匀。②倒入温水、橄榄油、麦芽糖、盐拌匀，揉成不粘手的面团，发酵30分钟。③取出面团，分割成2等份，揉圆，最后发酵50分钟。④在面团表面撒上高筋面粉，用刀在面团表面划出网状，放入烤箱以上火190℃、下火195℃烤20分钟即可。

Tips
用刀在面包生坯上划几刀，利于散热。

香浓番茄面包

⏱ 20分钟　难易度：★★☆
🔥 上火160℃、下火175℃

材料　面团：高筋面粉180克，细砂糖28克，酵母粉3克，芝士粉18克，番茄酱45克，鸡蛋18克，水80克，无盐黄油12克，盐2克；表面装饰：牙签适量，鸡蛋液适量

做法 ①把高筋面粉、细砂糖、酵母粉、芝士粉搅匀。②加入鸡蛋、番茄酱、水、盐和无盐黄油，揉成面团，发酵。③将面团擀平，切出4个约3克的三角形面粒，剩余面团分4等份揉圆。把三角形面粒分别放在小面团的顶部，用牙签固定，发酵45分钟，刷上鸡蛋液。④放入烤箱烤20分钟即可。

Tips
发酵的过程中注意给面团保温，每过一段时间喷少许水。

蜂蜜奶油甜面包

⏱ 11分钟　难易度：★☆☆

🔥 上、下火200℃

材料 面团：高筋面粉165克，奶粉8克，细砂糖40克，酵母粉3克，鸡蛋28克，牛奶40毫升，水28毫升，无盐黄油20克，盐2克；表面装饰：无盐黄油丁50克，蜂蜜适量，细砂糖适量，鸡蛋液适量

Tips 在烤好的面包上刷一层蜂蜜，可以增加面包的口感。

做法 ①将面团材料中的粉类搅匀，放入鸡蛋、牛奶、水、无盐黄油，揉成团，发酵13分钟。②将面团分成3等份，揉圆，分别擀成长圆形，卷成圆筒状，稍压扁，发酵40分钟，刷上鸡蛋液和蜂蜜。③在面团表面剪出闪电状装饰，放上无盐黄油丁、细砂糖。④放入烤箱烤11分钟即可。

南瓜面包

⏱ 16~18分钟　难易度：★☆☆

🔥 上火175℃、下火170℃

材料 面团：高筋面粉270克，低筋面粉30克，酵母粉4克，南瓜（煮熟压成泥）200克，蜂蜜30克，牛奶30毫升，无盐黄油30克，盐2克；表面装饰：南瓜子适量

Tips 剪出的小三角形不宜太大，以免影响成品美观。

做法 ①把牛奶、蜂蜜、南瓜泥拌匀。②把高筋面粉、低筋面粉、酵母粉搅匀，加入蜂蜜牛奶南瓜泥、盐和无盐黄油，揉成面团，发酵20分钟。③将面团分成6等份，揉圆，松弛15分钟。④把面团压平，用剪刀在边缘剪出8个小三角形，发酵50分钟，放上南瓜子，放入烤箱烤16~18分钟即可。

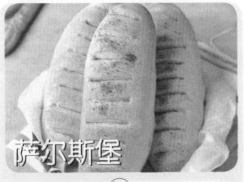

萨尔斯堡

⏱ 25分钟　难易度：★★☆

🔥 上火220℃、下火210℃

材料 高筋面粉250克，海盐5克，酵母粉2克，黄糖糖浆2克，水172毫升，无盐黄油8克，培根2片，乳酪丁100克，黑胡椒粉适量

Tips 掌握好生坯的发酵时间，发酵不足则面包无香味。

做法 ①将高筋面粉、海盐、酵母粉拌匀；黄糖糖浆倒入水中，拌匀后，倒入面粉盆。②放入无盐黄油，揉成面团，盖保鲜膜发酵15分钟。③将面团分成3等份的面团，松弛15分钟。④将面团拉出一个三角形，放上乳酪丁、培根，包好面团，发酵35分钟，用剪刀剪出开口，撒上黑胡椒粉。⑤放入烤箱烤25分钟即可。

咸猪仔包

⏱ 20分钟　难易度：★☆☆

🔥 上、下火180℃

材料 面团：高筋面粉200克，细砂糖11克，奶粉8克，酵母粉2克，牛奶35毫升，水90毫升，无盐黄油18克，盐4克；表面装饰：鸡蛋液适量

Tips 适当增加酵母粉的用量，可使面包口味更加蓬松。

做法 ①把面团材料中的粉类（除盐外）搅匀。②加入牛奶、水、盐和无盐黄油，揉面团，发酵15分钟。③取出面团，分成4等份的小面团并揉圆，松弛10~15分钟。④把小面团擀成椭圆形，卷成橄榄形，发酵45分钟，刷鸡蛋液，用小刀从中间划一刀。⑤放入烤箱烤约20分钟即可。

吉士面包

⏱15分钟　难易度：★☆☆

🔥上、下火190℃

材料 面团部分：高筋面粉500克，黄奶油70克，奶粉20克，细砂糖100克，盐5克，鸡蛋50克，水200毫升，酵母8克，糖粉少许；吉士酱部分：水100毫升，吉士粉60克，玉米淀粉40克

扫一扫学烘焙

做法 ①高筋面粉、酵母、奶粉混匀，开窝。②倒入细砂糖溶化的糖水、鸡蛋、黄奶油、盐，揉成光滑面团，静置10分钟。③将面团分成数个60克的小面团，搓圆，取3个小面团，发酵90分钟。④吉士粉、玉米淀粉、水搅匀成吉士酱，挤在面团上。⑤放入烤箱烤15分钟，筛上糖粉即可。

金色城堡

⏱15分钟　难易度：★☆☆

🔥上火160℃、下火190℃

材料 面团部分：高筋面粉500克，黄奶油70克，奶粉20克，细砂糖100克，盐5克，鸡蛋50克，酵母8克；面包酱部分：黄奶油100克，糖粉100克，鸡蛋120克，低筋面粉100克，提子干适量

做法 ①高筋面粉、酵母、奶粉拌匀，开窝，放入细砂糖溶化的糖水、鸡蛋、黄奶油、盐，搓成面团，静置10分钟。②面团分成数个小面团，揉圆，发酵90分钟。③将黄奶油、糖粉、鸡蛋、低筋面粉拌匀成面包酱，装入裱花袋中，挤在面团上，撒上提子干。④放入烤箱烤15分钟至熟即可。

心心相印

⏱10分钟　难易度：★★☆

🔥上、下火190℃

材料 高筋面粉500克，黄奶油70克，奶粉20克，细砂糖100克，盐5克，鸡蛋1个，水200毫升，酵母8克，可可粉5克

扫一扫学烘焙

做法 ①将所有材料（除可可粉）拌匀揉成团，取240克面团分2等份搓成球。②可可粉与其中一个面团混匀，分4个大剂子揉圆；白色面团分4个小剂子揉圆。③可可面团擀平，放白色面团包好、擀平，对折两次，切成顶端相连的两瓣，切面朝上向上扭转成心形，发酵15小时，烤10分钟即可。

拖鞋面包

⏱10分钟　难易度：★★☆

🔥上、下火190℃

材料 面团：高筋面粉500克，黄油70克，奶粉20克，细砂糖100克，盐5克，鸡蛋1个，水200毫升，酵母8克；馅料：橄榄油适量，黑胡椒8克；装饰：高筋面粉适量

做法 ①细砂糖加水拌成糖水。②将高筋面粉、酵母、奶粉混匀开窝，加入糖水、鸡蛋、黄油、盐，揉成团，静置10分钟。③取适量面团搓圆，压扁，放入黑胡椒、橄榄油，揉成面团，分2等份搓圆，擀平，插小孔，发酵2小时，入烤箱烤10分钟至熟，过筛适量高筋面粉撒至面包上即可。

> **Tips** 高筋面粉可过筛后再进行揉搓，使其面包口感更细腻。

双色心形面包

⏱18分钟　难易度：★★☆
🔲上火160℃、下火155℃

材料 南瓜面团：南瓜泥45克，高筋面粉75克，酵母粉1克，盐1克，细砂糖8克，牛奶15毫升，无盐黄油8克；原味面团：高筋面粉75克，酵母粉1克，盐1克，细砂糖75克，牛奶50毫升，无盐黄油8克

Tips 高筋面粉可过筛后再进行揉制，使面包口感更细腻。

做法 ①将南瓜面团的材料拌匀，揉成团，发酵20分钟。②将原味面团材料拌匀，揉成团。把原味面团包入南瓜面团，擀成长圆形，卷成长条，切开（注意不要切断），展开成"V"字形，两条边分别往中间对折成心形，放在烤盘上最后发酵约50分钟。③以上火160℃、下火155℃烤18分钟即可。

咖啡奶香包

⏱10分钟　难易度：★☆☆
🔲上、下火190℃

材料 高筋面粉500克，黄油70克，奶粉20克，细砂糖100克，盐5克，鸡蛋1个，水200毫升，酵母8克，咖啡粉5克，杏仁片适量

扫一扫学烘焙

做法 ①细砂糖加水溶化，高筋面粉倒在面板上，加入酵母、奶粉、糖水、鸡蛋、黄油、盐，搓成鸡蛋面团。②称取240克面团，放入咖啡粉混匀，切成4等份剂子，再将每个剂子切成4个小剂子揉圆。③将4个一组的面团装入蛋糕纸杯中，发酵90分钟，撒上杏仁片。④入烤箱烤10分钟即可。

可可葡萄干面包

⏱15分钟　难易度：★☆☆
🔲上火185℃、下火180℃

材料 面团：高筋面粉285克，可可粉15克，细砂糖30克，酵母粉3克，牛奶200毫升，无盐黄油30克，盐1克，葡萄干50克；表面装饰：高筋面粉适量

Tips 可以根据自己的口味，在面团中加入坚果。

做法 ①把材料中的粉类（除盐外）搅匀。②加入牛奶、盐、无盐黄油、葡萄干，揉成团，切成4块，发酵25分钟。③把面团分2等份，擀成椭圆形，然后两端向中间对折，卷起成橄榄形，松弛10~15分钟，发酵60分钟。④撒上高筋面粉，斜划两刀，放入烤箱烤15分钟即可。

罗宋包

⏱15分钟　难易度：★☆☆
🔲上、下火190℃

材料 高筋面粉500克，黄奶油70克，奶粉20克，细砂糖100克，盐5克，鸡蛋50克，水200毫升，酵母8克，黄奶油、低筋面粉各适量

扫一扫学烘焙

做法 ①将细砂糖、水拌匀成糖水。②高筋面粉、酵母、奶粉拌匀，开窝。③放入糖水、鸡蛋、黄奶油、盐，揉成光滑面团，静置10分钟。④将面团分成数个60克一个的小面团，擀平，卷成橄榄形，发酵90分钟，划一道口子，放入黄奶油，过筛低筋面粉至面团上。⑤放入烤箱烤15分钟即可。

奶酥面包

⏱ 10分钟　难易度★☆☆

🔥 上、下火190℃

材料 面团：高筋面粉500克，黄奶油70克，奶粉20克，细砂糖100克，盐5克，鸡蛋1个，水200毫升，酵母8克；香酥粒：低筋面粉70克，细砂糖30克，黄奶油30克

Tips 掌握好生坯的发酵时间，发酵不足则面包无香味。

做法 ①细砂糖中加入水，拌成糖水。②高筋面粉中加入酵母、奶粉、糖水、鸡蛋、黄奶油、盐，揉成团，静置10分钟，搓成条状，切出数个60克的小剂子，揉成球，放入纸杯，发酵15小时。③把细砂糖、黄奶油、低筋面粉揉成香酥粒，撒在面包上。④放入烤箱烤10分钟即可。

奶香桃心包

⏱ 15分钟　难易度★★☆

🔥 上、下火190℃

材料 高筋面粉500克，黄奶油70克，奶粉20克，细砂糖100克，盐5克，鸡蛋50克，水200毫升，酵母8克

扫一扫学烘焙

做法 ①将细砂糖、水拌匀成糖水。②把高筋面粉、酵母、奶粉拌匀开窝。③倒入糖水、鸡蛋、黄油、盐，揉成团，静置10分钟。④将面团分成数个60克的小面团，搓圆，擀成面皮，对折，从中间切开，但不切断，把切面翻开，成心形生坯，发酵90分钟。⑤入烤箱烤15分钟至熟即可。

奶香杏仁堡

⏱ 10分钟　难易度★☆☆

🔥 上、下火190℃

材料 高筋面粉500克，黄奶油70克，奶粉20克，细砂糖100克，盐5克，鸡蛋1个，水200毫升，酵母8克，杏仁片适量

Tips 如果面团醒发不足，烘烤后起发体积不足，会形成面包组织粗糙。

做法 ①细砂糖中加入水，拌成糖水。②高筋面粉中加入酵母、奶粉、糖水、鸡蛋、60克黄油、盐，揉成面团，静置10分钟。③把面团搓成条状，切出数个30克剂子，均搓成球。④模具内壁刷上10克黄油，再粘上杏仁片。⑤将面团擀平，卷起，放入模具中，发酵90分钟，放入烤箱烤10分钟即可。

牛奶面包

⏱ 15分钟　难易度★☆☆

🔥 上、下火190℃

材料 高筋面粉200克，蛋白30克，酵母3克，牛奶100毫升，细砂糖30克，黄奶油35克，盐2克

Tips 在发酵好的生坯表面逐一剪开的口子不宜过深。

做法 ①高筋面粉中加入盐、酵母混匀，开窝，放入蛋白、25克细砂糖、牛奶、黄奶油，搓成面团。②把面团分成3等份，均搓成团，擀成面皮，卷成圆筒状生坯，常温发酵15小时。③在生坯上逐一剪开数道平行的口子，再逐个撒上剩余细砂糖，放入烤箱以上、下火190℃烘烤15分钟即可。

蓝莓方格面包

🕐 18分钟　难易度：★★☆

🔥 上、下火180℃

材料 面团：高筋面粉250克，可可粉15克，奶粉7克，酵母2克，牛奶125毫升，鸡蛋25克，无盐黄油25克，盐2克；表面装饰：糖粉适量

Tips 如果面团醒发不足，烘烤后起发体积就会不足。

做法 ①将面团材料中除无盐黄油、盐和牛奶外的材料拌匀，加入牛奶、盐和无盐黄油，揉成面团，松弛20分钟。②将面团擀成长圆形，刷上一层蓝莓果酱，卷起，两旁捏紧收口，放在铺了油纸的烤盘上，盖上湿布静置发酵约45分钟。③放入烤箱中烤约18分钟，取出后撒上糖粉即可。

花形果酱面包

🕐 30分钟　难易度：★★☆

🔥 上、下火200℃

材料 高筋面粉140克，细砂糖15克，奶粉5克，速发酵母2克，水40毫升，鸡蛋10克，蓝莓酱35克，无盐黄油12克，盐1克，葡萄干（温水泡软）适量

扫一扫学烘焙

做法 ①在盆中加入高筋面粉、细砂糖、奶粉、速发酵母、鸡蛋、水和蓝莓酱，拌成面团。②加入无盐黄油和盐，揉成光滑面团，盖上湿布或保鲜膜松弛25分钟。③将面团擀平，撒上葡萄干，由上向下卷起，捏紧收口，放入已扫油的吐司模内，发酵50分钟。④放入烤箱中烤约30分钟，取出切片即可。

摩卡面包

🕐 15分钟　难易度：★★★

🔥 上火180℃、下火175℃

材料 面包体：高筋面粉100克，细砂糖20克，速发酵母1克，牛奶40毫升，鸡蛋25克，无盐黄油25克；内馅：无盐黄油50克，盐1克；表皮：低筋面粉22克，泡打粉1克，即溶咖啡粉1克，糖粉10克，鸡蛋15克，牛奶5毫升，无盐黄油20克

做法 ①高筋面粉、细砂糖和速发酵母拌匀，加入牛奶、鸡蛋、无盐黄油，揉成团。②将内馅材料拌匀，装进裱花袋中。③将表皮材料拌匀成表皮糊，装进另一裱花袋中。④面团分成2等份，揉圆，压扁，挤入内馅，收口，发酵50分钟，把表皮面糊以螺旋状挤在面包顶部，放入烤箱烤15分钟。

普雷结

🕐 12分钟　难易度：★★☆

🔥 上火190℃、下火175℃

材料 面包体：高筋面粉100克，细砂糖5克，速发酵母2克，水60毫升，无盐黄油7克，盐2克；表面装饰：砂糖8克，肉桂粉3克，杏仁片15克，苏打粉2克，热水少许

Tips 苏打粉加热水淋在面团表面可以使面包更有嚼劲。

做法 ①高筋面粉和细砂糖、速发酵母拌匀，加入水、无盐黄油和盐，揉成面团，松弛20分钟。②将面团分成2等份，搓成长条，越往两端越细。③将面团交叉两次，卷起，盖上湿布发酵约30分钟。④热水混入苏打粉后用汤匙淋在面团上。⑤撒上砂糖、肉桂粉、杏仁片，放入烤箱烤12分钟。

沙拉棒

⏱15分钟　难易度：★★☆
▢上、下火190℃

材料 高筋面粉500克，黄奶油70克，奶粉20克，细砂糖100克，盐5克，鸡蛋50克，水200毫升，酵母8克，沙拉酱适量，白芝麻少许

扫一扫学烘焙

做法 ①将细砂糖和水拌匀成糖水。②把高筋面粉、酵母、奶粉倒在案台上，开窝，放入糖水、鸡蛋、黄奶油、盐，揉成面团，静置10分钟。③将面团分成数个60克小面团，搓圆，擀成片，卷成长棒形状生坯，发酵90分钟。④将沙拉酱挤在生坯上，撒白芝麻，放入烤箱烤15分钟至熟即可。

法棍面包

⏱15分钟　难易度：★☆☆
▢上、下火200℃

材料 高筋面粉250克，酵母5克，鸡蛋1个，细砂糖25克，水75毫升，黄奶油20克

扫一扫学烘焙

做法 ①将高筋面粉、酵母拌匀开窝。②倒入细砂糖、鸡蛋、水、黄奶油、和匀，揉成面团，压扁，再擀薄。③将面团卷起，把边缘搓紧，装在烤盘中，待发酵。④在发酵好的面包生坯上快速划几刀。⑤烤箱预热后放入烤盘，以上、下火200℃烤约15分钟，至食材熟透即可。

小法棍面包

⏱20分钟　难易度：★☆☆
▢上、下火200℃

材料 鸡蛋1个，黄奶油25克，高筋面粉260克，酵母3克，盐适量，水80毫升

Tips 划开的刀口不宜太深，以免影响成品外观。

做法 ①将酵母、盐、250克高筋面粉拌匀，开窝。②放入鸡蛋、水、20克黄奶油，揉成面团，静置10分钟。③把面团揉搓成长条状，分成4个小面团，再将小面团分成2个100克的面团，擀成片，卷成长条状。④面团用小刀在上面斜划几刀，发酵120分钟，筛上10克高筋面粉，放入剩余黄奶油，入烤箱烤20分钟即可。

法式面包

⏱15分钟　难易度：★☆☆
▢上、下火200℃

材料 高筋面粉250克，酵母5克，水80毫升，鸡蛋1个，黄奶油20克，盐1克，细砂糖20克

Tips 在面包上划两刀，可起到装饰作用，也可使面包烤得更酥脆。

做法 ①将高筋面粉、酵母拌匀，开窝。②倒入鸡蛋、细砂糖、盐、水、黄奶油，揉成面团。③称取2个80克面团。④将面团揉圆，压扁，擀薄，卷成橄榄形状，收紧口，发酵至两倍大，表面斜划两刀。⑤烤箱预热，把烤盘放入中层，以上、下火200℃烤约15分钟即可。

竹炭法式面包

🕐20分钟　难易度：★☆☆
🔥上、下火200℃

材料 高筋面粉250克，鸡蛋1个，食用竹炭粉2克，盐适量，酵母3克，黄奶油20克，水80毫升

扫一扫学烘焙

做法 ①将食用竹炭粉倒入240克高筋面粉中拌匀，开窝，倒入水、盐、鸡蛋、酵母、黄奶油，揉成面团。②将面团一分为二，擀平，卷成卷，揉搓成橄榄形。③将面团放到烤盘上，轻划一些小口，发酵90分钟。④将10克高筋面粉过筛至发酵好的面团上。⑤把烤盘放入烤箱烤20分钟至熟，取出装盘即可。

法国面包

🕐20分钟　难易度：★☆☆
🔥上火220℃、下火200℃

材料 面团：高筋面粉260克，低筋面粉40克，酵母粉2克，水200毫升，麦芽糖8克，盐5克，植物油5毫升；表面装饰：橄榄油适量

Tips 以画圆圈的方式将材料搅拌均匀。

做法 ①把面团材料中的所有粉类放入大盆中，搅匀。②加入水、麦芽糖和植物油，揉成团，发酵20分钟。③取出面团，分割成2等份，揉圆，松弛10~15分钟，擀成圆形。④将面团捏成三角形面团，放在烤盘上，最后发酵60分钟，表面刷上橄榄油，放入烤箱烤20分钟，取出即可。

芝麻小法国面包

🕐18分钟　难易度：★☆☆
🔥上火210℃、下火180℃

材料 高筋面粉180克，全麦面粉20克，盐4克，酵母粉2克，细砂糖10克，水135毫升，橄榄油5毫升，熟黑芝麻16克

Tips 使用擀面杖时，双手要靠在两端，中心抵在面团上，用滚动擀面杖的方式进行。

做法 ①将粉类材料搅匀。②加入水、橄榄油、熟黑芝麻，揉匀成面团，发酵60分钟。③将面团分成3等份，揉圆，表面喷水，松弛10~15分钟。④把3个面团擀成椭圆形，两端向中间对折，卷起成橄榄形，发酵60分钟，分别在每个面团表面划几刀，放入烤箱烤16~18分钟，取出即可。

芝麻法包

🕐15分钟　难易度：★☆☆
🔥上、下火190℃

材料 高筋面粉250克，纯牛奶80毫升，鸡蛋1个，盐2克，酵母3克，黄奶油20克，白芝麻适量

扫一扫学烘焙

做法 ①把酵母、白芝麻放入高筋面粉中拌匀，开窝。②加入盐、纯牛奶、鸡蛋、黄奶油混匀，搓成光滑面团。③将面团切成小剂子，取两个搓成球，擀成面皮，卷成梭子状，发酵90分钟，在表面划上几刀，筛上适量高筋面粉。④放入预热好的烤箱里，以上、下火190℃烤15分钟至熟即可。

烤法棍片

⏱ 8分钟　难易度：★☆☆
🔥 上、下火180℃

材料 法棍1个，黄奶油、细砂糖各适量

做法 ①用蛋糕刀将法棍切成厚片。②放在铺有高温布的烤盘里，刷上一层黄奶油。③撒上适量细砂糖。④把烤盘放入预热好的烤箱。⑤关上箱门，以上、下火180℃烤8分钟。⑥打开箱门，取出烤好的法棍片。⑦装入盘中即成。

扫一扫学烘焙

牛角包

⏱ 15分钟　难易度：★★☆
🔥 上、下火190℃

材料 高筋面粉500克，黄奶油70克，奶粉20克，细砂糖100克，盐5克，鸡蛋50克，水200毫升，酵母8克，白芝麻少许

做法 ①将细砂糖、水拌匀成糖水。②高筋面粉、酵母、奶粉拌匀，加入糖水、鸡蛋、黄奶油、盐，揉成团，静置10分钟。③面团分成数个60克小面团，搓圆，擀平。④在面皮一端切小口，两端卷起，搓成长条，两端相连，围成圈，制成生坯，发酵90分钟，撒白芝麻。⑤放入烤箱烤15分钟即可。

扫一扫学烘焙

金牛角包

⏱ 15分钟　难易度：★☆☆
🔥 上、下火190℃

材料 高筋面粉500克，黄奶油70克，奶粉20克，细砂糖100克，盐5克，鸡蛋50克，水200毫升，酵母8克，蛋黄1个

做法 ①将细砂糖、水拌匀成糖水。②把高筋面粉、酵母、奶粉拌匀，开窝，加入糖水、鸡蛋、黄奶油、盐揉成面团，静置10分钟。③将面团分成数个60克小面团，搓圆，拉成细长条，擀成片，卷好，搓成长条状，连起两端围成圈，发酵90分钟。④刷适量蛋黄液，放入烤箱烤15分钟即可。

扫一扫学烘焙

丹麦牛角包

⏱ 15分钟　难易度：★★☆
🔥 上火200℃、下火190℃

材料 高筋面粉170克，低筋面粉30克，细砂糖50克，黄油20克，鸡蛋40克，片状酥油70克，水80毫升，酵母4克，奶粉20克

做法 ①将高筋面粉、低筋面粉、奶粉、酵母拌匀，开窝，放入细砂糖、鸡蛋、水、黄油混匀，揉成面团。②面团擀成面片，放片状酥油，封紧，再擀成面片，叠成三层，冷藏10分钟，取出，重复上述操作三次，切分成数个等腰三角形面皮。③将面皮卷制成面坯发酵，放入烤箱烤熟即可。

扫一扫学烘焙

丹麦羊角面包

⏱ 15分钟　难易度 ★★☆
🔲 上、下火200℃

材料 高筋面粉170克，低筋面粉30克、细砂糖50克、黄奶油20克、奶粉12克、盐3克、干酵母5克、水88毫升、鸡蛋40克、片状酥油70克、蜂蜜40克、鸡蛋1个

扫一扫学烘焙

做法 ①将高筋面粉、低筋面粉、奶粉、干酵母、盐、水、细砂糖、鸡蛋、黄奶油混合并揉成团。②将面团擀平，放片状酥油封紧，擀平，叠成三层，冷藏10分钟取出，重复上述操作两次，制成酥皮，切成2块三角形酥皮，擀平，卷成橄榄状，刷上蛋液，放入烤箱烤15分钟，取出刷上蜂蜜。

丹麦可颂

⏱ 15分钟　难易度 ★★☆
🔲 上、下火200℃

材料 高筋面粉170克，低筋面粉30克、细砂糖50克、黄奶油20克、奶粉12克、盐3克、酵母5克、水88毫升、鸡蛋40克、片状酥油70克、蜂蜜适量

Tips 面皮卷成卷后要捏紧，以免散开，影响外观。

做法 ①将高筋面粉、低筋面粉、奶粉、酵母、盐、水、细砂糖、鸡蛋、黄奶油揉成面团。②将面团擀平，放片状酥油封紧，再擀平，叠成三层，冷藏10分钟，重复上述操作三次，制成酥皮，切出4份三角形面皮，擀平，卷成橄榄状，发酵90分钟，刷一层蛋液，放入烤箱烤15分钟，刷上蜂蜜即可。

丹麦巧克力可颂

⏱ 15分钟　难易度 ★★☆
🔲 上火200℃、下火190℃

材料 高筋面粉170克，低筋面粉30克、黄奶油20克、鸡蛋1个、片状酥油70克、水80毫升、细砂糖50克、酵母4克、奶粉20克、巧克力豆适量

Tips 铺巧克力豆的时候不要铺得太多，以免卷的时候露出来影响外观。

做法 ①将高筋面粉、低筋面粉、奶粉、酵母、细砂糖、鸡蛋、水、黄奶油混合揉成面团。片状酥油擀薄。②将面团擀成薄片，放片状酥油封紧，擀成面片叠成三层，冷藏10分钟，取出，重复上述操作三次，制成酥皮，切成等腰三角形面皮。③放入巧克力豆，卷成面坯，发酵。④入烤箱烤15分钟即可。

焦糖香蕉可颂

⏱ 15分钟　难易度 ★★☆
🔲 上、下火190℃

材料 高筋面粉170克，低筋面粉30克、细砂糖50克、黄奶油20克、奶粉12克、盐3克、干酵母5克、水88毫升、鸡蛋40克、片状酥油70克、焦糖30克、香蕉肉40克

扫一扫学烘焙

做法 ①将低筋面粉、高筋面粉、奶粉、干酵母、盐、水、细砂糖、鸡蛋、黄奶油揉成团。②片状酥油擀薄，面团擀成薄面皮，放上酥油片，再折叠擀平，面皮三折，冷藏10分钟，取出继续擀平，重复上述操作两次。③酥皮切三角形，放上香蕉肉，卷成羊角状，发酵1.5小时。④入烤箱烤熟，刷上焦糖即可。

橘香可颂

🕐 15分钟　难易度：★★☆
🔲 上、下火190℃

材料 高筋面粉170克，低筋面粉30克，细砂糖50克，黄奶油20克，奶粉12克，盐3克，干酵母5克，水88毫升，鸡蛋40克，片状酥油70克，糖渍陈皮40克

Tips 陈皮不宜过多，以免影响面包的香甜口味。

做法 ①将所有面粉、奶粉、干酵母、盐、水、细砂糖、鸡蛋、黄奶油揉成团。②片状酥油擀薄，面团擀薄放上酥油片，再折叠擀平，折三折，冷藏10分钟后继续擀平，重复操作两次，制成酥皮。③取酥皮擀薄，切直角三角块，放上陈皮，卷成羊角状，发酵15小时。④放入烤箱烤15分钟即可。

芝麻可颂

🕐 15分钟　难易度：★★☆
🔲 上、下火200℃

材料 高筋面粉170克，低筋面粉30克，细砂糖50克，黄奶油20克，奶粉12克，盐3克，干酵母5克，水88毫升，鸡蛋40克，片状酥油70克，黑芝麻少许，蜂蜜适量

扫一扫学烘焙

做法 ①将低筋面粉、高筋面粉、奶粉、干酵母、盐、水、细砂糖、鸡蛋、黄奶油揉成团。②片状酥油擀薄，面团擀薄，放上酥油片封好，擀平，折三折，冷藏10分钟后擀平，重复上述操作两次，制成酥皮。③将酥皮切成三角形，撒上黑芝麻，卷成卷，发酵90分钟。④放入烤箱烤熟，刷上蜂蜜即可。

火腿可颂

🕐 15分钟　难易度：★★☆
🔲 上、下火190℃

材料 高筋面粉170克，低筋面粉30克，细砂糖50克，黄奶油20克，奶粉12克，盐3克，酵母5克，水88毫升，鸡蛋40克，片状酥油70克，火腿4根，蜂蜜适量

扫一扫学烘焙

做法 ①将低筋面粉、高筋面粉、奶粉、酵母、盐、水、细砂糖、鸡蛋、黄奶油揉成团。②面团擀平，放上酥油片封好，擀平，折三折，冷藏10分钟后擀平，重复上述操作两次制成酥皮。③将酥皮擀薄，切长三角形，放上火腿，卷成生坯，发酵90分钟。④放入烤箱烤熟，刷上蜂蜜即可。

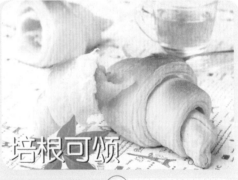

培根可颂

🕐 15分钟　难易度：★★☆
🔲 上、下火190℃

材料 高筋面粉170克，低筋面粉30克，细砂糖50克，黄奶油20克，奶粉12克，盐3克，干酵母5克，水88毫升，鸡蛋40克，片状酥油70克，培根40克，沙拉酱适量

扫一扫学烘焙

做法 ①将低筋面粉、高筋面粉、奶粉、干酵母、盐、水、细砂糖、鸡蛋、黄奶油揉成团。②面团擀成面皮，放上酥油片包好擀平，折三折，冷藏后擀平，重复上述操作两次，制成酥皮。③酥皮擀薄，切三角块，放上培根，卷成羊角状，刷上沙拉酱，发酵90分钟。④放入烤箱烤15分钟即可。

肉松香肠可颂

⏱ 15分钟　难易度：★★☆
🍳 上、下火190℃

材料 酥皮：高筋面粉170克，低筋面粉30克，细砂糖50克，黄奶油20克，奶粉12克，盐3克，干酵母5克，水88毫升，鸡蛋40克，片状酥油70克；馅料：香肠45克，肉松适量

扫一扫学烘焙

做法 ①将低筋面粉、高筋面粉、奶粉、干酵母、盐、水、细砂糖、鸡蛋、黄奶油混匀，搓成面团。②片状酥油擀薄，面团擀成薄面皮，放酥油片封好后擀平，折三折，冷藏后取出擀平，重复上述操作两次。③酥皮擀平，切三角块，放上香肠、肉松，卷成卷，发酵90分钟，入烤箱烤熟即可。

培根奶酪可颂

⏱ 15分钟　难易度：★★☆
🍳 上、下火190℃

材料 酥皮：高筋面粉170克，低筋面粉30克，细砂糖50克，黄油20克，奶粉12克，盐3克，干酵母5克，水88毫升，鸡蛋40克，片状酥油70克；馅料：芝士30克，培根40克

扫一扫学烘焙

做法 ①将低筋面粉、高筋面粉、奶粉、干酵母、盐、水、细砂糖、鸡蛋、黄油混匀，搓成面团。②片状酥油擀薄，面团擀成面皮，放上酥油片封好再擀平，折三折，冷藏后擀平，重复上述操作两次。③取酥皮擀平，切成三角块，放上培根、芝士，卷成羊角状，发酵90分钟，入烤箱烤15分钟。

葡萄干可颂

⏱ 15分钟　难易度：★★☆
🍳 上、下火190℃

材料 高筋面粉170克，低筋面粉30克，细砂糖50克，黄奶油20克，奶粉12克，盐3克，干酵母5克，水88毫升，鸡蛋40克，片状酥油70克，可可粉、葡萄干各适量

扫一扫学烘焙

做法 ①将低筋面粉、高筋面粉、奶粉、干酵母、盐、水、细砂糖、鸡蛋、黄奶油混匀，搓成面团。②片状酥油擀薄，面团擀成面皮，放上酥油片包好再擀平，折三折，冷藏后擀平，重复上述操作两次。③酥皮擀薄，放上可可粉、葡萄干，卷成圆筒状，发酵1.5小时，放入烤箱烤15分钟即可。

巧克力可颂

⏱ 15分钟　难易度：★★☆
🍳 上、下火200℃

材料 高筋面粉170克，低筋面粉30克，细砂糖50克，黄奶油20克，奶粉12克，盐3克，干酵母5克，水88毫升，鸡蛋40克，片状酥油70克，黑巧克力条15克，杏仁片少许，蜂蜜适量

扫一扫学烘焙

做法 ①将所有面粉、奶粉、干酵母、盐、水、细砂糖、鸡蛋、黄奶油揉成面团。②片状酥油擀薄，面团擀平，包入酥油片再擀平，折三折，冷藏后擀平，重复上述操作两次，擀薄，切成3份，放入黑巧克力条，卷成生坯，发酵90分钟，撒入杏仁片。③放入烤箱烤15分钟，刷上蜂蜜即可。

天然酵母蜂蜜面包

⏱ 10分钟　难易度：★★☆
🍞 上、下火190℃

材料 高筋面粉450克，细砂糖30克，黄油20克，水400毫升，蜂蜜30克

做法 ①将50克高筋面粉倒在面板上，加入70毫升水揉成面糊A，静置24小时。

②取50克高筋面粉开窝，加50毫升水揉成面糊B，加一半面糊A揉成面糊C，静置24小时。

③按揉面糊B法揉成面糊D，加一半面糊C混匀，揉成面糊E，静置24小时。

④将100克高筋面粉加170毫升水揉成面糊F，加入一半面糊E，混匀，静置10小时，制成天然酵母。

⑤剩余高筋面粉加60毫升水、细砂糖、黄油、揉搓成光滑面团。

⑥将光滑面团与天然酵母混匀，分数等份搓圆，入面包纸杯，发酵后入烤箱以上、下火190℃烤熟，刷上蜂蜜。

> Tips 蜂蜜遇到高温时其营养成分容易被破坏，因此要等到面包出炉后再刷蜂蜜。

天然酵母葡萄干面包

⏱ 10分钟　难易度：★★☆
🍞 上、下火190℃

材料 高筋面粉450克，水400毫升，细砂糖30克，黄油20克，葡萄干适量

做法 ①将50克高筋面粉倒在面板上，加入70毫升水揉成面糊A，静置24小时。取50克高筋面粉开窝，加50毫升水揉成面糊B，加一半面糊A揉成面糊C，静置24小时。

②按揉面糊B法揉面糊D，加一半面糊C混匀，揉成面糊E，静置24小时。

③将100克高筋面粉加170毫升水揉成面糊F，加入一半面糊E，混匀，静置10小时，制成天然酵母。剩余高筋面粉加水、细砂糖、黄油揉匀，制成面团。

④将面团和天然酵母混匀，切成数等份的剂子，搓圆，沾上葡萄干，入面包纸杯发酵好，入烤盘。烤箱预热5分钟，放入生坯以上下火190℃烘烤至熟即可。

> Tips 烤箱事先预热好，有助于生坯快速定型，成品的口感和色泽都更好。

天然酵母芝士面包

⏱10分钟　难易度：★☆☆

🔥上、下火190℃

材料 天然酵母：高筋面粉250克，水340毫升；主面团：高筋面粉200克，细砂糖30克，黄奶油20克，水60毫升；芝士粉适量

做法 ①将50克高筋面粉倒在面板上，加入70毫升水揉成面糊A，静置24小时。

②取50克高筋面粉开窝，加50毫升水揉成面糊B，加一半面糊A揉成面糊C，静置24小时。

③按揉面糊B法揉面糊D，加一半面糊C混匀，揉成面糊E，静置24小时。

④将100克高筋面粉加170毫升水揉成面糊F，加入一半面糊E，混匀，静置10小时，制成天然酵母。

⑤把200克高筋面粉倒在案台上开窝，倒入60毫升水、细砂糖、黄奶油，揉搓成光滑的主面团。

⑥取适量面团，加入天然酵母、芝士粉，揉匀，分成两个剂子揉匀，常温下发酵2个小时，放入烤箱烤10分钟即可。

Tips 酵母一定要充分揉匀，生坯才能发酵得好。

天然酵母果仁卷

⏱10分钟　难易度：★☆☆

🔥上、下火190℃

材料 天然酵母：高筋面粉250克，水340毫升；主面团：高筋面粉200克，水60毫升，细砂糖30克，黄奶油20克；馅料：核桃碎20克，红枣碎20克；表面装饰：黑芝麻10克

做法 ①将50克高筋面粉倒在面板上，加入70毫升水揉成面糊A，静置24小时。取50克高筋面粉开窝，加50毫升水揉成面糊B，加一半面糊A揉成面糊C，静置24小时。

②按揉面糊B法揉面糊D，加一半面糊C混匀，揉成面糊E，静置24小时。将100克高筋面粉加170毫升水揉成面糊F，加入一半面糊E混匀，静置10小时成天然酵母。

③把200克高筋面粉开窝，倒入60毫升水、细砂糖、黄奶油，揉成面团。

④取适量面团，加入天然酵母，揉匀，切成2等份，擀成面饼，撒上核桃碎、红枣碎，卷成橄榄状，表面沾上黑芝麻，发酵2个小时，入烤箱烤10分钟即可。

Tips 核桃仁压碎点，口感会更好。

天然酵母黑芝麻红薯面包

🕐 10分钟　难易度：★★☆

🔲 上、下火190℃

材料 高筋面粉450克，水400毫升，细砂糖30克，黄奶油20克，熟红薯泥80克，黑芝麻适量

做法 ①将50克高筋面粉倒在面板上，加入70毫升水揉成面糊A，静置24小时。取50克高筋面粉开窝，加50毫升水揉成面糊B，加一半面糊A揉成面糊C，静置24小时。

②按揉面糊B法揉面糊D，加一半面糊C混匀，揉成面糊E，静置24小时。将100克高筋面粉加170毫升水揉成面糊F，加入一半面糊E混匀，静置10小时成天然酵母。

③将剩余高筋面粉加60毫升水、细砂糖搅匀，加黄奶油，揉搓成光滑面团。

④将面团和天然酵母混匀，分数等份搓圆，包入熟红薯泥，收口搓圆成生坯。

⑤生坯沾上少许黑芝麻，入面包纸杯发酵至两倍大后入烤盘。

⑥烤箱预热5分钟，放入生坯以上下火190℃烤熟即可。

Tips
红薯事先煮熟，可以节省烘烤时间，还能避免面包烤焦。

扫一扫学烘焙

天然酵母卡仕达酱面包

🕐 10分钟　难易度：★★★

🔲 上、下火190℃

材料 高筋面粉450克，水400毫升，细砂糖30克，黄奶油20克，卡仕达酱100克

做法 ①将50克高筋面粉倒在面板上，加入70毫升水揉成面糊A，静置24小时。取50克高筋面粉开窝，加50毫升水揉成面糊B，加一半面糊A揉成面糊C，静置24小时。

②按揉面糊B法揉面糊D，加一半面糊C混匀，揉成面糊E，静置24小时。将100克高筋面粉加170毫升水揉成面糊F，加入一半面糊E混匀，静置10小时成天然酵母。

③将剩余高筋面粉加60毫升水、细砂糖搅匀，加黄奶油，揉搓成光滑面团。将面团和天然酵母混匀，分数等份搓圆。

④把卡仕达酱装入裱花袋，用剪刀在尖端剪一小口。面球挤上卡仕达酱，制生坯，发酵，放入烤箱烤熟即可。

Tips
卡仕达酱既可以挤到生坯上，也可以包入生坯中。

扫一扫学烘焙

天然酵母开心果面包

⏱10分钟　难易度：★☆☆

🔲上、下火190℃

材料 高筋面粉450克，水400毫升，细砂糖30克，黄奶油20克，开心果30克

（做法）①将50克高筋面粉倒在面板上，加入70毫升水揉成面糊A，静置24小时。取50克高筋面粉开窝，加50毫升水揉成面糊B，加一半面糊A揉成面糊C，静置24小时。

②按揉面糊B法揉面糊D，加一半面糊C混匀，揉成面糊E，静置24小时。将100克高筋面粉加170毫升水揉成面糊F，加入一半面糊E混匀，静置10小时成天然酵母。

③剩余高筋面粉加水、细砂糖、黄奶油揉匀成面团。将面团和天然酵母混匀，分数等份搓圆。圆球压扁，包入开心果，制成生坯，用刀片在上部划十字花纹，入烤盘发酵至两倍大。

④烤箱预热5分钟，放入生坯以上、下火190℃烘烤至熟即可。

Tips 开心果可以整颗加入生坯，也可以打碎添加，会带来不同的口感。

扫一扫学烘焙

天然酵母鲜蔬面包

⏱10分钟　难易度：★☆☆

🔲上、下火190℃

材料 天然酵母：高筋面粉250克，水340毫升；主面团：高筋面粉200克，细砂糖30克，黄奶油20克，水60毫升；馅料：黄瓜粒50克，西红柿粒60克

（做法）①将50克高筋面粉倒在面板上，加入70毫升水揉成面糊A，静置24小时。取50克高筋面粉开窝，加50毫升水揉成面糊B，加一半面糊A揉成面糊C，静置24小时。

②按揉面糊B法揉面糊D，加一半面糊C混匀，揉成面糊E，静置24小时。将100克高筋面粉加170毫升水揉成面糊F，加入一半面糊E混匀，静置10小时成天然酵母。

③200克高筋面粉中加60毫升水、细砂糖、黄奶油，揉成团，与天然酵母混匀。

④把面团分成两半，取一半分切成两个剂子，搓圆压扁，擀成面皮，放上西红柿粒、黄瓜粒，卷成橄榄状，制成生坯，划上花纹，发酵至两倍大后入烤箱烤10分钟即可。

Tips 生坯上的花纹不宜划得过深，以免影响成品外观。

扫一扫学烘焙

天然酵母养生桂圆包

🕐 15分钟　难易度：★★☆

🍳 上、下火190℃

材料 高筋面粉450克，　水400毫升，细砂糖30克，黄奶油20克，桂圆肉30克

做法 ①将50克高筋面粉倒在面板上，加入70毫升水揉成面糊A，静置24小时。取50克高筋面粉开窝，加50毫升水揉成面糊B，加一半面糊A揉成面糊C，静置24小时。

②按揉面糊B法揉面糊D，加一半面糊C混匀，揉成面糊E，静置24小时。将100克高筋面粉加170毫升水揉成面糊F，加入一半面糊E混匀，静置10小时成天然酵母。

③剩余高筋面粉加水、细砂糖、黄奶油揉匀，再和天然酵母混匀，分数等份搓圆，压饼状，放入桂圆肉，收口搓圆，制成生坯，放入面包纸杯，发酵至两倍大。

④烤箱预热5分钟，放入生坯，以上下火190℃烘烤至熟即可。

Tips
除桂圆肉外，还可以用新鲜的龙眼肉作为馅料，口感会更加绵软。

扫一扫学烘焙

地中海橄榄烟肉包

🕐 15分钟　难易度：★★★

🍳 上、下火180℃

材料 老面种：水35毫升，盐1克，酵母粉1克，高筋面粉59克；主面团：细砂糖8克，奶粉6克，酵母粉2克，水90毫升，高筋面粉200克，无盐黄油15克，盐3克；表面装饰：鸡蛋液适量，烟肉碎150克，罐装黑橄榄9粒，沙拉酱适量

做法 ①把制作老面种的所有材料揉成光滑的面团，盖保鲜膜发酵40分钟。

②把主面团材料中的高筋面粉、细砂糖、奶粉、酵母粉、水，拌匀揉成团，加入老面种、无盐黄油和盐，揉成一个光滑的面团。把揉好的面团放入大盆中，发酵20分钟。

③取出面团，分成6等份，搓成长条状，表面喷少许水，松弛15分钟。用编辫子的手法整成辫子造型，两端收口捏紧。

④将成形的面团放在烤盘上发酵50分钟。发酵完后，在面团表面刷上鸡蛋液，撒上烟肉碎和黑橄榄，挤上沙拉酱。

⑤烤箱以上、下火180℃预热，将烤盘置于烤箱中层，烤约15分钟即可。

Tips
面团一定要完全醒发，否则会影响成品的外观和口感。编麻花辫时，动作要轻，以免辫子断开。

果干麻花辫面包

🕐 15分钟　难易度：★★★
🔥 上火185℃、下火180℃

材料　面团：高筋面粉200 克，低筋面粉50 克，酵母粉4克，细砂糖50克，鸡蛋1个，牛奶100毫升，盐2克，无盐黄油30克，蔓越莓干100克；表面装饰：鸡蛋液适量，白巧克力（隔水熔化）50 克

做法　①把高筋面粉、低筋面粉、酵母粉、细砂糖放入大盆中，搅匀。

②加入鸡蛋和牛奶，拌匀并揉成团。把面团取出，放在操作台上，揉匀。加入盐和无盐黄油，继续揉至完全融合成为一个光滑的面团，将面团压扁，加入蔓越莓干，用刮刀将面团重叠切拌均匀后，盖上保鲜膜，基本发酵20分钟。

③把发酵好的面团分成9等份，分别捏成柱状，表面喷少许水，松弛10～15分钟，然后搓成15厘米长的条。

④像编辫子一样拧好后，均匀地放在烤盘上，最后发酵60分钟。待发酵完后，在面团表面刷上鸡蛋液。放入烤箱烤15分钟取出，挤上白巧克力液即可。

Tips　麻花辫在收尾时应捏紧，以免散开，影响外观。

辫子面包

🕐 15分钟　难易度：★★☆
🔥 上、下火190℃

材料　高筋面粉500克，黄奶油70克，奶粉20克，细砂糖100克，盐5克，鸡蛋50克，水200毫升，酵母8克，杏仁片适量

做法　①细砂糖加水溶化，高筋面粉、酵母、奶粉倒在面板上混匀，用刮板开窝，倒入糖水，混匀，加鸡蛋揉成形。

②加入黄奶油、盐，搓成面团。

③包好静置10分钟，分成小面团，揉圆并用擀面杖擀薄成面皮。

④在面皮上划两刀，一端不切断。

⑤将3块面皮编成辫子，把尾部捏紧，制成辫子面包生坯。

⑥放入烤盘中，发酵90分钟，生坯上撒入杏仁片。

⑦放入烤箱，以上、下火190℃烤15分钟。

⑧将烤好的面包取出即可。

扫一扫学烘焙

Tips　尾部一定要捏紧，否则面包生坯容易散开，影响成品美观。

全麦辫子包

⏱ 15分钟　难易度：★★☆
🔥 上、下火190℃

材料 全麦面粉250克，高筋面粉250克，盐5克，酵母5克，细砂糖100克，水200毫升，鸡蛋1个，黄奶油70克

扫一扫学烘焙

做法 ①将全麦面粉、高筋面粉、酵母拌匀。②加入细砂糖、水、鸡蛋、黄奶油、盐搓成面团。③称取两个100克的面团，把每个面团分成3个小剂子，搓成球状，擀平，卷起搓成长条。④取3根面条编成麻花辫的形状，制成辫子包生坯，发酵90分钟，放入烤箱以上、下火190℃烤熟即可。

红豆面包条

⏱ 15分钟　难易度：★★★
🔥 上、下火190℃

材料 高筋面粉500克，黄奶油70克，奶粉20克，细砂糖100克，盐5克，鸡蛋1个，水200毫升，酵母8克，红豆馅20克，蜂蜜适量

扫一扫学烘焙

做法 ①将细砂糖、水拌成糖水。②把高筋面粉、酵母、奶粉开窝，放入糖水、鸡蛋、黄奶油、盐，揉成面团，静置10分钟，分成数个60克小面团，搓圆，擀成长宽条，放上红豆馅，在两侧划口子，把小细条编成麻花辫的形状，制成生坯，发酵90分钟。③放入烤箱烤15分钟至熟，刷上蜂蜜即可。

蛋黄面包

⏱ 15分钟　难易度：★★☆
🔥 上、下火190℃

材料 面团部分：高筋面粉500克，黄油70克，奶粉20克，糖水适量，盐5克，鸡蛋50克，酵母8克；面包酱部分：蛋黄2个，色拉油250毫升，糖粉35克，炼乳25克，牛奶25毫升，盐2克，玉米淀粉20克；装饰：糖粉10克

做法 ①把高筋面粉、酵母、奶粉、糖水、鸡蛋、黄油、盐揉成面团，静置10分钟，分成数个60克的小面团，搓圆擀平，卷成橄榄形，放入蛋糕纸杯中，发酵90分钟。②将蛋黄、糖粉、牛奶、盐、炼乳、色拉油、玉米淀粉拌匀成面包酱，横向挤满在面团上，放入烤箱烤熟，撒上糖粉即可。

葡萄干花环面包

⏱ 15分钟　难易度：★★☆
🔥 上、下火190℃

材料 高筋面粉150克，牛奶75毫升，鸡蛋1个，细砂糖25克，盐2克，酵母3克，黄奶油25克，葡萄干30克，杏仁片适量

扫一扫学烘焙

做法 ①高筋面粉中加盐、酵母混匀，开窝。②倒入鸡蛋、细砂糖、牛奶、黄奶油、葡萄干，搓成面团，分成3个剂子，搓圆，擀成面皮，卷起搓成细长条。③将3根长面条一端捏在一起，按照扎马尾辫的方法将面条相互交叠，围成圆圈形状，发酵90分钟，撒上杏仁片，放入烤箱烤15分钟即可。

牛奶乳酪花形面包

⏱ 18~20分钟　难易度 ★★☆

🔥 上火175℃、下火160℃

材料 面团：高筋面粉245克，低筋面粉20克，酵母粉3克，细砂糖35克，芝士粉10克，牛奶115毫升，鸡蛋1个，无盐黄油30克，盐2克；表面装饰：鸡蛋液适量

Tips
可以在手上沾点面粉，防止面团黏手。

做法 ① 将高筋面粉、低筋面粉、酵母粉、细砂糖、芝士粉、牛奶、鸡蛋、无盐黄油和盐揉成面团，发酵25分钟。② 面团分成3等份，揉圆，松弛10~15分钟，擀成长方形，然后在面皮的一边1/2处切7刀，卷起，成柱状，两端相连，成为花形，发酵60分钟，刷上鸡蛋液，入烤箱烤熟即可。

丹麦果仁包

⏱ 20分钟　难易度 ★★☆

🔥 上火180℃、下火200℃

材料 高筋面粉170克，低筋面粉30克，细砂糖50克，黄奶油20克，奶粉12克，盐3克，干酵母5克，水88毫升，鸡蛋40克，片状酥油70克，葵花子30克，花生碎40克，杏仁、糖粉各适量

扫一扫学烘焙

做法 ① 将所有面粉、奶粉、干酵母、盐、水、细砂糖、鸡蛋、黄奶油揉成团。② 面团擀薄，包好酥油片擀平，折三折，冷藏后擀平，重复上述操作两次成酥皮。③ 酥皮擀薄，铺上葵花子、花生碎，对折，中间切一道口子，拧成麻花形，盘成花环状，撒上杏仁，发酵后入烤箱烤20分钟，筛上糖粉。

丹麦玫瑰花

⏱ 15分钟　难易度 ★★☆

🔥 上火190℃、下火200℃

材料 酥皮：高筋面粉170克，低筋面粉30克，细砂糖50克，黄奶油20克，奶粉12克，盐3克，干酵母5克，水88毫升，鸡蛋40克，片状酥油70克；装饰：蛋液适量

Tips
面皮要反复折叠、擀薄，才能制作出有层次、起酥效果好的酥皮。

做法 ① 将所有面粉、奶粉、干酵母、盐、水、细砂糖、鸡蛋、黄奶油揉成团。② 面团擀薄，包好酥油片擀平，折三折，冷藏后擀平，重复上述操作两次制成酥皮。③ 酥皮擀薄，用模具压4个生坯，刷蛋液，盖上另一生坯，刷蛋液，卷成圆筒状，对半切开，放入刷有黄油的模具，发酵后烤熟即可。

丹麦奶酪包

⏱ 20分钟　难易度 ★★☆

🔥 上火180℃、下火200℃

材料 酥皮：高筋面粉170克，低筋面粉30克，细砂糖50克，黄奶油20克，奶粉12克，盐3克，干酵母5克，水88毫升，鸡蛋40克，片状酥油70克；馅料：芝士40克

Tips
面皮对折好，中间切口子，但不能完全切开，以免影响成品外观。

做法 ① 将所有面粉、奶粉、干酵母、盐、水、细砂糖、鸡蛋、黄奶油揉成团。② 面团擀薄，包好酥油片擀平，折三折，冷藏后擀平，重复上述操作两次成酥皮。③ 酥皮擀薄，铺上芝士，纵向对折，中间切一道口子，拧成麻花形状，盘成团状放入模具里，发酵15小时后入烤箱烤20分钟即可。

丹麦手撕面包

🕐 20分钟　难易度：★★☆

🔲 上、下火190℃

材料 高筋面粉170克，低筋面粉30克、细砂糖50克、黄油20克、奶粉12克、盐3克、干酵母5克、水88毫升、鸡蛋40克，片状酥油70克

做法 ①将所有面粉、奶粉、干酵母、盐、水、细砂糖、鸡蛋、黄油揉成团。②面团擀薄，包好酥油片擀平，折三折，冷藏后擀平，重复上述操作两次成酥皮。③酥皮擀薄，切成3个长方片，取其中一块切成2等份。将2条面皮叠在一起，折成"M"形，放入模具里，发酵后入烤箱烤20分钟。

手撕包

🕐 15分钟　难易度：★★☆

🔲 上、下火200℃

材料 高筋面粉170克，低筋面粉30克、细砂糖50克、黄奶油20克、奶粉12克、盐3克、干酵母5克、水88毫升、鸡蛋40克，片状酥油70克，蜂蜜适量

扫一扫学烘焙

做法 ①将所有面粉、奶粉、干酵母、盐、水、细砂糖、鸡蛋、黄奶油揉成团。②面团擀薄，包好酥油片擀平，折三折，冷藏后擀平，重复上述操作两次成酥皮。③酥皮擀平，切出4份长形面皮，卷起，呈圆圈形，翻转过来，用手压扁，制成生坯，发酵90分钟。④入烤箱烤15分钟，刷上蜂蜜即可。

丹麦条

🕐 15分钟　难易度：★★☆

🔲 上火200℃、下火190℃

材料 高筋面粉170克，低筋面粉30克、黄奶油20克、鸡蛋1个、片状酥油70克、水80毫升、细砂糖50克、酵母4克、奶粉20克

做法 ①将所有面粉、奶粉、酵母、细砂糖、鸡蛋、水、黄奶油揉成面团。②将面团擀成长形面片，放片状酥油封紧，擀至散匀，叠成三层，10分钟后擀薄，依此反复进行3次，切成长方形。③将面片依次切成连着的3条，编成麻花辫形，放入烤箱，以上火200℃、下火190℃烤熟即可。

丹麦杏仁酥

🕐 15分钟　难易度：★★☆

🔲 上、下火200℃

材料 高筋面粉170克，低筋面粉30克、细砂糖50克、黄奶油20克、奶粉12克、盐3克、干酵母5克、水88毫升、鸡蛋40克，片状酥油70克、杏仁片15克、蜂蜜适量

扫一扫学烘焙

做法 ①将所有面粉、奶粉、干酵母、盐、水、细砂糖、鸡蛋、黄奶油揉成团。②面团擀薄，包好酥油片擀平，折三折，冷藏后擀平，重复上述操作两次制成酥皮，切出3个面皮，在中间切一刀，但两端不切断。③依次将两端穿过中间，形成花状生坯，发酵后撒上杏仁片，入烤箱烤熟，刷上蜂蜜即可。

杏仁起酥面包

🕐 15分钟　难易度 ★★☆

🔥 上、下火200℃

材料 高筋面粉170克、低筋面粉30克、细砂糖50克、黄油20克、奶粉12克、盐3克、干酵母5克、鸡蛋50克、片状酥油、杏仁片、水各适量

做法 ①将所有面粉、奶粉、干酵母、盐、水、细砂糖、40克鸡蛋、黄油揉成面团。②片状酥油擀薄，面团擀薄，包上酥油片擀平，折三折，冷藏后擀平，重复上述操作两次。③取酥皮切成数个长方条，中间开一条口子，两端往口子内翻，扭成麻花状，刷上蛋液，撒上杏仁片，入烤箱烤熟即可。

Tips 可用筛网事先过筛面粉，这样后续制作出的面包口感更细腻。

千层面包

🕐 15分钟　难易度 ★★☆

🔥 上、下火200℃

材料 酥皮：高筋面粉170克，低筋面粉30克，细砂糖50克，黄奶油20克，奶粉12克，盐3克，干酵母5克，水88毫升，鸡蛋40克，片状酥油70克；馅料：白糖40克，蛋液适量

做法 ①将所有面粉、奶粉、干酵母、盐、水、细砂糖、鸡蛋、黄奶油揉成面团。②片状酥油擀薄，面团擀薄包上酥油片擀平，折三折，冷藏10分钟后擀平，重复上述操作两次，制成酥皮。切成数个小方块，刷上蛋液，将另一块酥皮叠在上面，制成面包生坯，刷上蛋液，撒上白糖。③入烤箱烤熟即可。

Tips 若没有奶粉，可用牛奶替代且免去加入清水。

丹麦芒果面包

🕐 15分钟　难易度 ★★☆

🔥 上、下火190℃

材料 高筋面粉170克，低筋面粉30克，细砂糖50克，黄油20克，奶粉12克，盐3克，干酵母5克，水88毫升，鸡蛋40克，片状酥油70克，芒果果肉馅适量

做法 ①将低筋面粉、高筋面粉、奶粉、干酵母、盐、水、细砂糖、鸡蛋、黄奶油揉成面团。②片状酥油擀薄，面团擀薄，包上酥油片擀平，折三折，冷藏10分钟后擀平，重复上述操作两次，制成酥皮。压出2个圆形面皮和2个环状面皮，环状面皮放在圆形面皮上，发酵后放入芒果果肉馅，入烤箱烤熟即可。

扫一扫学烘焙

丹麦草莓

🕐 15分钟　难易度 ★★☆

🔥 上、下火190℃

材料 高筋面粉170克，低筋面粉30克，细砂糖50克，黄奶油20克，奶粉12克，盐3克，干酵母5克，水88毫升，鸡蛋40克，片状酥油70克，草莓果肉馅适量

做法 ①将所有面粉、奶粉、干酵母、盐、水、细砂糖、鸡蛋、黄奶油揉成面团。②片状酥油擀薄，面团擀薄，包上酥油片擀平，折三折，冷藏10分钟后擀平，重复上述操作两次，制成酥皮。擀薄切成3份，取其中一份，切成3个方块，将四角向中心对折，压紧呈花形，发酵后放上草莓果肉馅，放烤箱烤熟。

扫一扫学烘焙

丹麦菠萝面包

🕐 15分钟　难易度：★★★
🔲 上、下火200℃

材料 酥皮：高筋面粉170克，低筋面粉30克，细砂糖50克，黄奶油20克，奶粉12克，盐3克，干酵母5克，水88毫升，鸡蛋40克，片状酥油70克；馅料：菠萝果肉粒适量

（做法）①在碗中将低筋面粉、高筋面粉、奶粉、干酵母、盐拌匀，开窝，倒水、细砂糖、鸡蛋、黄奶油拌匀，揉成面团。

②油纸包好片状酥油擀薄，面团擀成薄面皮，放上酥油片，再折叠擀平，面皮三折，放入冰箱，冷藏10分钟，取出继续擀平，重复上述操作两次，制成酥皮。

③取酥皮切成数个方块状，沿着对角线方向在中间切开一道口子，切有口子的酥皮四角错开地叠放在另一块完整的酥皮上方，在切口中放上菠萝果肉粒，制成生坯。

④放入烤箱，以上、下火200℃，烤15分钟至熟。

Tips 可以榨适量菠萝汁加入面团中，这样味道会更浓郁。

扫一扫学烘焙

丹麦苹果面包

🕐 15分钟　难易度：★★★
🔲 上、下火190℃

材料 酥皮：高筋面粉170克，低筋面粉30克，细砂糖50克，黄奶油20克，奶粉12克，盐3克，干酵母5克，水88毫升，鸡蛋40克，片状酥油70克；馅料：奶油杏仁馅30克，苹果肉40克；装饰：巧克力果胶、花生碎各适量

（做法）①在碗中将低筋面粉、高筋面粉、奶粉、干酵母、盐拌匀，开窝，倒水、细砂糖、鸡蛋、黄奶油拌匀，揉成面团。

②油纸包好片状酥油擀薄，面团擀成薄面皮，放上酥油片，再折叠擀平，面皮三折，放入冰箱，冷藏10分钟，取出继续擀平，重复上述操作两次，制成酥皮。

③取适量酥皮，用擀面杖擀薄，用刀将边缘切平整，用刷子刷上奶油杏仁馅，放上苹果肉。

④将酥皮对折，刷上一层巧克力果胶，撒上花生碎，发酵1.5小时。

⑤放入烤箱以上、下火190℃烘烤15分钟至熟即可。

扫一扫学烘焙

Tips 将苹果切成粒，口感会更好。

丹麦樱桃面包

⏱15分钟　难易度：★★★
🔥上、下火200℃

材料　酥皮部分：高筋面粉170克，低筋面粉30克，细砂糖50克，黄奶油20克，奶粉12克，盐3克，干酵母5克，水88毫升，鸡蛋40克，片状酥油70克；馅部分：樱桃适量

做法　①在碗中将低筋面粉、高筋面粉、奶粉、干酵母、盐拌匀，开窝，倒水、细砂糖、鸡蛋、黄奶油拌匀，揉成面团。

②油纸包好片状酥油擀薄，面团擀成薄面皮，放上酥油片，再折叠擀平，面皮三折，放入冰箱，冷藏10分钟，取出继续擀平，重复上述操作两次，制成酥皮。

③取适量酥皮，用圆形模具压制出两个圆状饼坯，取其中一圆状饼坯，用小一号圆形模具将其压出一道圈，取下圆圈饼坯。

④将圆圈饼坯放在圆状饼坯上方，制成面包生坯，放入烤盘，生坯环中放上樱桃。

⑤将烤盘放入烤箱，以上、下火200℃烤15分钟至熟即可。

Tips 可依个人喜好，生坯环中放入少许樱桃果酱，这样吃起来会更可口。

扫一扫学烘焙

丹麦红豆

⏱15分钟　难易度：★★★
🔥上火200℃、下火190℃

材料　高筋面粉170克，低筋面粉30克，细砂糖50克，黄奶油20克，奶粉20克，盐3克，干酵母4克，水80毫升，鸡蛋1个，片状酥油70克，熟红豆适量

做法　①在碗中将低筋面粉、高筋面粉、奶粉、干酵母、盐拌匀。

②拌好的材料倒在面板上用刮板开窝，倒入水、细砂糖、鸡蛋拌匀，揉成湿面团。

③加黄奶油拌匀，揉搓成光滑的面团。

④油纸包好片状酥油用擀面杖擀薄，面团擀成薄面皮，放上酥油片，再折叠擀平。

⑤面皮折三折，放入冰箱，冷藏10分钟。

⑥取出继续擀平，重复上述操作两次。取酥皮擀薄切好，铺上熟红豆，酥皮纵向对折制成生坯，常温发酵，放入烤箱，以上、下火190℃烤熟即可。

Tips 用模具压花的时候可以在模具上抹点食用油，这样可以避免面片跟模具粘到一起。

丹麦紫薯面包

⏱15分钟　难易度：★★★
🔥上、下火190℃

材料 高筋面粉170克，低筋面粉30克，细砂糖50克，黄奶油20克，奶粉12克，盐3克，干酵母5克，水88毫升，鸡蛋40克，片状酥油70克，紫薯泥适量

扫一扫学烘焙

做法 ①将所有面粉、奶粉、干酵母、盐、水、细砂糖、鸡蛋、黄奶油拌匀揉成面团。②面团擀薄，包好酥油片擀平，折三折，冷藏后擀平，重复上述操作两次成酥皮。③将酥皮擀薄，切成3个长方片，取其中一块，切成3个方片，放上紫薯泥，四角向中心折，粘在紫薯泥上，发酵后烤熟即

丹麦花生面包

⏱15分钟　难易度：★★★
🔥上、下火200℃

材料 酥皮：高筋面粉170克，低筋面粉30克，细砂糖50克，黄奶油20克，奶粉12克，盐3克，干酵母5克，水88毫升，鸡蛋40克，片状酥油70克；馅料：炼乳40克，花生碎30克

扫一扫学烘焙

做法 ①将所有面粉、奶粉、干酵母、盐、水、细砂糖、鸡蛋、黄奶油揉成面团。②面团擀薄，包好酥油片擀平，折三折，冷藏后擀平，重复上述操作两次成酥皮。③酥皮刷上炼乳，撒上花生碎，由两端向中间对折，折成小方块，再翻面，即成面包生坯，放入烤箱烤熟即成。

丹麦巧克力面包

⏱15分钟　难易度：★★★
🔥上、下火200℃

材料 高筋面粉170克，低筋面粉30克，细砂糖50克，黄奶油20克，奶粉12克，盐3克，干酵母5克，水88毫升，鸡蛋40克，片状酥油70克，巧克力豆、炼乳各适量

扫一扫学烘焙

做法 ①将所有面粉、奶粉、干酵母、盐、水、细砂糖、鸡蛋、黄奶油揉成面团。②面团擀薄，包好酥油片擀平，折三折，冷藏后擀平，重复上述操作两次成酥皮。③取酥皮刷上炼乳，铺上巧克力豆，两端向中间对折，开口端朝下放置，制成面包生坯。④放入烤箱后以上下火200℃烤熟即可。

香蒜小面包

⏱10~12分钟　难易度：★☆☆
🔥上、下火200℃

材料 液种：高筋面粉100克，水75毫升，酵母粉1克；主面团：高筋面粉230克，酵母粉1克，水150毫升，盐5克，橄榄油13毫升；表面装饰：蒜片、盐、橄榄油、芝士粉、罗勒叶各适量

Tips 烤箱温度应根据自家情况进行调节。

做法 ①把制作液种的面粉、酵母粉和水拌匀后进行液种发酵。②将主面团材料中的粉类搅匀，加入水、橄榄油、液种面团，揉成面团，发酵18分钟，分成8等份揉圆，放在派盘上，发酵45分钟，刷上橄榄油，撒上蒜片、盐、芝士粉和罗勒叶。③放入烤箱烤10~12分钟至面包表面金黄即可。

巧克力面包

⏱12分钟　难易度：★★☆

🔲上、下火200℃

材料 面团：高筋面粉165克，奶粉8克，细砂糖40克，酵母粉3克，鸡蛋液28克，牛奶40毫升，水28毫升，无盐黄油20克，盐2克；馅料：黑巧克力适量；表面装饰：代可可脂黑巧克力适量、蛋液各适量

做法 ①将面团材料中的粉类（除盐外）搅匀，加入鸡蛋液、水、牛奶、无盐黄油和盐揉成面团，发酵15分钟。②将面团分成3等份，揉圆，表面喷少许水，松弛，擀成椭圆形，中间放上黑巧克力，由较长的一边开始卷起，发酵40分钟，刷上蛋液。③放入烤箱烤12分钟，取出后沾上黑巧克力液即可。

Tips：可将黑巧克力碾碎再包入面包中，这样入口口感更好。

心形巧克力面包

⏱25分钟　难易度：★★☆

🔲上、下火190℃

材料 高筋面粉135克，可可粉10克，细砂糖20克，速发酵母2克，牛奶65毫升，炼奶10克，鸡蛋15克，无盐黄油12克，盐1克

做法 ①将高筋面粉、可可粉、速发酵母、细砂糖搅匀。②加入炼奶、鸡蛋、牛奶、无盐黄油和盐，揉成面团，盖上湿布松弛25分钟。③将面团擀平，由上向下卷起，握紧收口，放入已扫油的心形吐司模内，静置发酵至八分满。④将吐司模放入已预热190℃的烤箱中烤约25分钟即可。

Tips：面团盖上湿布，可以避免面团变硬。

面具佛卡夏

⏱10~12分钟　难易度：★★☆

🔲上、下火210℃

材料 液种：高筋面粉100克，水75毫升，酵母粉1克；主面团：高筋面粉230克，酵母粉1克，水150毫升，盐5克，橄榄油13毫升；表面装饰：橄榄油、红椒末、罗勒叶、芝士粉、盐各适量

做法 ①把制作液种的面粉、酵母粉、水拌匀后进行液种发酵。②将主面团材料中的粉类搅匀，加入水、橄榄油、液种面团，揉匀，发酵30分钟。③把面团分成4等份并揉圆，表面喷水，松弛后擀开，在中间切一刀，左右各斜切3刀，刷上橄榄油，发酵20分钟，撒上盐、红椒末、罗勒叶和芝士粉，入烤箱烤熟即可。

Tips：可以根据自己的口味，添加芝士粉的量。

大蒜佛卡夏

⏱15~20分钟　难易度：★☆☆

🔲上火210℃、下火190℃

材料 面团：高筋面粉200克，细砂糖5克，酵母粉2克，水120毫升，橄榄油8毫升，盐2克；表面装饰：橄榄油适量，大蒜10克，迷迭香4克

做法 ①将面团材料中的粉类（除盐外）搅匀。②加入水、橄榄油、盐，揉成面团，发酵25分钟。③取出面团，分成2等份，搓成椭圆形，表面喷水松弛。④两个面团擀成长圆形，发酵60分钟，刷上橄榄油，在表面压几个洞，压入大蒜，撒上迷迭香。⑤放入烤箱烤15~20分钟即可。

Tips：大蒜可以事先烘烤一下，再使用。

橄榄佛卡夏面包

🕐15分钟　难易度：★☆☆
🔲上、下火200℃

材料 酵母粉1克，水45毫升，高筋面粉75克，盐2克，蜂蜜20克，芥花籽油20毫升，黑橄榄碎5克，黑橄榄适量

Tips 可以用其他的水果代替黑橄榄。

做法 ①将酵母粉倒入水中拌匀成酵母水。②过筛的高筋面粉中倒入酵母水、盐、蜂蜜、芥花籽油，揉成面团。③轻轻按扁面团，放上黑橄榄碎揉匀，发酵60分钟，擀成面皮，发酵20分钟，刷上芥花籽油，装饰上黑橄榄，室温发酵约20分钟。④放入烤箱中以200℃烤约15分钟即可。

马卡龙面包

🕐15分钟　难易度：★★☆
🔲上、下火180℃

材料 面团：高筋面粉250克，奶粉8克，酵母粉4克，盐2克，细砂糖50克，无盐黄油25克，蛋黄1个，水140毫升；马卡龙淋酱：蛋白30克，杏仁粉40克，核桃50克（切碎），细砂糖90克

Tips 要确定面团是否揉好，可将面团揪出一块拉平看其扩展性。

做法 ①在蛋白中加入90克细砂糖打发，加入杏仁粉和核桃碎，制成马卡淋酱。②把面团材料中的所有粉类搅匀，加入蛋黄、牛奶、水、无盐黄油，揉成面团，发酵15分钟，分成4等份，表面喷水松弛后擀成椭圆形，搓成长条，将两端交叉，再拧成"8"字形，发酵后淋上马卡龙淋酱。③入烤箱烤熟即可。

糖粒面包

🕐18~20分钟　难易度：★☆☆
🔲上火175℃、下火165℃

材料 面团：高筋面粉350克，细砂糖30克，酵母粉2克，水200毫升，无盐黄油30克，盐1克；表面装饰：鸡蛋液适量，无盐黄油30克（软化后装入裱花袋中备用），细砂糖8克

Tips 生坯体积增至两倍大时，就可以确定生坯已发酵好。

做法 ①将面团材料中的所有粉类（除盐外）搅匀，加入水、无盐黄油、盐，揉成面团，发酵25分钟。②取出面团，分成5等份揉圆，发酵50分钟。③在面团表面刷上鸡蛋液，撒上细砂糖，在表面剪出一字形，在切面上挤无盐黄油。④放入烤箱以上火175℃、下火165℃烤18~20分钟即可。

芝麻卷

🕐15分钟　难易度：★★☆
🔲上、下火190℃

材料 高筋面粉500克，黄奶油70克，奶粉20克，细砂糖100克，盐5克，鸡蛋1个，水200毫升，酵母8克，白芝麻适量

扫一扫学烘焙

做法 ①将细砂糖、水拌成糖水。②把高筋面粉、酵母、奶粉拌匀，放入糖水、鸡蛋、黄奶油、盐揉成光滑面团，静置10分钟。③将面团分成数个60克的小面团，搓圆，擀成面皮，卷成橄榄形，粘上白芝麻，发酵90分钟，在表面划一刀。④放入烤箱烤15分钟至熟即可。

芝麻小汉堡

⏱ 12分钟　难易度 ★☆☆
🔲 上、下火200℃

材料 面团：高筋面粉250克，奶粉8克，细砂糖25克，酵母粉3克，鸡蛋液25克，水135毫升，盐5克，无盐黄油30克，表面装饰：蛋液适量，白芝麻适量

Tips 烤箱事先预热好，有助于生坯快速定型。

做法 ①将面团材料中的粉类（除盐外）搅匀。②倒入鸡蛋液、水，揉成不粘手的面团。③加入无盐黄油和盐，混合均匀。④将面团揉圆包上保鲜膜，发酵13分钟。⑤取出面团，分割成4等份，分别揉圆，刷上蛋液，撒上白芝麻，发酵45分钟。⑥放入烤箱烤约12分钟，取出即可。

果仁卷

⏱ 15分钟　难易度 ★★☆
🔲 上、下火190℃

材料 高筋面粉500克，黄奶油70克，奶粉20克，细砂糖100克，盐5克，鸡蛋1个，水200毫升，酵母8克，提子干20克，腰果碎20克，南瓜子适量

扫一扫学烘焙

做法 ①将细砂糖倒入水中制成糖水。②高筋面粉中加入酵母、奶粉、糖水、鸡蛋、黄奶油、盐，揉成光滑面团，静置10分钟。③取出面团切成60克的小剂子，搓成球状，擀成长方形面皮，加入腰果碎、提子干，把面皮对折，切成4条长条块，扭成花卷状生坯，放入纸杯发酵90分钟，撒上南瓜子入烤箱烤熟即可。

花生卷

⏱ 15分钟　难易度 ★★☆
🔲 上、下火190℃

材料 高筋面粉500克，黄奶油70克，奶粉20克，细砂糖100克，盐5克，鸡蛋1个，水200毫升，酵母8克，花生碎、蛋黄各适量

Tips 若没有奶粉，可用牛奶替代且免去加入清水。

做法 ①将细砂糖倒入水中制成糖水。②高筋面粉中加入酵母、奶粉、糖水、鸡蛋、黄奶油、盐，揉成光滑面团，静置10分钟。③取出面团切成60克的小剂子，搓成球，压扁，放入花生碎，包好，搓成细长条，打成结，制成花生卷生坯，发酵90分钟，刷蛋黄。④放入烤箱烤15分钟至熟即可。

花生奶油酥

⏱ 15分钟　难易度 ★☆☆
🔲 上、下火190℃

材料 高筋面粉500克，黄奶油70克，奶粉20克，细砂糖100克，盐5克，鸡蛋1个，水200毫升，酵母8克，去皮花生米15克，蜂蜜适量

扫一扫学烘焙

做法 ①将细砂糖倒入水中制成糖水。②高筋面粉中加入酵母、奶粉、糖水、鸡蛋、黄奶油、盐，揉成光滑面团，静置10分钟。③取出面团切成60克的小剂子，搓成球。④在模具内刷黄油。将小面团分成两半，均搓成橄榄形，再合并起来，放入模具，发酵后撒花生米，入烤箱烤熟，脱模，刷上蜂蜜即可。

栗子小面包

⏱ 20分钟　难易度：★★☆

🔥 上火180℃、下火160℃

材料 面包体：高筋面粉250克，全麦面粉50克，细砂糖20克，盐20克，橄榄油15毫升，鸡蛋50克，水50毫升，速发酵母4克，无盐黄油25克；内馅：去皮栗子100克；表面装饰：蛋液适量，熟白芝麻适量

Tips 如果面包表面没有上色，可以适当延长烘烤的时间。

做法 ①栗子用刀切碎，入烤箱烤熟。②将高筋面粉、全麦面粉、细砂糖、速发酵母、鸡蛋、水、橄榄油、无盐黄油和盐拌匀，揉成面团，喷上水松弛25分钟。③将面团压成圆饼状，加入栗子揉匀，分成4份，搓成栗子形状，发酵50分钟，在大头一端刷上蛋液，粘上芝麻。④入烤箱烤熟即可。

杏仁面包

⏱ 18分钟　难易度：★☆☆

🔥 上、下火170℃

材料 面团：高筋面粉200克，细砂糖11克，奶粉8克，酵母粉2克，牛奶35毫升，水90毫升，无盐黄油18克，盐4克；表面装饰：鸡蛋液、杏仁片各适量

Tips 酵母粉一定要充分揉匀，生坯才能发酵得好。

做法 ①把面团材料中的所有粉类（除盐外）搅匀。②加入牛奶、水、盐和无盐黄油揉成面团，发酵15分钟。③取出面团，分4等份，揉圆，表面喷水松弛后压扁，擀成椭圆形，卷起，底部收口捏紧，发酵45分钟。④表面刷上鸡蛋液，撒上杏仁片，入烤箱烤18分钟，至表面上色，取出即可。

核桃奶油面包

⏱ 10分钟　难易度：★★☆

🔥 上、下火180℃

材料 高筋面粉250克，海盐5克，细砂糖25克，酵母粉9克，奶粉8克，鸡蛋液25克，蛋黄12克，牛奶12毫升，水117毫升，无盐黄油45克，核桃75克，鸡蛋液适量

Tips 黄油营养丰富但含脂量很高，所以不要过分食用。

做法 ①将核桃切碎。②将高筋面粉、细砂糖、海盐、奶粉、酵母粉、水、鸡蛋液、蛋黄、牛奶、无盐黄油揉成面团，发酵15分钟。③取出面团，加入一部分核桃碎揉匀，切成4等份的面团，松弛20分钟。④将面团捏成橄榄形状，发酵30分钟，刷上鸡蛋液，撒上剩余核桃碎。⑤放入烤箱烤10分钟即可。

核桃面包

⏱ 15分钟　难易度：★★☆

🔥 上、下火190℃

材料 高筋面粉500克，黄奶油70克，奶粉20克，细砂糖100克，盐5克，鸡蛋1个，水200毫升，酵母8克，核桃仁适量

扫一扫学烘焙

做法 ①将细砂糖、水拌成糖水。②把高筋面粉、酵母、奶粉拌匀，放入糖水、鸡蛋、黄奶油、盐，揉成光滑的面团，用保鲜膜将面团包好，静置10分钟。③将面团分成数个60克一个的小面团，搓圆，用手压平，擀薄，剪出5个小口，呈花形，发酵90分钟，放上核桃。④放入烤箱烤15分钟即可。

麸皮核桃包

⏱ 15分钟　难易度 ★★☆
🔥 上、下火190℃

材料 高筋面粉200克，麸皮50克，酵母4克，鸡蛋1个，细砂糖50克，水100毫升，黄奶油35克，奶粉20克，核桃仁适量

扫一扫学烘焙

做法
①将高筋面粉、麸皮、奶粉和酵母拌匀。②加细砂糖、鸡蛋、水、黄奶油和匀，揉成面团。③把面团擀薄，用模具在面皮上压出8个面团。④取2个面团叠起来，依次叠好4份，在每份中间割开一个小口，依次放入核桃仁，按压好，放入烤盘中发酵。⑤烤箱预热，把烤盘放入中层，烤熟。

欧陆红莓核桃面包

⏱ 27分钟　难易度 ★☆☆
🔥 上火180℃、下火175℃

材料 面团：高筋面粉200克，全麦面粉45克，黑糖20克，酵母粉2克，温水150毫升，橄榄油16毫升，盐5克，红莓干（切碎）35克，核桃（切碎）35克；表面装饰：高筋面粉适量

Tips
酵母粉用45℃左右的温水调匀，可使酵母粉更快被激活。

做法
①将高筋面粉、全麦面粉、黑糖水、酵母粉搅匀，放入橄榄油、盐、核桃碎和红莓干碎，揉匀揉圆，包上保鲜膜，发酵20分钟，分成2等份，并揉圆，表面喷水，松弛15分钟。②把两个面团擀成椭圆形，两端向中间对折，卷起成橄榄形，发酵50分钟，撒上高筋面粉。④放入烤箱烤27分钟即可。

咖啡葡萄干面包

⏱ 10分钟　难易度 ★☆☆
🔥 上、下火200℃

材料 面团：高筋面粉250克，奶粉8克，酵母粉3克，即溶咖啡粉5克，细砂糖25克，水170毫升，盐5克，无盐黄油20克；表面装饰：鸡蛋液适量，杏仁片适量

Tips
黄油和细砂糖的用量不能过多，否则会影响成品外观。

做法
①将即溶咖啡粉倒入水中，拌匀成咖啡。②将高筋面粉、奶粉、酵母粉、细砂糖、咖啡、无盐黄油、盐、葡萄干揉成面团，发酵20分钟。③取出面团，分成2等份，揉圆，发酵40分钟，刷上鸡蛋液，撒上杏仁片。④放入烤箱以上、下火200℃烤约10分钟，取出即可。

日式乳酪

⏱ 15分钟　难易度 ★★☆
🔥 上、下火170℃

材料 高筋面粉250克，酵母4克，奶粉15克，黄奶油35克，纯净水100毫升，细砂糖50克，蛋黄25克；装饰：纯净水100毫升，蛋糕油5克，细砂糖50克，低筋面粉100克，奶粉10克

Tips
面团多揉一会儿，能使各种食材散开均匀。

做法
①将高筋面粉、酵母、奶粉、细砂糖、蛋黄、纯净水、黄奶油，揉成面团。②称取4个60克的面团，揉圆，放入纸杯当中发酵。③细砂糖中加入纯净水、低筋面粉、奶粉、蛋糕油，拌匀后装入裱花袋，挤在发酵好的面团上。④放入烤箱中，以上、下火170℃烤约15分钟至熟即可。

墨西哥面包

🕐 15分钟　难易度：★★☆
🔲 上、下火190℃

材料 面包体：高筋面粉500克，黄奶油70克，奶粉20克，细砂糖100克，盐5克，鸡蛋50克，水200毫升，酵母8克；墨西哥酱：低筋面粉125克，黄奶油125克，细砂糖100克，鸡蛋100克

扫一扫学烘焙

做法 ①细砂糖加水溶化。把高筋面粉、酵母、奶粉、糖水、鸡蛋、黄奶油、盐搓成面团，静置10分钟。②将面团分成数个60克小面团，揉圆，发酵90分钟。③将鸡蛋、细砂糖、黄奶油、低筋面粉搅成墨西哥酱，装入裱花袋，以画圈的方式挤在面团上。④放入烤箱烤15分钟至熟即可。

巧克力墨西哥面包

🕐 15分钟　难易度：★☆☆
🔲 上、下火170℃

材料 面包体：高筋面粉250克，酵母4克，黄奶油35克，奶粉10克，蛋黄15克，细砂糖50克，水100毫升；面包酱：低筋面粉50克，细砂糖50克，黄奶油50克，鸡蛋1个；装饰：巧克力豆适量

扫一扫学烘焙

做法 ①高筋面粉加入酵母、奶粉、细砂糖、水、蛋黄、黄奶油，揉成面团，分成剂子，搓圆，装入纸杯中，发酵90分钟。②低筋面粉、细砂糖、黄奶油、鸡蛋拌匀成面包酱，装入裱花袋里，挤在生坯上，盘成螺旋状，撒上巧克力豆。③放入烤箱中以上、下火170℃烘烤15分钟即可。

杏仁墨西哥面包

🕐 15分钟　难易度：★☆☆
🔲 上、下火190℃

材料 面包体：高筋面粉500克，黄奶油70克，奶粉20克，细砂糖100克，盐5克，鸡蛋1个，水200毫升，酵母8克；墨西哥酱：低筋面粉125克，黄奶油125克，细砂糖100克，鸡蛋2个；杏仁片适量

扫一扫学烘焙

做法 ①将细砂糖、水拌匀成糖水。②把高筋面粉、酵母、奶粉、糖水、鸡蛋、黄奶油、盐揉成面团，静置10分钟。③将面团分成数个60克小面团，搓圆，发酵90分钟。④将鸡蛋、细砂糖、黄奶油、低筋面粉拌成墨西哥酱，装入裱花袋中，挤入面团上，放上杏仁片。⑤放入烤箱烤15分钟即可。

沙拉包

🕐 15分钟　难易度：★☆☆
🔲 上、下火190℃

材料 高筋面粉500克，黄奶油70克，奶粉20克，细砂糖100克，盐5克，鸡蛋50克，水200毫升，酵母8克，沙拉酱适量

扫一扫学烘焙

做法 ①细砂糖加水搅拌溶化，把高筋面粉、酵母、奶粉倒在面板上，开窝。②放入糖水、搅好的鸡蛋、黄奶油、盐，揉成面团，用保鲜膜包好，静置10分钟。③将面团分成数个60克小面团，揉圆，发酵90分钟。④沙拉酱装入裱花袋中，挤在面团上。⑤放入烤箱烤15分钟，取出即可。

巧克力果干包

🕙 10分钟　难易度：★☆☆
🔲 上、下火190℃

材料 高筋面粉500克，黄奶油70克，奶粉20克，细砂糖100克，盐5克，鸡蛋1个，水200毫升，酵母8克，提子干20克，可可粉、巧克力豆各适量

Tips
配方中黄奶油和细砂糖的用量不能过多。

做法 ①细砂糖加水溶化，高筋面粉、酵母、奶粉倒在面板上，开窝，放入糖水、鸡蛋、黄油、盐，揉光滑。②称取约240克面团，放入可可粉、巧克力豆、提子干，揉搓均匀，分切成4等份剂子，揉成小球状。③用擀面杖把面团擀成面皮，卷成橄榄状，发酵90分钟，入烤箱烤10分钟即可。

椰香面包

🕙 15分钟　难易度：★★☆
🔲 上、下火190℃

材料 高筋面粉500克，黄奶油70克，奶粉20克，细砂糖100克，盐5克，鸡蛋50克，水200毫升，酵母8克，椰丝30克，沙拉酱适量

扫一扫学烘焙

做法 ①将细砂糖、水拌匀成糖水。②把高筋面粉、酵母、奶粉、糖水、鸡蛋、黄奶油、盐揉成面团，静置10分钟。③将面团分成数个60克小面团，搓圆，发酵90分钟。④把椰丝、沙拉酱拌匀成椰丝酱，装入裱花袋中，以画圈的方式把椰丝酱挤在面团上。⑤放入烤箱烤15分钟至熟即可。

墨鱼面包

🕙 15分钟　难易度：★☆☆
🔲 上、下火190℃

材料 奶粉8克，改良剂1克，蛋白12克，酵母2克，高筋面粉100克，食用竹炭粉、细砂糖、盐、黄油、沙拉酱、肉松、水各适量

Tips
要把握好细砂糖的用量，太多会使面包变焦，太少则会让面包变硬。

做法 ①将改良剂、奶粉、酵母、食用竹炭粉放入盛有高筋面粉的碗中，开窝。②加入水、细砂糖、蛋白、盐、黄油，揉搓成光滑的面团。③面团分切成4等份，依次搓圆，擀平，卷成橄榄形，制成生坯，常温下发酵90分钟。④放入烤箱烤15分钟至熟，装盘，刷上沙拉酱，蘸上肉松。

雪山飞狐

🕙 15分钟　难易度：★★☆
🔲 上、下火170℃

材料 高筋面粉250克，酵母4克，奶粉15克，黄奶油35克，纯净水100毫升，细砂糖50克，蛋黄25克；装饰：白奶油100克，细砂糖100克，牛奶100毫升，低筋面粉100克，芝麻适量

扫一扫学烘焙

做法 ①将高筋面粉、酵母、奶粉倒在面板上，放入细砂糖、蛋黄、纯净水、黄奶油，揉成面团。②称取4个60克的面团，揉成球，放入纸杯当中，发酵至两倍大。③将细砂糖倒进容器，加入牛奶、面粉、白奶油、芝麻，用电动打蛋器拌匀，装入裱花袋，挤在面团上。④放入烤箱烤15分钟即可。

羊咩咩酥皮面包

🕐 17分钟　难易度：★★☆

🔥 上火180℃、下火170℃

材料 面包体：高筋面粉270克，低筋面粉30克，速发酵母12克，牛奶110毫升，水55毫升，鸡蛋50克，细砂糖30克，无盐黄油30克，盐2克；表面装饰：酥皮适量，蛋液少许，南瓜子适量，黑芝麻适量

（做法）①将所有粉类材料（除盐外）搅匀，分次加入水、牛奶、鸡蛋搅成团。

②取出面团放在操作台上，加入无盐黄油和盐，慢慢混匀，揉至面团光滑，揉圆放入盆中，包上保鲜膜松弛30分钟。

③取出面团，将面团分成6等份，把光滑面翻折出来，收口捏紧搓成椭圆形。

④放在高温油布上，面团表面喷水，盖上湿布或保鲜膜，发酵45分钟至两倍大，同时烤箱预热上火180℃、下火170℃。在发酵好的面团表面刷上蛋液。

⑤取酥皮，修成适合面团表面大小的形状，盖在面团的2/3处，底部和尾部收口捏紧。南瓜子插入涂抹蛋液的酥皮中，装饰成耳朵；黑芝麻沾蛋液，装饰成眼睛，放入烤箱烤约17分钟即可。

Tips 配方中黄油和糖的用量不能过多，否则面筋的骨架太软容易塌陷，影响到成品的口感和外形的美观。

冲绳黑砂糖

🕐 20分钟　难易度：★★☆

🔥 上、下火190℃

材料 红糖粉30克，奶粉6克，蛋白20克，水40毫升，改良剂1克，酵母3克，高筋面粉200克，细砂糖10克，盐25克，水20毫升，纯牛奶20毫升，焦糖4克，黄奶油20克，香酥粒适量

（做法）①将酵母、奶粉、改良剂倒在高筋面粉中，开窝。

②放入细砂糖、40毫升水、红糖粉、焦糖、20毫升水、纯牛奶、蛋白、盐、拌匀的粉类，混匀，揉搓成面团，加入黄奶油，揉搓成光滑的面团。

③把面团摘成小剂子，称取60克的面团，揉搓成球状，擀成面皮，再卷成橄榄状，裹上香酥粒，制成生坯。

④把生坯放入烤盘里，在常温下发酵90分钟，使其发酵至原体积的两倍。

⑤放入烤箱烤20分钟，取出烤好的面包，装入容器里即可。

扫一扫学烘焙

Tips 烤箱先预热再放入生坯，这样可使烤好的面包更蓬松。

情丝面包

🕐15分钟　难易度：★★★

🔥上、下火190℃

材料　面团：高筋面粉500克，黄奶油70克，奶粉20克，细砂糖100克，盐5克，鸡蛋1个，水200毫升，酵母8克；酥皮：高筋面粉170克，低筋面粉30克，细砂糖50克，黄奶油20克，奶粉12克，盐3克，干酵母5克，水88毫升，鸡蛋40克，片状酥油70克

（做法）①将细砂糖加入水中拌匀成糖水。

②高筋面粉中加入酵母、奶粉、糖水、鸡蛋、黄奶油、盐，揉成面团，静置10分钟。把面团搓成条状，切成数个60克小剂子，搓成球，擀平，卷成橄榄状。

③将低筋面粉倒入装有高筋面粉的碗中拌匀，放入奶粉、干酵母、盐、水、细砂糖、鸡蛋、黄奶油，揉搓成面团。

④将片状酥油擀薄，将面团擀成薄片，放上酥油片包好，擀平，折三折，冷藏10分钟后继续擀平；依此重复操作两次，制成酥皮。取酥皮切成4段，把切好的酥皮放在生坯上，在常温下发酵90分钟。

⑤放入烤箱里，以上、下火190℃烤15分钟至熟即可。

Tips 可将酥油和面皮多擀两次，这样有利于两者的融合。

扫一扫学烘焙

芒果面包

🕐15分钟　难易度：★★☆

🔥上、下火190℃

材料　面团：高筋面粉500克，黄奶油70克，奶粉20克，细砂糖100克，盐5克，鸡蛋50克，水200毫升，酵母8克；芒果酱：植物鲜奶油100克，芒果肉75克，玉米淀粉70克，水40毫升，芒果果肉粒少许

（做法）①将细砂糖、水倒入大碗中，搅拌至细砂糖溶化，待用。

②把高筋面粉、酵母、奶粉倒在案台上，开窝，放入糖水、鸡蛋、黄奶油、盐，揉搓成光滑的面团，静置10分钟。

③将面团分成数个60克大小均等的小面团，揉搓成圆球形，取3个小面团，放入烤盘中，使其发酵90分钟。

④将水、芒果肉倒入大碗中，用电动打蛋器搅拌均匀，加入玉米淀粉、植物鲜奶油，拌匀成芒果酱，装入裱花袋中。

⑤在面团中间按压一个小孔，以小孔为中心向四周挤上芒果酱，在小孔上放入芒果果肉粒，放入烤箱烤15分钟即可。

Tips 一定要将芒果肉搅拌成泥状，这样才不会让它的粗纤维影响口感。

扫一扫学烘焙

黄金包

🕐 10分钟　难易度：★★☆

🔲 上、下火190℃

材料　面团：高筋面粉500克，黄奶油70克，奶粉20克，细砂糖100克，盐5克，鸡蛋1个，水200毫升，酵母8克；酱料：水65毫升，黄油33克，色拉油33毫升，吉士粉70克，低筋面粉100克，鸡蛋1个，蛋黄2个；装饰：红豆粒适量

做法 ①细砂糖加水溶化，把高筋面粉、酵母、奶粉倒在面板上，放入糖水、鸡蛋、黄奶油、盐揉匀，分成30克一个的剂子，揉圆，发酵90分钟。②将水、色拉油、黄油、吉士粉、低筋面粉一起加热，关火，加鸡蛋搅匀，分两次加入蛋黄，即成面包酱料，装入裱花袋，挤在生坯上，撒上红豆粒，放入烤箱烤熟即可。

哈雷面包

🕐 15分钟　难易度：★★☆

🔲 上、下火190℃

材料　面团：高筋面粉500克，黄奶油70克，奶粉20克，细砂糖100克，盐5克，鸡蛋1个，水200毫升，酵母8克；哈雷酱：色拉油50毫升，细砂糖60克，鸡蛋55克，低筋面粉60克，吉士粉10克，巧克力果膏少许

做法 ①细砂糖加水溶化。高筋面粉、酵母、奶粉拌匀，加入糖水、鸡蛋、黄奶油、盐揉成面团，包好静置，分成小面团，搓圆，发酵90分钟。②将鸡蛋、细砂糖、色拉油、低筋面粉、吉士粉用电动打蛋器拌匀成哈雷酱，装入裱花袋，挤在面团上，再将巧克力果膏挤在哈雷酱上，放入烤箱烤熟即可。

菠萝包

🕐 15分钟　难易度：★★☆

🔲 上、下火190℃

材料　酥皮适量，高筋面粉500克，黄奶油70克，奶粉20克，细砂糖100克，盐5克，鸡蛋50克，水200毫升，酵母8克，蛋液适量

做法 ①取一小块酥皮擀薄。②细砂糖加水，搅拌溶化。把高筋面粉、酵母、奶粉拌匀，放入糖水、鸡蛋、黄奶油、盐揉成面团，用保鲜膜包好，静置10分钟。③将面团分成数个60克的小面团，搓圆，发酵90分钟。④把酥皮放在面团上，刷上蛋液，划上十字花形，制成生坯。⑤放入烤箱烤熟即可。

Tips 在面包表层刷上蛋液，可使烤出来的面包颜色更好看。

酥皮菠萝包

🕐 20分钟　难易度：★★☆

🔲 上、下火180℃

材料　酥皮适量，高筋面粉500克，细砂糖100克，猪油50克，鸡蛋1个，泡打粉4克，酵母7克，奶黄馅适量，菠萝肉适量，水适量

做法 ①高筋面粉中倒入细砂糖、鸡蛋的蛋黄、泡打粉、酵母、水，搅匀，加入猪油、水，揉成面团。②取面团搓条，揪成7个剂子，搓圆，压扁，放入奶黄馅、菠萝肉，捏紧，制成生坯，粘上包底纸，发酵至两倍大。③取酥皮面团，搓成饺子皮状，放在生坯上，刷上蛋黄。④放入烤箱烤熟即可。

Tips 事先将菠萝肉用淡盐水浸泡半小时，使菠萝的味道更甜。

香葱芝士条

🕐 13分钟　难易度：★★☆
□ 上火180℃、下火170℃

材料 高筋面粉500克，黄奶油70克，奶粉20克，细砂糖100克，盐5克，鸡蛋1个，水200毫升，酵母8克，香葱末10克，芝士条25克，黄金酱、蜂蜜各适量

Tips 黄金酱不要挤太多，否则会影响成品的外观。

做法 ①将细砂糖、水拌匀成糖水。②高筋面粉、酵母、奶粉拌匀，加入糖水、鸡蛋、黄奶油、盐，揉成面团，用保鲜膜包好，静置10分钟。③将面团分成数个60克小面团，搓圆，擀成面皮，卷成橄榄形，发酵90分钟。在生坯上放入芝士条、香葱末、黄金酱。④放入烤箱烤至熟，刷上蜂蜜即可。

玫瑰苹果卷

🕐 25分钟　难易度：★☆☆
□ 上、下火180℃

材料 苹果1个，细砂糖40克，水250毫升，柠檬汁15毫升，无盐黄油15克，低筋面粉50克

Tips 苹果切片时尽量切薄一些，方便整形。

做法 ①将苹果切薄片。②锅内倒入水、柠檬汁和细砂糖煮开，放入苹果片，煮至苹果片变软，捞出。③称量出25克煮苹果的水。④将低筋面粉、无盐黄油、苹果水揉成面团，擀开呈长圆形，切出长条。⑤将苹果片一片一片地叠在面皮上，卷起放入烘焙小纸杯中。⑥放入烤箱烤约25分钟。

玉米火腿花环包

🕐 15分钟　难易度：★★☆
□ 上、下火190℃

材料 高筋面粉500克，黄奶油70克，奶粉20克，细砂糖100克，盐5克，鸡蛋1个，水200毫升，酵母8克，火腿丁20克，玉米粒20克，沙拉酱20克

扫一扫学烘焙

做法 ①细砂糖中加入水，制成糖水。②高筋面粉中加入酵母、奶粉、糖水、鸡蛋、黄奶油、盐，揉成面团，静置10分钟。③把面团搓成长条，切成60克一个的小剂子，搓球，擀成面皮，卷成细长条，缠绕成花环状生坯，放入纸杯里发酵。④将火腿丁、玉米粒、沙拉酱拌成馅料，放在生坯中心，放入烤箱烤熟即可。

火腿玉米卷

🕐 15分钟　难易度：★★☆
□ 上、下火190℃

材料 高筋面粉500克，黄奶油70克，奶粉20克，细砂糖100克，盐5克，鸡蛋1个，水200毫升，酵母8克，美式火腿4片，玉米粒20克，火腿丁20克，沙拉酱20克

扫一扫学烘焙

做法 ①细砂糖加水溶化。把高筋面粉、酵母、奶粉混匀，放入糖水、鸡蛋、黄奶油、盐揉成团，静置10分钟，分成4个60克的小面团，搓圆，擀皮。②包裹上美式火腿片，捏成饼状对折，在中间切小口掰开，放入蛋糕纸杯中发酵。③火腿丁、玉米粒、沙拉酱拌成馅料，放在生坯上，放入烤箱烤熟即成。

玉米火腿沙拉包

⏱ 10分钟　难易度：★★☆

🔲 上、下火190℃

材料 面团：高筋面粉500克，黄奶油70克，奶粉20克，细砂糖100克，盐5克，鸡蛋1个，水200毫升，酵母8克；馅：玉米粒100克，火腿丁100克，沙拉酱50克

扫一扫学烘焙

做法 ①将细砂糖、水拌匀成糖水。②将高筋面粉、酵母、奶粉拌匀，放入糖水、鸡蛋、黄奶油、盐、揉成面团，静置10分钟。③取出面团，搓圆再压扁，用圆形模具压成圆饼状生坯，放入面包纸杯中，发酵2小时。④刷上沙拉酱，撒上玉米粒，放上火腿丁。⑤放入烤箱中烤10分钟至熟。

洋葱培根芝士包

⏱ 10分钟　难易度：★★☆

🔲 上、下火190℃

材料 面团：高筋面粉500克，黄奶油70克，奶粉20克，细砂糖100克，盐5克，鸡蛋1个，水200毫升，酵母8克；馅料：培根片45克，洋葱粒40克，芝士粒30克

Tips 搓揉面团时手上可蘸上少许油，以防面团粘手。

做法 ①细砂糖用水溶化。将高筋面粉、酵母、奶粉拌匀，放入糖水、鸡蛋、黄奶油、盐、揉成面团，静置10分钟。②取面团，擀平至成面饼，铺上芝士粒，加上洋葱粒，放入培根片，卷至成橄榄状生坯。③将生坯切成3等份，放入面包纸杯中，发酵2小时。④放入烤箱中烤10分钟即可。

菠菜培根奶酪包

⏱ 10分钟　难易度：★★☆

🔲 上、下火190℃

材料 面团：高筋面粉500克，黄奶油70克，奶粉20克，细砂糖100克，盐5克，鸡蛋1个，水200毫升，酵母8克；馅：培根粒40克，芝士粒30克，菠菜汁适量

Tips 揉面团时也可加入适量菠菜汁，使面包颜色更美观。

做法 ①将细砂糖、水拌成糖水。②将高筋面粉、酵母、奶粉、糖水、鸡蛋、黄奶油、盐揉成面团，静置10分钟，擀平成面饼。③刷上菠菜汁，撒上芝士粒，放入培根粒，卷至成橄榄状生坯。④将生坯切成3等份，放入面包纸杯，常温发酵2小时。放入预热好的烤箱中烤10分钟至熟。

培根菠菜面包球

⏱ 18分钟　难易度：★★☆

🔲 上火200℃、下火190℃

材料 面团：高筋面粉220克，低筋面粉30克，鸡蛋1个，牛奶95毫升，无盐黄油20克，细砂糖20克，盐2克，酵母粉3克；馅料：菠菜碎50克，培根碎50克，芝士碎80克

Tips 生坯放置在烤盘上一定要留有间距。

做法 ①把面团材料中的粉类（除盐外）搅匀，加入鸡蛋、牛奶、盐、无盐黄油，揉成面团。②加入培根碎、菠菜碎及一半芝士碎揉匀，盖上保鲜膜，发酵20分钟。③取出面团，分割成5等份后揉圆，最后发酵30分钟，在面团表面撒上剩下的芝士碎。④放入烤箱烤约18分钟即可。

香葱烟肉包

🕐 15分钟　难易度：★★☆

🔥 上火185℃、下火170℃

材料 面团：细砂糖40克，奶粉8克，酵母粉3克，鸡蛋液28克，牛奶40毫升，水28毫升，高筋面粉165克，无盐黄油20克，盐2克；其他：鸡蛋液适量，沙拉酱适量，芝士碎适量；馅料：烟肉120克，葱20克，盐适量，无盐黄油适量

做法 ①锅中放入无盐黄油烧热，放入烟肉、葱和盐炒成馅料。② 把面团材料揉成面团，盖保鲜膜发酵20分钟。③将面团分成6等份，揉圆，表面喷水松弛，擀平，放上馅料，卷起，收口捏紧，从中间切开，不切断，扭转180°，切口朝上平放，发酵45分钟，刷鸡蛋液，挤沙拉酱，撒芝士碎，放入烤箱烤熟即可。

法式蔬菜乳酪面包

🕐 10分钟　难易度：★★☆

🔥 上、下火200℃

材料 高筋面粉250克，盐5克，酵母粉2克，糖粉2克，水175毫升，乳酪丁50克，青椒丁40克，红椒丁40克，色拉油5毫升，盐5克，细砂糖5克

做法 ①将色拉油、青椒丁、红椒丁、细砂糖、盐拌匀。②高筋面粉、盐、酵母粉用打蛋器拌匀。③倒入水拌匀后，手揉面团15分钟，加入拌好的蔬菜丁和乳酪丁，用保鲜膜封好，发酵15分钟，擀平面团，对折，对半切开。④发酵30分钟，撒上糖粉，在中心划一道口子，放入烤箱烤10分钟即可。

> *Tips*
> 烘烤面包的温度不宜太高，否则容易烤焦。

蔬菜卷

🕐 20分钟　难易度：★★☆

🔥 上火180℃、下火185℃

材料 高筋面粉160克，细砂糖25克，低筋面粉40克，无盐黄油25克，酵母粉4克，鸡蛋1个，盐3克，牛奶75毫升，蔬菜碎60克，火腿碎20克，芝士碎50克，鸡蛋液适量

做法 ①把面团材料中（除盐外）的粉类搅匀，加入鸡蛋、牛奶、盐和无盐黄油，揉成面团，发酵15分钟，擀成四边形。②放入蔬菜碎、火腿碎和芝士碎，卷起面团，两边收口捏紧，切成小块，发酵45分钟。③刷上少许鸡蛋液，放入烤箱以上火180℃、下火185℃烤20分钟至面包上色即可。

> *Tips*
> 和面时要和得均匀，至面团表面光滑，成品才会更有弹性。

星形沙拉面包

🕐 33分钟　难易度：★★☆

🔥 上、下火190℃

材料 面包体：高筋面粉130克，速发酵母2克，细砂糖20克，牛奶65毫升，鸡蛋15克，无盐黄油12克，盐1克；表面装饰：马苏里拉芝士碎适量，沙拉酱适量，玉米粒适量，火腿片适量，红椒粒适量，洋葱块适量，香草碎适量

做法 ①将高筋面粉、牛奶和速发酵母混合，加入细砂糖、鸡蛋、无盐黄油和盐，揉成面团，盖上湿布松弛20分钟。②把面团擀平，卷起，握紧收口，放入星形吐司模内，发酵后放入烤箱中烤25分钟，冷却后脱模切片，挤沙拉酱，放芝士碎、火腿和蔬菜，进炉烤至芝士熔化，出炉后撒香草碎。

拖鞋沙拉面包

🕐 20分钟　难易度 ★☆☆

🔥 上火190℃、下火175℃

材料 **面包体**：高筋面粉225克，细砂糖10克，速发酵母2克，水200毫升，橄榄油35毫升，盐2克，无盐黄油适量；**内馅**：拌好的蔬菜沙拉适量

Tips 剪出来的剩余面包也可以搭配牛奶、果酱或炼奶食用。

做法 ①将高筋面粉、细砂糖、盐、速发酵母、水、橄榄油、无盐黄油揉成团，包上保鲜膜松弛20分钟。②把面团分3等份，擀成椭圆形，发酵45分钟。③放入烤箱以上火190℃、下火175℃烤约20分钟，至表面上色，即可出炉。④把全麦面包剪出拖鞋的样子，塞入少许拌好的蔬菜沙拉即可。

杂蔬火腿芝士卷

🕐 10分钟　难易度 ★★☆

🔥 上、下火190℃

材料 高筋面粉500克，黄奶油70克，奶粉20克，细砂糖100克，盐5克，鸡蛋1个，水200毫升，酵母8克；**馅料**：菜心粒、玉米粒各20克，洋葱粒30克，火腿粒50克，芝士粒35克，沙拉酱适量

扫一扫学烘焙

做法 ①将细砂糖、水拌成糖水。②将高筋面粉、酵母、奶粉、糖水、鸡蛋、黄奶油、盐混合揉成面团，静置10分钟。擀成面饼，铺入洋葱粒、菜心粒、火腿粒、芝士粒，卷成橄榄状生坯，切成3等份，放入纸杯中，撒上玉米粒，常温发酵2小时，表面刷沙拉酱。③放入烤箱中烤10分钟即可。

香葱芝士面包

🕐 10分钟　难易度 ★★☆

🔥 上、下火190℃

材料 **面团**：高筋面粉500克，黄奶油70克，奶粉20克，细砂糖100克，盐5克，鸡蛋1个，水200毫升，酵母8克；**装饰**：芝士粒、葱花、火腿粒、蛋液各适量

Tips 可在发酵好的生坯表面切一刀，塞入足量芝士，吃起来更有口感。

做法 ①细砂糖加水拌成糖水。将高筋面粉、酵母、奶粉、糖水、鸡蛋、黄奶油、盐混合揉成面团，静置10分钟。②取适量面团，分成4个小剂子，搓成球状，制成面包生坯，放入面包纸杯中常温发酵2小时，刷上蛋液。③放上芝士粒、葱花、火腿粒，放入烤箱烤10分钟即可。

台式葱花面包

🕐 15～16分钟　难易度 ★★☆

🔥 上火180℃、下火190℃

材料 **面团**：高筋面粉200克，低筋面粉25克，细砂糖15克，酵母粉2克，盐2克，牛奶105毫升，鸡蛋1个，无盐黄油20克；**馅料**：葱末50克，鸡蛋1个，植物油15毫升，盐、白胡椒粉各适量

Tips 若无低筋面粉，可用高筋面粉和玉米淀粉以比例1：1调配。

做法 ①将高筋面粉、低筋面粉、细砂糖、酵母粉、盐、牛奶、鸡蛋、无盐黄油拌匀并揉成团，发酵25分钟。②将面团分成6等份揉圆，表面喷水松弛15分钟，压扁成椭圆形后，卷成橄榄形，发酵50分钟。③把馅料中的所有材料拌匀。④在面团中间划一刀，放上馅料，放入烤箱烤15～16分钟即可。

黄金猪油青葱包

🕐 10分钟　难易度★★☆
🔲 上、下火180℃

材料 高筋面粉250克，海盐5克，细砂糖25克，酵母粉9克，奶粉8克，鸡蛋液25克，蛋黄12克，牛奶12毫升，水117毫升，无盐黄油45克；馅料：猪油62克，盐1克，糖粉2克，白胡椒粉1克，葱末75克

Tips 在面团表面放入足量芝士，这样吃起来更美味。

做法 ①将高筋面粉、海盐、酵母粉、细砂糖、奶粉、水、鸡蛋液、蛋黄、牛奶、无盐黄油拌匀并揉成面团，盖上保鲜膜，发酵15分钟，分成3个等量面团，表面喷水松弛10分钟，擀平，发酵30分钟。②将猪油、葱末、糖粉、盐、白胡椒粉拌匀为内馅装入裱花袋，挤在面团中间。③放入烤箱烤10分钟至熟即可。

香辣肉松面包

🕐 15分钟　难易度★☆☆
🔲 上火185℃、下火170℃

材料 面团：高筋面粉165克，细砂糖40克，奶粉8克，酵母粉3克，全蛋液16克，牛奶50毫升，水30毫升，无盐黄油20克，盐2克；表面装饰：炼奶8克，香辣肉松100克

Tips 面皮卷成卷后要捏紧，以免散开，影响外观。

做法 ①把面团材料中的粉类（除盐外）搅匀。②加入全蛋液、牛奶、水、盐和无盐黄油揉成面团，盖上保鲜膜，发酵15分钟。③取出面团，分成6等份，表面喷水松弛10~15分钟，擀成椭圆形，卷起成橄榄形，发酵50分钟。④放入烤箱烤15分钟，取出刷上炼奶，撒上香辣肉松即可。

紫菜肉松包

🕐 15分钟　难易度★★☆
🔲 上火180℃、下火170℃

材料 中种：鸡蛋液25克，牛奶58毫升，奶粉6克，酵母粉2克，高筋面粉95克；主面团：细砂糖36克，酵母粉2克，黑芝麻粉2克，水22毫升，高筋面粉70克，无盐黄油20克，盐2克；其他：紫菜适量，肉松60克，无盐黄油12克

Tips 发酵过程中注意给面团保湿，每过一段时间可喷少许水。

做法 ①将肉松、无盐黄油拌匀成肉松馅。②把中种材料中的粉类搅匀，加入液体类材料，揉成团，发酵成中种面团。③把主面团材料（除无盐黄油和盐外）搅匀，加入中种面团、无盐黄油和盐，揉成团，发酵25分钟，分成6等份揉圆压扁，包入肉松馅揉圆，贴上紫菜，发酵后放入烤箱烤15分钟即可。

金枪鱼面包

🕐 12分钟　难易度★★☆
🔲 上火185℃、下火180℃

材料 面团：高筋面粉200克，酵母粉2克，细砂糖20克，鸡蛋1个，水90毫升，盐2克，无盐黄油20克；馅料：金枪鱼罐头1罐，玉米50克，沙拉酱40克，盐适量，黑胡椒适量；装饰：蛋液适量

做法 ①将面团材料中的粉类搅匀，加入鸡蛋、水、盐、无盐黄油，揉成面团，发酵25分钟。②把馅料中的所有材料拌匀。③将面团分成5等份，揉圆，表面喷水松弛10~15分钟，分别把小面团稍擀平，包入适量的馅料，收口捏紧，发酵50分钟，在面团表面剪出十字，表面刷上蛋液。④放入烤箱烤12分钟即可。

咖喱杂菜包

⏱ 15分钟　难易度 ★★☆

🔥 上火185℃、下火170℃

材料 面团：高筋面粉200克，细砂糖25克，酵母粉4克，鸡蛋1个，牛奶30毫升，无盐黄油30克，盐4克；其他：无盐黄油8克，杂蔬80克，日式咖喱酱、盐、胡椒粉、鸡蛋液、杏仁片各适量

Tips
黄油可以事先自然软化后再加入面团中揉合。

做法 ①将8克无盐黄油放入锅中加热熔化，加入杂蔬、日式咖喱酱、盐和胡椒粉，炒匀成馅料。②把面团材料中的粉类（除盐外）搅匀，加入鸡蛋、牛奶、无盐黄油和盐，揉成面团发酵。③将面团分6等份并揉圆，包入馅料，收口捏紧，发酵后刷上鸡蛋液，撒上杏仁片。④放入烤箱烤15分钟即可。

咖喱面包

⏱ 20分钟　难易度 ★★☆

🔥 上、下火180℃

材料 馅料：咖喱35克，青椒丁15克，胡萝卜丁15克，洋葱丁15克，盐1克，芥花籽油少许；面团：高筋面粉150克，豆浆60毫升，枫糖浆15克，酵母粉2克，芥花籽油15毫升，盐2克

Tips
烘烤场所应保持合理的室温。

做法 ①锅中倒入芥花籽油烧热，放入青椒丁、胡萝卜丁、洋葱丁、咖喱、1克盐，炒成馅料。②豆浆中加入酵母粉，制成酵母豆浆。③将高筋面粉、2克盐、酵母豆浆、芥花籽油、枫糖浆拌匀成面团，发酵30分钟后擀成面皮。④放上馅料，从外向内卷成圆柱体，斜切几刀，发酵后烤熟即可。

肉松起酥面包

⏱ 15分钟　难易度 ★★★

🔥 上、下火200℃

材料 酥皮：高筋面粉170克，低筋面粉30克，细砂糖50克，黄奶油20克，奶粉12克，盐3克，酵母5克，水88毫升，鸡蛋40克，片状酥油70克；馅料：肉松30克，蛋液、黑芝麻各适量

扫一扫学烘焙

做法 ①将低筋面粉、高筋面粉、奶粉、酵母、盐、水、细砂糖、鸡蛋、黄奶油揉成面团。②片状酥油擀薄，面团擀成面皮，放上酥油片包好擀平，折三折，冷藏10分钟后擀平，重复上述操作两次，制成酥皮。③取适量酥皮刷上蛋液，铺肉松，对折，刷蛋液，撒黑芝麻，发酵后入烤箱烤15分钟即可。

玉米面包

⏱ 12分钟　难易度 ★☆☆

🔥 上、下火200℃

材料 中种：高筋面粉185克，酵母粉1克，水105毫升；主面团：高筋面粉80克，奶粉10克，酵母粉3克，细砂糖65克，水20毫升，鸡蛋液15克，盐4克，无盐黄油25克；表面装饰：罐头甜玉米粒适量，美式芥末（装入裱花袋中备用）适量，沙拉酱（装入裱花袋中备用）适量

做法 ①将制作中种面团的所有材料拌匀并揉成团，发酵1小时。②将主面团材料中的奶粉、细砂糖、酵母粉搅匀，加入鸡蛋液、水、中种面团、高筋面粉、无盐黄油和盐，揉成面团，发酵20分钟。③将面团分成数个小面团揉圆，擀成圆饼状，发酵后撒上甜玉米粒，挤沙拉酱、美式芥末，入烤箱烤熟即可。

日式肉桂苹果包

🕐 15分钟　难易度：★★☆

🔲 上火180℃、下火170℃

材料 面团：酵母粉2克，细砂糖40克，奶粉8克，鸡蛋液28克，牛奶40毫升，水28毫升，高筋面粉165克，无盐黄油20克，盐2克；表面装饰：鸡蛋液适量，苹果1个，肉桂粉适量

做法 ①把水倒入酵母粉中，拌匀。②将高筋面粉、细砂糖、奶粉、鸡蛋液、牛奶、酵母水、盐和无盐黄油揉成面团，发酵15分钟。③取出面团分成若干个小面团，松弛后均擀成长方形的薄片，然后两端向上对折成正方形，发酵60分钟，涂上鸡蛋液，放上苹果片、肉桂粉，入烤箱烤熟即可。

Tips 苹果片可以先用糖水煮一下，味道会更好。

芝味棒

🕐 15分钟　难易度：★☆☆

🔲 上火180℃、下火150℃

材料 面包体：高筋面粉130克，速发酵母2克，细砂糖15克，水65毫升，鸡蛋12克，无盐黄油10克，盐1克；表面装饰：马苏里拉芝士碎适量，日式沙拉酱适量，黑芝麻适量

做法 ①准备1个大碗，将筛好的高筋面粉放进去，放入速发酵母、细砂糖、水、鸡蛋、盐和无盐黄油，揉至面团光滑，盖上保鲜膜松弛20分钟。②把面团分割成2等份，擀平拉横，由上向下卷起，盖上湿布发酵50分钟。③在面团表面挤上沙拉酱，撒上芝士碎和黑芝麻，放入烤箱烤熟即可。

Tips 出炉后如果冷却温差过大，很容易使面包表面起皱。

椰蓉卷

🕐 10分钟　难易度：★★☆

🔲 上、下火190℃

材料 高筋面粉500克，黄奶油70克，奶粉20克，细砂糖100克，盐5克，鸡蛋1个，水200毫升，酵母8克；椰蓉馅：椰蓉30克，黄奶油20克，细砂糖15克

做法 ①细砂糖中加入水，拌成糖水。②高筋面粉中加入酵母、奶粉、糖水、鸡蛋、黄奶油、盐，揉成面团，饧面。③把面团搓成条，切数个30克剂子，搓成球。④将细砂糖、黄奶油、椰蓉拌成椰蓉馅。⑤把面团擀平，放上椰蓉馅，卷成橄榄状，中间划一刀不切断，切面朝上放入纸杯，发酵后入烤箱烤熟即可。

Tips 烘烤场所应保持合理的室温。

燕麦肉桂面包卷

🕐 20分钟　难易度：★★☆

🔲 上、下火180℃

材料 高筋面粉125克，燕麦粉35克，蜂蜜23克，碧根果仁20克，芥花籽油15毫升，肉桂粉1克，酵母粉2克，盐2克，水100毫升

做法 ①酵母粉中倒入水，拌匀成酵母水。②将高筋面粉、燕麦粉、盐、芥花籽油、15克蜂蜜、酵母水揉成面团，发酵后擀成面皮。③将肉桂粉倒入剩余蜂蜜中，拌匀后刷在面皮表面，撒上碧根果仁，再将面皮卷成圆柱体，切成4等份，在中间压出痕迹，发酵后放入烤箱中层烤熟即可。

Tips 可以用筷子在面团中间压出痕迹，成品更美观。

草莓白烧

⏱ 15分钟　难易度：★★☆

🔥 上火150℃、下火220℃

材料　面团：高筋面粉250克、细砂糖15克、酵母粉2克、原味酸奶25毫升、牛奶25毫升、水150毫升、无盐黄油15克、盐5克；馅料：草莓果酱200克、白巧克力纽扣150克

做法　①将面团材料中的所有粉类（除盐外）拌匀，加入原味酸奶、牛奶、水揉成面团，加入无盐黄油和盐，发酵20分钟。②将面团分成3等份，揉圆后擀成长圆形，松弛后在表面抹草莓果酱，放上白巧克力纽扣，卷成圆筒状，两端收口捏紧，发酵50分钟。③放入烤箱烤约15分钟即可。

Tips　将黄油均匀地揉开，做出来的面包质地均匀。

火腿芝士堡

⏱ 15分钟　难易度：★★☆

🔥 上火220℃、下火160℃

材料　面团：高筋面粉250克、细砂糖25克、酵母粉2克、奶粉7克、全蛋液25克、蛋黄13克、牛奶25毫升、水167毫升、无盐黄油45克、盐4克；馅料：火腿4片、芝士4片

做法　①将高筋面粉、细砂糖、酵母粉、奶粉、全蛋液、蛋黄、牛奶、水、无盐黄油和盐揉成面团，发酵20分钟。②将面团分成4等份，并揉圆，松弛后擀成正方形的薄面片，各包入一片火腿和芝士，前后折起，再将左右包起，发酵40分钟，表面撒少许高筋面粉，在表面斜划三刀。③放入烤箱烤15分钟即可。

Tips　细砂糖放太多会使面包变焦，太少则会让面包变硬。

葡萄干乳酪面包

⏱ 35分钟　难易度：★☆☆

🔥 上火210℃、下火190℃

材料　面团：高筋面粉200克、细砂糖5克、酵母粉2克、盐1克、水160毫升、葡萄干40克、芝士120克

做法　①将高筋面粉（需留5~8克的高筋面粉）、细砂糖、酵母粉、盐放入大盆中搅匀，加入水揉成光滑面团，加入葡萄干和芝士，盖上保鲜膜，基本发酵60分钟。②取出面团，放入砂锅中，盖上盖子，最后发酵60分钟。③在面团表面撒上高筋面粉，放入烤箱烤35分钟，取出即可。

Tips　使用45℃的水，有利于面团发酵。

葡萄干木柴面包

⏱ 55分钟　难易度：★★☆

🔥 上、下火150℃

材料　老面：高筋面粉110克、酵母粉2克、盐1克、水75毫升；主面团：高筋面粉180克、低筋面粉120克、细砂糖60克、奶粉30克、鸡蛋1个、牛奶80毫升、无盐黄油35克、葡萄干80克

做法　①将所有老面材料拌匀并揉成团，发酵4小时。②将老面面团与主面团中的材料（除牛奶、无盐黄油和葡萄干外）混合，放入牛奶、无盐黄油，揉成面团，发酵后擀成面皮，撒上葡萄干，卷起成柱状，两端收口捏紧，发酵40分钟。③放入烤箱以上、下火150℃烤约55分钟即可。

Tips　盖保鲜膜宝温发酵能使做出来的面包口感更好。

卡仕达柔软面包

⏱15分钟　难易度：★★☆
🔥上、下火180℃

材料 面团：高筋面粉250克，盐5克，细砂糖15克，酵母粉3克，原味酸奶25毫升，牛奶25毫升，水150毫升，无盐黄油15克；卡仕达馅：牛奶90毫升，无盐黄油12克，细砂糖60克，蛋黄50克，低筋面粉21克，芝士片3片

做法 ①将高筋面粉、盐、细砂糖、酵母粉、水、牛奶、原味酸奶、无盐黄油揉成面团发酵。②将牛奶、无盐黄油、35克细砂糖混合加热至90℃关火，制成奶油混合液。③蛋黄中加入细砂糖25克、低筋面粉、奶油混合液、芝士片拌匀成内馅。④取出面团分成4份，擀平，挤入内馅包裹紧，烤15分钟即可。

巧克力核桃面包

⏱25分钟　难易度：★☆☆
🔥上、下火180℃

材料 高筋面粉250克，盐5克，酵母粉2克，无盐黄油15克，水175毫升，入炉巧克力50克，核桃50克

做法 ①高筋面粉、盐、酵母粉放入盆中，加入水、无盐黄油揉成面团，盖上保鲜膜发酵15分钟。②取出面团，加入入炉巧克力和核桃，揉匀，表面喷少许水，松弛20分钟。③取出松弛好的面团，擀平，将其整成橄榄形，放在烤盘上最后发酵30分钟。④放入烤箱烤25分钟左右即可。

Tips 可将核桃仁放入研磨机，打磨成小粒后再使用。

蔓越莓芝士球

⏱15分钟　难易度：★★☆
🔥上火240℃、下火220℃

材料 面团：高筋面粉250克，酵母粉2克，麦芽糖2克，水172毫升，盐5克，无盐黄油7克；馅料：蔓越莓干50克，芝士丁110克

做法 ①将高筋面粉、酵母粉、麦芽糖、水拌匀，加入无盐黄油和盐揉成面团。②包入蔓越莓干，收口捏紧，发酵20分钟，取出后分成4等份并揉圆，表面喷水松弛10～15分钟。③分别把面团稍压扁，包入芝士丁，收口捏紧，发酵55分钟，撒上高筋面粉，剪出十字。④放入烤箱烤15分钟即可。

Tips 划刀时划见芝士即可，不要划太深。

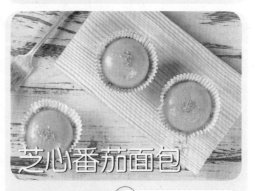

芝心番茄面包

⏱15分钟　难易度：★★☆
🔥上火170℃、下火150℃

材料 面包体：高筋面粉140克，细砂糖25克，速发酵母2克，奶粉5克，水42毫升，番茄酱35克，鸡蛋15克，无盐黄油10克，盐1克；内馅：芝士酱适量；表面装饰：蛋液、迷迭香草各适量

做法 ①高筋面粉过筛后与细砂糖、奶粉、速发酵母、水、鸡蛋、番茄酱、盐和无盐黄油拌匀，揉成面团，盖上湿布松弛15~20分钟。②将面团分成5等份，并揉圆，按压呈饼状，包入芝士酱，收口搓圆，放入纸杯中发酵。③刷上蛋液，加上迷迭香草作装饰。④放入烤箱烤15分钟出炉。

Tips 面团放在纸杯上烤可以防黏附，使面包更好脱模。

蒜香面包

🕐 10分钟　难易度：★★☆

▢ 上、下火190℃

材料 高筋面粉500克，黄奶油70克，奶粉20克，细砂糖100克，盐5克，鸡蛋1个，水200毫升，酵母8克；馅料：蒜泥50克，黄油50克

扫一扫学烘焙

做法 ①细砂糖加水溶化，把高筋面粉、酵母、奶粉倒在面板上，开窝，放入糖水混合，加入鸡蛋、70克黄奶油、盐，揉成面团，用保鲜膜包好，静置10分钟。②将蒜泥、50克黄油拌成馅。③将面团分成小面团，压扁，放蒜泥馅，制成生坯，放入纸杯中发酵2小时。④放入烤箱烤10分钟即可。

爆酱面包

🕐 15分钟　难易度：★★☆

▢ 上、下火190℃

材料 面包体：高筋面粉500克，黄奶油70克，奶粉20克，细砂糖100克，盐5克，鸡蛋1个，水200毫升，酵母8克；馅料：鸡蛋1个，细砂糖200克，黄奶油300克，水50毫升，朗姆酒30毫升，蜂蜜适量

Tips 煮细砂糖时宜用小火，否则容易煮干。

做法 ①将细砂糖、水拌匀成糖水。②将高筋面粉、酵母、奶粉、糖水、鸡蛋、黄奶油、盐揉成面团，包保鲜膜静置10分钟。③将面团分成数个60克的小面团，揉圆，发酵90分钟。④放入烤箱烤熟，刷蜂蜜。⑤将水和细砂糖煮成糖浆。⑥将鸡蛋、糖浆、黄奶油、朗姆酒打发成酱料，挤入面包内。

葵花子无花果面包

🕐 15分钟　难易度：★★☆

▢ 上、下火200℃

材料 酵母粉1克，水60毫升，高筋面粉90克，盐1克，蜂蜜5克，无花果干（切块）40克，葵花子25克，芥花籽油10毫升

Tips 可依个人喜好，适当增减无花果的用量。

做法 ①将酵母粉倒入水中，拌成酵母水。②将高筋面粉、酵母水、盐、芥花籽油、蜂蜜，揉成面团，盖上保鲜膜发酵。③取出面团，切成4等份，发酵15分钟，擀成长条形的面团，放上无花果干，滚圆。④刷上蜂蜜，再粘裹上葵花子，室温发酵40分钟。⑤放入烤箱中层烤约15分钟即可。

南瓜包

🕐 15分钟　难易度：★★☆

▢ 上、下火190℃

材料 高筋面粉500克，黄油70克，奶粉20克，细砂糖100克，盐5克，鸡蛋1个，水200毫升，酵母8克，南瓜蓉适量

扫一扫学烘焙

做法 ①将细砂糖、水拌匀成糖水。②将高筋面粉、酵母、奶粉、糖水、鸡蛋、黄油、盐，揉成面团，包保鲜膜静置10分钟。③把面团搓成条状，切60克的面团，再摘成数个小剂子，捏成饼状，放上南瓜蓉，收口，搓成球状，擀成圆饼生坯，划两刀，发酵后放入烤箱里烤15分钟至熟即可。

辣椒面包

⏱ 10分钟　难易度 ★★☆
🔥 上、下火190℃

材料 面团：高筋面粉500克，黄奶油70克，奶粉20克，细砂糖100克，盐5克，鸡蛋1个，水200毫升，酵母8克；馅料：红辣椒丁30克，蛋白20克，橄榄油、白芝麻各适量

〔做法〕①将细砂糖、水拌成糖水。②把高筋面粉、酵母、奶粉、糖水、鸡蛋、黄奶油、盐混合揉成面团，包保鲜膜静置10分钟。③取适量面团搓圆，稍压平，放入橄榄油，揉匀，切成4等份，包入红辣椒丁，揉匀成面包生坯，发酵2小时。④刷蛋白，撒上白芝麻，放入烤箱烤10分钟即可。

〔Tips〕可依个人喜好，适当增减红辣椒的用量。

红豆包

⏱ 15分钟　难易度 ★★☆
🔥 上、下火190℃

材料 高筋面粉500克，黄奶油70克，奶粉20克，细砂糖100克，盐5克，鸡蛋50克，水200毫升，酵母8克，红豆馅50克

扫一扫学烘焙

〔做法〕①将细砂糖、水拌匀成糖水。②把高筋面粉、酵母、奶粉、糖水、鸡蛋、黄奶油、盐混合揉成面团，包保鲜膜静置10分钟。③将面团分成数个60克一个的小面团，搓成圆形，压平，放入红豆馅，包好并搓圆，划两个小口发酵90分钟。④放入烤箱烤15分钟至熟，刷上黄奶油即可。

红豆面包

⏱ 15分钟　难易度 ★★☆
🔥 上火170℃、下火150℃

材料 面包体：高筋面粉88克，低筋面粉37克，细砂糖20克，速发酵母2克，水40毫升，牛奶10毫升，鸡蛋50克，无盐黄油15克，盐1克；内馅：豆沙馅80克；装饰：蛋液少许

〔做法〕①筛好的高筋面粉、低筋面粉中加入细砂糖、速发酵母、水、牛奶、鸡蛋、无盐黄油和盐，揉成面团，包上保鲜膜松弛25分钟。②将面团分成4等份，搓圆压扁，放上豆沙馅，收口捏紧，搓圆，盖上湿布发酵45分钟，刷上蛋液。③放入烤箱烤15分钟即可。

〔Tips〕可以根据自己的口味，加入其他馅料。

原味红豆包

⏱ 15分钟　难易度 ★★☆
🔥 上、下火190℃

材料 面团：高筋面粉100克，低筋面粉50克，细砂糖30克，盐1克，酵母粉2克，水40毫升，牛奶20毫升，鸡蛋100克；其他：豆沙馅80克，罐头红豆、蛋液各适量

〔做法〕①将面团材料中的粉类（除盐外）搅匀，加入50克鸡蛋、牛奶、水、盐和无盐黄油，揉成面团，包保鲜膜发酵60分钟。②将面团分4等份，搓圆，表面喷水松弛10~15分钟。③面团压扁，中间放上豆沙馅，收口捏紧，搓圆发酵。④在顶部轻压，刷上蛋液，放入烤箱烤熟，放上红豆粒即可。

〔Tips〕在面团表面截洞可以方便放上红豆粒。

丹麦红豆包

🕐 20分钟　难易度★★☆

🔥 上、下火190℃

材料 酥皮：高筋面粉170克，低筋面粉30克，细砂糖50克，黄奶油20克，奶粉12克，盐3克，酵母5克，水88毫升，鸡蛋40克，片状酥油70克，蜜红豆60克

扫一扫学烘焙

做法 ①将低筋面粉、高筋面粉、奶粉、酵母、盐、水、细砂糖、鸡蛋、黄奶油拌匀揉成面团。②片状酥油擀薄，面团擀成薄片，放上酥油片包好再擀平，折三折，冷藏10分钟后擀平，重复操作两次，制成酥皮。③酥皮擀薄，铺上蜜红豆，纵向对折，制成生坯，发酵后放入烤箱烤20分钟即可。

绿茶红豆包

🕐 15分钟　难易度★☆☆

🔥 上火180℃、下火175℃

材料 中种：鸡蛋25克，牛奶58毫升，奶粉6克，酵母粉2克，高筋面粉95克；主面团：细砂糖36克，绿茶粉6克，酵母粉2克，水22毫升，高筋面粉70克，无盐黄油20克，盐2克；馅料：红豆蓉180克，鸡蛋液适量

做法 ①把中种材料（除高筋面粉外）搅匀，加入高筋面粉揉成团，盖保鲜膜发酵。②把主面团中的所有粉类（除盐外）与中种面团搅匀，加入水、无盐黄油和盐，揉成面团，发酵。③将面团分成6等份，揉圆，松弛后压扁，各放上30克红豆蓉，收口捏紧，揉圆发酵，刷鸡蛋液，入烤箱烤熟即可。

红豆杂粮面包

🕐 15分钟　难易度★★☆

🔥 上、下火190℃

材料 高筋面粉160克，杂粮粉350克，鸡蛋1个，黄奶油70克，奶粉20克，水200毫升，细砂糖100克，盐5克，酵母8克，红豆粒20克

Tips 用刀划十字花纹的时候不用划太深，以免影响成品美观。

做法 ①将杂粮粉、150克高筋面粉、酵母、奶粉、细砂糖、水、鸡蛋、盐、黄奶油揉成面团，分成数个60克的面团。②将面团均拉平，放入红豆粒，收口，并揉圆，发酵90分钟，表面划十字。③将剩余的高筋面粉过筛至生坯上，放入烤箱中，以上、下火190℃烤15分钟至熟即可。

全麦红豆包

🕐 15分钟　难易度★★☆

🔥 上、下火190℃

材料 全麦面粉250克，高筋面粉250克，盐5克，酵母5克，细砂糖100克，水200毫升，鸡蛋1个，黄奶油70克，红豆粒适量

扫一扫学烘焙

做法 ①将全麦面粉、高筋面粉、酵母、细砂糖、水、鸡蛋、黄奶油、盐揉成面团。②把面团切成数个小剂子，搓成圆球，取4个60克的面团，捏成饼状，放上红豆粒，收口捏紧，搓成球状成红豆包生坯，划上十字花刀，发酵90分钟。③把生坯放入预热好的烤箱里，烤15分钟至熟即可。

花式红豆包

⏱ 15分钟　难易度：★★☆
🔥 上、下火190℃

材料 高筋面粉500克，黄奶油70克，奶粉20克，细砂糖100克，盐5克，鸡蛋50克，水200毫升，酵母8克，红豆馅20克，低筋面粉适量

扫一扫学烘焙

做法 ①将细砂糖、水拌成糖水。②把高筋面粉、酵母、奶粉、糖水、鸡蛋、黄奶油、盐拌匀揉成面团，用保鲜膜将面团包好，静置10分钟。③将面团分成数个60克小面团，揉成圆球，放入红豆馅，收口，搓成圆球，发酵90分钟，划十字刀。④将低筋面粉过筛至面团上，入烤箱烤熟即可。

抹茶樱花面包

⏱ 13~15分钟　难易度：★★☆
🔥 上火170℃、下火160℃

材料 高筋面粉250克，抹茶粉5克，速发酵母4克，细砂糖15克，水85毫升，牛奶100毫升，无盐黄油18克，盐2克，红豆馅120克，盐渍樱花适量

Tips 面包出炉后，应置于常温下，自然冷却。

做法 ①将高筋面粉、抹茶粉、速发酵母、细砂糖、牛奶、水、无盐黄油和盐混合揉成面团，喷上水，盖保鲜膜或湿布静置松弛。②将面团分成6等份，揉圆；红豆馅分6等份，搓圆。③小面团压扁，包入红豆馅，收口捏紧，揉圆，盖上湿布发酵，面团表面放上樱花，放入烤箱中，烤13~15分钟即可。

豆沙餐包

⏱ 13分钟　难易度：★★☆
🔥 上、下火170℃

材料 高筋面粉250克，水100毫升，糖50克，黄油35克，酵母4克，奶粉20克，蛋黄15克，豆沙、黑芝麻各适量

扫一扫学烘焙

做法 ①将高筋面粉倒在面板上，加上酵母、奶粉、糖、水、黄油，揉成纯滑的面团。②将面团分成60克的小剂子，搓圆、压扁，盛入豆沙，包好，收紧口，搓圆，分别放入蛋糕纸杯中，撒上黑芝麻，发酵约30分钟。③放入烤箱，以上、下火170℃，烤13分钟即成。

竹炭豆沙包

⏱ 15分钟　难易度：★★☆
🔥 上、下火190℃

材料 高筋面粉500克，黄奶油70克，奶粉20克，细砂糖100克，盐5克，鸡蛋1个，水200毫升，酵母8克，食用竹炭粉3克，豆沙馅40克

扫一扫学烘焙

做法 ①将细砂糖、水拌成糖水。②把高筋面粉、酵母、奶粉、糖水、鸡蛋、黄奶油、盐拌匀揉成面团，用保鲜膜包好，静置10分钟。③取出面团，加入竹炭粉，揉成面团，切4个小面团，搓圆。④将豆沙馅搓成4个圆球，包入面团中，搓圆压平，制成竹炭豆沙包，发酵后入烤箱烤15分钟即可。

豆沙杂粮包

🕐 15分钟　难易度：★★☆
📷 上、下火190℃

材料 高筋面粉150克，杂粮粉350克，鸡蛋1个，黄奶油70克，奶粉20克，水200毫升，细砂糖100克，盐5克，酵母8克，豆沙适量

扫一扫学烘焙

做法 ①将杂粮粉、高筋面粉、酵母、奶粉、细砂糖、水、鸡蛋、盐、黄奶油拌匀揉成面团，揉成数个60克的面团，按平。②放上豆沙，包好，并揉圆，制成豆沙杂粮包生坯，轻轻按平，发酵90分钟，划上几道花纹，成叶子状。③将高筋面粉过筛至生坯上，将生坯放入烤箱烤15分钟即可。

莲蓉餐包

🕐 15分钟　难易度：★★☆
📷 上、下火190℃

材料 高筋面粉500克，黄奶油70克，奶粉20克，盐5克，鸡蛋1个，水200毫升，酵母8克，莲蓉馅40克，黑芝麻少许

扫一扫学烘焙

做法 ①细砂糖加水溶化，把高筋面粉、酵母、奶粉、糖水、鸡蛋、黄奶油、盐揉成面团，用保鲜膜包好，静置10分钟。②将面团分成数个60克小面团，揉成圆球。③把莲蓉馅分成剂子，包入小面团中，包好搓圆，发酵90分钟，撒黑芝麻。④放入烤箱烤15分钟至熟，刷上适量黄油即可。

莲蓉面包

🕐 15分钟　难易度：★★☆
📷 上、下火190℃

材料 高筋面粉500克，黄奶油70克，奶粉20克，细砂糖100克，盐5克，鸡蛋50克，酵母8克，莲蓉馅50克，水200毫升，沙拉酱适量

扫一扫学烘焙

做法 ①细砂糖加水溶化。高筋面粉、酵母、奶粉、糖水、鸡蛋、黄奶油、盐揉成面团，静置后分成60克面团，搓圆。②压扁放入莲蓉馅，包好揉匀，擀平，在面团上划小口，卷成细长条状，两端连起成圈，发酵90分钟。③将沙拉酱装入裱花袋中，表面挤上沙拉酱。④放入烤箱烤15分钟至熟即可。

全麦莲蓉包

🕐 15分钟　难易度：★★☆
📷 上、下火190℃

材料 全麦面粉250克，高筋面粉250克，盐5克，酵母5克，细砂糖100克，水200毫升，鸡蛋1个，黄奶油70克，莲蓉馅50克

扫一扫学烘焙

做法 ①将全麦面粉、高筋面粉倒在案台上，开窝，放入酵母、细砂糖、水、鸡蛋、黄奶油、盐混合揉搓成面团。②面团切成数个60克一个的小剂子，搓成圆球，压扁，放入莲蓉，收口捏紧，搓成球状，擀成面皮，卷成橄榄形，常温下发酵90分钟。③把生坯放入烤箱里烤15分钟至熟即可。

芋泥面包

⏱ 20分钟　难易度：★★★
🔥 上火175℃、下火170℃

材料 中种：牛奶125毫升，高筋面粉200克，酵母粉3克；主面团：高筋面粉70克，低筋面粉30克，鸡蛋1个，细砂糖20克，盐1克，牛奶12毫升，无盐黄油15克；馅料：芋泥100克（装入裱花袋中备用）；表面装饰：蛋液适量，熟白芝麻适量

做法 ①把中种材料揉成面团，发酵。②将主面团材料中的粉类（除盐外）搅匀，放入鸡蛋、牛奶、中种面团、无盐黄油和盐，揉成团，发酵。③取出面团，分成4等份揉圆，表面喷水松弛，压扁，挤入芋泥，收口捏紧，压成椭圆形，卷起，表面划3刀，发酵后刷蛋液，撒熟白芝麻，入烤箱烤熟即可。

椰香奶酥包

⏱ 15分钟　难易度：★★☆
🔥 上、下火190℃

材料 高筋面粉500克，黄油70克，奶粉20克，细砂糖100克，盐5克，鸡蛋1个，水200毫升，酵母8克，椰丝、蔓越莓酱各适量

扫一扫学烘焙

做法 ①将细砂糖、水拌成糖水。②把高筋面粉、酵母、奶粉、糖水、鸡蛋、黄奶油、盐，揉成面团，用保鲜膜包好，静置10分钟。③将面团分成数个60克小面团，揉成圆球。④将小面团捏成薄片，放入蔓越莓酱包好，搓成圆球，粘上椰丝，发酵90分钟。⑤放入烤箱烤15分钟至熟即可。

椰香全麦面包

⏱ 15分钟　难易度：★★☆
🔥 上、下火190℃

材料 面团：高筋面粉200克，全麦粉50克，酵母4克，鸡蛋1个，细砂糖50克，水100毫升，黄奶油35克；馅：细砂糖、椰蓉、黄奶油各30克

Tips
面团比较黏时，在面团下铺一层保鲜袋会比较方便拿起。

做法 ①将高筋面粉、全麦粉、酵母倒在面板上，拌匀，开窝，放入鸡蛋、细砂糖、水、黄奶油，揉成面团，称取4个60克的面团。②将细砂糖、椰蓉倒入碗中，加入黄奶油，捏匀成馅料。③取一个面团，压平，放上馅料，收紧口，放入纸杯中，发酵。④放入烤箱烤约15分钟即可。

梅花腊肠面包

⏱ 10分钟　难易度：★★☆
🔥 上、下火190℃

材料 高筋面粉500克，黄奶油70克，奶粉20克，细砂糖100克，盐5克，鸡蛋1个，水200毫升，酵母8克；馅料：腊肠、葱花各适量

扫一扫学烘焙

做法 ①细砂糖加水溶化。把高筋面粉、酵母、奶粉、糖水、鸡蛋、黄奶油、盐揉成面团，包好静置，取适量面团，搓圆球，切成数等份。②将面团搓圆，擀平，放入腊肠，卷成圆筒状，在圆筒生坯一侧剪开数个口子，将其首尾相接摆成梅花状。③发酵2小时，撒入葱花，入烤箱烤熟即可。

奶油腊肠卷

🕐 10分钟　难易度：★★☆

🔲 上、下火190℃

材料 高筋面粉110克，低筋面粉40克，细砂糖20克，蛋黄10克，牛奶80毫升，盐、酵母各3克，黄奶油15克，腊肠3根

做法 ①将高筋面粉倒在案台上，加入低筋面粉、盐、酵母、蛋黄、细砂糖、牛奶、黄奶油，揉搓成光滑的面团。②把面团分成6个剂子，搓成小面团，擀成面皮，卷成条，搓成细条状。③用刀切一段腊肠，用面条卷着腊肠，制成腊肠卷生坯，发酵15分钟。④放入烤箱烤10分钟即可。

Tips 擀制完成后的面皮应尽快地卷起，不宜放置过久。

丹麦腊肠卷

🕐 15分钟　难易度：★★☆

🔲 上、下火200℃

材料 酥皮：高筋面粉170克，低筋面粉30克，细砂糖50克，黄奶油20克，奶粉12克，盐3克，干酵母5克，水88毫升，鸡蛋40克，片状酥油70克；馅料：腊肠1根，鸡蛋1个

做法 ①将低筋面粉、高筋面粉、奶粉、干酵母、盐、水、细砂糖、鸡蛋、黄奶油揉成团。②片状酥油擀薄。面团擀薄，包上酥油片再擀平，折三折，冷藏后擀平，重复上述操作两次，制成酥皮，切平整；腊肠切两段。③酥皮刷蛋液，放两段腊肠，两端往中间对折包住腊肠，刷蛋液，入烤箱烤熟即可。

扫一扫学烘焙

丹麦热狗面包

🕐 15分钟　难易度：★★☆

🔲 上、下火200℃

材料 酥皮：高筋面粉170克，低筋面粉30克，细砂糖50克，黄奶油20克，奶粉12克，盐3克，干酵母5克，水88毫升，鸡蛋40克，片状酥油70克；馅料：香肠适量，鸡蛋1个

做法 ①将低筋面粉、高筋面粉、奶粉、干酵母、盐、水、细砂糖、鸡蛋、黄奶油揉成面团。②片状酥油擀薄，面团擀薄，包上酥油片再擀平，折三折，冷藏10分钟后擀平，重复上述操作两次，制成酥皮。③取酥皮擀平，切成两个方块，边上放入香肠，卷裹住，刷上蛋液。④放入烤箱烤熟即可。

Tips 刷上蛋液后可撒上少许葱花，使烤制出来的面包更具香气。

香肠焗餐包

🕐 15分钟　难易度：★★☆

🔲 上、下火180℃

材料 面团：高筋面粉500克，猪油50克，白糖100克，蛋黄1个，酵母7克，奶黄馅、菠萝肉、牛奶各适量；馅料：火腿肠适量

做法 ①将高筋面粉倒在案台上，开窝，放入水、白糖、蛋黄、酵母、猪油、牛奶，揉搓成面团。②将面团搓成长条状，揪成数个剂子，搓成细长条香肠，缠绕香肠，制成生坯，粘上包底纸装入烤盘，发酵至两倍大。③把生坯放入烤箱里，以上、下火180℃烤15分钟即可。

Tips 可以将生坯放入水温30℃左右的蒸锅里，加速生坯发酵。

胚芽脆肠面包

🕐 9分钟　难易度：★★☆

🔥 上火220℃、下火190℃

材料 面团：高筋面粉250克，细砂糖15克，酵母粉2克，原味酸奶25克，牛奶25毫升，水150毫升，无盐黄油15克，盐5克，小麦胚芽15克；其他：香肠、番茄酱、罗勒叶各适量

做法 ①将高筋面粉、细砂糖、酵母粉、原味酸奶、牛奶、水、无盐黄油、盐、小麦胚芽揉成面团，盖上保鲜膜发酵。②将面团分成4等份，揉圆后松弛，再搓成长条，将其中一端搓尖，另一端压薄，将尖端放置于压薄处，捏紧收口，发酵。③放上香肠，挤上番茄酱，放入烤箱烤熟，取出撒罗勒叶即可。

Tips 高筋面粉可过筛后再进行揉制，可使面包口感更细腻。

厚切餐肉包

🕐 15分钟　难易度：★★☆

🔥 上火185℃、下火170℃

材料 面团：细砂糖40克，奶粉8克，酵母粉3克，鸡蛋液28克，牛奶40毫升，水28毫升，高筋面粉165克，无盐黄油20克，盐2克；馅料：罐装午餐肉6片；表面装饰：鸡蛋液适量

做法 ①把面团材料中的粉类（除盐外）搅匀，加入鸡蛋液、牛奶、水、无盐黄油、盐揉成面团，盖上保鲜膜发酵。②面团分成6等份揉圆，表面喷水松弛，压扁，擀成长形。③中间放上午餐肉，两端往中间折好，捏紧，折口往下，发酵。④刷鸡蛋液，放入烤箱烤约15分钟即可。

Tips 搓成的长条不宜太粗，否则不易熟透。

火腿面包

🕐 15分钟　难易度：★★☆

🔥 上、下火190℃

材料 高筋面粉500克，黄奶油70克，奶粉20克，细砂糖100克，盐5克，鸡蛋50克，水200毫升，酵母8克，火腿肠4根

扫一扫学烘焙

做法 ①细砂糖加水溶化。把高筋面粉、酵母、奶粉、糖水、鸡蛋、黄奶油、盐拌匀揉成光滑的面团，包好静置，分成小面团，搓成圆球。②将面团擀平，从一端开始，将面团卷成卷，搓成细长条状，沿着火腿肠卷起来，制成面包生坯，发酵90分钟。③放入烤箱烤15分钟，刷上黄奶油即可。

培根麦穗面包

🕐 18分钟　难易度：★★☆

🔥 上、下火220℃

材料 高筋面粉125克，细砂糖20克，奶粉4克，速发酵母1克，水63毫升，鸡蛋13克，无盐黄油13克，盐1克，培根适量

做法 ①将高筋面粉、细砂糖、奶粉、速发酵母、鸡蛋、水、无盐黄油和盐揉成面团，盖上湿布或保鲜膜松弛15~20分钟。②将面团分成2等份，擀成长方形，包入培根，分别卷成长条，用剪刀斜剪面团，摆放成"V"字形，剪出两条麦穗的形状，盖湿布发酵。③放入烤箱烤18分钟即可。

Tips 放在油布上对面包进行整形和发酵更方便。

火腿肉松包

🕐 15分钟　难易度：★★☆
🔲 上、下火190℃

材料 高筋面粉500克，黄奶油70克，奶粉20克，细砂糖100克，盐5克，鸡蛋1个，水200毫升，酵母8克，肉松20克，火腿4根，白芝麻少许，蜂蜜适量

扫一扫学烘焙

做法 ①将细砂糖、水拌成糖水。②把高筋面粉、酵母、奶粉、糖水、鸡蛋、黄奶油、盐揉成面团，用保鲜膜包好，静置10分钟。③将面团分成数个60克小面团，搓成圆球，擀成面皮。④放上火腿，铺上肉松，卷成面包生坯，发酵90分钟。⑤撒白芝麻，放入烤箱烤15分钟至熟，刷上蜂蜜即可。

腊肠肉松包

🕐 10分钟　难易度：★★☆
🔲 上、下火190℃

材料 高筋面粉500克，黄奶油70克，奶粉20克，细砂糖100克，盐5克，鸡蛋1个，水200毫升，酵母8克；馅料：腊肠50克，肉松35克，全蛋1个，白芝麻适量

扫一扫学烘焙

做法 ①细砂糖用水溶化。高筋面粉、酵母、奶粉倒在面板上开窝，放入糖水、鸡蛋、黄油、盐，揉成面团，用保鲜膜包好，静置10分钟。②取面团搓圆成数个小球，擀平，放入腊肠、肉松，卷成橄榄状生坯，放入纸杯中，发酵2小时，刷上蛋液，撒上白芝麻。③放入烤箱烤10分钟即可。

迷你肉松卷

🕐 15分钟　难易度：★★☆
🔲 上、下火190℃

材料 高筋面粉500克，黄奶油70克，奶粉20克，细砂糖100克，盐5克，鸡蛋1个，水200毫升，酵母8克，肉松、白芝麻各适量

扫一扫学烘焙

做法 ①将细砂糖、水拌成糖水。②将高筋面粉、酵母、奶粉、糖水、鸡蛋、黄奶油、盐揉成面团，用保鲜膜包好，静置10分钟。③将面团分成数个60克小面团，揉成圆球，擀成面皮。④放上肉松，卷成卷，揉搓成橄榄形，沾上白芝麻，制成肉松卷，发酵90分钟。⑤放入烤箱烤15分钟即可。

海苔肉松面包

🕐 15分钟　难易度：★★☆
🔲 上、下火190℃

材料 高筋面粉500克，黄奶油70克，奶粉20克，细砂糖100克，盐5克，鸡蛋1个，水200毫升，酵母8克，海苔末5克，肉松20克，黑芝麻适量

扫一扫学烘焙

做法 ①将细砂糖、水拌成糖水。②把高筋面粉、酵母、奶粉、糖水、鸡蛋、黄奶油、盐揉成面团，用保鲜膜包好，静置10分钟。③将面团分成数个60克小面团，揉成圆球，擀成面皮。④放入肉松、海苔，卷成卷，揉搓成橄榄形，沾上黑芝麻，制成海苔肉松面包，发酵后入烤箱烤15分钟即可。

火腿肉松面包卷

⏱13分钟　难易度：★★☆
🔥上、下火180℃

材料 高筋面粉500克，黄奶油70克，水200毫升，奶粉20克，细砂糖100克，盐5克，鸡蛋50克，酵母8克，火腿粒40克，葱花少许，肉松、沙拉酱各适量

扫一扫学烘焙

做法 ①细砂糖加水拌成糖水。将高筋面粉、酵母、奶粉、糖水、鸡蛋、黄奶油、盐搓成面团。②称取300克的面团，拉成方形面皮，用叉子扎小孔，发酵90分钟，撒上火腿粒、葱花。③入烤箱烤13分钟，取出后撕掉底部的烘焙纸，抹沙拉酱。④用木棍卷成卷，切成两段，两端抹沙拉酱，蘸肉松即可。

滋味肉松卷

⏱18~20分钟　难易度：★★☆
🔥上火180℃、下火190℃

材料 面团：高筋面粉250克，即食燕麦片50克，酵母粉2克，细砂糖20克，牛奶210毫升，鸡蛋1个，盐1克，无盐黄油30克；馅料：肉松100克，芝士碎80克；表面装饰：全蛋液、香草各适量

Tips 若是没有香草，可以用葱花来代替。

做法 ①把高筋面粉、酵母粉、细砂糖和即食燕麦片搅匀，加入鸡蛋、牛奶、盐和无盐黄油，揉成面团，盖上保鲜膜发酵15分钟。②取出面团，稍压扁，擀成方形，撒上芝士碎和肉松，卷起面团成柱状，两端收口捏紧，底部捏合，切成10等份，发酵40分钟，刷全蛋液并撒上香草。③入烤箱烤18~20分钟即可。

毛毛虫面包

⏱20分钟　难易度：★★☆
🔥上火210℃、下火190℃

材料 高筋面粉500克，黄奶油70克，奶粉20克，细砂糖100克，盐5克，鸡蛋50克，水200毫升，酵母8克；装饰：打发鲜奶油适量；毛毛虫皮：低筋面粉75克，鸡蛋2个，牛奶75毫升，黄奶油55克，盐2克，水15毫升

做法 ①将细砂糖、水拌成糖水。②把高筋面粉、酵母、奶粉、糖水、鸡蛋、黄奶油、盐揉成面团。③将面团分成数个60克小面团，揉圆，擀平，搓成长条状发酵。④将水、牛奶、黄奶油、盐、低筋面粉、鸡蛋打发，装入裱花袋中，挤到面包上。⑤放烤箱烤熟，取出后切开，抹上打发鲜奶油。

毛毛虫果干面包

⏱18分钟　难易度：★★☆
🔥上火170℃、下火150℃

材料 面包体：高筋面粉250克，细砂糖50克，奶粉7克，速发酵母2克，水125毫升，鸡蛋25克，无盐黄油25克；内馅：葡萄干适量，核桃碎适量，芝士酱适量

Tips 卷面包生坯时一定要卷紧，以免发酵后开裂，影响成品美观。

做法 ①葡萄干放温水中泡软。②将高筋面粉、细砂糖、奶粉、速发酵母、鸡蛋、水、无盐黄油和盐揉成面团，松弛后擀成长圆形，分成两半。③在面团上半部分撒上葡萄干和核桃碎，下半部分切几刀，卷起成毛毛虫的形状，在凹陷处挤上芝士酱。④发酵40分钟，放入烤箱中层烤18分钟即可。

夹心奶油面包

⏱15分钟　难易度：★★☆
🔥上、下火190℃

材料 高筋面粉500克，黄奶油70克，奶粉20克，细砂糖100克，盐5克，鸡蛋50克，水200毫升，酵母8克，蜂蜜、椰丝、打发鲜奶油各适量

扫一扫学烘焙

做法 ①将细砂糖、水拌成糖水。②将高筋面粉、酵母、奶粉、糖水、鸡蛋、黄奶油、盐揉成面团，用保鲜膜包好，静置10分钟。③将面团分成数个60克小面团，揉圆擀平，卷成橄榄形，发酵。④放入烤箱烤熟，取出，在面包中间切一刀，不切断。⑤表层刷上蜂蜜，粘上椰丝，切开部位挤上打发鲜奶油即可。

北海道炼乳棒

⏱10分钟　难易度：★★☆
🔥上火220℃、下火180℃

材料 面团：高筋面粉250克，盐5克，细砂糖30克，酵母粉2克，原味酸奶25毫升，牛奶25毫升，水150毫升，无盐黄油15克；炼乳馅：无盐黄油64克，炼乳26克，细砂糖7克，朗姆酒4毫升

做法 ①将高筋面粉、细砂糖、酵母粉、原味酸奶、牛奶、水、无盐黄油和盐揉成团，发酵。②将面团分3等份揉圆，松弛后擀成长圆形，卷成圆筒状，两端收口捏紧，发酵。③把炼乳馅的所有材料用电动打蛋器打发。④在面团表面斜划3刀，入烤箱烤熟，取出，把面包切开，不切断，挤上炼乳馅即可。

Tips 无盐黄油使用前最好先在室温下软化。

椰丝奶油包

⏱25分钟　难易度：★★☆
🔥上、下火180℃

材料 面团：细砂糖40克，奶粉8克，酵母粉3克，鸡蛋28克，牛奶40毫升，水28克，高筋面粉165克，无盐黄油20克，盐2克；其他：鸡蛋液适量，椰丝适量，无盐黄油100克，糖浆18克

做法 ①将糖浆倒入无盐黄油中，用电动打蛋器打发，装入裱花袋。②将面团材料中的粉类（除盐外）搅匀，加入鸡蛋、牛奶、水、盐和无盐黄油揉成面团，发酵。③取出面团，分3等份揉圆，松弛后擀成椭圆形，卷成橄榄形，发酵。④放烤箱烤熟取出，表面划开，刷上鸡蛋液，撒上椰丝，中间挤入步骤①的混合物即可。

Tips 烤好的面包要放凉后再切，这样更容易切开。

水果情丝

⏱15分钟　难易度：★★★
🔥上、下火190℃

材料 面团：高筋面粉500克，黄油70克，奶粉20克，细砂糖100克，盐5克，鸡蛋1个，水200毫升，酵母8克；酥皮：提子、糖粉、打发的植物鲜奶油各适量

做法 ①细砂糖加水搅成糖水。②高筋面粉加酵母、奶粉、糖水、鸡蛋、黄油、盐揉成面团，用保鲜膜包好，静置10分钟。③把面团搓成条状，切数个60克小剂子，搓成球，擀平，卷成橄榄状。④切取数条酥皮放在面团上，发酵，入烤箱烤熟，取出，从中间切开，挤上鲜奶油，放入提子，筛上糖粉即可。

Tips 挤入面包中的鲜奶油不宜太多，以免太油腻。

全麦酸奶水果面包

🕐 25分钟　难易度：★★☆
🔥 上、下火200℃

材料 面包体：高筋面粉250克，全麦粉50克，细砂糖5克，速发酵母3克，酸奶50毫升，水150毫升，无盐黄油100克，盐3克；内馅：核桃100克，蔓越莓干50克，蓝莓干50克，无盐黄油（打发装入裱花袋中备用）适量；表面装饰：糖粉适量

做法 ①将高筋面粉、全麦粉、速发酵母、细砂糖、酸奶、水、无盐黄油和盐揉成面团，压扁，包入除无盐黄油外的内馅材料，揉匀，静置松弛30分钟。②把面团分成两半，并揉圆，擀成长圆形，并挤上打发的无盐黄油，对折，在接口处剪出锯齿形，卷成圆圈，发酵。③放入烤箱中烤熟，撒上糖粉即可。

圣诞树面包

🕐 15分钟　难易度：★★☆
🔥 上、下火190℃

材料 面包体：高筋面粉250克，细砂糖50克，奶粉7克，速发酵母2克，水125毫升，鸡蛋25克，无盐黄油25克，盐2克；表面装饰：糖粉适量，蛋液适量

扫一扫学烘焙

做法 ①将高筋面粉、细砂糖、奶粉、速发酵母、鸡蛋、水、无盐黄油和盐拌匀揉成面团，盖保鲜膜松弛。②从面团中分出1个50克的面团、6个32克的面团，分别揉圆。③从剩余的面团中分出1个24克的面团作为树的顶端，放在铺了油纸的烤盘上拼接成树的形状，盖上湿布发酵，刷上蛋液，入烤箱烤熟，撒上糖粉。

花生卷包

🕐 25分钟　难易度：★★☆
🔥 上火180℃、下火185℃

材料 面团：高筋面粉165克，奶粉8克，细砂糖40克，酵母粉3克，鸡蛋28克，牛奶40毫升，水28毫升，无盐黄油20克，盐2克；花生酱：花生酱90克，细砂糖28克，无盐黄油15克；表面装饰：鸡蛋液适量，花生碎适量

做法 ①将高筋面粉、奶粉、细砂糖、酵母粉、牛奶、鸡蛋、水、无盐黄油和盐混合并揉成面团，包保鲜膜发酵。②把花生酱材料混匀。③将面团分10等份揉圆，松弛后擀成长圆形，刷上花生酱，卷起成柱状，两端捏紧，从中间分成两半。④把面团放置在模具中，发酵后刷鸡蛋液，撒花生碎，入烤箱烤熟即可。

胚芽乳酪小餐包

🕐 18~20分钟　难易度：★★☆
🔥 上火175℃、下火160℃

材料 面团：高筋面粉270克，低筋面粉30克，小麦胚芽16克，细砂糖30克，酵母粉3克，鸡蛋1个，盐2克，植物油15毫升，牛奶150毫升；馅料：芝士（切丁）120克

Tips 和面时要和得均匀，发酵后的成品才会更有弹性。

做法 ①将高筋面粉、低筋面粉、小麦胚芽、酵母粉、细砂糖、鸡蛋、盐、牛奶和植物油拌匀揉成团。②包上保鲜膜发酵25分钟，分成9等份，揉圆，表面喷水松弛。③分别把面团稍压扁后，各包入一块芝士丁，收口捏紧，放入模具中，最后发酵60分钟。④在面团表面剪十字，放入烤箱烤18~20分钟即可。

青蛙包

⏱10分钟　难易度：★★☆

🔲 上、下火190℃

材料 高筋面粉500克，黄奶油70克，奶粉20克，细砂糖100克，盐5克，鸡蛋1个，水200毫升，酵母8克，腊肠2根，蛋液30克，葱花少许，沙拉酱适量

做法 ①在碗中放入细砂糖和水，搅拌成糖水。

②用刮板将高筋面粉、酵母、奶粉混匀开窝，倒入糖水，混合成湿面团。

③加鸡蛋、黄奶油、盐，揉成面团。

④用保鲜膜把面团包好，静置10分钟饧面后去膜。

⑤取面团，分成数个小剂子揉匀。

⑥面团擀薄，卷起成细长条，盘成环形，将1根腊肠放入其中，做成青蛙的脸部。

⑦取2个小面团，与青蛙脸部粘在一起，再各压入1块腊肠小块，点缀成眼睛，用刷子在表面刷上蛋液，再撒上葱花，挤上沙拉酱。

⑧生坯放入预热好的烤箱以上、下火190℃烤10分钟即可。

给裱花袋剪口的时候不要太大，以免挤出的酱汁过多，不好涂抹。

扫一扫学烘焙

巧克力星星面包

⏱18～20分钟　难易度：★★☆

🔲 上火175℃、下火170℃

材料 面团：高筋面粉270克，低筋面粉30克，酵母粉3克，细砂糖30克，牛奶200毫升，盐2克，无盐黄油30克；馅料：榛果巧克力酱100克；表面装饰：全蛋液适量

做法 ①将高筋面粉、低筋面粉、酵母粉、细砂糖搅匀，倒入牛奶，揉成面团。

②加入无盐黄油和盐，混合均匀，放入盆中，包上保鲜膜发酵30分钟。

③将面团分割成4等份，并揉圆，表面喷水，松弛20～25分钟，稍压扁后，擀成圆片状，把直径20厘米活底烤模模底放在上面，切出大小一致的圆面皮。

④在一片圆面皮上涂榛果巧克力酱，覆盖上另一片圆面皮，涂榛果巧克力酱，至完成三层夹馅，覆盖上最后一层圆面皮。

⑤用刀在面团的边缘切开8等份，然后把切开的边缘逆时针翻转，发酵55分钟，刷上全蛋液，入烤箱烤18～20分钟即可。

烤箱预热后再放入生坯，可使烤好的面包更松软。

巧克力熊宝贝餐包

⏱ 30分钟　难易度：★★☆
🔲 上火190℃、下火175℃

材料 面包体：高筋面粉250克，可可粉7克，细砂糖30克，速发酵母3克，牛奶150毫升，盐2克，无盐黄油25克；表面装饰：蛋液少许，黑巧克力笔1支

(做法) ①将高筋面粉、可可粉、速发酵母、细砂糖放入盆中搅散，分次加入牛奶，揉搓成柔软的面团，加入无盐黄油、盐，揉搓至面团光滑即可。

②将面团揉圆放入盆中，喷上少许水，盖上湿布松弛20~25分钟。

③面团切出50克留作小熊耳朵备用，把其余面团分割成9等份，分别揉圆，间隔整齐地放入方形烤模中，面团表面喷些水，盖上湿布，发酵40~50分钟。

④把切下来的50克面团分成18等份，将耳朵面团分别黏附在9个小面团上方，并在面团表面刷上蛋液。

⑤将方形烤模放进烤箱烤30分钟，取出散热冷却后脱模。用黑巧克力笔挤上眼睛和嘴巴作装饰即完成。

> Tips
> 面包出炉的时候，在桌面上轻震，可以防止面包坍陷。还可以发挥自己的想象力在面包上做其他装饰。

双色熊面包圈

⏱ 20分钟　难易度：★★☆
🔲 上火190℃、下火175℃

材料 可可面团：高筋面粉250克，细砂糖50克，可可粉15克，奶粉7克，速发酵母2克，水126毫升，鸡蛋25克，无盐黄油25克，盐2克；原味面团：高筋面粉250克，细砂糖50克，奶粉7克，速发酵母2克，水125毫升，鸡蛋25克，无盐黄油25克，盐2克；表面装饰：黑巧克力笔

(做法) ①将高筋面粉、细砂糖、奶粉、速发酵母、可可粉拌匀，加入鸡蛋、水、无盐黄油和盐，揉成光滑面团，喷上水，盖湿布静置松弛30分钟，制成可可面团。

②用原味面团的材料，按可可面团步骤做出原味面团。从原味面团分出3个45克和6个8克的小面团搓圆，从可可面团中分出3个45克和6个8克的小面团搓圆，分别作为黑熊和白熊的头部。把45克揉圆了的黑白面团间隔着放入中空模具中，盖上湿布发酵约60分钟，放上黑熊和白熊的耳朵。

③放入烤箱烤约20分钟至表面上色即可出炉，脱模凉凉，用黑巧克力笔画上小熊的鼻子和眼睛。

> Tips
> 除了可以用巧克力笔装饰外，还可以将熔化的巧克力浆装入裱花袋中，剪一个小口对小熊进行装饰。相对浓度较高的巧克力可以更快地凝固，不易变形。

圣诞面包圈

⏱ 20分钟　难易度：★★☆

🔥 上、下火200℃

材料　面包体：高筋面粉200克，速发酵母2克，细砂糖20克，盐2克，大豆油15毫升，水100毫升，无盐黄油20克，表面装饰：蛋液少许，蔓越莓干适量，葡萄干适量，核桃碎适量，糖粉适量

做法

①准备一个大碗，放入高筋面粉、细砂糖、速发酵母和盐拌匀，加入大豆油、水、无盐黄油，揉圆后盖上湿布或保鲜膜静置松弛约25分钟。

②用刮板把面团分成3等份，分别把面团擀长，卷起搓成长条。

③用编辫子的方法把长形面团编成辫子的形状，放入中空模具中，盖上湿布发酵45分钟。

④刷上少许蛋液，撒上蔓越莓干、葡萄干和核桃碎，再刷上一层蛋液。

⑤放入预热至200℃的烤箱中烤约20分钟，至表面上色，出炉凉凉脱模，撒上少许糖粉即可。

> **Tips**　用编辫子的方法把长形面团编成辫子的形状时，动作要轻一些，以免面团断掉。

多彩糖果甜甜圈

⏱ 15分钟　难易度：★★☆

🔥 上火180℃、下火160℃

材料　面包体：低筋面粉160克，泡打粉8克，细砂糖65克，鸡蛋100克，蜂蜜15克，牛奶80毫升，无盐黄油35克，盐2克，表面装饰：黑巧克力砖50克，彩色糖粒适量，糖粉适量

做法

①把鸡蛋、细砂糖、盐放入大盆中，用电动打蛋器打发至浓稠状。

②加入泡打粉和过筛的低筋面粉，用橡皮刮刀轻轻拌匀。

③将蜂蜜、牛奶和无盐黄油一同隔水熔化，加入少许步骤②的面糊拌匀，再倒回大盆内，混合均匀，装入裱花袋中，挤入烤模中至八分满。

④烤箱预热，放入烤箱烤约15分钟至不粘黏的状态，取出冷却，脱模，作为甜甜圈的主体。

⑤将黑巧克力砖隔水熔化，淋在甜甜圈表面，撒上少许彩色糖粒装饰，用细筛网撒上糖粉装饰。

> **Tips**　黑巧克力砖隔水熔化时要注意温度不要超过55℃，否则会导致巧克力颜色变黑、口感变差。

小小蜗牛卷

⏱ 13分钟　难易度：★★☆

🔥 上、下火180℃

材料 中筋面粉330克，细砂糖50克，速发酵母3.5克，牛奶90毫升，水35毫升，鸡蛋50克，无盐黄油60克，盐2克，椒盐适量，黑糖适量

做法 ①将水、牛奶、细砂糖、盐、鸡蛋放入盆中搅散，再倒入中筋面粉及速发酵母搅拌后，放入50克无盐黄油揉成光滑面团。

②将面团光滑面朝上，边缘向里折，并揉圆，收口捏紧朝下放入盆中，盖上湿布或保鲜膜，松弛约35分钟。

③取出后擀成长圆形的面皮，刷上熔化好的10克无盐黄油，撒上椒盐和黑糖，再紧紧卷起，做成长条状。

④面团用刀切成9等份，放在油布上，发酵约30分钟；同时将烤箱预热180℃。

⑤将面团连同油布放在烤盘上，入烤箱中层烤约13分钟后出炉。

Tips 盐不宜过多或过少，面粉和盐的比例一般是以100∶1为宜，不过具体添加的量还是要以产品的实际情况来定。

枣饽饽

⏱ 10分钟　难易度：★☆☆

🔥 上、下火190℃

材料 高筋面粉500克，黄奶油70克，奶粉20克，细砂糖100克，盐5克，鸡蛋1个，水200毫升，酵母8克，红枣条适量

做法 ①细砂糖加水，在碗中搅拌成糖水，待用。

②将高筋面粉、酵母、奶粉混匀用刮板开窝，倒入糖水，刮入面粉，混合成湿面团。

③加鸡蛋、黄奶油、盐，揉成光滑的面团。用保鲜膜把面团包好，静置10分钟。

④去掉面团保鲜膜，将面团分成2等份，分别揉成略方的面团。

⑤用手将面团四边向中间捏起，呈十字隆起的边。

⑥在四条边上插入红枣条，常温发酵。生坯放入预热好的烤箱以上、下火190℃烤10分钟即可。

扫一扫学烘焙

Tips 捏面边的形状时，可以尝试不同的样式，给烘焙带来更多的快乐。

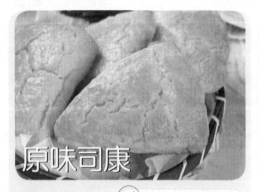

原味司康

⏱ 25分钟　难易度：★☆☆

🔥 上火180℃、下火185℃

材料 低筋面粉220克，无盐黄油100克，细砂糖50克，泡打粉10克，鸡蛋1个，盐1克，牛奶30毫升，淡奶油15克，全蛋液适量

做法 ①把无盐黄油和细砂糖放入盆中，用电动打蛋器打发。②分多次加入鸡蛋、淡奶油、牛奶，继续搅打均匀。③加入盐、泡打粉、过筛的低筋面粉，拌匀成团。④取出面团，放在操作台上，揉至面团表面光滑，揉圆，放在烤盘上，压成扁圆形，切成8等份，刷上全蛋液。⑤放入烤箱烤25分钟即可。

Tips 面团冷藏的温度以10℃左右为佳，能增强面团的韧性。

抹茶司康

⏱ 25分钟　难易度：★☆☆

🔥 上火180℃、下火185℃

材料 低筋面粉210克，抹茶粉10克，泡打粉4克，盐1克，细砂糖50克，无盐黄油115克，鸡蛋1个，牛奶30毫升，杏仁片100克

做法 ①把无盐黄油100克和细砂糖放入盆中，用电动打蛋器搅打成蓬松羽毛状。②放入鸡蛋、牛奶、盐、杏仁片，拌匀。③筛入低筋面粉、抹茶粉和泡打粉，拌匀并揉成团。④将面团擀开成长方形，切成8等份，放在烤盘上，表面刷上15克室温熔化的无盐黄油。⑤放入烤箱烤熟即可。

Tips 揉搓面团的时间不要太久，以免影响成品的松软度。

红茶司康

⏱ 20分钟　难易度：★☆☆

🔥 上火175℃、下火180℃

材料 奶油110克，泡打粉25克，白糖125克，低筋面粉100克，牛奶250毫升，高筋面粉500克，红茶粉、盐各适量，蛋黄1个

做法 ①将高筋面粉、低筋面粉、泡打粉、盐、白糖、红茶粉、奶油、牛奶揉成面团，用保鲜膜包好冷藏30分钟。②将蛋黄打散、搅匀，制成蛋液。③面团擀成圆饼。④取压模，嵌入圆饼面团中，制成数个小剂子，刷上蛋液，即成红茶司康生坯，放入烤箱烤20分钟，至生坯呈金黄色即可。

扫一扫学烘焙

巧克力司康

⏱ 15分钟　难易度：★☆☆

🔥 上、下火160℃

材料 高筋面粉90克，糖粉30克，全蛋1个，低筋面粉90克，黄奶油50克，鲜奶油50克，泡打粉3克，黑巧克力液、白巧克力液、蛋黄各适量

做法 ①将高筋面粉、低筋面粉、黄奶油、糖粉、泡打粉、全蛋、鲜奶油，揉成湿面团，擀成面皮。②用大的模具压出圆形面坯，再用小的模具在面坯上压出环状面痕，将环形内的面皮撕开，静置10分钟，至其中间成凹形，刷上蛋黄液，放入烤箱烤熟，取出，倒入白巧克力液，用黑巧克力液划出花纹即可。

扫一扫学烘焙

巧克力果仁司康

⏱ 20分钟　难易度：★☆☆
🔥 上、下火160℃

材料 高筋面粉90克，糖粉30克，全蛋1个，低筋面粉90克，黄奶油50克，鲜奶油50克，泡打粉3克，蛋黄1个，巧克力液适量，腰果碎20克

扫一扫学烘焙

做法
①将高筋面粉、低筋面粉、黄奶油、糖粉、泡打粉、全蛋、鲜奶油揉成湿面团，擀成面皮。②用大模具压出圆形面坯，再用小模具在面坯上压出环状压痕，将环形内的面皮撕开，静置10分钟，至其中间成凹形。③生坯边缘刷蛋黄液，入烤箱烤熟，取出，倒入巧克力液，撒上腰果碎即可。

红豆司康

⏱ 15分钟　难易度：★☆☆
🔥 上、下火180℃

材料 黄奶油60克，糖粉60克，盐1克，低筋面粉250克，高筋面粉50克，泡打粉12克，牛奶125毫升，红豆馅30克，蛋黄1个

扫一扫学烘焙

做法
①将低筋面粉倒入装有高筋面粉的碗中拌匀开窝，加入牛奶、泡打粉、盐、黄奶油、糖粉、红豆馅，混匀，揉成团。②用保鲜膜将面团包好，冷藏30分钟，取出面团，用手压平，去除保鲜膜。③将模具放在面团上，按压出圆形面团，刷上蛋黄。④放入烤箱烤熟即可。

蔓越莓司康

⏱ 20分钟　难易度：★☆☆
上、下火180℃

材料 黄油55克，细砂糖50克，高筋面粉250克，泡打粉17克，牛奶125毫升，蔓越莓干适量，低筋面粉50克，蛋黄1个

扫一扫学烘焙

做法
①将高筋面粉、低筋面粉、泡打粉和匀开窝，倒入细砂糖、牛奶、黄油，揉成面团。②把面团铺开，放入蔓越莓干，揉搓一会儿，覆上保鲜膜包好，擀成约1厘米厚的面皮，放入冰箱冷藏半个小时。③取面皮，按上压模，截断，制成数个蔓越莓司康生坯，刷蛋黄液。④入烤箱烤20分钟即可。

蓝莓司康

⏱ 20分钟　难易度：★☆☆
上、下火180℃

材料 芥花籽油30毫升，水70毫升，蜂蜜40克，柠檬汁8毫升，柠檬皮碎1克，盐0.5克，泡打粉2克，低筋面粉185克，蓝莓干40克

Tips
面团冷藏的温度以10℃左右为佳，这样能增强面团的韧性。

做法
①将芥花籽油、水、蜂蜜、柠檬汁拌匀。②倒入柠檬皮碎、盐拌匀。③将泡打粉、低筋面粉过筛至搅拌盆中，拌匀，揉成面团。④取出面团，按扁，放上蓝莓干揉成蓝莓司康面团，分切成8等份。⑤取烤盘，铺上油纸，再放上蓝莓司康面团。⑥将烤盘放入烤箱中层，烤约20分钟即可。

柠檬司康

⏱15分钟　难易度：★☆☆
🔲上、下火180℃

材料 黄奶油60克，糖粉60克，盐1克，低筋面粉50克，高筋面粉250克，泡打粉12克，牛奶125毫升，柠檬皮末8克，蛋黄1个

扫一扫学烘焙

做法 ①将低筋面粉、泡打粉、糖粉、盐、柠檬皮末倒入高筋面粉中。②将混合后的材料倒在案台上开窝，加入牛奶、黄奶油，混合揉搓成面团，用保鲜膜包好，放入冰箱冷藏30分钟。③取出面团，撕掉保鲜膜，压平，制成圆形面团，刷上蛋黄。④放入烤箱烤15分钟即可。

香橙司康

⏱25分钟　难易度：★☆☆
🔲上、下火180℃

材料 蜂蜜20克，芥花籽油30毫升，水20毫升，甜酒5毫升，盐1克，低筋面粉140克，泡打粉2克，香橙丁12克

Tips 刷上蛋黄液，可以使烤好的成品颜色更好看。

做法 ①将蜂蜜、芥花籽油、水、甜酒、盐，拌匀。②加入过筛的低筋面粉和泡打粉，翻拌至无干粉的状态。③倒入香橙丁，拌匀后揉成面团，制成香橙司康面团。④取出香橙司康面团，放在操作台上，分成4等份，放在铺有油纸的烤盘上。⑤将烤盘放入烤箱中层，烤25分钟即可。

香蕉司康

⏱25分钟　难易度：★☆☆
上、下火180℃

材料 香蕉（去皮）100克，蜂蜜22克，芥花籽油适量，水40毫升，柠檬汁3毫升，盐0.5克，低筋面粉140克，泡打粉2克

Tips 烤盘上铺上油纸能防止司康粘在烤盘上。

做法 ①将香蕉倒入搅拌盆中，用小叉子碾成香蕉泥，倒入蜂蜜、芥花籽油、水、柠檬汁、盐，拌匀。②将低筋面粉、泡打粉过筛至搅拌盆中，翻拌成无干粉的状态，轻轻揉成司康面团，再分成3个等量的面团。③取烤盘，铺上油纸，将3个司康面团放在上面。④放入烤箱中层烤熟即可。

香葱司康

⏱20分钟　难易度：★☆☆
上火175℃、下火180℃

材料 奶油110克，牛奶250毫升，低筋面粉500克，细砂糖150克，香葱粒适量，火腿粒10克，泡打粉27克，盐2克，蛋黄1个

扫一扫学烘焙

做法 ①将低筋面粉、细砂糖、盐、香葱粒、火腿粒、泡打粉、奶油、牛奶揉成面团，用保鲜膜包好，冷藏30分钟。②将蛋黄打散成蛋液。③取冷藏好的面团，去除保鲜膜，擀成圆饼。④取压模，嵌入圆饼面团中，制成数个小剂子，刷上蛋液，即成香葱司康生坯。⑤放入烤箱烤20分钟即可。

胡萝卜司康

🕐 15分钟　难易度：★☆☆
🔲 上火180℃、下火175℃

材料 中筋面粉125克，泡打粉5克，蔓越莓干30克，胡萝卜丝30克，黑糖20克，鸡蛋25克，牛奶30毫升，无盐黄油33克，盐1克，糖粉适量

Tips
圆饼的厚度要均匀，以免破坏成品的美观。

做法 ①蔓越莓干用热水泡15分钟，沥干水分。②将鸡蛋、牛奶混合成蛋奶液。③大盆中放入中筋面粉、泡打粉、盐、黑糖、无盐黄油、蛋奶液、蔓越莓干和胡萝卜丝，拌成团。④将面团整形成圆饼状，用刮刀分割成8等份的三角形，放在油布上。⑤放入烤箱烤熟，取出，撒上糖粉即可。

金砖

🕐 20分钟　难易度：★★☆
🔲 上火170℃、下火190℃

材料 高筋面粉170克，低筋面粉30克，细砂糖50克，黄奶油20克，奶粉12克，盐3克，酵母5克，水88毫升，鸡蛋40克，片状酥油70克，蜂蜜适量

Tips
片状酥油要擀得薄一些，这样做好的面包口感更均匀。

做法 ①将低筋面粉、高筋面粉、奶粉、酵母、盐、水、细砂糖、鸡蛋、黄奶油揉成面团。②片状酥油擀薄。面团擀薄，包酥油片擀平，折三折，冷藏10分钟后擀平，重复上述操作两次，制成酥皮面团。③酥皮面团切成3块，两端向反方向对拧呈麻绳状，入模具中发酵，入烤箱烤熟，取出脱模，刷上蜂蜜即可。

奶香金砖（金砖）

🕐 25分钟　难易度：★★☆
🔲 上火170℃、下火200℃

材料 高筋面粉170克，低筋面粉30克，黄奶油20克，鸡蛋40克，片状酥油70克，水80毫升，细砂糖50克，酵母4克，奶粉20

Tips
修整面坯的时候最好先量一下模具大小，按模具大小修整。

做法 ①将高筋面粉、低筋面粉、奶粉、酵母、细砂糖、鸡蛋、水、黄奶油揉成面团。②撒点干粉在面板上，擀成长方形面片，放入片状酥油封紧，擀平，叠成三层，放入冰箱冰冻10分钟，取出后继续擀薄，依此擀薄、冰冻反复进行3次。③取出面团后放入模具中发酵，再放入烤箱烤25分钟即可。

肉松金砖

🕐 20分钟　难易度：★★☆
🔲 上火180℃、下火200℃

材料 高筋面粉170克，低筋面粉30克，细砂糖50克，黄奶油20克，奶粉12克，盐3克，酵母5克，水88毫升，鸡蛋40克，片状酥油70克，肉松40克

Tips
事先在吐司模具内壁上抹上一层色拉油，便于面包脱模。

做法 ①将低筋面粉、高筋面粉、奶粉、酵母、盐、水、细砂糖、鸡蛋、黄奶油揉成面团。②片状酥油擀薄，面团擀薄，放上酥油片封好擀平，折三折，冷藏10分钟后擀平，重复上述操作两次，制成酥皮。③酥皮擀薄，切成3等份，铺上肉松，盖上一块酥皮，制成生坯，入模具发酵，入烤箱烤熟即可。

红豆金砖

⏱ 20分钟　难易度：★★☆
🔥 上火180℃，下火200℃

材料 高筋面粉170克，低筋面粉30克，细砂糖50克，黄奶油20克，奶粉12克，盐3克，干酵母5克，水88毫升，鸡蛋40克，片状酥油70克，蜜红豆60克

Tips
红豆要事先煮熟，煮透，放凉，沥干水分后再使用。

做法 ①将低筋面粉、高筋面粉、奶粉、酵母、盐、水、细砂糖、鸡蛋、黄奶油揉成面团。②片状酥油擀薄，面团擀薄，放酥油片封好擀平，折三折，冷藏后擀平，重复上述操作两次，制成酥皮。③取酥皮擀薄，切成两个，叠在一起，放入刷有黄油的模具里，撒蜜红豆，发酵后入烤箱烤熟。

白吐司

⏱ 25分钟　难易度：★☆☆
🔥 上火170℃，下火220℃

材料 高筋面粉500克，黄奶油70克，奶粉20克，细砂糖100克，盐5克，鸡蛋1个，水200毫升，酵母8克，蜂蜜适量

Tips
在烤好的面包上刷一层蜂蜜，能使面包的口感更佳。

做法 ①将细砂糖、水倒入容器中，制成糖水。②把高筋面粉、酵母、奶粉倒在案台上开窝，放入糖水、鸡蛋、黄奶油、盐，揉搓成光滑的面团，用保鲜膜包好，静置10分钟。③将面团对半切开，揉搓成圆球，放入抹有黄油的模具中发酵。④放入烤箱烤25分钟至熟，取出脱模，刷上蜂蜜即可。

原味吐司

⏱ 25分钟　难易度：★☆☆
🔥 上火180℃，下火200℃

材料 高筋面粉250克，黄奶油35克，奶粉10克，细砂糖50克，盐5克，蛋黄15克，水100毫升，酵母4克

扫一扫学烘焙

做法 ①将细砂糖、水拌成糖水。②将高筋面粉、酵母、奶粉、糖水、鸡蛋，揉成面团，拉平，加黄奶油、盐，揉搓成光滑的面团，用保鲜膜包好，静置10分钟。③称取一个350克的面团，搓成橄榄状，一起放入刷了黄油的模具中发酵，入烤箱烤熟，取出即可。

奶香吐司

⏱ 25分钟　难易度：★☆☆
🔥 上火160℃，下火220℃

材料 高筋面粉500克，黄奶油70克，奶粉20克，细砂糖100克，盐5克，鸡蛋50克，水200毫升，酵母8克，椰丝20克，黄奶油20克，沙拉酱适量

扫一扫学烘焙

做法 ①将70克细砂糖、水拌成糖水。②把高筋面粉、酵母、奶粉、糖水、鸡蛋、黄奶油、盐揉成面团，包保鲜膜静置10分钟，取350克面团。③将30克细砂糖、黄奶油、椰丝拌成奶香馅。④面团压平，放入奶香馅包紧，揉匀擀平划小口，卷成橄榄形，放入刷有黄奶油的模具中发酵，挤上沙拉酱，入烤箱烤熟。

鸡蛋吐司

⏱ 20分钟　难易度：★☆☆

🔲 上火170℃、下火200℃

材料 高筋面粉280克，酵母4克，水85毫升，奶粉10克，黄奶油25克，细砂糖40克，鸡蛋2个，盐2克

Tips 将面团揉搓至其表面光滑，撑开、拉扯时具有良好的韧性即可。

做法 ①把高筋面粉倒在案台上，加入奶粉、酵母、盐、鸡蛋、细砂糖、水、黄奶油，揉搓成光滑的面团。②把面团分成3等份，揉成圆形放入刷有黄奶油的模具中，常温发酵15小时。③把发酵好的生坯放入烤箱中，以上火170℃、下火200℃烤20分钟。④把烤好的鸡蛋吐司取出，装入盘中即可。

脆皮吐司

⏱ 45分钟　难易度：★☆☆

🔲 上火170℃、下火240℃

材料 高筋面粉250克，海盐5克，酵母粉3克，黄糖糖浆2克，水172毫升，无盐黄油8克

Tips 用手指搓一下面团的正中间，以面团没有迅速复原为发酵好的状态。

做法 ①将高筋面粉、海盐、酵母粉、黄糖糖浆、水、无盐黄油揉成面团，盖上保鲜膜发酵。②将面团分成2等份，擀开卷起，喷水松弛擀开，重新卷起。③将两个卷好的面团放入模具中发酵60分钟。④将发酵好的面团中间斜划一刀，放进预热好的烤箱烤45分钟即可。

丹麦吐司

⏱ 25分钟　难易度：★★☆

🔲 上火200℃、下火170℃

材料 高筋面粉170克，低筋面粉30克，黄奶油20克，鸡蛋1个，片状酥油70克，水80毫升，细砂糖50克，酵母4克，奶粉20克

扫一扫学烘焙

做法 ①将高筋面粉、低筋面粉、奶粉、酵母、细砂糖、鸡蛋、水、黄油，揉成面团，擀成面片，放片状酥油封紧，擀至酥油散匀，叠成三层，冷藏10分钟。②将面片拿出继续擀薄，依此反复进行三次，再拿出擀薄擀大。③面皮卷成吐司面坯放入刷有黄油的模具内发酵，放入烤箱烤熟脱模即可。

加州吐司

⏱ 25分钟　难易度：★☆☆

🔲 上火160℃、下火220℃

材料 高筋面粉500克，黄奶油70克，奶粉20克，细砂糖100克，盐5克，鸡蛋50克，水200毫升，酵母8克，葡萄干20克，黄奶油、蜂蜜各适量

扫一扫学烘焙

做法 ①将细砂糖、水拌成糖水。②将高筋面粉、酵母、奶粉、糖水、鸡蛋、黄奶油、盐揉成面团，包保鲜膜静置10分钟，取350克面团。③葡萄干用朗姆酒浸泡5分钟。④将面团擀平，放入葡萄干，铺平，卷起，呈橄榄形，放入刷有黄奶油的模具中发酵。⑤放入烤箱烤熟，取出脱模，刷上蜂蜜即可。

酸奶吐司

🕐 25分钟　难易度 ★☆☆

🔥 上火170℃、下火200℃

材料 高筋面粉210克，酵母4克、细砂糖43克，盐3克，鸡蛋27克，酸奶150克，黄奶油30克；装饰：杏仁片适量

Tips 面团卷成形放入模具时，长度要比模具短。

做法 ①将高筋面粉、酵母、盐拌匀开窝，放入细砂糖、鸡蛋、酸奶、黄奶油揉成面团。②称取4个90克的面团，均揉圆，压扁，擀薄，再卷成两头尖的形状，放入模具中发酵。③撒上杏仁片。④烤箱预热，放入模具，烤约25分钟，至食材熟透，取出模具，稍稍冷却后脱模装盘即可。

牛奶吐司

🕐 20分钟　难易度 ★☆☆

🔥 上火170℃、下火200℃

材料 高筋面粉250克，酵母4克，牛奶100毫升，奶粉10克，黄油35克，砂糖50克，鸡蛋1个

Tips 高筋面粉的颜色较深，本身较有活性且光滑，筋度较强。

做法 ①将高筋面粉倒在面板上，加入酵母、奶粉，用刮板混匀开窝，放入鸡蛋、砂糖、牛奶、黄油，混匀，揉搓成光滑的面团。②称取350克面团，擀成厚薄均匀的面皮。③取吐司模具，用刷子在里侧四周刷上一层黄油。④把面皮卷成圆筒状，放入模具中发酵。⑤放入烤箱烤熟即可。

蜂蜜吐司

🕐 30分钟　难易度 ★☆☆

🔥 上、下火190℃

材料 高筋面粉500克，黄奶油70克，奶粉20克，细砂糖100克，盐5克，鸡蛋1个，水200毫升，酵母8克，蜂蜜适量

扫一扫学烘焙

做法 ①将细砂糖、水拌成糖水。②将高筋面粉、酵母、奶粉、糖水、鸡蛋、黄奶油、盐混合揉成面团，用保鲜膜将面团包好，静置10分钟后去膜。③取面团压扁，擀成面皮，卷成橄榄状，放入刷有黄油的吐司模具里，常温90分钟发酵。④放入烤箱烘烤30分钟至熟，取出，脱模后刷上蜂蜜。

莲蓉吐司

🕐 25分钟　难易度 ★★☆

🔥 上火160℃、下火220℃

材料 高筋面粉500克，黄奶油70克，奶粉20克，细砂糖100克，盐5克，鸡蛋50克，水200毫升，酵母8克，莲蓉馅50克，沙拉酱适量

扫一扫学烘焙

做法 ①将细砂糖、水拌成糖水。②将高筋面粉、酵母、奶粉、糖水、鸡蛋、黄奶油、盐揉成面团，用保鲜膜将面团包好，静置10分钟。③称450克面团，压平，放入莲蓉馅包好，搓匀擀薄，在上面划几刀，卷成卷，放入刷好黄奶油的方形模具中发酵。④挤上沙拉酱，入烤箱烤熟透即可。

提子吐司

⏱ 25分钟　难易度：★☆☆
🔥 上火180℃、下火200℃

材料 高筋面粉250克，酵母4克，黄奶油35克，奶粉10克，蛋黄15克，细砂糖50克，水100毫升，提子干适量

扫一扫学烘焙

做法
①将细砂糖、水拌成糖水。②将高筋面粉、酵母、奶粉混合，加入糖水、蛋黄、黄奶油，揉成面团，再称取350克面团。③取吐司模具，刷一层黄奶油。④将面团擀成面皮，铺上提子干，卷成圆筒状，放入吐司模具中，常温发酵至原体积的两倍。⑤放入烤箱中烤至熟即可。

苹果吐司

⏱ 25分钟　难易度：★☆☆
🔥 上火175℃、下火200℃

材料 面团：高筋面粉500克，黄奶油70克，奶粉20克，细砂糖100克，盐5克，鸡蛋50克，水275毫升，酵母8克；馅料：苹果粒30克，白糖40克

扫一扫学烘焙

做法
①将细砂糖、200毫升水拌成糖水。②把高筋面粉、酵母、奶粉拌匀，放入糖水、鸡蛋、黄奶油、盐揉成面团，用保鲜膜包好静置。③苹果粒加入75毫升水中，加白糖浸泡。④取面团压扁，擀成面饼，放入苹果粒铺平，卷成橄榄状，放入刷好黄油的模具发酵。⑤放入烤箱烤熟即可。

蓝莓吐司

⏱ 35分钟　难易度：★☆☆
🔥 上火180℃、下火170℃

材料 高筋面粉300克，酵母粉6克，盐6克，细砂糖10克，无盐黄油25克，蓝莓果酱120克，水80毫升

Tips 制作这款面包要选用高筋面粉，烤好的面包才有嚼劲。

做法
①把蓝莓果酱倒入水中拌匀。②把高筋面粉、酵母粉、细砂糖搅匀，加入稀释的蓝莓果酱、盐、无盐黄油，揉成面团。③把面团盖上保鲜膜，发酵20分钟，取出，擀平成长方形，卷起成柱状，底部和两端收口捏紧，放入吐司模中发酵90分钟。④吐司模放入烤箱烤35分钟，取出即可。

蔓越莓吐司

⏱ 40分钟　难易度：★☆☆
🔥 上火90℃、下火200℃

材料 面团：高筋面粉270克，低筋面粉30克，奶粉15克，细砂糖10克，酵母粉3克，水205毫升，无盐黄油20克，盐2克；馅料：蔓越莓干适量

Tips 将面包倒出模具时，最好戴着隔热手套，以免烫伤。

做法
①将面团材料拌匀，揉成团，包保鲜膜发酵25分钟。②取出面团，分成2等份揉圆，表面喷水松弛后擀成长圆形，卷起成柱状，两端收口捏紧，旋转90°，再擀成长圆形，重复此步骤4~5次。③把面团擀成长圆形，撒上蔓越莓干，卷起成柱状，放入吐司模中发酵，入烤箱烤熟即可。

南瓜吐司

⏱ 25分钟　难易度：★★☆
🔲 上火175℃、下火200℃

材料 面团：高筋面粉500克，黄奶油70克，奶粉20克，细砂糖100克，盐5克，鸡蛋50克，水200毫升，酵母8克；馅料：南瓜泥70克，燕麦片适量

扫一扫学烘焙

做法 ①将细砂糖、水拌成糖水。②把高筋面粉、酵母、奶粉倒在面板上，开窝，放入糖水、鸡蛋、黄奶油、盐揉匀，用保鲜膜包好，稍静置后去膜。③取适量面团擀成面饼，放上南瓜泥抹平，再将其卷成橄榄状生坯。④生坯放入刷好黄油的方形模具中，撒上麦片，发酵。⑤放入烤箱烤熟。

土豆吐司

⏱ 25分钟　难易度：★★☆
🔲 上火175℃、下火200℃

材料 面团：高筋面粉500克，黄奶油70克，奶粉20克，细砂糖100克，盐5克，鸡蛋50克，水200毫升，酵母8克；馅料：土豆泥55克

扫一扫学烘焙

做法 ①将细砂糖、水拌成糖水。②把高筋面粉、酵母、奶粉拌匀，放入糖水、鸡蛋、黄奶油、盐揉成面团，包好保鲜膜，静置10分钟。③取适量面团压扁，擀平成面饼，铺上土豆泥，卷成橄榄状。④放入刷有黄奶油的方形模具中，常温发酵1.5小时至原来两倍大。⑤放入烤箱烤25分钟即可。

胡萝卜吐司

⏱ 25分钟　难易度：★★☆
🔲 上火175℃、下火200℃

材料 面团：高筋面粉500克，黄奶油70克，奶粉20克，细砂糖100克，盐5克，鸡蛋50克，水200毫升，酵母8克；馅料：胡萝卜泥60克

扫一扫学烘焙

做法 ①将细砂糖、水拌匀成糖水。②把高筋面粉、酵母、奶粉倒在面板上，开窝，放入糖水、鸡蛋、黄奶油、盐揉匀，用保鲜膜包好，静置10分钟。③取适量面团压扁，擀成面饼，放上胡萝卜泥，平铺均匀，卷成橄榄状生坯。④放入刷有黄奶油的方形模具中发酵90分钟，放入烤箱烤熟即可。

紫薯吐司

⏱ 25分钟　难易度：★★☆
🔲 上火175℃、下火200℃

材料 面团：高筋面粉500克，黄奶油70克，奶粉20克，细砂糖100克，盐5克，鸡蛋50克，水200毫升，酵母8克；馅料：紫薯泥60克

扫一扫学烘焙

做法 ①将细砂糖、水拌匀成糖水。②把高筋面粉、酵母、奶粉倒在面板上，开窝，放入糖水、鸡蛋、黄奶油、盐揉匀，用保鲜膜包好静置后去膜。③取适量面团压扁，擀成面饼，放上紫薯泥铺平，继续将其卷成橄榄状生坯。④放入刷好黄油的方形模具中发酵90分钟，放入烤箱烤25分钟至熟即可。

枫叶红薯面包

🕐 30分钟　难易度：★★★
🔥 上火190℃、下火180℃

材料 面团：高筋面粉280克，酵母粉2克，细砂糖20克，鸡蛋1个，牛奶120毫升，盐2克，无盐黄油5克，黑芝麻8克，白芝麻8克，表面装饰：熟红薯适量，枫叶糖浆40克，无盐黄油40克

Tips 面团揉搓至其表面光滑，撑开、拉扯时具有良好韧性。

做法 ①无盐黄油40克和枫叶糖浆隔水熔化。②把面团材料拌匀，揉成面团，盖上保鲜膜发酵。③取出面团，分成21等份的小面团，揉圆，表面喷水松弛。④蘸上熔化好的黄油糖浆；红薯块放入剩余的黄油糖浆中拌匀，与小面团一起间隔着放入吐司模中；面团表面刷无盐黄油发酵，放入烤箱烤熟即可。

奶油地瓜吐司

🕐 38分钟　难易度：★☆☆
🔥 上、下火170℃

材料 高筋面粉280克，酵母粉4克，细砂糖28克，牛奶130毫升，番薯泥120克，盐2克，无盐黄油20克，熔化的无盐黄油15克

Tips 在模具中刷一层黄油，这样更方便吐司脱模。

做法 ①把高筋面粉、酵母粉、细砂糖搅匀，加入番薯泥、牛奶、盐和无盐黄油，揉成面团，盖上保鲜膜发酵20分钟。②取出面团，分成3等份，表面喷水松弛，揉成椭圆形，擀成长圆形，卷成圆柱状，放入吐司模中发酵90分钟。③面团表面刷上熔化的无盐黄油，放入烤箱烤38分钟即可。

板栗吐司

🕐 25分钟　难易度：★☆☆
🔥 上火170℃、下火200℃

材料 全麦面粉250克，高筋面粉250克，盐5克，酵母5克，细砂糖100克，水200毫升，鸡蛋1个，黄奶油70克，熟板栗碎30克

扫一扫学烘焙

做法 ①将全麦面粉、高筋面粉倒在案台上，开窝，放入酵母、细砂糖、水、鸡蛋、黄奶油、盐，混合均匀，揉搓成面团。②将面团擀成面饼，均匀地撒上熟的板栗碎，卷起，卷成橄榄状。③在模具内刷上黄奶油，将面团放进去，常温下发酵2个小时。④放入烤箱烤25分钟，取出脱模即可。

花生牛奶吐司

🕐 25分钟　难易度：★☆☆
🔥 上、下火170℃

材料 高筋面粉350克，酵母4克，细砂糖50克，盐4克，鸡蛋1个，牛奶180毫升，黄奶油35克，花生碎60克

扫一扫学烘焙

做法 ①在面板上倒入高筋面粉、酵母，开窝，放入细砂糖、盐、牛奶、鸡蛋、黄奶油，揉成纯滑面团，取一半面团，擀平，制成面皮。②面皮上倒入花生碎，平铺均匀，稍稍按压，卷起面皮，斜划几个口，放入刷好黄油的模具中，发酵约90分钟至原来两倍大。③将生坯放入烤箱烤至熟即可。

椰香吐司

⏱ 25分钟　难易度 ★☆☆

🔥 上火170℃、下火200℃

材料 高筋面粉250克，水100毫升，细砂糖70克，奶粉20克，酵母4克，黄奶油55克，蛋黄15克，椰蓉20克

扫一扫学烘焙

做法 ①高筋面粉中加入酵母、奶粉、50克细砂糖、水、蛋黄、35克黄奶油揉成面团。②椰蓉中加入20克细砂糖、20克黄奶油，拌成馅料。③取面团，压平，放馅包好，用擀面杖稍擀压，划出若干道小口，翻转面片，从前端回收，卷好形状，装入刷好黄油的方形模具中发酵。④放入烤箱中烤熟即可。

巧克力大理石吐司

⏱ 35分钟　难易度 ★★☆

🔥 上火190℃、下火200℃

材料 面团：高筋面粉250克，细砂糖15克，酵母粉2克，原味酸奶25毫升，牛奶25毫升，水150毫升，无盐黄油15克，盐5克；馅料：巧克力酱（装入裱花袋中备用）50克

Tips 在烤好的吐司上刷一层蜂蜜，可使其口感更佳。

做法 ①将面团材料中的粉类（除盐外）搅匀，加入原味酸奶、牛奶、水、无盐黄油和盐揉成面团，盖上保鲜膜发酵。②取出面团，擀成长方形，挤上巧克力酱，对折，在表面切两刀，切断一边，另一边不要切断，用编辫子的手法做成辫子形状，放入吐司模中发酵。③放入烤箱烤熟即可。

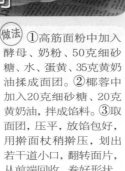

可可棋格吐司

⏱ 30分钟　难易度 ★★☆

🔥 上、下火170℃

材料 原味面团：高筋面粉300克，酵母粉5克，无盐黄油12克，淡奶油50克，鸡蛋50克，盐6克，细砂糖15克，牛奶120毫升；可可面团：可可粉10克，牛奶15毫升

Tips 食用时可把成品切片，这样会更方便一些。

做法 ①把原味面团材料搅匀，揉成面团。②把面团分成2等份，取其中一份放入可可粉和牛奶，揉成可可面团。③把两种面团分别盖上保鲜膜发酵25分钟，分别分成6等份，搓圆，表面喷水松弛。④把两种颜色的面团交替放入吐司模具中，盖上盖子，发酵60分钟。⑤放入烤箱烤30分钟即可。

红豆吐司

⏱ 25分钟　难易度 ★☆☆

🔥 上火160℃、下火220℃

材料 高筋面粉500克，黄奶油70克，奶粉20克，细砂糖100克，盐5克，鸡蛋50克，水200毫升，酵母8克，红豆馅50克，黄奶油适量

扫一扫学烘焙

做法 ①将细砂糖、水倒入拌成糖水。②将高筋面粉、酵母、奶粉、糖水、鸡蛋、黄奶油、盐揉成面团，包好保鲜膜静置10分钟。③称出350克的面团；在模具中刷上黄奶油。④将面团擀平，放入红豆馅铺平，从一端卷起，揉匀，呈橄榄形，划开两道小口，放入模具中发酵，入烤箱烤熟即可。

豆沙吐司

⏱ 25分钟　难易度：★★☆
🔥 上火170℃、下火200℃

材料 高筋面粉250克，水100毫升，细砂糖50克，奶粉20克，酵母4克，黄奶油35克，蛋黄15克，豆沙80克

扫一扫学烘焙

做法 ①高筋面粉中加入酵母、奶粉、细砂糖、水、蛋黄、黄奶油拌匀，揉成面团。②将面团压平，呈厚片，放入豆沙包好，擀平，划出若干道小口，翻转面片，从前端开始，卷成橄榄的形状，放入模具中，静置45分钟。③放入烤箱，以上火170℃、下火200℃烤25分钟至熟即可。

蜜红豆吐司

⏱ 25分钟　难易度：★★☆
🔥 上火175℃、下火200℃

材料 面团：高筋面粉500克，黄奶油70克，奶粉20克，细砂糖100克，盐5克，鸡蛋50克，水200毫升，酵母8克；馅料：熟红豆100克，白糖50克，水5毫升，白芝麻适量

扫一扫学烘焙

做法 ①将细砂糖、200毫升水拌成糖水。②将高筋面粉、酵母、奶粉、糖水、鸡蛋、黄油、盐揉成团，包好保鲜膜静置。③取面团压扁，擀平成面饼。④熟红豆中加入白糖、5毫升水搅匀成馅料。⑤面饼上加入红豆馅，卷成橄榄状，放入刷好黄油的模具中，撒上白芝麻，发酵后入烤箱烤熟即可。

抹茶红豆吐司

⏱ 25分钟　难易度：★★☆
🔥 上火175℃、下火200℃

材料 面团：高筋面粉500克，黄奶油70克，奶粉20克，细砂糖100克，盐5克，鸡蛋50克，水200毫升，酵母8克；馅料：熟红豆100克，水5毫升，抹茶粉10克，白糖70克

扫一扫学烘焙

做法 ①将细砂糖、200毫升水拌匀成糖水。②将高筋面粉、酵母、奶粉、糖水、鸡蛋、黄油、盐揉匀成面团，包好保鲜膜静置一会儿，取适量面团压扁，放入抹茶粉揉匀。③熟红豆中加入白糖、5毫升水搅匀成馅料。④将面团擀成面饼，放馅料，卷成橄榄状，放刷好黄油的模具中发酵，放入烤箱烤熟即可。

红豆方包

⏱ 40分钟　难易度：★☆☆
🔥 上、下火190℃

材料 高筋面粉500克，黄奶油70克，奶粉20克，细砂糖100克，盐5克，鸡蛋1个，水200毫升，酵母8克，红豆粒40克

扫一扫学烘焙

做法 ①细砂糖用水溶化。将高筋面粉、酵母、奶粉、糖水、鸡蛋、黄油、盐混匀，搓成面团，包好保鲜膜静置10分钟。②取方形模具，用刷子在内侧刷上一层黄油。③把面团擀成长面皮，铺上一层红豆粒，卷成橄榄形，放模具发酵90分钟。④放入烤箱以上、下火190℃烤40分钟即可。

葡萄干吐司

⏱ 25分钟　难易度：★☆☆

🔥 上、下火180℃

材料 高筋面粉250克，盐5克，细砂糖30克，酵母粉3克，原味酸奶25毫升，牛奶25毫升，水150毫升，无盐黄油15克，葡萄干50克，红酒5毫升

Tips 掌握好面粉与酵母粉的比例是制作面包的关键。

做法 ①将高筋面粉、盐、细砂糖、酵母粉拌匀，放入水、牛奶、原味酸奶、红酒、无盐黄油，揉成面团。②加入葡萄干揉匀后盖上保鲜膜，表面喷水，松弛15分钟。③取出面团，分成2等份，搓成圆形，擀平再卷成圆柱形，放进吐司模具中压好，发酵60分钟。④放入烤箱烤熟即可。

葡萄干炼奶吐司

⏱ 25分钟　难易度：★☆☆

🔥 上、下火170℃

材料 高筋面粉350克，酵母4克，牛奶190毫升，鸡蛋1个，盐4克，细砂糖45克，黄奶油35克，葡萄干70克，炼乳35克

扫一扫学烘焙

做法 ①高筋面粉中加入牛奶、细砂糖、酵母、盐、炼乳、鸡蛋、黄奶油，揉匀成面团。②取一半面团，擀平成面饼，倒上葡萄干，按压，卷起面饼，在表面斜划三个口，制成吐司生坯。③放入方形模具中，发酵90分钟。④将发酵好的生坯放入烤箱烤25分钟至熟即可。

奶黄吐司

⏱ 25分钟　难易度：★★☆

🔥 上火170℃、下火200℃

材料 全麦面粉250克，高筋面粉250克，盐5克，酵母5克，细砂糖100克，水200毫升，鸡蛋1个，黄奶油70克，奶黄50克

扫一扫学烘焙

做法 ①将全麦面粉、高筋面粉拌匀，开窝，放入酵母、细砂糖、水、鸡蛋、黄奶油、盐，混合均匀，揉搓成面团。②取适量面团，分成3个剂子，擀成薄的面饼，均匀地铺上奶黄，卷起，卷成橄榄状。③在模具内刷上一层黄油，将面团放进去，发酵2个小时。④放入烤箱烤25分钟即可。

竹炭吐司

⏱ 25分钟　难易度：★★☆

🔥 上火160℃、下火200℃

材料 高筋面粉500克，黄奶油70克，奶粉20克，细砂糖100克，盐5克，鸡蛋1个，水200毫升，酵母8克，食用竹炭粉1克，蜂蜜适量

扫一扫学烘焙

做法 ①将细砂糖、水拌成糖水。②将高筋面粉、酵母、奶粉、糖水、鸡蛋、黄奶油、盐揉成团。③取450克面团分成两个大小不等的面团搓圆。④将食用竹炭粉倒在小面团上揉成黑面团。⑤将两个面团分别擀成长面皮，黑色面皮放白色面皮上，卷成橄榄形，放入刷了黄油的模具中发酵，烤25分钟后刷上蜂蜜。

黄金胚芽吐司

⏱ 35～40分钟　难易度：★☆☆
🔥 上火220℃、下火240℃

材料 高筋面粉500克，小麦胚芽30克，细砂糖60克，原味酸奶50毫升，牛奶50毫升，水300毫升，无盐黄油30克，盐10克，酵母粉6克

Tips 生坯放在不烫手的热水里隔水发酵，可以缩短发酵时间。

做法 ①将面团材料中的粉类（除盐外）与小麦胚芽搅匀，加入原味酸奶、牛奶、水、无盐黄油和盐揉成面团，盖上保鲜膜发酵。②将面团分成2等份，揉圆。③两个面团分别擀成长圆形，卷成柱状，两端收口捏紧，旋转90°，擀成长圆形，重复此步骤4～5次，放在吐司模具中发酵，入烤箱烤熟即可。

全麦吐司

⏱ 20分钟　难易度：★☆☆
🔥 上火170℃、下火200℃

材料 高筋面粉200克，全麦粉50克，水100毫升，奶粉20克，酵母4克，细砂糖50克，蛋黄15克，黄奶油35克

扫一扫学烘焙

做法 ①高筋面粉中加入全麦粉、奶粉、酵母、蛋黄、细砂糖、水、黄奶油，搓成湿面团，称取350克面团。②取方形模具，刷上黄油。③把面团擀成面皮，卷成圆筒状，放入刷好黄油的模具里，常温发酵90分钟。④将生坯放入烤箱中，以上火170℃、下火200℃烤20分钟至熟，取出脱模即可。

全麦话梅吐司

⏱ 25分钟　难易度：★★☆
🔥 上火170℃、下火200℃

材料 全麦面粉250克，高筋面粉250克，盐5克，酵母5克，细砂糖100克，水200毫升，鸡蛋1个，黄奶油70克，话梅碎140克

扫一扫学烘焙

做法 ①将全麦面粉、高筋面粉倒在案台上，开窝，放入酵母、细砂糖、水、鸡蛋、黄奶油、盐，混合均匀，揉搓成面团。②取适量面团，揉匀，擀成薄的面饼，撒上话梅碎卷成橄榄状，切成等长的三段。③在模具内刷上一层黄奶油，放入面团，发酵2个小时。④放入烤箱烤25分钟即可。

全麦红薯吐司

⏱ 25分钟　难易度：★★☆
🔥 上火170℃、下火200℃

材料 全麦面粉250克，高筋面粉250克，盐5克，酵母5克，细砂糖100克，水200毫升，鸡蛋1个，黄奶油70克，熟红薯泥80克

扫一扫学烘焙

做法 ①将全麦面粉、高筋面粉倒在案台上，开窝，放入酵母、细砂糖、水、鸡蛋、黄奶油、盐，混合均匀，揉搓成光滑的面团。②取适量面团，分成两个均等的剂子，擀开，铺上红薯泥，卷成橄榄状。③在模具内刷上一层黄奶油，将面团放进去，常温下发酵2个小时。④放入烤箱烤25分钟。

全麦红枣吐司

🕐 25分钟　难易度：★☆☆

🔥 上火170℃、下火200℃

材料 全麦面粉250克，高筋面粉250克，盐5克，酵母5克，细砂糖100克，水200毫升，鸡蛋1个，黄奶油70克，红枣碎少许

做法 ①将全麦面粉、高筋面粉倒在案台上，开窝，放入酵母、细砂糖、水、鸡蛋、黄奶油、盐，混合均匀，揉搓成面团。②擀成面饼，撒上红枣碎，卷成橄榄状。③模具内刷上一层黄奶油，将面团放进去，常温下发酵2个小时。④放入烤箱以上火170℃、下火200℃，烤25分钟即可。

扫一扫学烘焙

红豆全麦吐司

🕐 25分钟　难易度：★☆☆

🔥 上、下火190℃

材料 全麦面粉250克，高筋面粉250克，盐5克，酵母5克，细砂糖100克，水200毫升，鸡蛋1个，黄奶油70克，红豆粒适量

做法 ①将全麦面粉、高筋面粉拌匀，放入酵母、细砂糖、水、鸡蛋、黄奶油、盐混匀，揉成面团。②取模具，在内侧刷上黄奶油。③称取350克的面团，擀平，放上红豆粒，收口，揉成圆球，擀成面皮，划上数道口子卷成橄榄形生坯，放入模具里，发酵90分钟，放入烤箱里烤25分钟即可。

扫一扫学烘焙

全麦黑芝麻吐司

🕐 25分钟　难易度：★☆☆

🔥 上、下火170℃

材料 高筋面粉310克，全麦面粉40克，细砂糖42克，奶粉15克，鸡蛋1个，水175毫升，干酵母4克，黄奶油30克，黑芝麻40克

做法 ①在面板上倒入高筋面粉、全麦面粉、干酵母，加入奶粉、黑芝麻，开窝，加入细砂糖、水、鸡蛋、黄奶油，揉成面团。②取450克面团，擀成面饼，卷好，制成吐司生坯，放入刷好黄油的方形模具内，发酵约90分钟至原来两倍大。③将烤箱预热5分钟，放入生坯烤熟即可。

扫一扫学烘焙

黑米吐司

🕐 25分钟　难易度：★☆☆

🔥 上火175℃、下火200℃

材料 高筋面粉500克，黄奶油70克，奶粉20克，细砂糖100克，盐5克，鸡蛋50克，水200毫升，酵母8克，黑米饭适量

做法 ①将细砂糖、水拌匀成糖水。②把高筋面粉、酵母、奶粉倒在面板上，开窝，加入糖水、鸡蛋、黄奶油、盐揉匀，用保鲜膜包好，稍静置。③取适量面团，擀成面饼，铺上黑米饭，再将其卷成橄榄状生坯，放入刷有黄油的模具中，发酵90分钟，放入烤箱烤熟即可。

扫一扫学烘焙

糙米吐司

🕐 25分钟　难易度：★☆☆
🔲 上火170℃、下火200℃

材料 高筋面粉250克，酵母5克，黄奶油35克，水90毫升，细砂糖50克，鸡蛋1个，煮熟的糙米、熟红豆各适量

做法 ①用刮板将高筋面粉、酵母在面板上拌匀、开窝，加入细砂糖、鸡蛋、水、黄奶油，揉成面团，擀薄面团。②放入熟红豆、糙米，慢慢把面团包起来，封好口，装入刷有黄油的模具中，待发酵至两倍大即可。③放入烤箱，以上火170℃、下火200℃烤约25分钟即可。

扫一扫学烘焙

燕麦吐司

🕐 20分钟　难易度：★☆☆
🔲 上火170℃、下火200℃

材料 高筋面粉250克，燕麦30克，水100毫升，鸡蛋1个，细砂糖50克，黄奶油35克，酵母4克，奶粉20克

做法 ①把高筋面粉倒在面板上，加入燕麦、奶粉、酵母，混合均匀，开窝，加入鸡蛋、细砂糖、水、黄奶油，揉搓成纯滑的面团。②把面团分成均等的2份，放入刷有黄奶油的方形模具中，常温发酵90分钟，生坯发酵好，约为原面皮体积的两倍。③将生坯放入烤箱中烤20分钟，取出，装盘即可。

扫一扫学烘焙

燕麦红豆吐司

🕐 25分钟　难易度：★☆☆
🔲 上火170℃、下火200℃

材料 全麦面粉250克，高筋面粉125克，盐5克，酵母5克，细砂糖100克，水200毫升，鸡蛋1个，黄奶油70克，燕麦25克，熟红豆粒30克

做法 ①将全麦面粉、高筋面粉倒在案台上，开窝，放入酵母、细砂糖、水、鸡蛋、黄奶油、盐混匀，揉成面团。②取适量面团，分成4个剂子，擀成薄的面饼，撒上熟红豆粒，卷成橄榄状。③在模具内刷上一层黄奶油，将面团放进去，发酵2个小时，撒上燕麦。④放入烤箱烤25分钟即可。

扫一扫学烘焙

蜂蜜燕麦吐司

🕐 30分钟　难易度：★☆☆
🔲 上、下火200℃

材料 酵母粉1克，高筋面粉125克，燕麦粉50克，盐2克，水100毫升，碧根果仁20克，蜂蜜25克，芥花籽油20毫升

做法 ①酵母粉中加入水，拌匀成酵母水。②将高筋面粉、燕麦粉、盐拌匀，放入酵母水、20毫升芥花籽油、蜂蜜，揉成团，包保鲜膜发酵。③取出面团，分成2个等量的面团，擀成长圆形，卷起成圆柱体，擀成面皮。④放上碧根果仁，卷起成圆柱体，放入模具中发酵，放入烤箱烤熟即可。

> **TIPS**
> 分面团的时候注意分量均等，这样烤制出来的成品较为美观。

亚麻籽方包

⏱ 25分钟　难易度：★☆☆
🔥 上火170℃、下火200℃

材料 高筋面粉250克，酵母4克，黄奶油35克，水90毫升，细砂糖50克，鸡蛋1个，亚麻籽适量

扫一扫学烘焙

做法 ①倒高筋面粉、酵母在面板上，用刮板拌匀开窝，加入鸡蛋、细砂糖、水、黄奶油、亚麻籽，揉成光滑面团。②将面团压扁，擀薄，卷成橄榄形状，把口收紧，装入刷好黄奶油的方形模具中，待发酵至两倍大即可。③放入烤箱以上火170℃、下火200℃烤约25分钟至食材熟透即可。

红糖亚麻籽吐司

⏱ 25分钟　难易度：★☆☆
🔥 上火170℃、下火200℃

材料 全麦面粉250克，高筋面粉250克，盐5克，酵母5克，细砂糖100克，水200毫升，鸡蛋1个，黄奶油70克，红糖30克，亚麻籽35克

Tips 亚麻籽可以事先干炒一下，味道会更香。

做法 ①将全麦面粉、高筋面粉拌匀，放入酵母、细砂糖、水、鸡蛋、黄油、盐混匀，揉成面团。②将面团分成2个均等的面团，揉圆，擀成薄面饼，撒上红糖、30克亚麻籽，卷成橄榄状。③在模具内刷上黄奶油，放入面团，发酵2个小时，撒上适量亚麻籽。④放入烤箱烤25分钟即可。

土豆亚麻籽吐司

⏱ 25分钟　难易度：★★☆
🔥 上火175℃、下火200℃

材料 面团：高筋面粉500克，黄奶油70克，奶粉20克，细砂糖100克，盐5克，鸡蛋50克，水200毫升，酵母8克；馅料：土豆泥60克，亚麻籽适量

扫一扫学烘焙

做法 ①将细砂糖、水拌匀成糖水。②将高筋面粉、酵母、奶粉、糖水、鸡蛋、黄奶油、盐，揉成面团，包好保鲜膜静置10分钟。③取面团压扁，擀平制成面饼，放入土豆泥，平铺均匀，卷至成橄榄状生坯，放入刷有黄油的方形模具中，撒上亚麻籽，发酵90分钟。④放入烤箱烤25分钟即可。

紫薯葵花子吐司

⏱ 25分钟　难易度：★☆☆
🔥 上火175℃、下火200℃

材料 面团：高筋面粉500克，黄奶油70克，奶粉20克，细砂糖100克，盐5克，鸡蛋50克，水200毫升，酵母8克；馅料：紫薯泥50克，葵花子适量

扫一扫学烘焙

做法 ①将细砂糖、水拌匀成糖水。②将高筋面粉、酵母、奶粉、糖水、鸡蛋、黄奶油、盐揉成面团，包好保鲜膜静置10分钟。③取适量面团压扁，擀平成面饼，放入紫薯泥，平铺均匀，卷成橄榄状生坯，放入刷有黄奶油的模具中，撒上葵花子，发酵90分钟。④放入烤箱烤25分钟即可。

培根乳酪吐司

🕐 25分钟　难易度：★★☆
🔥 上、下火180℃

材料 面团：高筋面粉250克，海盐5克，细砂糖25克，酵母粉9克，奶粉8克，鸡蛋液25克，蛋黄12克，牛奶12毫升，水117毫升，无盐黄油45克；馅料：乳酪丁30克，培根2片，洋葱片30克，芝士碎适量，沙拉酱20克，芥末酱适量，鸡蛋液适量

做法 ①将高筋面粉、细砂糖、海盐、酵母粉、奶粉、水、鸡蛋液、蛋黄、牛奶、无盐黄油揉成面团，盖上保鲜膜发酵。②将面团分成2等份，揉圆擀平，分别加入乳酪丁、1片培根，卷成卷，放进模具中发酵，刷上鸡蛋液，放上洋葱片、芝士碎，并挤上沙拉酱和芥末酱。③放入烤箱烤熟即可。

西瓜造型吐司

🕐 38分钟　难易度：★★★
🔥 上、下火190℃

材料 西瓜肉面团：高筋面粉150克，细砂糖10克，速发酵母1克，红曲粉10克，水30毫升，无盐黄油10克，盐1克；原味面团：高筋面粉75克，细砂糖5克，速发酵母1克，水50毫升，无盐黄油5克，盐1克；抹茶面团：高筋面粉100克，抹茶粉4克，细砂糖8克，速发酵母1.5克，水70毫升，无盐黄油8克，盐2克

做法 ①将西瓜肉面团材料揉成面团，盖上湿布静置松弛。②原味面团和抹茶面团均按西瓜肉面团的揉面程序做出。③把西瓜肉面团擀开，卷起呈柱状，再擀成长条卷起。④原味面团擀成长方形，包裹西瓜肉面团，收口捏紧；抹茶面团擀成长方形，包裹原味面团，收口捏紧，放入模具中发酵，入烤箱烤熟即可。

鲜奶油吐司

🕐 30分钟　难易度：★★☆
🔥 上、下火190℃

材料 高筋面粉500克，黄奶油70克，奶粉20克，细砂糖100克，盐5克，鸡蛋1个，水200毫升，酵母8克，打发的植物鲜奶油45克

做法 ①将细砂糖、水拌匀成糖水。②将高筋面粉、酵母、奶粉、糖水、鸡蛋、黄奶油、盐，揉成面团，包好保鲜膜静置10分钟。③取适量面团，压扁，擀成面皮，卷成橄榄状生坯，放入刷有黄奶油的吐司模具里，发酵90分钟。④放入烤箱烤30分钟至熟，取出脱模，切成两块，挤上鲜奶油即可。

扫一扫学烘焙

巧克力吐司

🕐 25分钟　难易度：★☆☆
🔥 上火180℃、下火200℃

材料 提子方包半个，橙肉片适量，提子40克，圣女果10克，黑巧克力液适量

做法 ①将材料放在白纸上。②把提子方包放在盘中，在切面倒上适量黑巧克力液，涂抹均匀。③放上橙肉片。④摆上圣女果。⑤提子切齿轮花刀，分成两半，再放在吐司上，即成巧克力吐司。

扫一扫学烘焙

199

天然酵母白吐司

🕐 25分钟　难易度：★★☆
📋 上火170℃ 、下火200℃

材料　高筋面粉450克，　水400毫升，细砂糖30克，黄奶油20克

做法 ①将50克高筋面粉倒在面板上，加70毫升水揉成面糊A，静置24小时。

②取50克高筋面粉用刮板开窝，加50毫升水揉成面糊B，加一半面糊A揉成面糊C，静置24小时。

③按揉面糊B法揉面糊D，加一半面糊C混匀，揉成面糊E，静置24小时。

④取100克高筋面粉加170毫升水揉成面糊F，加一半面糊E揉匀，用保鲜膜封好静置10小时后去膜成天然酵母。

⑤剩余高筋面粉加水、细砂糖、黄奶油揉匀，再与天然酵母混匀，分切成3等份为一组的剂子，搓圆球状，擀成面皮。

⑥面皮卷制成生坯，放入方形模具发酵至两倍大。烤箱预热5分钟，放入生坯烘烤至熟即可。

Tips 事先在模具内壁刷一层黄奶油，可避免面包表面被烤焦，还有助于面包脱模。

天然酵母红豆吐司

🕐 25分钟　难易度：★★☆
📋 上火170℃ 、下火200℃

材料　高筋面粉450克，水400毫升，细砂糖30克，黄油20克，蜜红豆50克

做法 ①将50克高筋面粉倒在面板上，加70毫升水揉成面糊A，静置24小时。取50克高筋面粉用刮板开窝，加50毫升水揉成面糊B，加一半面糊A揉成面糊C，静置24小时。

②按揉面糊B法揉面糊D，加一半面糊C混匀，揉成面糊E，静置24小时。取100克高筋面粉加170毫升水揉成面糊F，加一半面糊E揉匀，将面糊用保鲜膜包好，静置10小时后去膜成天然酵母面团。

③将剩余高筋面粉加60毫升水、细砂糖搅匀，加黄奶油，揉成面团。面团和天然酵母面团混匀，分两份为一组揉圆。

④把面球擀平，放蜜红豆卷好，制成生坯，放入刷有黄奶油的方形模具里，发酵后入烤箱烤熟即可。

Tips 除蜜红豆外，还可以用普通的红豆代替，但要事先将红豆煮熟、煮透。

天然酵母蒜香吐司

🕐 25分钟　难易度：★★☆

🔥 上火170℃、下火200℃

材料　高筋面粉450克，　水400毫升，细砂糖30克，黄奶油20克，蒜泥20克

做法 ①将50克高筋面粉倒在面板上，加70毫升水揉成面糊A，静置24小时。

②取50克高筋面粉用刮板开窝，加50毫升水揉成面糊B，加一半面糊A揉成面糊C，静置24小时。

③按揉面糊B法揉面糊D，加一半面糊C混匀，揉成面糊E，静置24小时。

④取100克高筋面粉加170毫升水揉成面糊F，加一半面糊E揉匀，将面糊用保鲜膜封好，静置10小时成天然酵母。

⑤剩余高筋面粉加水、细砂糖、黄油揉匀成面团。面团和天然酵母混匀压扁，放入蒜泥，揉成面团。

⑥将面团擀成面皮，卷成橄榄状，制成生坯，放入刷有黄油的方形模具发酵，放入烤箱烘烤至熟即可。

Tips 大蒜要切碎，切得越细越好，可以使面包的口感更为细腻。

天然酵母黑芝麻吐司

🕐 25分钟　难易度：★★☆

🔥 上火170℃、下火200℃

材料　高筋面粉450克，　水400毫升，细砂糖30克，黄奶油20克，黑芝麻10克

做法 ①将50克高筋面粉倒在面板上，加70毫升水揉成面糊A，静置24小时。

②取50克高筋面粉开窝，加50毫升水揉成面糊B，加一半面糊A揉成面糊C，静置24小时。按揉面糊B法揉面糊D，加一半面糊C混匀，揉成面糊E，静置24小时。

③取100克高筋面粉加170毫升水揉成面糊F，加一半面糊E揉匀，保鲜膜封好静置10小时成天然酵母。将剩余高筋面粉加60毫升水、细砂糖搅匀，加黄奶油，揉搓成光滑面团。

④将光滑面团和天然酵母混匀，加黑芝麻揉匀，将面团擀平，卷成橄榄状，制成生坯，放入刷有黄奶油的方形模具里发酵，放入烤箱烤熟即可。

扫一扫学烘焙

贝果

🕐 15分钟　难易度: ★☆☆

🔲 上、下火190℃

材料 高筋面粉500克，黄奶油70克，奶粉20克，细砂糖100克，盐5克，鸡蛋1个，水200毫升，酵母8克，蜂蜜适量

扫一扫学烘焙

做法 ① 将细砂糖、水拌匀成糖水。② 将高筋面粉、酵母、奶粉、糖水、鸡蛋、黄奶油、盐拌匀，揉成面团，静置10分钟。③ 将面团分成数个60克小面团，搓圆，擀成面皮，搓成细长条，将一端擀平，围成圆圈，两端固定在一起成贝果生坯，发酵90分钟，放入烤箱烤15分钟，取出，刷上蜂蜜即可。

芝麻贝果

🕐 15分钟　难易度: ★☆☆

🔲 上、下火190℃

材料 高筋面粉500克，黄奶油70克，奶粉20克，细砂糖100克，盐5克，鸡蛋1个，水200毫升，酵母8克，黑芝麻少许，蜂蜜适量

扫一扫学烘焙

做法 ① 将细砂糖、水拌匀成糖水。② 将高筋面粉、酵母、奶粉、糖水、鸡蛋、黄奶油、盐拌匀，揉成面团，静置10分钟。③ 将面团分成数个60克小面团，搓圆，擀成面皮，搓成细长条，将一端擀平，围成圆圈，两端固定在一起成贝果生坯，发酵后撒上黑芝麻，入烤箱烤熟，取出，刷上蜂蜜即可。

全麦贝果

🕐 15分钟　难易度: ★☆☆

🔲 上、下火190℃

材料 高筋面粉125克，全麦粉125克，黄奶油30克，水80毫升，酵母4克，蛋白25克，奶粉10克，细砂糖50克

扫一扫学烘焙

做法 ① 将全麦粉、高筋面粉倒在案台上，开窝，加入酵母、奶粉、细砂糖、蛋白、水、黄奶油，揉搓成纯滑的面团，切成大小均等的小剂子，搓成球状。② 取两个面团，擀成面皮，卷成长条状，再盘成圆环，制成生坯，放入烤盘里，在常温下发酵90分钟。③ 放入烤箱烤15分钟至熟即可。

天然酵母原味贝果

🕐 10分钟　难易度: ★★☆

🔲 上、下火190℃

材料 天然酵母面团1份，高筋面粉200克，细砂糖30克，黄奶油20克，水60毫升

Tips 事先将黄奶油熔化，再加入到面糊中，可更好地与面糊混合。

做法 ① 把高筋面粉倒在案台上开窝，加入水、细砂糖、黄奶油，揉搓成光滑的面团。② 将面团和天然酵母混合均匀，切成两个等份的剂子，分别搓圆，压扁，擀成面皮，卷成长喇叭状，首尾相连，制成生坯。③ 把生坯装入烤盘，待发酵至两倍大，放入烤箱烘烤10分钟至熟即可。

芝麻贝果培根三明治

🕐 10分钟　难易度：★☆☆

材料 芝麻贝果1个，生菜叶2片，西红柿2片，培根1片，黄瓜4片，色拉油、沙拉酱各适量

扫一扫学烘焙

做法 ①煎锅中倒入少许色拉油烧热，放入培根，煎至焦黄色后盛出。②将所有食材置于白纸上，用蛋糕刀将芝麻贝果平切成两半。③分别刷上一层沙拉酱，再放上备好的生菜叶、西红柿、培根、黄瓜片。④盖上另一块贝果，制成三明治。⑤将做好的三明治装入盘中即可。

谷物贝果三明治

🕐 10分钟　难易度：★☆☆

材料 谷物贝果2个，生菜叶2片，西红柿2片，火腿2片，鸡蛋2个，沙拉酱、色拉油各适量

做法 ①煎锅中注入色拉油烧热，放入火腿片，煎至微黄后盛出。②锅中加色拉油烧热，打入鸡蛋，小火煎成荷包蛋。③将食材置于白纸上，谷物贝果切成两半。④分别刷上沙拉酱，放上生菜叶、荷包蛋，刷沙拉酱。⑤加入火腿片，刷沙拉酱，放上西红柿片，盖上另一块贝果即可。

白芝麻贝果火腿三明治

🕐 20分钟　难易度：★☆☆

材料 白芝麻贝果1个，西红柿2片，黄瓜3片，火腿1片，鸡蛋1个，生菜叶2片，青椒圈、红椒圈各少许，色拉油、沙拉酱各适量

扫一扫学烘焙

做法 ①煎锅中倒入色拉油烧热，打入鸡蛋，用小火煎成荷包蛋后盛出。②把火腿放入煎锅中，煎至焦黄色后盛出。③将所有食材置于白纸上，把贝果平切成两半。④分别刷上沙拉酱，放上生菜叶、荷包蛋、黄瓜片、红椒、青椒、西红柿片、火腿片，将两半面包叠好，制成三明治即可。

三明治

🕐 30分钟　难易度：★☆☆

🔥 上、下火190℃

材料 高筋面粉500克，黄奶油70克，奶粉20克，细砂糖100克，盐5克，鸡蛋50克，水200毫升，酵母8克，盐、沙拉酱各适量，熟火腿2片，煎鸡蛋1个

做法 ①将细砂糖、水拌匀成糖水。②将高筋面粉、酵母、奶粉、糖水、鸡蛋、黄奶油、盐揉成面团，包好保鲜膜静置10分钟。③称出350克的面团擀平，抹盐，卷成橄榄形，放入刷有黄奶油的模具中发酵90分钟。④放入烤箱烤熟，取出切片。⑤在面包片上挤沙拉酱，放上火腿片、煎鸡蛋，制成三明治即可。

> **Tips** 火腿片最好是四方形的，这样切出来的三明治外形更美观。

203

火腿鸡蛋三明治

⏱30分钟　难易度：★☆☆

材料 原味吐司1个，黄奶油适量，黄瓜片5片，生菜叶1片，火腿片3片，鸡蛋1个，沙拉酱适量，色拉油少许

做法 ①将吐司切片。②煎锅注入色拉油，打入鸡蛋，煎至成形，盛出；锅中加色拉油，放入火腿片，煎好盛出；煎锅烧热，放入吐司，加入黄奶油，煎至金黄色盛出。③在其中一片吐司上刷沙拉酱，放上荷包蛋，刷沙拉酱，放上火腿片、生菜叶，刷沙拉酱，放上黄瓜片，刷沙拉酱，盖上吐司片，制成三明治，切成两半即可。

扫一扫学烘焙

鸡蛋腊肉三明治

⏱30分钟　难易度：★☆☆

材料 吐司2片，沙拉酱适量，鸡蛋1个，培根1片，西红柿2片，青椒圈少许，黄奶油、色拉油各适量

做法 ①煎锅中倒入色拉油，打入鸡蛋，煎至成形盛出；煎锅烧热，放入吐司片、黄奶油，煎至金黄色后盛出；锅中加色拉油，放入培根煎至焦黄色。②在其中一片吐司上刷沙拉酱，放上荷包蛋，再刷沙拉酱，放上青椒圈、西红柿片，刷沙拉酱，铺培根片，盖上吐司，制成三明治，切成小块，装入盘中即可。

扫一扫学烘焙

多味三明治

⏱30分钟　难易度：★☆☆

材料 全麦吐司2片，生菜叶1片，西红柿2片，鸡蛋1个，青椒圈、红椒圈各少许，火腿片1片，芝士片1片，黄瓜2片，沙拉酱、黄奶油、色拉油各适量

做法 ①煎锅中注色拉油，打入鸡蛋，煎熟后盛出；煎锅烧热，放入吐司片，抹上黄奶油，煎至焦黄色后盛出；锅中加色拉油，放火腿片，煎至焦黄色后盛出。②在一片吐司上刷沙拉酱，放荷包蛋，刷沙拉酱，放生菜叶，刷沙拉酱，放西红柿片，刷沙拉酱，放青椒圈、红椒圈、火腿片、芝士片，盖上吐司，切小块。

扫一扫学烘焙

杂粮阳光三明治

⏱5分钟　难易度：★☆☆

材料 煎鸡蛋1个，熟火腿1片，全麦吐司4片，西红柿1片，沙拉酱适量

做法 ①取一片全麦吐司，刷上沙拉酱。②放上火腿、吐司片，刷上沙拉酱，放入西红柿，放上吐司，刷沙拉酱，放上煎鸡蛋，盖上吐司，稍稍按压，三明治制成。③用刀将三明治切成两个长方状。④将切好的三明治装盘即可。

扫一扫学烘焙

全麦早餐三明治

🕐 8分钟　难易度：★☆☆

材料 全麦吐司4片，熟火腿1片，西红柿1片，黄瓜4片，沙拉酱适量

做法
①取一片全麦吐司，刷上适量的沙拉酱。
②放上西红柿，放上一片吐司，刷一层沙拉酱，放入火腿，涂上沙拉酱。
③放上一片吐司，刷上适量沙拉酱，放入黄瓜片，盖上一片吐司，稍稍按压，三明治制成。
④用刀将三明治切成两个长方状。
⑤将切好的三明治装盘即可。

扫一扫学烘焙

全麦吐司三明治

🕐 5分钟　难易度：★☆☆

材料 鸡蛋1个，黄瓜4片，红椒圈少许，芝士1片，生菜叶1片，全麦吐司2片，沙拉酱、色拉油、黄奶油各适量

做法
①煎锅中注入色拉油，打入鸡蛋，煎至熟透后盛出。
②煎锅烧热，放入吐司片、黄奶油，煎至两面金黄色后盛出。
③分别在两片吐司上刷沙拉酱。
④在其中一片吐司上放芝士片、生菜叶，刷沙拉酱。
⑤放荷包蛋、红椒圈、黄瓜片，盖上另一片吐司，制成三明治，切成小块即可。

扫一扫学烘焙

物谷三明治

🕐 15分钟　难易度：★★☆
🔲 上、下火190℃

材料 高筋面粉125克，全麦粉125克，黄奶油30克，水80毫升，酵母4克，蛋白25克，奶粉10克，细砂糖50克，鸡蛋2个，生菜叶2片，青椒圈少许，火腿肠2根，沙拉酱、色拉油各适量

做法
①将全麦粉、高筋面粉、奶粉、酵母、细砂糖、蛋白、水、黄奶油揉成面团，分成2个小面团，擀成面皮，卷成橄榄状，发酵90分钟，入烤箱烤15分钟至熟。
②煎锅中注入色拉油烧热，打入鸡蛋，用小火煎成荷包蛋。
③将面包切成相连的两半，刷沙拉酱，放上生菜叶、火腿肠、青椒圈、荷包蛋，夹好即可。

扫一扫学烘焙

白芝麻培根三明治

🕐 15分钟　难易度：★☆☆

材料 白芝麻法棍2个，西红柿2片，生菜叶2片，黄瓜4片，培根2片，鸡蛋2个，沙拉酱、色拉油各适量

做法
①煎锅中倒入色拉油烧热，放入培根片，煎至焦黄色后盛出。
②煎锅中再加色拉油烧热，打入鸡蛋，煎成荷包蛋后盛出。
③将法棍面包平切成两半，再刷上沙拉酱。
④放上备好的生菜叶、荷包蛋、培根、黄瓜、西红柿，盖上另一半面包，制成三明治。
⑤将做好的三明治装入盘中即可。

扫一扫学烘焙

早餐三明治

⏱8分钟　难易度：★☆☆

材料 火腿1片，西红柿1片，鸡蛋1个，吐司4片，色拉油、沙拉酱各适量

做法

①煎锅注油，放入火腿，煎约1分钟至两面微黄。②锅底留油，打入鸡蛋，煎至熟，装盘。③取一片吐司，刷沙拉酱，放上火腿，刷上沙拉酱，放上一片吐司。④刷沙拉酱，放入荷包蛋，抹沙拉酱，放入一片吐司。⑤刷沙拉酱，放上西红柿片，盖上吐司，制成三明治，切成两个长方状即可。

Tips 可以加入少许番茄酱，这样会更加开胃可口。

肉松三明治

⏱8分钟　难易度：★☆☆

材料 鸡蛋1个，吐司4片，肉松适量，色拉油、沙拉酱各适量

做法

①煎锅注油，打入鸡蛋，煎约1分钟至两面微焦，盛入盘中备用。②取一片吐司，刷上沙拉酱，放上肉松，盖上一片吐司，刷上沙拉酱。③放入荷包蛋，放上吐司片，涂抹一层沙拉酱，铺上肉松。④盖上第四片面包，制成三明治。⑤用刀切去三明治吐司的边缘，对半切开即可。

Tips 煎蛋可依个人喜好，煎成溏心荷包蛋亦可。

香烤奶酪三明治

⏱5分钟　难易度：★☆☆

☐上、下火170℃

材料 奶酪1片，黄奶油适量，吐司2片

做法

①取一片吐司，均匀地涂抹上黄奶油。②放上奶酪片后，抹上少许黄奶油。③盖上一片吐司，制成三明治。④备好烤盘，放上三明治，放入烤箱中，温度调至上、下火170℃，烤5分钟至熟。⑤取出烤好的三明治切成两个长方状。⑥将两个长方状三明治叠加一起，装盘即可。

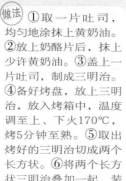

扫一扫学烘焙

素食口袋三明治

⏱5分钟　难易度：☆☆☆

材料 吐司4片，生菜叶2片，黄瓜片适量，西红柿片1片，沙拉酱适量

做法

①取一片吐司，刷上沙拉酱，放上黄瓜片，刷上沙拉酱。②放上一片吐司，涂上一层沙拉酱，放上洗净的生菜叶。③生菜叶上刷一层沙拉酱，放上吐司，刷上沙拉酱。④放上西红柿片，刷少许沙拉酱，盖上一片吐司，三明治制成。⑤用刀将三明治切成两个三角状，装盘即可。

扫一扫学烘焙

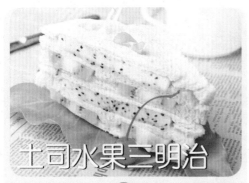

土司水果三明治

⏱ 5分钟　难易度：★☆☆

材料 火龙果1片，猕猴桃1个，吐司3片，沙拉酱适量

做法 ①取一片吐司，刷沙拉酱，放上猕猴桃片，涂抹沙拉酱，放上一片吐司，刷沙拉酱。②放上火龙果，抹上沙拉酱，盖上吐司片，三明治制成。③用刀切去三明治边缘，再将三明治沿对角线切开。④其中一块三明治表面刷上适量沙拉酱。⑤将另一块三明治叠放在其上方。⑥将三明治装盘即可。

Tips 沙拉酱可稍微放多一点，可以中和猕猴桃的酸味。

大嘴巴青蛙汉堡

⏱ 18分钟　难易度：★☆☆
🔥 上火175℃、下火160℃

材料 面包体：高筋面粉220克，低筋面粉30克，细砂糖20克，速发酵母3克，鸡蛋50克，水95毫升，无盐黄油20克，盐2克；表面装饰：黑巧克力笔适量，火腿适量，生菜适量，芝士片适量

做法 ①将高筋面粉、低筋面粉、速发酵母、鸡蛋、水、细砂糖、无盐黄油和盐揉成团，包保鲜膜松弛。②取出面团，分2等份揉圆，其中一份再分成4小圆球，揉圆。③将小圆球插入牙签，戳入大圆球上方，做成青蛙眼睛，发酵。④放入烤箱烤熟，取出，底部切半，塞入火腿、生菜、芝士片，用巧克力笔画出眼睛和鼻孔。

Tips 火腿可以入锅中煎一下再使用。

烤培根薄饼

⏱ 15分钟　难易度：★★☆
🔥 上、下火190℃

材料 高筋面粉250克，盐5克，酵母粉2克，水175毫升，无盐黄油35克，乳酪丁50克，火腿丁50克，培根50克，沙拉酱适量，全蛋液适量

做法 ①将高筋面粉、盐、酵母粉拌匀，加入水、无盐黄油揉成面团，包保鲜膜发酵。②取出面团对半分开，揉圆，包保鲜膜松弛。③取出面团，擀成圆片，刷上全蛋液，用叉子在面饼中间戳气孔，再放入火腿丁、培根、乳酪丁，最后挤上沙拉酱。④放入烤箱以上、下火190℃烤15分钟即可。

Tips 扎小孔时记得要分布均匀，能防止烤制时面皮起泡。

奥尔良风味披萨

⏱ 10分钟　难易度：★★☆
🔥 上、下火200℃

材料 披萨面皮：高筋面粉200克，酵母3克，黄奶油20克，水80毫升，盐1克，白糖10克，鸡蛋1个；馅料：瘦肉丝50克，玉米粒40克，青椒粒、红彩椒粒各40克，洋葱丝40克，芝士丁40克

扫一扫学烘焙

做法 ①高筋面粉中加入水、白糖、酵母、盐、鸡蛋、黄奶油，混匀，揉成面团。②取一半面团，擀成圆饼状面皮，放入披萨圆盘中，用叉子在面皮上扎出小孔，发酵1小时。③往面皮上撒入玉米粒，加上洋葱丝、青椒粒、红彩椒粒、瘦肉丝、芝士丁，制成披萨生坯。④放入烤箱烤至熟即可。

黄桃培根披萨

⏱ 10分钟　难易度：★★☆
🔥 上、下火200℃

材料　披萨面皮：高筋面粉200克，酵母3克，黄奶油20克，水80毫升，盐1克，白糖10克，鸡蛋1个；馅料：黄桃块80克，培根片50克，黄彩椒粒、红彩椒粒、青椒粒各40克，洋葱丝30克，沙拉酱20克，芝士丁40克

做法 ①高筋面粉倒在案台上，用刮板开窝。

②加入水、白糖、酵母、盐、鸡蛋、黄奶油，混匀，搓揉成纯滑面团。

③取一半面团，用擀面杖均匀擀成圆饼状面皮，放入披萨圆盘中，稍加修整，使面皮与披萨圆盘完整贴合。

④用叉子在面皮上均匀地扎出小孔，处理好的面皮放置于常温下发酵1小时。

⑤发酵好的面皮上放入培根片、黄桃块、洋葱丝、黄彩椒粒、红彩椒粒、青椒粒，刷上沙拉酱，撒上芝士丁，披萨生坯制成。放入烤箱，以上、下火200℃，烤10分钟至熟，取出烤好的披萨即可。

火腿鲜菇披萨

⏱ 15分钟　难易度：★★☆
🔥 上、下火200℃

材料　披萨面皮：高筋面粉200克，酵母3克，黄奶油20克，水80毫升，盐1克，白糖10克，鸡蛋1个；馅料：洋葱丝30克，玉米粒30克，香菇片30克，芝士丁40克，青椒粒40克，火腿粒50克，西红柿片45克

做法 ①高筋面粉倒入案台上，用刮板开窝。

②加入水、白糖、酵母、盐、鸡蛋、黄奶油，混匀，搓揉成纯滑面团。

③取一半面团，用擀面杖均匀擀成圆饼状面皮，放入披萨圆盘中，稍加修整，使面皮与披萨圆盘完整贴合。

④用叉子在面皮上均匀地扎出小孔，处理好的面皮放置于常温下发酵1小时。

⑤发酵好的面皮上放入玉米粒、火腿粒、香菇片、洋葱丝、青椒粒、西红柿片、芝士丁，披萨生坯制成。

⑥放入烤箱，以上、下火200℃，烤15分钟至熟，取出烤好的披萨即可。

Tips 面皮不要擀得太厚，以免影响口感。

扫一扫学烘焙

Tips 可依个人喜好，适当增加沙拉酱的用量。

扫一扫学烘焙

培根披萨

⏱12分钟　难易度：★★☆

🔥上火200℃、下火190℃

材料 披萨面皮：高筋面粉200克，酵母3克，黄奶油20克，水80毫升，盐1克，白糖10克，鸡蛋1个；馅料：红彩椒粒30克，培根40克，玉米粒40克，白糖20克，番茄酱适量，芝士丁40克

做法 ①高筋面粉倒在案台上，用刮板开窝。

②加入水、白糖、酵母、盐、鸡蛋、黄奶油，混匀，搓揉成纯滑面团。

③取一半面团，用擀面杖均匀擀成圆饼状面皮，放入披萨圆盘中，稍加修整，使面皮与披萨圆盘完整贴合。

④用叉子在面皮上均匀地扎出小孔，处理好的面皮放置于常温下发酵1小时。

⑤发酵好的面皮上挤入番茄酱，铺上玉米粒、白糖、培根、红彩椒粒、芝士丁，披萨生坯制成。

⑥放入烤箱，以上火200℃、下火190℃，烤12分钟至熟，取出烤好的披萨即可。

Tips 可依个人喜好，加入适量西红柿片，使披萨味道更丰富。

芝心披萨

⏱10分钟　难易度：★★☆

🔥上、下火200℃

材料 披萨面皮：高筋面粉200克，酵母3克，黄奶油20克，水80毫升，盐1克，白糖10克，鸡蛋1个；馅料：洋葱丝30克，山药丁50克，培根片60克，玉米粒30克，腊肠块40克，蟹棒丁30克，番茄酱适量，芝士丁40克

做法 ①高筋面粉倒在案台上，开窝。

②加入水、白糖、酵母、盐、鸡蛋、黄奶油，混匀，搓揉成纯滑面团。

③取一半面团，用擀面杖均匀擀成圆饼状面皮，放入披萨圆盘中，稍加修整，使面皮与披萨圆盘完整贴合。

④用叉子在面皮上均匀地扎出小孔，处理好的面皮放置于常温下发酵1小时。

⑤发酵好的面皮上铺一层玉米粒，挤上番茄酱，放上腊肠块、山药丁、洋葱丝、蟹棒丁、培根片、芝士丁，披萨生坯制成。

⑥放入烤箱，以上、下火200℃，烤10分钟至熟，取出烤好的披萨即可。

扫一扫学烘焙

Tips 可依个人喜好，适当增加芝士用量。

意大利披萨

⏱ 10分钟　难易度：★★☆

🔲 上、下火200℃

材料　披萨面皮：高筋面粉200克，酵母3克，黄奶油20克，水80毫升，盐1克，白糖10克，鸡蛋1个；馅料：黄彩椒、红彩椒各30克，香菇片30克，虾仁60克，鸡蛋1个，洋葱丝40克，炼乳20克，白糖30克，番茄酱适量，芝士丁40克

做法 ①高筋面粉倒在案台上，用刮板开窝。

②加入水、白糖、酵母、盐、鸡蛋、黄奶油，混匀，搓揉成纯滑面团。

③取一半面团，用擀面杖均匀擀成圆饼状面皮，放入披萨圆盘中，稍加修整，使面皮与披萨圆盘完整贴合。

④用叉子在面皮上均匀地扎出小孔，处理好的面皮放置于常温下发酵1小时。

⑤发酵好的面皮上挤入番茄酱，放上香菇片、打散的蛋液、虾仁、红彩椒粒、白糖、洋葱丝、黄彩椒粒、炼乳、芝士丁，披萨生坯制成。

⑥放入烤箱，以上、下火200℃，烤10分钟至熟，取出烤好的披萨即可。

Tips 可依个人喜好，不加入白糖。

扫一扫学烘焙

鲜蔬虾仁披萨

⏱ 10分钟　难易度：★★☆

🔲 上、下火200℃

材料　披萨面皮：高筋面粉200克，酵母3克，黄奶油20克，水80毫升，盐1克，白糖10克，鸡蛋1个；馅料：西蓝花45克，虾仁、玉米粒、番茄酱、芝士丁各适量

做法 ①高筋面粉倒在案台上，用刮板开窝。

②加入水、白糖、酵母、盐、鸡蛋、黄奶油，混匀，搓揉成纯滑面团。

③取一半面团，用擀面杖均匀擀成圆饼状面皮，放入披萨圆盘中，稍加修整，使面皮与披萨圆盘完整贴合。

④用叉子在面皮上均匀地扎出小孔，处理好的面皮放置于常温下发酵1小时。

⑤发酵好的面皮上铺一层玉米粒，放上洗净切小块的西蓝花、虾仁，挤上番茄酱，撒上芝士丁，披萨生坯制成。

⑥放入烤箱，以上、下火200℃，烤10分钟至熟，取出烤好的披萨即可。

Tips 扎小孔的时候记得要分布密集且均匀，这样能防止烤制时面皮起泡。

蔬菜披萨

🕐 10分钟　难易度：★★☆

🔥 上、下火200℃

材料 披萨面皮：高筋面粉200克，酵母3克，黄奶油20克，水80毫升，盐1克，白糖10克，鸡蛋1个；馅料：西葫芦丁、茄子丁、彩椒丁各适量，芝士丁40克

做法 ①高筋面粉倒在案台上，用刮板开窝。

②加入水、白糖、酵母、盐、鸡蛋、黄奶油，混匀，搓揉成纯滑面团。

③取一半面团，用擀面杖均匀擀成圆饼状面皮，放入披萨圆盘中，稍加修整，使面皮与披萨圆盘完整贴合。

④用叉子在面皮上均匀地扎出小孔，处理好的面皮放置于常温下发酵1小时。

⑤发酵好的面皮上铺上茄子丁，撒上西葫芦丁，加入部分芝士丁，撒上彩椒丁，放入剩余芝士丁，铺均匀，披萨生坯制成。

⑥放入烤箱，以上、下火200℃，烤10分钟至熟，取出烤好的披萨即可。

可依个人喜好在每层蔬菜丁上再铺一层芝士丁，这样烤出来的披萨能扯出丝丝芝士，味道也更浓郁。

扫一扫学烘焙

田园风光披萨

🕐 10分钟　难易度：★★☆

🔥 上、下火200℃

材料 披萨面皮：高筋面粉200克，酵母3克，黄奶油20克，水80毫升，盐1克，白糖10克，鸡蛋1个；馅料：鸡蛋1个，洋葱丝20克，玉米粒30克，香菇片20克，胡萝卜丝30克，黑胡椒粉适量，芝士丁40克

做法 ①高筋面粉倒在案台上，用刮板开窝。

②加入水、白糖、酵母、盐、鸡蛋、黄奶油，混匀，搓揉成纯滑面团。

③取一半面团，用擀面杖均匀擀成圆饼状面皮，放入披萨圆盘中，稍加修整，使面皮与披萨圆盘完整贴合。

④用叉子在面皮上均匀地扎出小孔，处理好的面皮放置于常温下发酵1小时。

⑤发酵好的面皮上倒入打散的蛋液，撒上黑胡椒粉，放上玉米粒，摆上洋葱丝，放上香菇片，加入胡萝卜丝，撒上芝士丁，披萨生坯制成，放入烤箱，烤10分钟至熟，取出烤好的披萨即可。

若没有高筋面粉，可用普通面粉代替。

扫一扫学烘焙

豆腐甜椒披萨

🕐 15分钟　难易度：★★☆

🔲 上、下火200℃

材料　高筋面粉150克，豆腐65克，甜椒酱20克，圣女果（切片）20克，黑橄榄（切片）6克，枫糖浆15克，白芝麻4克，酵母粉1.5克，盐2克，水90毫升

做法 ①将酵母粉倒入装有水的碗中，搅拌均匀成酵母水。

②将高筋面粉、盐倒入搅拌盆中，倒入酵母水、枫糖浆，拌匀，制成面团。

③取出面团放在操作台上，重复揉和甩打至面团起筋，再揉至面团表面光滑，盖上保鲜膜，室温发酵约30分钟。

④取出发酵好的面团放在操作台上，撒上少许高筋面粉（分量外），擀成厚度约2厘米的面皮，移入烤盘，刷上甜椒酱。

⑤将豆腐捣碎，再放在面皮上，用橡皮刮刀抹均匀，放上一圈圣女果片，于圈内再放上黑橄榄片，撒上白芝麻，放入已预热至200℃的烤箱中层，烘烤约15分钟即可。

Tips
可依个人喜好，调整加入圣女果的量，这样会使披萨味道更符合个人的口味。

菠萝披萨

🕐 20分钟　难易度：★★☆

🔲 上、下火200℃

材料　高筋面粉150克，牛油果泥30克，蜂蜜10克，酵母粉2克，盐2克，水25毫升，菠萝片65克，开心果碎5克，橄榄油5毫升

做法 ①酵母粉中倒入水，拌匀成酵母水。

②将高筋面粉、盐倒入搅拌盆中，倒入酵母水、蜂蜜，将搅拌盆中材料翻拌至无干粉的状态，制成面团。

③取出面团放在操作台上，继续揉一会儿，按扁，放上牛油果泥。重复揉和甩打面团，至面团起筋，再揉至面团光滑。

④将面团放回搅拌盆中，盖上保鲜膜，室温发酵约30分钟。

⑤取出面团，撒上少许高筋面粉（分量外），用擀面杖将面团擀成厚度为2厘米的面皮，放入烤盘，在面皮表面放上一圈菠萝片，刷上橄榄油，放入烤箱中层，烘烤20分钟，取出撒上一层开心果碎即可。

Tips
可依个人喜好，用其他的坚果来代替开心果碎。菠萝片可以事先用糖腌渍一会儿，会使烤出的披萨味道更香。

Part 3

蛋糕篇

蛋糕在许多方面都影响着人们的饮食生活，精致的外形、绵软的口感、丰富的味道，都让它享受着"尊贵待遇"。生日聚会上它是必备的甜品，午茶时间它是重要的主角之一，早餐时它是营养的化身。开心的时候可以吃，不开心的时候更要吃。如果你爱吃蛋糕，不妨亲手做一个！就让囊括了多种蛋糕做法的这个章节，带你领略蛋糕的美味！

戚风蛋糕体制作

　　戚风蛋糕口感独特，很多种蛋糕使用的蛋糕体都是戚风蛋糕。但是在制作戚风蛋糕时，也有很多需要注意的事项，如烤制蛋糕前要将烤箱先预热，脱模的时候一定要小心，以免蛋糕碎掉等。

原料： 蛋白140克，细砂糖140克，塔塔粉2克，蛋黄60克，水30毫升，食用油30毫升，低筋面粉70克，玉米淀粉55克，泡打粉2克

工具： 电动打蛋器、手动打蛋器、长柄刮板、圆形模具各1个，蛋糕刀1把，烤箱1台

◎ 25分钟　　🥄 增强免疫力　　🍵 甜

1.取一个容器，加入蛋黄、水、食用油、低筋面粉。

2.加入玉米淀粉、110克细砂糖、泡打粉，搅拌均匀。

3.另取容器，加蛋白、30克细砂糖、塔塔粉拌成鸡尾状。

4.将拌好的蛋白部分加入到蛋黄里，搅拌搅匀。

5.烤盘上铺上烘焙纸；将搅拌好的面糊倒入模具中，倒至六分满。

6.模具放入烤箱内，以上火180℃、下火160℃，时间设定为25分钟。

7.待25分钟后，戴上隔热手套取出烤盘放凉。

8.用刀贴着模具四周将蛋糕跟模具分离取出。

海绵蛋糕坯制作

一片大块的海绵蛋糕非常适合做成特殊形状的蛋糕，用模具轻轻一印，无论是慕斯还是提拉米苏都可以轻松制作出来，真是烘焙常备材料。在给烤好的海绵蛋糕脱模的时候一定要将四周完全戳松，会更好倒出。

原料： 鸡蛋200克，蛋黄15克，细砂糖130克，蜂蜜40克，水40毫升，高筋面粉125克，盐3克

工具： 电动打蛋器、长柄刮板各1个，蛋糕刀1把，烤箱1台

🕐 20分钟　　🍴 美容养颜　　😋 甜

| 1.取一个容器，倒入鸡蛋、蛋黄、细砂糖，打发。 | 2.加入盐、高筋面粉，分次加入蜂蜜，搅拌匀。 | 3.分次加入水，将所有的食材充分搅成面糊。 | 4.烤盘上铺上烘焙纸，将搅拌好的面糊倒入烤盘。 |

| 5.将烤盘放入预热好的烤箱内，关好烤箱门。 | 6.上火调为170℃，下火调为170℃，时间定为20分钟使面糊松软。 | 7.待20分钟后，戴上隔热手套取出烤盘放凉。 | 8.倒出，撕去蛋糕底部的烘焙纸，修理整齐即可。 |

蜂巢蛋糕

🕐 25分钟　难易度：★☆☆

🔥 上火200℃、下火180℃

材料　水150毫升，糖粉150克，鸡蛋2个，蜂蜜25克，色拉油65毫升，苏打粉7克，炼奶18克，低筋面粉100克，奶油适量

扫一扫学烘焙

做法
①在模具里抹上奶油，撒入低筋面粉（分量外）抹匀；锅中倒入水、糖粉煮溶化。②将鸡蛋、蜂蜜、色拉油、炼奶、低筋面粉、苏打粉、糖水分次倒入容器中，拌均匀，静置45分钟，倒入模具中。③把模具放入烤盘，再放入预热好的烤箱，烤25分钟，取出，切成两半即可。

美式芝麻蛋糕

🕐 20分钟　难易度：★☆☆

🔥 上、下火170℃

材料　低筋面粉40克，黑芝麻少许，蛋白3个，细砂糖30克，白芝麻适量

扫一扫学烘焙

做法
①将蛋白、细砂糖倒入大碗中，用电动打蛋器打发至起泡，将低筋面粉过筛至碗中，搅拌均匀，加入黑芝麻、白芝麻拌匀，即成面糊。②将面糊倒入模具中，抹平，轻震模具，将面糊震平。③把烤箱调成上、下火170℃，预热。④将模具放入烤箱中，烤20分钟，取出即可。

巧克力抹茶蛋糕

🕐 20分钟　难易度：★★☆

🔥 上火180℃、下火160℃

材料　白巧克力液50克，黑巧克力液10克；蛋黄部分：水20毫升，色拉油55毫升，细砂糖28克，低筋面粉70克，玉米淀粉55克，泡打粉2克，蛋黄5个，抹茶粉15克；蛋白部分：细砂糖100克，塔塔粉3克，蛋白5个

Tips 加入一种材料搅拌一次面糊会比较细腻。

做法
①蛋黄部分：将所有材料搅拌成面糊状。②蛋白部分：将蛋白打至起泡，加入细砂糖、塔塔粉，搅拌至鸡尾状，倒入蛋黄中搅拌匀。③在烤盘上平铺一张白纸倒入面糊抹平，放入烤箱，烤20分钟，切成块状。④将白巧克力液淋在蛋糕上，用裱花袋将黑巧克力液打成花纹即可。

酥樱桃蛋糕

🕐 20分钟　难易度：★★☆

🔥 上、下火170℃

材料　蛋糕体：黄油100克，糖粉50克，鸡蛋1个，盐1克，低筋面粉70克，泡打粉2.5克，樱桃85克；酥皮馅：黄油25克，细砂糖25克，高筋面粉25克

Tips 制作酥皮，拌匀后要捏散呈颗粒状。

做法
①酥皮馅：将细砂糖、黄油、高筋面粉搅拌匀。②蛋糕体：将糖粉、黄油、鸡蛋、盐、泡打粉、低筋面粉搅拌成糊状，即成蛋糕体生坯。③取模具，刷上一层黄油，盛入蛋糕体生坯摊开，至三分满，撒上樱桃，再盖上酥皮馅摊开。④烤箱预热，放入生坯，烤约20分钟即可。

德式苹果蛋糕

⏱ 10分钟　难易度：★★☆
🔥 上、下火180℃

材料 松饼粉55克，鸡蛋1个，苹果1个，柠檬汁5毫升，牛奶50毫升，糖粉适量

做法 ①将苹果去芯，切成薄片，倒入柠檬汁。②将鸡蛋打散（留两勺蛋液备用），倒入牛奶、松饼粉搅拌，制成蛋糕糊，倒入模具中，抹平。③将苹果片放在蛋糕糊表面，浇上一些蛋液，放入预热的烤箱中，烘烤约10分钟，取出，脱模。④最后在表面撒上糖粉即可。

> **Tips** 将柠檬汁倒入苹果中可以防止苹果氧化变色。

枕头戚风蛋糕

⏱ 25分钟　难易度：★☆☆
🔥 上火180℃、下火160℃

材料 鸡蛋4个；蛋黄部分：低筋面粉70克，玉米淀粉55克，泡打粉2克，水70毫升，色拉油55毫升，细砂糖28克；蛋白部分：细砂糖97克，泡打粉3克

扫一扫学烘焙

做法 ①将鸡蛋的蛋黄、蛋白分别装入搅拌盆中。②蛋黄部分：将蛋黄、低筋面粉、玉米淀粉、泡打粉、水、色拉油、细砂糖，拌至无细粒。③蛋白部分：蛋白打至起泡，倒入细砂糖、泡打粉，拌至呈鸡尾状。④蛋白倒入蛋黄中拌匀，倒入模具中，放入烤箱，烤25分钟，至其呈金黄色即可。

重油蛋糕

⏱ 20分钟　难易度：★☆☆
🔥 上火180℃、下火200℃

材料 鸡蛋250克，低筋面粉250克，泡打粉5克，细砂糖250克，色拉油250毫升，花生碎、蜂蜜各适量

扫一扫学烘焙

做法 ①将鸡蛋、细砂糖拌至呈乳白色，筛入低筋面粉、泡打粉，搅拌匀，加入色拉油，打发至浆糊状。②将模具放在烤盘中，把浆糊倒入模具中，约五分满即可，撒入花生碎。③将烤盘放入烤箱中，调成上火180℃、下火200℃，烤20分钟，至其呈金黄色，取出，刷上适量蜂蜜即可。

简易海绵蛋糕

⏱ 20分钟　难易度：★☆☆
🔥 上火170℃、下火190℃

材料 鸡蛋4个，低筋面粉125克，细砂糖112克，水50毫升，色拉油37毫升，蛋糕油10克，蛋黄2个

> **Tips** 用手在烤好的蛋糕上轻按，松手后可复原表示已烤熟。

做法 ①鸡蛋、细砂糖打发至起泡，倒入水、低筋面粉、蛋糕油、色拉油拌匀，倒入烤盘，抹匀。②将蛋黄拌匀，倒入裱花袋中，快速淋在面糊上，用筷子在面糊表层呈反方向划动，放入烤箱中。③把烤箱温度调成上火170℃、下火190℃，烤20分钟，切成三角形，装入盘中即可。

重芝士蛋糕

🕐 15分钟　难易度：★☆☆
🔲 上、下火160℃

材料 黄奶油20克，手指饼干40克，芝士210克，细砂糖20克，植物鲜奶油60克，蛋黄1个，全蛋1个，牛奶30毫升，焦糖适量

扫一扫学烘焙

做法 ①把手指饼干捣碎，加入黄奶油，搅拌均匀，装入模具，压平。②把细砂糖、全蛋、蛋黄搅匀，加入植物鲜奶油、芝士、牛奶搅拌，搅成蛋糕浆，倒入模具上。③将焦糖装入裱花袋中，挤在蛋糕浆面上，用筷子划出花纹。④将烤箱预热5分钟，放入蛋糕生坯，烘烤15分钟，取出即可。

蓝莓芝士蛋糕

🕐 15分钟　难易度：★☆☆
🔲 上、下火180℃

材料 饼干60克，黄奶油30克，芝士300克，细砂糖65克，鸡蛋1个，玉米淀粉15克，牛奶120毫升，蓝莓适量

Tips 饼干碎与黄奶油要混合均匀，蛋糕底才会密实。

做法 ①把饼干捣碎，加入黄奶油，搅拌均匀，装入圆形模具中，压实、压平。②将牛奶倒入锅中，加入细砂糖、芝士、玉米淀粉，用小火煮成糊状，加入鸡蛋搅匀，制成蛋糕糊，倒在饼干糊上，再放上蓝莓，制成蛋糕生坯。③将烤箱预热5分钟，放入蛋糕生坯，烘烤15分钟至熟，取出即可。

红豆乳酪蛋糕

🕐 15分钟　难易度：★☆☆
🔲 上、下火180℃

材料 芝士250克，鸡蛋3个，细砂糖20克，酸奶75毫升，黄奶油25克，红豆粒80克，低筋面粉20克，糖粉适量

Tips 鸡蛋要分次加入并拌匀。

做法 ①将芝士隔水加热至熔化，搅拌均匀，加入细砂糖、黄奶油、鸡蛋，搅拌匀。②倒入低筋面粉，搅拌均匀，放入酸奶、红豆粒，搅拌匀，倒入垫有烘焙纸的烤盘中，抹平。③将烤箱预热，放入烤盘，烤15分钟，取出，撕去烘焙纸，切成块，筛上适量糖粉即可。

抹茶蜂蜜蛋糕

🕐 20分钟　难易度：★☆☆
🔲 上、下火170℃

材料 低筋面粉65克，纯牛奶40毫升，鸡蛋4个，色拉油40毫升，蛋糕油10克，高筋面粉35克，抹茶粉4克，蜂蜜10克，盐2克，细砂糖100克

Tips 将面粉先过筛再进行搅拌，这样做出来的蛋糕口感会更细致。

做法 ①将低筋面粉、高筋面粉、抹茶粉、蛋糕油倒入小碗中，待用。②将鸡蛋、细砂糖、盐倒入另一大碗中打发均匀，倒入小碗中的材料，打发均匀，加入纯牛奶、蜂蜜打发均匀，倒入色拉油，搅拌成糊状，倒入烤盘抹匀。③把烤箱预热，放入烤盘，烤20分钟，取出，切成长小方块即成。

蜂蜜海绵蛋糕

🕐20分钟　难易度：★☆☆

🔥上、下火170℃

材料 鸡蛋240克，蛋黄45克，细砂糖130克，盐3克，蜂蜜40克，水40毫升，高筋面粉125克

做法 ①将水、细砂糖、盐、蛋黄、鸡蛋打发至起泡，倒入高筋面粉、蜂蜜，快速搅拌匀。②烤盘铺烘焙纸，倒入材料抹匀。③把烤箱调为上、下火170℃预热，将烤盘放入预热好的烤箱中，烤20分钟，取出，撕去烘焙纸，切成大小均等的小方块即可。

Tips 脱模时先将蛋糕周围与烤盘分离，更容易倒出。

红茶海绵蛋糕

🕐20分钟　难易度：★☆☆

🔥上、下火170℃

材料 鸡蛋450克，细砂糖230克，色拉油70毫升，低筋面粉190克，红茶末10克，纯牛奶70毫升

做法 ①将鸡蛋、细砂糖搅拌至起泡。②在低筋面粉中倒入红茶末，倒入鸡蛋中，一边倒入纯牛奶，一边快速搅拌均匀，倒入色拉油，搅拌均匀，制成蛋糕浆。③在模具中倒入蛋糕浆至五分满。④把烤箱调为上、下火170℃，预热一会儿，放入模具，烤20分钟，取出，脱模即可。

扫一扫学烘焙

红豆蛋糕

🕐20分钟　难易度：★★☆

🔥上、下火160℃

材料 红豆粒60克，蛋白150克，细砂糖140克，玉米淀粉90克，色拉油100毫升

做法 ①将蛋白、细砂糖搅拌至起泡。②另取一个碗，倒入色拉油、玉米淀粉，拌成面糊。③蛋白倒入面糊中拌匀，制成蛋糕浆。④在烤盘上铺烘焙纸，倒入红豆粒、蛋糕浆抹匀，放入烤箱，烤20分钟，取出。⑤用刀将蛋糕切块，将每两块蛋糕有红豆的一面朝上，贴合在一起即可。

扫一扫学烘焙

巧克力海绵蛋糕

🕐20分钟　难易度：★☆☆

🔥上、下火170℃

材料 鸡蛋335克，细砂糖155克，低筋面粉125克，食粉2.5克，纯牛奶50毫升，色拉油28毫升，可可粉50克

做法 ①将鸡蛋、细砂糖快速搅拌匀，制成蛋液。②在低筋面粉中倒入食粉、可可粉，混合好，倒入蛋液中搅拌匀，倒入纯牛奶、色拉油，拌均匀，制成蛋糕浆。③在烤盘铺烘焙纸，倒入蛋糕浆抹匀，放入烤箱，烤20分钟，取出，撕去粘在蛋糕底部的烘焙纸，切成三角形，装入盘中即成。

扫一扫学烘焙

布朗尼蛋糕

⏱ 48分钟　难易度：★★☆

🔥 上、下火180℃转上、下火160℃

材料 布朗尼：黄奶油液50克，黑巧克力液50克，细砂糖50克，鸡蛋1个，酸奶20毫升，中筋面粉50克；芝士蛋糕：奶酪210克，细砂糖40克，鸡蛋1个，酸奶60毫升

做法 ①布朗尼：黑巧克力液加入黄奶油液、细砂糖、中筋面粉，搅成糊状。

②加入鸡蛋，用电动搅拌器快速搅匀，加入酸奶，搅拌成纯滑的巧克力糊。

③取圆形模具，在里面刷上黄奶油，撒上低筋面粉，把巧克力糊装入模具里，整理平整。

④把模具放入预热好的烤箱里，以上、下火180℃烤约18分钟。

⑤芝士蛋糕：鸡蛋加入细砂糖，打发，加入奶酪、酸奶，搅拌成纯滑的蛋糕浆。

⑥打开烤箱，把布朗尼取出，倒上蛋糕浆，放入预热好的烤箱里，以上、下火160℃烤30分钟。

⑦取出，脱模，切成扇形的小块，装入盘中即可。

Tips 巧克力糊倒入模具后，可将模具震几下，以挤出其中的空气。

法兰西依士蛋糕

⏱ 45分钟　难易度：★★☆

🔥 上火190℃、下火200℃

材料 蛋糕体：高筋面粉500克，黄奶油70克，奶粉20克，细砂糖100克，盐5克，鸡蛋1个，水200毫升，酵母8克；蛋糕浆：鸡蛋6个，细砂糖150克，低筋面粉250克，吉士粉20克，色拉油175毫升，瓜子仁适量；卡仕达酱：蛋黄3个，纯牛奶250毫升，细砂糖60克，低筋面粉25克

做法 ①蛋糕体：细砂糖中加入水搅拌至糖分溶化；高筋面粉加入酵母、奶粉、糖水，揉搓成面团，加入鸡蛋、黄奶油、盐，揉搓成光滑的面团，揪成小剂子。

②卡仕达酱：将细砂糖、蛋黄搅拌均匀，加入低筋面粉，搅成面糊，加入纯牛奶，倒入锅中，煮热后调小火，即成卡仕达酱，装入裱花袋中。

③蛋糕浆：将鸡蛋、细砂糖、吉士粉、低筋面粉搅成糊，倒入小剂子拌匀，倒入色拉油、瓜子仁拌匀，倒入铺有烘焙纸的模具中，挤上卡仕达酱，放入预热好的烤箱里，烤45分钟，取出即可。

Tips 可加入坚果、水果干等食材，能增加蛋糕的风味。

蔓越莓蛋糕

⏱ 25分钟　难易度：★★☆

🔥 上火180℃、下火160℃

材料　鸡蛋4个，打发的植物鲜奶油200克，蔓越莓果酱40克；蛋黄部分：低筋面粉70克，玉米淀粉55克，泡打粉2克，水70毫升，色拉油55毫升，细砂糖28克；蛋白部分：细砂糖97克，泡打粉3克

做法　①鸡蛋打开，将蛋黄、蛋白分别装入大碗中。

②蛋黄部分：将蛋黄和蛋黄部分的材料拌匀。

③蛋白部分：蛋白搅拌至起泡，倒入细砂糖、泡打粉，打发至鸡尾状。

④将蛋白部分倒入蛋黄部分中，搅拌均匀，制成面糊，倒入模具中，放在烤盘中，放入烤箱，烤25分钟，取出。

⑤横向将蛋糕对半切开，留一块在转盘上，倒入部分打发的鲜奶油，抹平，盖上另一块蛋糕，放上适量鲜奶油抹匀。

⑥边沿挤上鲜奶油朵，将蔓越莓果酱倒在蛋糕顶部的中间部位抹匀即成。

Tips　可依个人喜好，随意挤出奶油的形状。

扫一扫学烘焙

狝猴桃蛋糕

⏱ 25分钟　难易度：★★☆

🔥 上火180℃、下火160℃

材料　鸡蛋4个，狝猴桃2个，杏仁片适量，打发的植物鲜奶油200克，糖粉少许；蛋黄部分：低筋面粉70克，玉米淀粉55克，泡打粉2克，水70毫升，色拉油55毫升，细砂糖28克；蛋白部分：细砂糖97克，泡打粉3克

做法　①鸡蛋打开，将蛋黄、蛋白分别装入大碗中，备用。

②将蛋黄和蛋黄部分的材料拌匀。

③蛋白搅拌至起泡，倒入蛋白部分的细砂糖、泡打粉，打发至鸡尾状，倒入蛋黄部分中拌匀，倒入模具，放在烤盘中。

④将烤盘放入烤箱，烤25分钟，取出，横向将蛋糕对半切开，留一块在转盘上，倒入部分打发的鲜奶油抹平，盖上另一块蛋糕，放上鲜奶油抹匀，在蛋糕的周边下方沾上杏仁片。

⑤狝猴桃切片；裱花袋装入适量鲜奶油，挤出数个鲜奶油朵，在蛋糕中间撒上杏仁片，放上狝猴桃，筛上糖粉即可。

Tips　狝猴桃的皮不宜去得太厚，以免损失过多的营养物质。

南瓜芝士蛋糕

⏱ 15分钟　难易度：★★☆
🔲 上、下火160℃

材料 蛋糕底：饼干60克，黄奶油35克；蛋糕体：芝士250克，细砂糖50克，南瓜泥125克，牛奶30毫升，鸡蛋2个，玉米淀粉30克

做法 ①蛋糕底：把饼干捣碎，加入黄奶油拌匀，装入模具压平。②蛋糕体：把牛奶倒入锅中，加入细砂糖、芝士，小火煮化，再倒入南瓜泥、鸡蛋、关火，倒入玉米淀粉拌匀，倒在模具中的饼干糊上。③将烤箱上、下火均调为160℃，预热5分钟，放入蛋糕生坯，烘烤15分钟至熟，取出即可。

扫一扫学烘焙

香橙吉利蛋糕

⏱ 25分钟　难易度：★☆☆
🔲 上、下火170℃

材料 牛奶100毫升，细砂糖220克，低筋面粉125克，蛋糕油25克，香橙色香油3毫升，鸡蛋9个，高筋面粉100克，色拉油100毫升

做法 ①鸡蛋中加入细砂糖、高筋面粉、低筋面粉、蛋糕油、牛奶、色拉油、香橙色香油搅拌均匀，制成面糊。②将烘焙纸四个角剪开，铺在烤盘中，倒入面糊，抹平，放入烤箱中。③以上、下火170℃烤25分钟至熟，取出，撕掉蛋糕底部的白纸，切成大小均等的长方形块即可。

Tips 粉类材料需要过筛。

风味玉米蛋糕

⏱ 18分钟　难易度：★☆☆
🔲 上、下火170℃

材料 细砂糖220克，黄奶油100克，奶粉120克，鸡蛋7个，水60毫升，玉米淀粉80克，泡打粉6克，蛋糕油12克

做法 ①将鸡蛋、细砂糖搅拌均匀，倒入黄奶油、玉米淀粉、奶粉、蛋糕油、泡打粉、水，搅拌成纯滑的面浆。②用剪刀将烘焙纸四个角剪开，铺在烤盘里，倒入适量面浆抹平，放入烤箱中。③以上、下火170℃烤约18分钟，取出，切成均等的方块即可。

扫一扫学烘焙

巧克力芝士蛋糕

⏱ 30分钟　难易度：★★☆
🔲 上、下火160℃

材料 蛋糕底：饼干60克，黄奶油35克；蛋糕体：芝士200克，细砂糖40克，黑巧克力60克，黄奶油40克，牛奶50毫升，鸡蛋1个，白兰地5毫升，玉米淀粉30克

做法 ①蛋糕底：饼干用擀面杖捣碎，加入黄奶油，搅拌均匀，装入模具中，压实、压平。②蛋糕体：把白兰地倒入锅中，加入牛奶、细砂糖、黑巧克力，小火煮化，放入黄奶油、芝士、玉米淀粉、鸡蛋搅匀，倒入模具中。③将烤箱预热5分钟，放入蛋糕生坯，烘烤30分钟即可。

Tips 黄奶油使用前应将其恢复到室温状态，有助于搅匀。

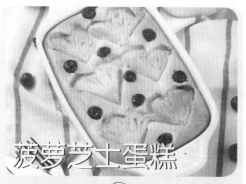

菠萝芝士蛋糕

⏱ 60分钟　难易度：★★☆
🔥 上、下火170℃

材料 奶油奶酪150克，细砂糖30克，鸡蛋50克，原味酸奶50毫升，朗姆酒15毫升，杏仁粉30克，玉米淀粉10克，菠萝果肉150克，蓝莓40克，镜面果胶适量

Tips 原味酸奶可以换成其他味道的酸奶。

做法 ①室温软化的奶油奶酪加入细砂糖、鸡蛋、原味酸奶、朗姆酒、杏仁粉和玉米淀粉搅拌均匀，制成芝士糊，倒入陶瓷烤碗中，抹平表面。②将切好的菠萝果肉摆在芝士糊表面，摆上适量蓝莓，放入预热好的烤箱中，烘烤约60分钟。③取出，刷上镜面果胶即可。

巧克力熔岩蛋糕

⏱ 20分钟　难易度：★☆☆
🔥 上火180℃、下火200℃

材料 黑巧克力70克，黄奶油50克，低筋面粉30克，细砂糖20克，鸡蛋1个，蛋黄1个，朗姆酒5毫升，糖粉适量

Tips 蛋糕液倒入模具中五分满即可。

做法 ①模具内侧刷上少许黄奶油，撒入少许低筋面粉，摇晃均匀。②黑巧克力隔水加热，放入黄奶油，拌至熔化后关火。③另取搅拌盆，倒入蛋黄、鸡蛋、细砂糖、朗姆酒、低筋面粉、熔化的巧克力和黄奶油，拌匀，倒入模具中，放入烤盘中。④烤箱中放入烤盘，烤20分钟，取出，筛上糖粉即成。

朗姆酒奶酪蛋糕

⏱ 30分钟　难易度：★☆☆
🔥 上、下火170℃

材料 消化饼干80克，无盐黄油25克，奶油奶酪300克，淡奶油80克，细砂糖60克，朗姆酒120毫升，鸡蛋70克，浓缩柠檬汁30毫升，低筋面粉25克

Tips 可根据个人喜好调整朗姆酒用量。

做法 ①将消化饼干压碎，加无盐黄油拌匀。②慕斯圈底部包锡纸，放入饼干混合物压实，冷藏30分钟。③将奶油奶酪及细砂糖搅打至顺滑，倒入鸡蛋、淡奶油、朗姆酒、浓缩柠檬汁、低筋面粉，搅拌均匀成芝士糊。④取出饼干底，倒入芝士糊，放入烤箱中，烤25~30分钟，取出，冷藏3小时即可。

布朗尼斯蛋糕

⏱ 15分钟　难易度：★☆☆
🔥 上火180℃、下火160℃

材料 低筋面粉100克，鸡蛋2个，泡打粉1克，食粉1克，可可粉100克，黑巧克力液适量，黄奶油液125克，细砂糖150克

扫一扫学烘焙

做法 ①黄奶油液中加入细砂糖、鸡蛋、低筋面粉、可可粉、食粉、泡打粉、部分黑巧克力液，搅拌成糊。②放入铺有烘焙纸的烤盘里，抹平。③放入预热好的烤箱里，烤15分钟，取出，撕掉蛋糕底部的烘焙纸，切成小方块。④将剩余的巧克力液倒在蛋糕上，抹匀即可。

玉枕蛋糕

⏱ 30分钟　难易度：★★☆
🔲 上火190℃、下火170℃

材料 蛋糕体：蛋黄150克，细砂糖75克，水75毫升，低筋面粉250克，泡打粉2克，色拉油100毫升；蛋白部分：蛋白350克，细砂糖150克，盐2克，塔塔粉4克

扫一扫学烘焙

做法 ①蛋糕体：将蛋糕体材料混合均匀，搅成纯滑的面浆。②蛋白部分：蛋白加入细砂糖快速打发，加入盐、塔塔粉，打发成鸡尾状。③把蛋白加入到面浆里，搅拌成蛋糕浆，倒入铺有烘焙纸的模具里，至六分满，放入烤箱里。④烤30分钟，取出，撕去烘焙纸即可。

黑玛莉巧克力蛋糕

⏱ 30分钟　难易度：★★☆
🔲 上、下火170℃

材料 蛋糕体：黄奶油100克，细砂糖130克，热水50毫升，可可粉18克，鲜奶油65克，低筋面粉95克，食粉、肉桂粉、盐、香草粉、蛋黄各适量；蛋白部分：蛋白、细砂糖、糖粉各适量

Tips 也可撒上可可粉进行装饰。

做法 ①蛋糕体：细砂糖加入黄奶油，搅匀，加入热水、可可粉、肉桂粉、鲜奶油、食粉、香草粉、盐、低筋面粉、蛋黄搅成面浆。②蛋白部分：把蛋白、细砂糖打发成鸡尾状，加入到面浆里搅匀，装入模具中，放入烤箱里。③烤30分钟，取出，把糖粉过筛撒在蛋糕上即可。

纽约芝士蛋糕

⏱ 70分钟　难易度：★★★
🔲 上、下火160℃转180℃

材料 酸奶油100克，糖粉20克，新鲜蓝莓适量；蛋糕底：奥利奥饼干80克，无盐黄油40克；蛋糕体：奶油奶酪200克，细砂糖40克，鸡蛋50克，酸奶油100克，柳橙果粒酱15克，牛奶少许，玉米淀粉15克

Tips 也可用其他新鲜水果装饰。

做法 ①蛋糕底：奥利奥饼干碾碎，加入熔化的无盐黄油，拌匀倒入模具压平。②蛋糕体：将蛋糕体材料拌均匀，倒入模具中。③放入烤箱，以160℃烤50分钟，转180℃烤10分钟，取出。④将酸奶油100克和糖粉混合均匀，倒到蛋糕表面，再以180℃烤约10分钟，取出，放上蓝莓即可。

什锦果干芝士蛋糕

⏱ 35分钟　难易度：★☆☆
🔲 上、下火170℃

材料 什锦果干70克，核桃仁30克，白兰地80毫升，奶油奶酪125克，无盐黄油50克，细砂糖50克，鸡蛋75克，牛奶30毫升，低筋面粉120克，泡打粉2克，盐1克

Tips 果干最好用白兰地浸泡一夜再使用，更入味。

做法 ①将什锦果干用白兰地浸泡。②室温软化的奶油奶酪中加入细砂糖、无盐黄油、低筋面粉、泡打粉、盐、鸡蛋、牛奶、浸泡后的什锦果干及核桃仁，搅拌均匀，制成蛋糕糊。③在中空模具内部涂抹一层无盐黄油，将蛋糕糊倒入其中，放进预热至170℃的烤箱中烘烤约35分钟即可。

瓦那蛋糕

⏱ 25分钟　难易度：★☆☆

🔥 上火170℃、下火130℃

材料 鸡蛋5个，蛋黄10克，细砂糖180克，纯牛奶35毫升，低筋面粉145克，泡打粉1克，黄奶油150克，盐1克；装饰：蛋黄1个

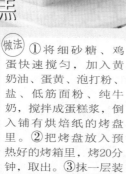

扫一扫学烘焙

做法

①将细砂糖、鸡蛋快速搅匀，加入黄奶油、蛋黄、泡打粉、盐、低筋面粉、纯牛奶，搅拌成蛋糕浆，倒入铺有烘焙纸的烤盘里。②把烤盘放入预热好的烤箱里，烤20分钟，取出。③抹一层装饰蛋黄，放入烤箱，再烤5分钟，取出，撕掉粘在蛋糕上的烘焙纸，切成长方块即可。

香杏蛋糕

⏱ 20分钟　难易度：★☆☆

🔥 上、下火170℃

材料 低筋面粉150克，高筋面粉少许，泡打粉3克，蜂蜜适量，鸡蛋3个，细砂糖110克，色拉油60毫升，杏仁片15克，熔化的黄奶油60克

Tips 熔化的黄奶油即是指将黄奶油隔水加热至熔化。

做法

①模具内侧刷一层黄奶油，撒入少许高筋面粉，摇晃均匀。②将鸡蛋、细砂糖、低筋面粉、高筋面粉、泡打粉、色拉油、黄奶油，搅拌成蛋糕浆。③在模具内放入杏仁片，倒入蛋糕浆，再放上杏仁片，放入预热好的烤箱中。④烤20分钟，取出，刷一层蜂蜜即可。

巧克力水果蛋糕

⏱ 30分钟　难易度：★★☆

材料 戚风蛋糕体1个，提子50克，打发的植物鲜奶油适量，巧克力果膏80克，黑巧克力片40克，猕猴桃1个，白巧克力2片

Tips 摆放水果时要轻拿轻放，以免破坏蛋糕表面奶油的平整。

做法

①猕猴桃、提子切成两瓣。②把蛋糕体放在转盘上，用蛋糕刀在其2/3处平切成两块，抹一层植物鲜奶油，盖上另一块蛋糕，涂抹植物鲜奶油包裹住整个蛋糕。③倒上巧克力果膏，将其裹满整个蛋糕，底侧粘上巧克力片，在顶部放上切好的猕猴桃、提子，再插上两片白巧克力片即可。

水晶蛋糕

⏱ 30分钟　难易度：★★☆

材料 戚风蛋糕体1个，打发的植物鲜奶油适量，菠萝果肉50克，黄桃果肉50克，巧克力片40克，香橙果膏50克，猕猴桃1个，提子适量

Tips 涂抹奶油时，转盘碗转速度不能过快，以免涂抹不均匀。

做法

①猕猴桃、提子切成两瓣。②把蛋糕体放在转盘上，用蛋糕刀在其2/3处平切成两块，在切口上抹一层植物鲜奶油，盖上另一块蛋糕。③在蛋糕上涂抹植物鲜奶油，至包裹住整个蛋糕，倒上香橙果膏，用抹刀将其裹满整个蛋糕，在蛋糕底侧粘上巧克力片，放上备好的水果即可。

白留板蛋糕

⏱ 20分钟　难易度：★☆☆
🔥 上、下火160℃

材料 低筋面粉125克，鸡蛋225克，细砂糖125克，盐1克，塔塔粉5克，蛋糕油12.5克，水7毫升，色拉油7毫升

扫一扫学烘焙

做法 ①鸡蛋加入细砂糖搅匀，放入盐、低筋面粉、塔塔粉、蛋糕油、水、色拉油，搅成纯滑的蛋糕浆，倒入垫有白纸的烤盘里，抹均匀、平整。②将生坯放入预热好的烤箱里，把烤箱上、下火调为160℃，烤20分钟，取出，撕去其底部的白纸。③将蛋糕切成方块，装盘即可。

蜂蜜千层糕

⏱ 30分钟　难易度：★★☆
🔥 上、下火170℃

材料 鸡蛋4个，细砂糖100克，盐2克，低筋面粉100克，香草粉3克，泡打粉2克，蛋糕油10克，水5毫升，蜂蜜10克，色拉油5毫升

扫一扫学烘焙

做法 ①鸡蛋加入细砂糖、盐、低筋面粉、泡打粉、香草粉、蛋糕油、蜂蜜、水、色拉油，搅成面浆。②烤盘垫白纸，倒入适量面浆，抹匀，放入预热好的烤箱里。③烤10分钟，取出，再铺上一层面浆，放回烤箱，烤10分钟，取出，再铺上一层面浆，放回烤箱，再烤10分钟，取出即可。

红茶伯爵

⏱ 25分钟　难易度：★☆☆
🔥 上、下火170℃

材料 低筋面粉200克，黄奶油200克，细砂糖200克，鸡蛋3个，奶粉10克，泡打粉3克，红茶粉3克

扫一扫学烘焙

做法 ①将黄奶油、细砂糖、鸡蛋、面粉、奶粉、泡打粉、红茶粉搅匀，制成蛋糕糊。②把蛋糕糊倒在垫有白纸的烤盘里，用长柄刮板抹均匀、平整，放入预热好的烤箱，把烤箱上下火均调为170℃，烘烤25分钟，取出。③撕去蛋糕底部的白纸，边缘切平整，切成小方块即可。

可可粉魔鬼蛋糕

⏱ 20分钟　难易度：★☆☆
🔥 上、下火180℃

材料 糖粉90克，鸡蛋2个，盐1克，黄奶油90克，可可粉12克，泡打粉1克，苏打粉1克，牛奶40毫升，低筋面粉45克，高筋面粉45克；装饰：糖粉适量

> **Tips**
> 烤时须注意观察，以免因烤箱功率有差距，导致蛋糕表面有开裂。

做法 ①将黄奶油、糖粉、鸡蛋、低筋面粉、高筋面粉、可可粉、盐、泡打粉、苏打粉、牛奶搅成面浆。②把面浆倒入垫有白纸的模具里，用长柄刮板涂抹均匀、平整，放入预热好的烤箱。③将烤箱上、下火调为180℃，烤20分钟，取出，脱模后放置于案台白纸上，糖粉过筛撒在蛋糕上即可。

雪芬蛋糕

⏱ 30分钟　难易度 ★★☆

🔥 上、下火170℃转200℃

材料 蛋糕体1：低筋面粉70克，鸡蛋2个，细砂糖70克，黄奶油70克，奶粉30克，水10毫升；蛋糕体2：蛋黄15克，黄奶油80克，低筋面粉30克，奶粉20克，糖粉20克

扫一扫学烘焙

做法 ①蛋糕体1：所有材料搅成纯滑的面浆。②蛋糕体2：所有材料搅成面糊。③把面浆倒在垫有白纸的烤盘里，放入烤箱里，以170℃烤20分钟，取出。④在蛋糕上放上面糊，涂抹均匀，放回烤箱，调为200℃，烘烤10分钟，取出，撕去蛋糕底部白纸，切成长块即可。

大方糕

⏱ 20分钟　难易度 ★☆☆

🔥 上火170℃、下火180℃

材料 鸡蛋2个，细砂糖100克，水10毫升，低筋面粉90克，蛋糕油8克，泡打粉1克，色拉油20毫升

扫一扫学烘焙

做法 ①鸡蛋加入细砂糖，快速搅匀，加入低筋面粉、泡打粉、蛋糕油、水、色拉油，搅拌成纯滑的蛋糕浆，倒入铺有烘焙纸的烤盘里，用长柄刮板抹匀。②将生坯放入预热好的烤箱里，以上火170℃、下火180℃烤20分钟，取出。③撕去粘在蛋糕上的烘焙纸，切成方块即可。

古典巧克力

⏱ 30分钟　难易度 ★☆☆

🔥 上、下火170℃

材料 蛋白250克，白糖85克，牛奶67毫升，黄奶油150克，巧克力150克，可可粉30克，水20毫升，糖粉适量

Tips 也可在表面撒上适量可可粉。

做法 ①牛奶、水、可可粉搅匀，加入黄奶油、巧克力搅匀。②另取一碗，倒入蛋白、白糖打发至鸡尾状，倒入搅拌好的黄奶油和巧克力中搅匀。③倒入圆形模具中，放在烤盘上，放入烤箱，以上、下火170℃烤30分钟至熟。④取出烤盘，脱模，撒上糖粉即可。

安格拉斯

⏱ 15分钟　难易度 ★★☆

🔥 上、下火170℃

材料 蛋糕体：鸡蛋225克，白糖125克，低筋面粉75克，玉米淀粉25克，可可粉25克，黄奶油50克，牛奶14毫升；巧克力慕斯：牛奶75毫升，白糖20克，蛋黄25克，明胶粉4克，淡奶油90克，巧克力50克

Tips 可用模具切蛋糕体。

做法 ①蛋糕体：所有材料拌均匀，放入烤箱，烤15分钟，取出。②巧克力慕斯：牛奶中放入白糖用小火加热，倒入明胶粉、淡奶油、蛋黄、巧克力搅匀。③切两个圆饼状蛋糕体。④将一片蛋糕体放入圆形模具中，倒入巧克力慕斯，再放入一片蛋糕体，倒入适量巧克力慕斯，冷冻2小时即可。

抹茶提拉米苏

⏱ 20分钟 　难易度：★★☆

🔥 上、下火170℃

材料 蛋白部分：蛋白60克，白糖60克，塔塔粉1克；蛋黄部分：盐1.5克，蛋黄85克，全蛋60克，色拉油60毫升，低筋面粉80克，奶粉2克，泡打粉2克；抹茶糊：蛋黄25克，白糖40克，水40毫升，抹茶粉10克，明胶粉4克，奶酪200克，牛奶200毫升

做法 ①蛋黄部分：色拉油中加入蛋黄、全蛋、低筋面粉、奶粉、盐、泡打粉，搅匀。

②蛋白部分：蛋白加入白糖，打发，加入塔塔粉，搅匀。

③把蛋白部分倒入蛋黄部分中，搅匀，倒入模具中，放入烤箱，以上、下火170℃烤20分钟，取出，脱模，切成两份。

④抹茶糊：水中加入白糖、牛奶搅匀，放入明胶粉搅匀，加入奶酪搅匀，用小火煮溶化，放入抹茶粉、蛋黄，搅匀。

⑤把一块蛋糕放入模具中，倒入适量抹茶糊，再放入一片蛋糕，倒入适量抹茶糊，放入冰箱冷冻2小时，切成扇形块即可。

Tips 制作指导：打蛋白时要顺着一个方向搅拌，这样可避免破坏其营养。

扫一扫学烘焙

芝士蛋糕

⏱ 50分钟 　难易度：★★☆

🔥 上火220℃、下火170℃转上、下火170℃

材料 透明果酱适量，鸡蛋4个；蛋黄部分：奶油奶酪150克，黄奶油60克，牛奶100毫升，低筋面粉25克，细砂糖110克；蛋白部分：塔塔粉2克，细砂糖100克

做法 ①模具抹黄奶油（分量外），铺白纸；鸡蛋打开，分离蛋白、蛋黄。

②蛋黄部分：牛奶、奶油奶酪隔水加热至溶化，倒入黄奶油拌匀，至其溶化。

③另取碗，放入低筋面粉、拌匀的乳酪黄奶油，拌匀，倒入4个蛋黄，拌匀。

④蛋白部分：将4个蛋白打至起泡，倒入细砂糖，搅拌至其呈乳白状，倒入塔塔粉，搅拌均匀，至其呈鸡尾状，取部分倒入拌好的蛋黄中，拌匀，再倒入剩余的蛋白，拌均匀，至其呈面糊状，倒入模具中。

⑤在烤盘中注入水，放入模具，放入烤箱，烤10分钟，再将上火调成170℃，继续烤40分钟，取出，刷上透明果酱即可。

Tips 做好的芝士蛋糕可放入冰箱冷藏3~4小时，口感会更好。

提子千层蛋糕

🕐 40分钟　难易度：★☆☆

材料　牛奶375毫升，打发的鲜奶油适量，低筋面粉150克，鸡蛋85克，黄奶油40克，色拉油10毫升，细砂糖25克，切开的提子适量

做法 ①将牛奶、细砂糖倒入大碗中，快速搅拌匀，倒入色拉油、鸡蛋，搅拌均匀。

②将黄奶油倒入碗中，继续搅拌，把低筋面粉过筛至碗中拌匀，制成面糊。

③煎锅上倒入适量面糊，煎至起泡，翻面，煎至两面呈焦黄色即成，依此将余下的面糊煎成面皮。

④将煎好的面皮放在盘子上，一张抹上适量鲜奶油，铺上适量切好的提子，再放入一张面皮，均匀地抹上适量鲜奶油，铺上适量提子，依此将余下的面皮、提子叠放整齐，制成提子千层蛋糕。

⑤把提子千层蛋糕放入冰箱，冷藏30分钟，取出，对半切开即可。

Tips 将蛋糕放入冰箱冷藏，可使其定型，这样更方便切开。

香蕉千层蛋糕

🕐 40分钟　难易度：★☆☆

材料　牛奶375毫升，打发的鲜奶油适量，低筋面粉150克，鸡蛋85克，黄奶油40克，色拉油10毫升，细砂糖25克，香蕉2根

做法 ①将剥皮的香蕉切成片。

②把牛奶、细砂糖搅拌均匀，倒入色拉油、鸡蛋、黄奶油继续搅拌，把低筋面粉过筛至碗中拌匀，制成面糊。

③煎锅置于火上，倒入适量面糊，煎至起泡，翻面，煎至两面呈焦黄色即成，依此将余下的面糊煎成面皮。

④将面皮放在盘子上，一张铺上适量香蕉片，抹上适量鲜奶油，再放上一张面皮，放入适量香蕉片，抹上适量鲜奶油，依此将余下的面皮、香蕉片叠放整齐，制成香蕉千层蛋糕。

⑤把香蕉千层蛋糕放入冰箱，冷藏30分钟，取出蛋糕，对半切开即可。

扫一扫学烘焙

Tips 香蕉片要切得厚薄均匀，这样做出的成品更美观。

抹茶粉蛋糕

🕐 20分钟　难易度：★☆☆

🔲 上、下火170℃

材料 鸡蛋160克，蛋糕油10克，细砂糖100克，高筋面粉35克，低筋面粉65克，抹茶粉5克，牛奶4毫升，蜂蜜10克

Tips 牛奶、蜂蜜分次倒入搅拌，面糊更细腻。

做法 ①细砂糖、鸡蛋拌至起泡，倒入高筋面粉、低筋面粉、抹茶粉、蛋糕油、牛奶、蜂蜜，搅匀制成面糊。②烤盘上铺上烘焙纸，将面糊倒入烤盘，放入预热好的烤箱内，上火调为170℃，下火调为170℃，烤20分钟。③取出放凉，切出自己喜欢的形状即可。

水果蛋糕

🕐 20分钟　难易度：★☆☆

材料 戚风蛋糕底1个，香橙果酱、提子、蓝莓、打发好的植物奶油、巧克力片各适量，猕猴桃1个

扫一扫学烘焙

做法 ①洗净的提子对半切开；洗净的猕猴桃去皮，切成片状。②将戚风蛋糕横着对半切开，上面一部分拿下来，抹上一层奶油。③把另一部分盖上，倒入剩下的奶油，抹均匀。④倒入果酱抹匀，使果酱自然流下，将巧克力片插在蛋糕上，做好造型。⑤将备好的水果撒在蛋糕上装饰即可。

心太软

🕐 10分钟　难易度：★☆☆

🔲 上火190℃、下火170℃

材料 白巧克力70克，黄奶油50克，低筋面粉30克，细砂糖20克，鸡蛋40克，蛋黄15克，朗姆酒适量

Tips 脱模前一定要放凉以免被烫伤。

做法 ①白巧克力、黄奶油加热，搅至完全融合，加入细砂糖，搅拌均匀。②取一个容器，倒入鸡蛋、蛋黄、低筋面粉、朗姆酒，充分搅拌均匀，倒入拌好的巧克力，搅拌均匀。③将模具刷上一层黄油，再刷一层低筋面粉，面糊倒入模具中，倒至九分满，放入烤箱内，时间定为10分钟，取出即可。

轻乳酪蛋糕

🕐 40分钟　难易度：★☆☆

🔲 上火180℃、下火160℃

材料 芝士200克，牛奶100毫升，黄奶油60克，玉米淀粉20克，低筋面粉25克，蛋黄75克，蛋白75克，细砂糖110克，塔塔粉3克

Tips 电动搅拌器选择中档，这样打发蛋白的效果会更好。

做法 ①奶锅倒入牛奶、黄奶油、芝士，开小火，煮至融合，关火，倒入玉米淀粉、低筋面粉、蛋黄拌匀，制成蛋黄油。②取容器，倒入蛋白、细砂糖、塔塔粉，打至蛋白九分发，倒入蛋黄油拌匀，注入模具中。③将生坯放在烤盘中，再放入烤箱中，烤约40分钟即成。

北海道戚风蛋糕

⏱ 15分钟　难易度：★★☆

🔥 上火180℃、下火160℃

材料　材料A：细砂糖25克，蛋黄75克，低筋面粉75克，泡打粉2克，色拉油40毫升，牛奶30毫升；材料B：蛋白150克，细砂糖90克，塔塔粉2克；馅料：鸡蛋1个，牛奶150毫升，细砂糖30克，低筋面粉10克，玉米淀粉7克，黄油7克，淡奶油100克

做法　①将材料A拌匀。②将材料B拌匀，刮入材料A中，搅拌均匀。③另备容器，倒入鸡蛋、细砂糖、低筋面粉、玉米淀粉，倒入黄油、淡奶油、牛奶，拌匀成馅料。④将面糊刮入蛋糕纸杯中，放入烤箱中，烤约15分钟至熟，取出；将拌好的馅料装入裱花袋中，挤入蛋糕中即可。

法式海绵蛋糕

⏱ 20分钟　难易度：★☆☆

🔥 上、下火180℃

材料　鸡蛋6个，低筋面粉200克，细砂糖150克，无盐黄油50克，蛋糕油10克

做法　①鸡蛋加入细砂糖，快速搅拌均匀，加入低筋面粉、蛋糕油、无盐黄油，搅拌成纯滑的面浆，倒在垫有烘焙纸的烤盘里，抹平整。②取烤箱，放入面浆，上火调为180℃，下火调为180℃，烘烤时间设为20分钟，开始烘烤。③取出，脱模，撕掉蛋糕底部的烘焙纸，蛋糕切成小方块即可。

Tips　鸡蛋需要放在室内回温2小时。

地瓜叶红豆磅蛋糕

⏱ 35分钟　难易度：★★☆

🔥 上、下火180℃

材料　地瓜叶30克，植物油60毫升，细砂糖60克，牛奶150毫升，鸡蛋50克，低筋面粉130克，泡打粉5克，熟地瓜80克，红豆粒30克

做法　①锅中倒油，放入地瓜叶炒熟，和牛奶一起倒入榨汁机中，制成地瓜叶牛奶汁。②鸡蛋加入细砂糖、植物油、地瓜叶牛奶汁、低筋面粉、泡打粉、2/3的红豆粒拌匀，制成蛋糕糊。③将蛋糕糊倒入模具中，在表面放上熟地瓜和剩余红豆粒，放入烤箱中，烘烤约35分钟即可。

Tips　地瓜叶不要炒过头，会影响口感。

杏仁法兰西依士蛋糕

⏱ 25分钟　难易度：★★☆

🔥 上火200℃、下火190℃

材料　面团：高筋面粉250克，酵母4克，奶粉15克，黄奶油35克，纯净水100毫升，细砂糖50克，蛋黄25克；蛋糕体：鸡蛋315克，细砂糖150克，吉士粉20克，低筋面粉250克，色拉油175毫升，葡萄干30克，杏仁片适量

做法　①面团：将面团材料拌匀，揉至表面光滑。②蛋糕体：将细砂糖、鸡蛋打发起泡，加入吉士粉、低筋面粉、色拉油拌匀，放入葡萄干，搅拌匀。③面团撕成小块，放入蛋糕体，搅拌均匀。④模具中垫上烘焙纸，倒上拌好的材料，撒上杏仁片，放入烤箱，烤约25分钟，食用时切片即可。

Tips　边搅拌边倒油，可以使油均匀融入面粉。

香橙吉士蛋糕

⏱20分钟　难易度★☆☆
🔥上、下火160℃

材料 鸡蛋150克，细砂糖88克，蛋糕油10克，高筋面粉40克，低筋面粉50克，牛奶40毫升，香橙色香油3毫升，色拉油50毫升

做法 ①将细砂糖、鸡蛋搅拌至起泡，加入高筋面粉、低筋面粉、蛋糕油拌匀。②一边搅拌一边倒入牛奶，加入色拉油，加入香橙色香油拌匀，倒入蛋糕模具，约六分满即可。③将模具放入烤箱中，以上、下火160℃烤约20分钟，食用时切片即可。

Tips 从模具中取出蛋糕时，动作要轻慢，以免弄破蛋糕，影响成品美观。

布朗尼芝士蛋糕

⏱30分钟　难易度★★☆
🔥上、下火180℃转160℃

材料 布朗尼蛋糕体：黄油50克，黑巧克力50克，细砂糖50克，鸡蛋40克，牛奶20毫升，低筋面粉50克；芝士糊：芝士210克，细砂糖40克，鸡蛋60克，牛奶60毫升

做法 ①布朗尼蛋糕体：将黑巧克力、黄油隔水加热至熔化。②细砂糖、鸡蛋、面粉、牛奶、黄油巧克力液拌成面糊，倒入模具。③烤箱中放入模具，烤约10分钟。④芝士糊：将细砂糖、鸡蛋、芝士、牛奶拌至融合。⑤取模具，蛋糕体上倒入芝士糊，放入烤箱，以上、下火160℃烤约20分钟即成。

Tips 熔化黑巧克力时可以用小火慢慢加热，这样可以缩短材料熔化的时间。

格格蛋糕

⏱20分钟　难易度★★☆
🔥上、下火160℃

材料 鸡蛋250克，细砂糖112克，低筋面粉170克，小苏打、泡打粉各2克，蛋糕油4克，色拉油47毫升，水46毫升，奶粉5克，蜂蜜12克，牛奶38毫升

做法 ①细砂糖、鸡蛋快速地搅拌至四成发，倒入面粉、小苏打、泡打粉、奶粉、蛋糕油、蜂蜜、水、牛奶搅拌匀，淋入色拉油，拌至材料柔滑。②倒入垫有油纸的烤盘中，铺开、摊平，放入烤箱，以上、下火160℃烤约20分钟，均匀地切上花纹，刷上蜂蜜，分成小块即可。

扫一扫学烘焙

浓情布朗尼

⏱25分钟　难易度★☆☆
🔥上、下火190℃

材料 巧克力液70克，黄油85克，鸡蛋1个，细砂糖70克，高筋面粉35克，核桃碎35克，盐1克，香草粉2克

做法 ①将细砂糖、黄油搅拌均匀，加入鸡蛋，搅散，撒上香草粉、高筋面粉，拌匀。②注入巧克力液，拌匀，倒入核桃碎、盐，匀速地搅拌一会儿，至材料充分融合，待用。③取备好的模具，内壁刷上黄油（分量外），再盛入拌好的材料，铺平，即成生坯。④烤箱预热，放入生坯，烤约25分钟即可。

扫一扫学烘焙

海绵蛋糕

🕐 25分钟　难易度：★☆☆

📷 上火190℃、下火170℃

材料 鸡蛋4个，低筋面粉120克，细砂糖110克，色拉油37毫升，蛋糕油10克，水50毫升

扫一扫学烘焙

做法 ①鸡蛋、细砂糖打至起泡发白，倒入低筋面粉、蛋糕油，打发至体积是之前的两倍。②加入水、色拉油，边打发边加入。③将拌好的材料倒入模具中，倒入至八分满，放入烤箱，上火调成190℃，下火调为170℃，时间定为25分钟。④取出放凉，放入盘中即可。

咖啡戚风蛋糕体

🕐 25分钟　难易度：★★☆

📷 上火180℃、下火160℃

材料 蛋黄部分：蛋黄60克，低筋面粉70克，玉米淀粉55克，泡打粉2克，水30毫升，色拉油30毫升，咖啡粉10克，细砂糖30克；蛋白部分：蛋白120克，细砂糖110克，塔塔粉3克

Tips 在倒色拉油的时候最好搅拌器开低速，以免溅出来。

做法 ①蛋黄部分：将蛋黄、低筋面粉、玉米淀粉、泡打粉、色拉油、细砂糖、水、咖啡粉打至鸡尾状。②蛋白部分：蛋白、细砂糖、塔塔粉打至鸡尾状。③将蛋白部分倒入蛋黄部分中搅拌搅匀，倒入模具中，倒至八分满，放入预热好的烤箱中。④将时间定为25分钟。⑤取出，放入盘中即可。

脆皮蛋糕

🕐 15分钟　难易度：★☆☆

📷 上火210℃、下火170℃

材料 鸡蛋3个，细砂糖125克，水125毫升，蛋糕油10克，低筋面粉185克，吉士粉6克，泡打粉3克，色拉油适量

Tips 烤箱的烘烤温度和时间设定好开始烘烤后，还需在烘烤的过程中注意观察，以免因为烤箱功率不同而影响成品烤熟的状态，避免烤焦。

做法 ①鸡蛋、细砂糖快速搅匀，加入低筋面粉、泡打粉、吉士粉，搅匀，加入水，搅匀，倒入蛋糕油，搅成纯滑的面浆。②取数个蛋糕杯，逐个刷上一层色拉油，装入面浆，约八分满，放入烤盘中。③将烤盘放入烤箱，上火调为210℃，下火调为170℃，烘烤时间设为15分钟取出即可。

无水蛋糕

🕐 15分钟　难易度：★☆☆

📷 上、下火170℃

材料 低筋面粉100克，细砂糖100克，鸡蛋2个，色拉油100毫升，泡打粉4克

Tips 蛋糕杯的深度不宜过大，否则蛋糕不易烘烤，蛋糕的表面也很容易被烤糊、烤焦。

做法 ①鸡蛋、细砂糖快速搅匀，倒入低筋面粉、泡打粉搅匀，加入色拉油，搅成纯滑的面浆。②取数个蛋糕杯，逐一刷上一层色拉油（分量外），装入面浆，装约八分满，放入烤盘中。③将烤盘放入烤箱里，上火调为170℃，下火调为170℃，烘烤时间设为15分钟。④把烤好的蛋糕取出即可。

奥地利北拉冠夫蛋糕

⏱ 10分钟　难易度：★★★

🔲 上、下火160℃

材料 低筋面粉95克，细砂糖60克，蛋白、蛋黄各3个，糖粉适量，海绵蛋糕坯1个，打发的鲜奶油、杏仁片、黑巧克力液、手指饼干各适量

做法 ①将蛋白快速打发，加入一半的细砂糖，打至六成发，即成蛋白部分；蛋黄、余下的细砂糖快速打发，即成蛋黄部分。

②将低筋面粉过筛至蛋白部分中，拌匀，再加入到蛋黄部分中拌匀，即成面糊。

③在铺有高温布的烤盘上挤入面糊，筛上糖粉，放入烤箱，烤10分钟。

④将手指饼干切成两半，一端沾上黑巧克力液；把海绵蛋糕平剖成两块，一块蛋糕上放适量鲜奶油，抹平，放上未切的手指饼，压上另一块蛋糕，表面抹上鲜奶油，沾上杏仁片。

⑤裱花袋中装入鲜奶油，挤出螺旋状花纹，放上沾有黑巧克力液的饼干，再撒上适量杏仁片，装入盘中即可。

Tips 挤奶油时力度要均匀，这样挤出的花纹更美观。

芬妮蛋糕

⏱ 25分钟　难易度：★★☆

🔲 上火160℃　下火170℃

材料 蛋糕体：黄奶油80克，细砂糖110克，牛奶45毫升，鸡蛋200克，蛋黄20克，奶粉45克，低筋面粉100克，蛋糕油5克；蛋糕酱：黄奶油80克，糖粉60克，蛋白50克，低筋面粉80克，奶粉30克；蛋黄2个

做法 ①蛋糕体：将牛奶、黄奶油隔水加热至完全溶化。

②将鸡蛋、蛋黄、细砂糖搅拌均匀，加入低筋面粉、奶粉、蛋糕油，快速搅拌均匀，倒入①中的混合物拌匀，倒入铺有烘焙纸的烤盘中，抹匀。

③放入烤箱，烤20分钟。

④蛋糕酱：将黄奶油、糖粉、蛋白、奶粉、低筋面粉拌均匀，装入裱花袋。

⑤把蛋黄拌匀，装入另一个裱花袋中。

⑥取出蛋糕体，挤上蛋糕酱，与蛋糕酱的方向垂直快速挤入蛋黄，形成网格。

⑦将烤盘放入烤箱，以上火160℃、下火170℃烤5分钟，取出，撕去粘在蛋糕底部的烘焙纸，切成小方块即成。

扫一扫学烘焙

Tips 搅拌面粉的力度不要过大，时间不要过长，以免产生筋度，影响蛋糕的口感。

条纹蛋糕

🕐 20分钟　难易度：★★☆

🔲 上、下火170℃

材料 细砂糖112克，鸡蛋5个，盐1克，色拉油45毫升，水42毫升，蛋糕油5克，蜂蜜12克，牛奶39毫升，奶粉5克，泡打粉2克，食粉1克，中筋面粉170克

做法 ①将鸡蛋加入细砂糖中搅拌均匀，加入中筋面粉、奶粉、泡打粉、食粉快速打发均匀。

②加入蛋糕油、盐，搅拌均匀，倒入蜂蜜、水、牛奶、色拉油，搅拌均匀，制成面糊。

③用剪刀将烘焙纸四个角剪开，铺在烤盘中，倒入面糊，放入烤箱，以上、下火170℃烤20分钟，取出。

④撕去粘在蛋糕上的烘焙纸，用刀在蛋糕上平行地切出间隔均等的条形格子，再切成大小均等的小方块即可。

> Tips 蛋糕烤好后最好立即取出，以防止其收缩。

英式红茶奶酪

🕐 18分钟　难易度：★★☆

🔲 上、下火170℃

材料 鸡蛋5个，细砂糖75克，黄奶油75克，盐1克，蛋糕油9克，低筋面粉265克，纯牛奶60毫升，水75毫升，泡打粉8克，红茶末12克，提子干少许，打发的鲜奶油适量

做法 ①将鸡蛋、细砂糖，快速搅匀，加入黄奶油，搅拌均匀，倒入低筋面粉115克、蛋糕油、盐、泡打粉、纯牛奶搅拌匀。

②倒入低筋面粉150克、红茶末，搅拌成糊状，加入提子干、水，搅拌成纯滑的面浆。

③用剪刀将烘焙纸四个角剪开，铺在烤盘里，倒入面浆，抹平整，放入烤箱中。

④以上、下火170℃烤约18分钟，取出，撕掉粘在奶酪上的白纸，切成均等的长条块，均匀地抹上一层鲜奶油。

⑤将一块奶酪叠在另一块奶酪上，把剩下的一块奶酪翻面，放在叠好的奶酪上，对半切开即可。

扫一扫学烘焙

> Tips 添加少许盐能使奶酪的风味更佳。

舒芙蕾芝士蛋糕

⏱ 15分钟　难易度 ★★☆
🔲 上、下火160℃

材料 蛋黄部分：芝士200克，黄奶油45克，玉米淀粉10克，蛋黄60克，白糖20克，牛奶150毫升；蛋白部分：蛋白95克，白糖55克

Tips 牛奶不宜长时间高温蒸煮。因为牛奶中的蛋白质受高温作用会由溶胶状态转变成凝胶状态，导致沉淀物出现，营养价值降低。

做法 ①牛奶加入黄奶油，拌匀，煮至溶化，加入白糖、芝士、玉米淀粉、蛋黄拌匀，制成蛋糕糊。②蛋白中加入适量白糖，快速搅拌均匀，打发至呈鸡尾状。③蛋糕糊加入蛋白中，拌匀，制成蛋糕浆，倒入圆形模具当中。④将模具放入预热好的烤箱中，烤15分钟即可。

酸奶芝士蛋糕

⏱ 15分钟　难易度 ★★☆
🔲 上、下火160℃

材料 底衬部分：饼干80克，黄奶油45克；蛋糕体部分：芝士120克，酸奶120毫升，黄奶油10克，蛋黄2个，中筋面粉20克，玉米淀粉10克，蛋白2个，白糖40克

Tips 酸奶可根据个人口味，适当增减用量。

做法 ①饼干捣碎，加入黄奶油，搅拌均匀，装入模具中压平。②酸奶倒入锅中，加入黄奶油、芝士、玉米淀粉、中筋面粉、蛋黄拌匀，制成芝士糊。③蛋白加入白糖，打发至呈鸡尾状，加入芝士糊拌匀，制成蛋糕浆，装入模具中。④将模具放入预热好的烤箱中，烤15分钟即可。

芒果芝士夹心蛋糕

⏱ 4小时　难易度 ★★☆

材料 饼干底：消化饼干60克，无盐黄油（热熔）35克；芝士液：奶油奶酪200克，芒果泥100克，吉利丁片3片，细砂糖40克，淡奶油80克，芒果片适量

Tips 吉利丁片加热熔化前，可先在冷水中浸泡5分钟。

做法 ①将消化饼干敲碎，倒入熔化的无盐黄油中，搅拌均匀后倒入慕斯圈中压实，冷冻半小时。②将奶油奶酪加入淡奶油、细砂糖、熔化的吉利丁片、芒果泥，搅拌均匀，制成芝士液。③倒一半芝士液在慕斯圈中，放上芒果片，再倒入芝士液，冷藏4个小时，取出脱模，切块即可。

极简黑森林蛋糕

⏱ 25分钟　难易度 ☆☆☆
🔲 上火180℃，下火160℃

材料 蛋黄75克，色拉油80毫升，低筋面粉50克，牛奶80毫升，可可粉15克，细砂糖60克，蛋白180克，塔塔粉3克，草莓适量

Tips 低筋面粉可以在家自己进行调配，用高筋面粉或者普通面粉和玉米淀粉以1:1的比例进行调配。

做法 ①烤箱预热。②牛奶、色拉油、低筋面粉、可可粉、蛋黄搅拌，制成面糊。③蛋白用电动打蛋器稍微打发，倒入细砂糖、塔塔粉，打发至竖尖状态为佳，倒入面糊中，翻拌均匀，倒入方形模具中。④将烤盘放入烤箱中层，烘烤约25分钟，取出切好摆放在盘中，用草莓装饰即可。

经典熔岩蛋糕

⏱ 7~8分钟　难易度：★☆☆

🔥 上火220℃、下火180℃

材料 蛋黄12个，全蛋4个，细砂糖125克，低筋面粉120克

做法 ①预热烤箱：上火220℃、下火180℃。②将全蛋、细砂糖、蛋黄打发约15分钟，加入低筋面粉，翻拌均匀，把面糊倒入装有油纸的蛋糕模具中。③放进预热好的烤箱中烘烤7~8分钟，取出烤好的蛋糕装盘即可。

> **Tips** 全蛋在温度为40℃的时候是最容易打发的，所以打发时要隔水操作，但要注意温度过高也不利于打发。

奶油芝士球

⏱ 25分钟　难易度：★☆☆

🔥 上火180℃、下火110℃

材料 奶油芝士360克，糖粉90克，黄油45克，淡奶油18毫升，柠檬汁1毫升，蛋黄90克

做法 ①烤箱预热。②把奶油芝士和黄油拌匀，加入糖粉，再用电动打蛋器搅拌。③分多次加入蛋黄，搅拌均匀，接着加入淡奶油、柠檬汁继续搅拌均匀，装入裱花袋，把面糊挤入模具中。④把模具放入烤盘中，放进预热好的烤箱中，烤制25分钟，取出，摆放在盘中即可。

> **Tips** 也可以使用植脂奶油代替淡奶油，要注意的是植脂甜点奶油本身含糖，打发的时候不需要再加糖。

蓝莓芝士

⏱ 50分钟　难易度：★☆☆

🔥 上火180℃、下火160℃

材料 芝士200克，淡奶油100克，牛奶100毫升，鸡蛋2个，细砂糖75克，蓝莓酱60克

做法 ①把芝士打散，加鸡蛋、细砂糖、淡奶油、牛奶拌匀，即为芝士糊，倒入垫有油纸的蛋糕模具中，震荡几下，排出气泡，放入加水的烤盘中，移入预热好的烤箱，烘烤约30分钟，取出。②把蓝莓酱装入裱花袋，挤到蛋糕上进行装饰，再次把蛋糕放入烤箱中，隔水烘烤20分钟即可。

> **Tips** 搅拌时要顺着同一个方向，以免影响成品口感。

香醇巧克力蛋糕

⏱ 25分钟　难易度：★☆☆

🔥 上、下火175℃

材料 低筋面粉85克，可可粉20克，黄油90克，细砂糖70克，鸡蛋80克，泡打粉2.5克，巧克力豆50克，牛奶80毫升，糖粉少许

做法 ①黄油加入细砂糖、鸡蛋，打到蓬松细滑的状态为止，加入牛奶、低筋面粉、可可粉、泡打粉，搅拌均匀。②将拌匀后的原料倒入蛋糕模具内，将巧克力豆倒入面糊中，制成蛋糕面糊。③将模具放在烤盘上，然后移入预热好的烤箱烘烤25分钟，取出，撒上糖粉即可。

> **Tips** 根据纸杯大小、面糊挤满程度、烤箱实际温度调整烘烤时间。烤到蛋糕完全鼓起来，用牙签扎入蛋糕中心，拔出的牙签上没有残留物，即可出炉。

戚风蛋糕

🕐 20分钟　难易度：★☆☆

🔥 上火170℃、下火160℃

材料 蛋黄4个，细砂糖100克，色拉油45毫升，牛奶45毫升，低筋面粉70克，泡打粉1克，盐1克，蛋白4个，柠檬汁1毫升

Tips
制作此款蛋糕的时候，一定要使用无味的植物油，不可以使用花生油、橄榄油这类味道重的油，否则油脂的特殊味道会破坏戚风清淡的口感。

做法 ①烤箱预热。②将色拉油、牛奶、20克细砂糖拌匀，加蛋黄、盐、泡打粉、低筋面粉，拌至无小颗粒。③另置一碗，倒入蛋白，加入80克细砂糖，打至硬性发泡后，加入柠檬汁继续搅拌。④将蛋黄面粉糊和蛋白糊混合，倒入蛋糕模具，放入烤箱烤20分钟，取出倒扣凉凉即可。

肉松戚风蛋糕

🕐 20分钟　难易度：★☆☆

🔥 上火170℃、下火160℃

材料 蛋黄50克，细砂糖100克，色拉油45毫升，牛奶45毫升，低筋面粉70克，泡打粉1克，盐1克，蛋白100克，柠檬汁1毫升，肉松100克

扫一扫学烘焙

做法 ①烤箱预热。②将色拉油、牛奶、20克细砂糖、蛋黄、盐、泡打粉、低筋面粉，搅拌至无颗粒。③另取一碗，在蛋白中加入80克细砂糖，打至硬性发泡，加入柠檬汁搅拌。④将蛋黄糊和蛋白糊混合，倒入模具，撒上肉松。⑤放入烤箱烤20分钟，取出倒扣凉凉以防回缩，冷却后，倒出来即可。

经典轻乳酪蛋糕

🕐 45分钟　难易度：★☆☆

🔥 上火150℃、下火120℃

材料 奶酪125克，蛋黄30克，蛋白70克，动物性淡奶油50克，牛奶75毫升，低筋面粉30克，细砂糖50克

Tips
如果是活底的蛋糕模，需要把底部用锡纸包起来，防止下一步水浴烤的时候底部进水。如果是固定模，可以省略这步。

做法 ①烤箱预热。②奶酪加入牛奶、动物性淡奶油、蛋黄、低筋面粉拌成膏状。③蛋白和细砂糖打发，加入到乳酪糊里，翻拌，倒入用烘焙纸包起来的模具里。④把蛋糕模具放入注水的烤盘里，放进烤箱里烤45分钟，取出，放入冰箱冷藏1小时以上再切块即可。

抹茶蜜语

🕐 30分钟　难易度：★★☆

🔥 上、下火160℃

材料 蛋白4个，细砂糖50克，蛋黄4个，低筋面粉60克，抹茶粉10克，色拉油30毫升，牛奶30毫升，动物性淡奶油100克，水果适量，蜜红豆适量，糖粉适量

扫一扫学烘焙

做法 ①烤箱预热。②把蛋黄、色拉油、牛奶、一半细砂糖、低筋面粉、抹茶粉拌成糊状。③蛋白和剩余细砂糖打至硬性发泡，加到面糊中拌均匀，倒入蛋糕模具中。④把蛋糕放入预热好的烤箱中烘烤30分钟，脱模，用裱花袋将打发好的淡奶油挤在蛋糕上，筛上糖粉，用水果和红豆点缀即可。

巧克力法式馅饼

⏱ 20~25分钟　难易度：★★☆
🔥 上火180℃、下火160℃

材料 饼皮：黄油70克，低筋面粉140克，糖粉70克，鸡蛋30克，盐1克；巧克力馅：腰果50克，黑巧克力酱80克，全蛋液适量

扫一扫学烘焙

做法 ①糖粉和黄油充分搅拌均匀，加入鸡蛋、盐、低筋面粉继续搅拌，即为面糊。②把腰果倒入黑巧克力酱中拌匀。③取一小块面糊拍成圆形，加入巧克力馅包好，压入刷了油的模具中，在表面刷上一层全蛋液，并将模具放在烤盘上。④将烤盘放入烤箱，烘烤20~25分钟后取出即可。

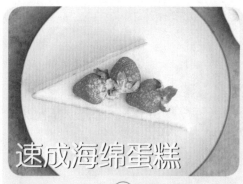

速成海绵蛋糕

⏱ 30分钟　难易度：★☆☆
🔥 上、下火160℃

材料 海绵蛋糕预拌粉250克，鸡蛋5个，水65毫升，植物油60毫升，淡奶油100克，砂糖30克，草莓适量

Tips
奶油用量可根据自己喜好添加。

做法 ①海绵蛋糕预拌粉打入鸡蛋、水，用电动打蛋器打发。②倒入植物油搅拌均匀，放入带有油纸的烤盘中。③将烤箱预热5分钟，温度为160℃，然后放入烤盘烤制30分钟。④在空盆中倒入淡奶油，加入砂糖，充分打发。⑤把蛋糕取出，抹一层打发奶油，将蛋糕切好，摆上草莓即可食用。

方块巧克力糕

⏱ 45~50分钟　难易度：★★☆
🔥 上火160℃、下火130℃

材料 戚风蛋糕预拌粉250克，鸡蛋5个，水40毫升，植物油50毫升，白巧克力100克，椰蓉100克

Tips
在将面糊倒入模具后，一定要让其充实，将其中的气泡赶出来，否则，烤出来的蛋糕质地不均匀。

做法 ①将戚风蛋糕预拌粉、水、鸡蛋打发至黏稠均匀状，倒入植物油搅拌匀。②面糊倒入模具里，放入烤箱中，烤制45~50分钟。③取出，去掉模具，切成小方块，切去焦黄的那一面。④白巧克力切成小块，隔水加热至熔化，倒入裱花袋中，挤在蛋糕上，再撒少许椰蓉，待巧克力冷却即可。

速成布朗尼蛋糕

⏱ 40分钟　难易度：★★☆
🔥 上、下火160℃ 转上火140℃、下火160℃

材料 布朗尼蛋糕预拌粉210克，白砂糖210克，鸡蛋4个，黄油160克，核桃仁75克，黑巧克力150克

Tips
布朗尼在烤的过程中受热膨胀，会长得比模具精高。但出炉后会回落，为正常现象。

做法 ①将黑巧克力切碎，隔水熔化；在铺有油纸的烤盘放入核桃仁。②烤箱预热，放入核桃仁，以上、下火160℃，烤5分钟，取出。③白砂糖加入黄油、鸡蛋、布朗尼蛋糕预拌粉、黑巧克力液、核桃仁搅拌均匀，倒入模具中。④将模具放入预热好的烤箱中，烤35分钟，取出，去掉蛋糕模具即可。

推推乐蛋糕

⏱ 50分钟　难易度：★★☆
🔲 上、下火150℃

材料 鸡蛋5个，低筋面粉90克，细砂糖66克，玉米油46毫升，柠檬汁3毫升，动物奶油250克，水46毫升，糖粉10克，水果适量（猕猴桃、草莓、芒果）

做法 ①将蛋白和蛋黄分离，将蛋白放到冰箱冷藏；将低筋面粉过筛两遍。

②在蛋黄里加入细砂糖26克、玉米油、水、低筋面粉拌匀，拌至看不到干粉即停。

③将蛋白打发至发泡时滴入柠檬汁，加入40克细砂糖，打至干性发泡，加入蛋黄糊拌匀，倒入模具中，放入预热至150℃的烤箱中下层烤50分钟，取出，倒扣脱模，横切成片。

④将动物奶油倒入容器中，加糖粉，打发后装入裱花袋。

⑤用推推乐模具在蛋糕片上印出蛋糕圆片；用刀将猕猴桃、草莓、芒果切成小块。

⑥按照一层蛋糕片、一层奶油、一层水果的方式将食材填入模具中，盖上盖子即可。

> *Tips*
> 推推乐做好后放冰箱冷藏，加入新鲜水果的推推乐最好在当天食用完毕。

芝士夹心小蛋糕

⏱ 15分钟　难易度：★★☆
🔲 上、下火175℃

材料 蛋糕糊：蛋黄50克，细砂糖30克，植物油15毫升，牛奶15毫升，低筋面粉50克，泡打粉2克，蛋白50克；夹馅：细砂糖10克，奶油奶酪80克，柠檬汁12毫升，柠檬皮碎3克，朗姆酒5毫升

做法 ①将蛋黄及10克细砂糖拌匀，倒入植物油、牛奶、低筋面粉、泡打粉，搅拌均匀。

②将蛋白及20克细砂糖倒入另一盆，打发至可提起鹰嘴状，倒入柠檬汁5毫升，搅拌均匀，制成蛋白霜，倒入蛋黄面糊中，搅拌均匀，制成蛋糕糊，装入裱花袋中。

③在铺好油纸的烤盘上挤出直径约3厘米的小圆饼，放入预热至175℃的烤箱中烘烤约15分钟。

④将室温软化的奶油奶酪及10克细砂糖搅打至顺滑，倒入柠檬汁7毫升、朗姆酒以及柠檬皮碎，搅拌均匀，制成夹馅，装入裱花袋中。

⑤取出蛋糕，放凉，在其中一个蛋糕平面挤上一层夹馅，再盖上另一个蛋糕即可。

> *Tips*
> 也可以在蛋糕表面点缀水果酱或坚果酱等。

绿野仙踪

⏱ 20分钟　难易度：★★☆
🔲 上火180℃、下火160℃

材料 鸡蛋4个，蛋糕油8克，泡打粉2克，盐1克，低筋面粉90克，黄奶油25克，纯牛奶50毫升，抹茶粉5克，白巧克力液适量，细砂糖80克

做法 ①鸡蛋加入细砂糖，快速拌匀，加入低筋面粉、盐、蛋糕油、泡打粉，快速搅拌均匀。

②倒入纯牛奶、黄奶油，搅至其成纯滑的面浆，分成两份。

③其中一份加入抹茶粉，用长柄刮板拌匀；将白巧克力液加入另一份面浆里，拌匀。

④把分成两格的烘焙纸放入烤盘里，在其中一格倒入抹茶面浆，另一个则倒入白巧克力面浆。

⑤把生坯放入预热好的烤箱里，以上火180℃、下火160℃烤20分钟，取出。

⑥撕掉蛋糕底部的烘焙纸，把两块蛋糕叠在一起，切成等份的长方块，装入盘中即可。

Tips 烤箱预热后再放入生坯，可使其口感更松软。

扫一扫学烘焙

维也纳蛋糕

⏱ 20分钟　难易度：★★☆
🔲 上、下火170℃

材料 鸡蛋200克，蜂蜜20克，低筋面粉100克，细砂糖170克，奶粉10克，朗姆酒10毫升，黑巧克力液、白巧克力液各适量

做法 ①将鸡蛋、细砂糖用电动打蛋器快速搅拌匀，倒入低筋面粉、奶粉，搅拌均匀，倒入朗姆酒、蜂蜜，搅拌均匀，制成蛋糕浆。

②在烤盘上铺烘焙纸，倒入蛋糕浆抹匀，震平。

③把烤箱调为上、下火170℃，预热一会儿，将烤盘放入预热好的烤箱中，烤20分钟，取出，撕去粘在蛋糕底部的烘焙纸。

④把黑巧克力液、白巧克力液分别装入裱花袋中。

⑤在蛋糕上斜向挤上白巧克力液，沿着已经挤好的白巧克力液，挤入黑巧克力液，待巧克力凝固后，切成长方块即成。

Tips 若没有低筋面粉，可用高筋面粉和玉米淀粉以1:1的比例进行调配。

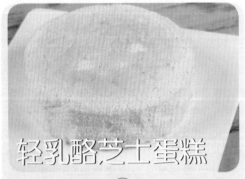

轻乳酪芝士蛋糕

⏱30分钟　难易度：★☆☆
🔥上、下火170℃

材料 芝士糊：奶油奶酪125克，牛奶130毫升，蛋黄3个，糖粉40克，低筋面粉15克，玉米淀粉15克；蛋白霜：糖粉40克，蛋白3个，镜面果胶适量

做法 ①将奶油奶酪拌匀，加入牛奶、低筋面粉、玉米淀粉、40克糖粉、蛋黄拌匀，制成芝士糊。②将蛋白及40克糖粉打发，制成蛋白霜，倒入芝士糊中搅拌均匀。③模具内部垫上油纸，将蛋糕糊倒入模具中，包好锡纸，放进预热至170℃的烤箱中烘烤30分钟，取出，表面刷上镜面果胶即可。

Tips 奶油奶酪日常需要密封冷藏储存，通常显现为淡黄色。

蓝莓焗芝士蛋糕

⏱15分钟　难易度：★☆☆
🔥上、下火150℃

材料 奶油奶酪280克，橄榄油15毫升，细砂糖40克，鸡蛋1个，蓝莓果酱30克，薄荷叶适量

做法 ①将奶油奶酪搅打至顺滑，倒入细砂糖，搅拌均匀，倒入鸡蛋，搅拌至完全融合。②倒入蓝莓果酱25克及橄榄油，继续搅拌制成蛋糕糊，倒入已包好油纸的慕斯圈中。③放入预热至150℃的烤箱中烘烤约15分钟，取出放凉，脱模，放上适量蓝莓果酱和薄荷叶装饰即可。

Tips 可以在蛋糕糊中加入少许蓝莓酱。

焦糖芝士蛋糕

⏱30分钟　难易度：★★☆
🔥上、下火180℃

材料 饼干底：消化饼干80克，有盐黄油30克；焦糖酱：细砂糖40克，水10毫升，淡奶油50克；芝士糊：奶油奶酪180克，细砂糖30克，鸡蛋1个，淡奶油50克，玉米淀粉30克，朗姆酒5毫升

做法 ①将消化饼干捣碎，倒入有盐黄油拌融合，倒入蛋糕模中压平，冷冻30分钟。②将水和细砂糖煮至黏稠状，倒入淡奶油拌匀，制成焦糖酱。③奶油奶酪、细砂糖、蛋黄、鸡蛋、焦糖酱、朗姆酒、淡奶油、玉米淀粉拌匀，制成芝士糊，倒入模具，放进烤箱中烘烤30分钟，取出即可。

Tips 将蛋糕糊在模具中挤至七分满即可。

伯爵茶巧克力蛋糕

⏱15~18分钟　难易度：★★★
🔥上、下火165℃

材料 低筋面粉90克，杏仁粉60克，细砂糖90克，葡萄糖浆30克，盐0.5克，泡打粉2克，鸡蛋3个，无盐黄油130克，伯爵茶包2包，朗姆酒10毫升，黑巧克力60克，防潮可可粉适量，防潮糖粉适量

做法 ①将鸡蛋、细砂糖、葡萄糖浆、盐、低筋面粉、杏仁粉、泡打粉、伯爵红茶粉末、朗姆酒搅拌均匀。②无盐黄油抹在模具内层，剩余的倒入混合物中拌匀，装入模具中，放进烤箱中，烘烤15~18分钟，取出。③黑巧克力隔水加热熔化，挤在蛋糕中间，再撒上防潮可可粉及防潮糖粉即可。

Tips 还可以点缀鲜奶油。

大理石磅蛋糕

⏱ 25~30分钟　难易度：★★☆
🔥 上、下火180℃

材料 蛋糕浆：无盐黄油120克，细砂糖60克，鸡蛋100克；材料A：低筋面粉40克，泡打粉1克；材料B：低筋面粉35克，可可粉5克，泡打粉1克；材料C：低筋面粉35克，抹茶粉5克，泡打粉1克

Tips 面糊适当搅拌就好，过度搅拌就没有纹路。

做法 ①软化的无盐黄油加入细砂糖打发，加入鸡蛋拌匀，分三份蛋糕浆。②一份蛋糕浆中加材料A拌匀，制成原味蛋糕糊；一份蛋糕浆加材料B拌匀，制成可可蛋糕糊；一份蛋糕浆加材料C拌匀，制成抹茶蛋糕糊。③将三种蛋糕糊倒入铺好油纸的模具中抹匀，放入烤箱中烘烤25~30分钟即可。

蔓越莓天使蛋糕

⏱ 60分钟　难易度：★☆☆
🔥 上、下火160℃

材料 原味酸奶120毫升，植物油40毫升，香草精2克，低筋面粉95克，蛋白100克，细砂糖75克，蔓越莓干60克

Tips 分三次将蛋白霜加入面糊中，可使蛋糕更细腻。

做法 ①将植物油、原味酸奶、低筋面粉、香草精搅拌均匀。②取一新盆，倒入蛋白及细砂糖，打发，制成蛋白霜。③蛋白霜加入混合物中，搅拌均匀，加入蔓越莓干，搅拌均匀，制成蛋糕糊，倒入模具中，震荡几下。④放入预热至160℃的烤箱中，烘烤约60分钟，取出放凉，脱模即可。

玉米培根蛋糕

⏱ 20分钟　难易度：★★☆
🔥 上、下火180℃

材料 中筋面粉70克，玉米粉70克，泡打粉3克，盐2克，细砂糖20克，淡奶油125克，蜂蜜25克，鸡蛋50克，植物油25毫升，玉米粒20克，培根50克

Tips 玉米粒也可以切碎。

做法 ①将鸡蛋打散，倒入蜂蜜、植物油、淡奶油、中筋面粉、泡打粉及玉米粉，用橡皮刮刀搅拌均匀，倒入盐及细砂糖，继续搅拌均匀。②培根切成末，与玉米粒一起倒入混合物中，搅拌均匀，制成蛋糕糊。③将蛋糕糊倒入模具中，抹平，放进预热至180℃的烤箱中，烘烤约20分钟即可。

柠檬蓝莓蛋糕

⏱ 25分钟　难易度：★★☆
🔥 上、下火170℃

材料 蛋糕糊：植物油50毫升，蜂蜜60克，浓缩柠檬汁10毫升，柠檬皮屑15克，鸡蛋110克，细砂糖30克，杏仁粉160克，低筋面粉80克，盐1克，泡打粉2克，蓝莓200克；装饰：奶油奶酪100克，橙酒10毫升，糖粉15克，浓缩柠檬汁10毫升，蓝莓100克，薄荷叶少许

做法 ①锅中倒入油、蜂蜜、浓缩柠檬汁和柠檬皮屑，煮沸。②在搅拌盆中倒入鸡蛋、细砂糖打发，加杏仁粉、低筋面粉、盐、泡打粉、①中的混合物、蓝莓，拌成蛋糕糊，倒入模具，烤约25分钟。③将奶油奶酪、糖粉、橙酒、浓缩柠檬汁打匀，抹在放凉的蛋糕表面，放上蓝莓和薄荷叶装饰即可。

肉松小蛋糕

⏱ 15分钟　难易度：★★☆

🔥 上火180℃、下火160℃

材料 肉松30克，鸡蛋4个；沙拉酱：鸡蛋1个、细砂糖50克、盐5克、色拉油400毫升、白醋5毫升；蛋黄部分：低筋面粉70克，玉米淀粉55克，泡打粉2克，水70毫升，色拉油55毫升，细砂糖28克；蛋白部分：细砂糖97克，泡打粉3克

做法 ①沙拉酱：将鸡蛋打入碗中，倒入细砂糖、盐，用电动打蛋器搅拌均匀，倒入色拉油、白醋，继续搅拌。

②取两个搅拌盆，打开鸡蛋，分别将蛋黄、蛋白装入搅拌盆中。

③蛋黄部分：将蛋黄、低筋面粉、玉米淀粉、泡打粉、水、色拉油、细砂糖拌匀。

④蛋白部分：蛋白打至起泡，倒入细砂糖、泡打粉，拌匀至其呈鸡尾状，倒入蛋黄中拌匀，制成面糊，装入裱花袋中。

⑤在烤盘上挤入6等份的面糊，放入烤箱中，烤15分钟，取出，对半切开，在其中一半刷上适量沙拉酱，将两半捏紧，粘上肉松即可。

粘肉松时，也可以将沙拉酱换成蜂蜜。

扫一扫学烘焙

金丝蛋糕

⏱ 20分钟　难易度：★★★

🔥 上火180℃、下火160℃

材料 蛋黄部分：水20毫升、色拉油55毫升、细砂糖28克、低筋面粉70克、玉米淀粉55克、泡打粉2克、蛋黄5个、抹茶粉15克；蛋白部分：细砂糖100克、塔塔粉3克、蛋白5个；金丝酱：牛奶250毫升、鸡蛋2个、低筋面粉60克、色拉油10毫升、细砂糖62克

做法 ①蛋黄部分：将水、细砂糖、色拉油、低筋面粉、抹茶粉、玉米淀粉、泡打粉、蛋黄搅拌至面糊状。

②蛋白部分：将蛋白打至起泡，加入细砂糖、塔塔粉，拌至呈鸡尾状，倒入蛋黄中拌匀。

③烤盘铺白纸，倒入拌好的面糊。

④将烤箱调成上火180℃、下火160℃，预热一会儿，放入烤盘，烤20分钟，取出，撕去白纸，切成大小均等的4等份。

⑤金丝酱：低筋面粉中倒入牛奶、色拉油、细砂糖、鸡蛋拌匀，制成金丝酱。

⑥煎锅烧热，倒入金丝酱，煎至成形，制成金丝皮，把蛋糕包好即可。

煎金丝皮时，火候不要过大，以免面皮煎糊。

扫一扫学烘焙

法式巧克力蛋糕

⏱ 20分钟　难易度：★★☆
🔥 上火180℃、下火150℃

材料 可可粉25克，鲜奶油30克，纯牛奶60毫升，蛋白235克，蛋黄125克，黄奶油100克，细砂糖100克，食粉1.5克，塔塔粉2.5克，低筋面粉62克，黑巧克力液150克，巧克力碎适量

做法 ①纯牛奶中加入黄奶油，拌匀，煮至溶化，关火后加入鲜奶油、可可粉、食粉、低筋面粉，用打蛋器搅拌成糊状，倒入蛋黄、黑巧克力液，搅匀。

②蛋白中加入细砂糖，快速打发，加入塔塔粉，打发成鸡尾状，分两次加入巧克力糊中，搅拌成纯滑的蛋糕浆，倒入铺有烘焙纸的烤盘中，震平。

③把烤箱调为上火180℃、下火150℃，预热5分钟，放入烤盘，关上箱门，烤20分钟，取出。

④趁热把巧克力碎撒在蛋糕上，利用余温将巧克力熔化，抹匀，撕掉粘在蛋糕上的烘焙纸，切成小方块即可。

Tips 材料一定要搅拌均匀，这样做出的蛋糕口感更佳。

椰蓉果酱蛋糕

⏱ 15分钟　难易度：★★☆
🔥 上、下火160℃

材料 鸡蛋3个，低筋面粉60克，水20毫升，黄油50克，细砂糖60克；装饰：椰蓉适量，细砂糖35克，黄油100克，果酱适量

做法 ①鸡蛋加入细砂糖快速搅拌均匀，倒入低筋面粉、黄油、水，快速搅拌均匀，搅成纯滑的面浆，倒在垫有烘焙纸的烤盘里，抹平整。

②取烤箱，放入面浆，上火调为160℃，下火调为160℃，烘烤时间设为15分钟，开始烘烤。

③取出，脱模，撕去蛋糕底部的烘焙纸，用模具压出两块圆形小蛋糕，叠在一起，四周刷上一层果酱，沾上一层椰蓉。

④细砂糖加入黄油，快速搅拌成纯滑的糊状，装入裱花袋里，挤在蛋糕顶部四周围成一个圈，再逐一放上适量果酱即可。

扫一扫学烘焙

Tips 可根据需要选择切压圆形蛋糕模具的大小，选择大小适宜的裱花嘴，再将白糖黄油挤到蛋糕上，这样能制作出外形美观的蛋糕。

糯米蛋糕

⏱ 60分钟　难易度：★★☆

🔲 上、下火170℃

材料 蔓越莓干30克，核桃碎30克，杏仁30克，鸡蛋1个，细砂糖65克，盐1克，糯米粉300克，泡打粉1克，牛奶230毫升，淡奶油50克，杏仁片10克

Tips 通常与蛋糕材料中的粉类一起加入，若是开封较久的泡打粉，需过筛后再加入到制作过程中。

做法 ①将鸡蛋、盐、细砂糖搅拌均匀，倒入淡奶油及牛奶，搅拌均匀。②筛入糯米粉及泡打粉，搅拌均匀，倒入核桃、蔓越莓干，搅拌均匀，制成蛋糕糊。③将蛋糕糊倒入模具中，抹平，放上杏仁和杏仁片，放进预热至170℃的烤箱中，烘烤约60分钟即可。

猫爪小蛋糕

⏱ 20分钟　难易度：★☆☆

🔲 上、下火180℃

材料 鸡蛋4个，细砂糖90克，低筋面粉140克，泡打粉4克，可可粉5克，无盐黄油70克

Tips 将面糊注入蛋糕模之前，可在模具内层刷一层无盐黄油，脱模时蛋糕可以轻易脱出，不会粘连。

做法 ①无盐黄油隔水熔化。②鸡蛋加入细砂糖、低筋面粉、泡打粉、可可粉，拌成棕色面糊。③倒入无盐黄油，搅拌均匀，用保鲜膜封起来，静置半小时，装入裱花袋中，垂直挤入猫爪蛋糕模具中至八分满。④烤箱以上、下火180℃预热，将蛋糕放入烤约20分钟即可。

棉花糖布朗尼

⏱ 20分钟　难易度：★★☆

🔲 上、下火180℃

材料 巧克力150克，无盐黄油180克，细砂糖65克，鸡蛋3个，低筋面粉100克，香草精适量，棉花糖70克，核桃仁50克

Tips 若不想将棉花糖烤太焦，可先将蛋糕体烘烤15分钟，再放入棉花糖继续烘烤。

做法 ①无盐黄油和巧克力隔水熔化，拌匀。②鸡蛋倒入细砂糖、香草精、无盐黄油、巧克力、低筋面粉、核桃仁，搅拌均匀，倒入蛋糕模，均匀摆放上棉花糖。③烤箱以上、下火180℃预热，蛋糕放入烤箱，烤约20分钟，取出后，脱模，平均切分成3等份，摆盘即可。

柠檬雷明顿

⏱ 18分钟　难易度：★★☆

🔲 上火180℃、下火160℃转上、下火150℃

材料 鸡蛋125克，柠檬汁15毫升，砂糖75克，盐2克，低筋面粉65克，泡打粉2克，炼奶12克，无盐黄油25克，吉利丁片4克，水10毫升，黄色素2滴，椰蓉适量

Tips 此款蛋糕还可以搭配巧克力食用。

做法 ①鸡蛋、柠檬汁、盐、55克砂糖拌匀。②无盐黄油、炼奶和水隔水加热，倒入①的混合物、低筋面粉、泡打粉，倒入模具。③放入烤箱，烤约10分钟，温度调至上、下火150℃，烤约8分钟，取出，切成块。④吉利丁片泡软，加入20克砂糖、黄色素拌匀，裹在蛋糕上，裹上椰蓉即可。

贝壳玛德琳

🕐 16分钟　难易度 ★☆☆
🔥 上火170℃、下火160℃

材料 无盐黄油100克，低筋面粉100克，泡打粉3克，鸡蛋2个，细砂糖60克，柠檬皮1颗

做法 ①鸡蛋加入细砂糖、软化的无盐黄油，搅打均匀。②取柠檬皮切成末，倒入蛋液中，加低筋面粉、泡打粉，拌至无颗粒状。③在玛德琳模具表面刷上一层无盐黄油（分量外），将面糊挤入模具中。④烤箱预热，蛋糕放入烤箱中层，烤10分钟，将烤盘转向，再烤约6分钟即可。

Tips 柠檬皮不要削到白色部分，会很苦。

蛋糕球棒棒糖

🕐 15分钟　难易度 ★★☆

材料 蛋糕体1块，奶油奶酪适量；装饰：黑巧克力、花生碎、彩色糖果、棒棒糖棍子各适量

做法 ①蛋糕体捏碎，放入奶油奶酪，揉捏均匀呈面团状。②分成每个25克的蛋糕球，插上棒棒糖棍子，放入冰箱冷藏定型。③黑巧克力隔水加热煮熔成巧克力酱。④将蛋糕球取出，放入巧克力酱中让表面均匀沾取巧克力。⑤再分别撒上花生碎、彩色糖果即可。

Tips 蛋糕体捏成圆球状时需稍稍用力，否则很容易散开。

巧克力心太软

🕐 16分钟　难易度 ★★☆
🔥 上、下火160℃

材料 巧克力软心：64%黑巧克力60克，无盐黄油20克，淡奶油30克，鲜奶40毫升，朗姆酒5毫升；蛋糕体：64%黑巧克力90克，无盐黄油85克，白砂糖20克，鸡蛋1个，低筋面粉70克，泡打粉2克

做法 ①黑巧克力熔化，倒入软化的无盐黄油、鲜奶、淡奶油、朗姆酒拌匀，制成巧克力软心。②取一个盆，倒入低筋面粉、泡打粉、白砂糖、无盐黄油、鸡蛋、黑巧克力液，搅拌成蛋糕糊。③将蛋糕糊挤在模具的底部和四周，中间挤上巧克力软心，再挤蛋糕糊，烤约16分钟即可。

Tips 包裹软心边缘的蛋糕体可挤厚一些，防止爆浆。

动物园鲜果蛋糕

🕐 25分钟　难易度 ★★☆
🔥 上火170℃、下火150℃

材料 蛋白2个，塔塔粉1克，盐1克，砂糖50克，蛋黄2个，色拉油30毫升，水35毫升，粟粉7克，低筋面粉36克，泡打粉2克，香草精适量，淡奶油200克，糖粉10克，水果适量

做法 ①水、色拉油、粟粉、低筋面粉、泡打粉、蛋黄、香草精拌匀。②蛋白、塔塔粉、盐、砂糖拌成蛋白霜，加入到淡黄色面糊中拌匀，倒入蛋糕模中，放入烤箱，烤约25分钟。③淡奶油加糖粉打发，抹在蛋糕体表面，取少量奶油在蛋糕上表面挤出圆圈，装点水果，插上动物旗即可。

Tips 将蛋糕糊倒入模具时盆需距离模具30厘米左右。

胡萝卜蛋糕

⏱ 35分钟　难易度：★★☆

🔥 上、下火180℃

材料 蛋糕糊：芥花籽油40毫升，枫糖浆40克，豆浆75毫升，盐1克，胡萝卜丝90克，全麦面粉70克，泡打粉1克，苏打粉0.5克；内馅：豆腐300克，枫糖浆30克，柠檬汁10毫升，柠檬皮碎5克

Tips 这是一款纯素的蛋糕，适合"三高"人群食用。

做法 ①将芥花籽油、枫糖浆、豆浆、盐、胡萝卜丝、全麦面粉、泡打粉、苏打粉，拌成蛋糕糊，倒入模具中。②放入烤箱中，烤约35分钟，取出，切成两片蛋糕片。③豆腐打成泥，倒入枫糖浆、柠檬皮碎、柠檬汁，拌成蛋糕馅，抹适量在蛋糕片上，盖上另一片蛋糕，抹上剩余蛋糕馅即可。

豆浆恶魔蛋糕

⏱ 45分钟　难易度：★★☆

🔥 上、下火180℃

材料 蛋糕糊：芥花籽油30毫升，豆浆120毫升，枫糖浆50克，柠檬汁8毫升，盐0.5克，低筋面粉60克，可可粉15克，泡打粉1克，苏打粉1克；豆腐奶油：豆腐350克，豆浆140毫升，可可粉20克，黑巧克力豆100克，枫糖浆37克，盐0.5克；装饰：防潮可可粉适量，蓝莓适量

做法 ①蛋糕糊：所有材料拌成面糊，倒入蛋糕模，放入烤箱中层，烤约45分钟。②豆腐奶油：豆腐打成泥，倒入剩余材料拌匀。③蛋糕切成两片，一片放在碗中，倒入适量豆腐奶油，再放一片，倒入剩余的豆腐奶油，抹平，移入冰箱冷藏3个小时取出，筛上一层防潮可可粉，放上蓝莓即可。

红薯豆浆蛋糕

⏱ 40分钟　难易度：★☆☆

🔥 上、下火180℃

材料 红薯250克，豆浆100毫升，芥花籽油30毫升，枫糖浆6克，低筋面粉80克，泡打粉2克，苏打粉1克

Tips 红薯切块蒸制，可减少时间。

做法 ①将蒸熟的红薯、豆浆搅打成泥，制成豆浆红薯泥，倒入芥花籽油、枫糖浆、低筋面粉、泡打粉、苏打粉，搅拌至无干粉的状态，制成蛋糕糊。②将蛋糕糊倒入铺有油纸的蛋糕模中至七分满。③将蛋糕模放入已预热至180℃的烤箱中层，烤约40分钟，取出，放凉后脱模即可。

大豆黑巧克力蛋糕

⏱ 45分钟　难易度：★☆☆

🔥 上、下火180℃

材料 水发黄豆150克，水20毫升，枫糖浆70克，黑巧克力100克，可可粉15克，柠檬汁15毫升，泡打粉2克，苏打粉1克，薄荷叶少许，红枣（对半切开）适量

Tips 黄豆也可用温水泡发2小时。

做法 ①水发黄豆打成泥，倒入水、枫糖浆打均匀。②黑巧克力隔水熔化，倒入黄豆泥中，再倒入可可粉、柠檬汁、泡打粉、苏打粉，搅拌均匀，即成蛋糕糊，倒入铺有油纸的蛋糕模中。③将蛋糕模放入已预热至180℃的烤箱中层，烘烤约45分钟，取出，装饰薄荷叶和红枣即可。

香橙磅蛋糕

⏱ 35分钟　难易度★☆☆
🔥 上、下火180℃

材料 芥花籽油30毫升，蜂蜜50克，盐0.5克，柠檬汁7毫升，香橙汁80毫升，低筋面粉70克，淀粉15克，泡打粉1克，热带水果干20克

做法 ①将芥花籽油、蜂蜜搅拌均匀，倒入盐、柠檬汁、香橙汁，搅拌均匀。②将低筋面粉、淀粉、泡打粉筛至搅拌盆里，搅拌成面糊，倒入热带水果干，拌均匀，制成蛋糕糊。③取蛋糕模具，倒入蛋糕糊，放入已预热至180℃的烤箱中层，烤约35分钟，取出，切块装盘即可。

Tips 刚出炉的蛋糕较脆弱，应待其自然冷却后再脱模。

玉米蛋糕

⏱ 40分钟　难易度★★☆
🔥 上、下火180℃

材料 蛋糕糊：低筋面粉120克，玉米汁140毫升，蜂蜜20克，玉米粉15克，芥花籽油25毫升，泡打粉1克，苏打粉1克，盐1克；玉米面碎：芥花籽油10毫升，藻糖1克，玉米粉10克，低筋面粉25克

做法 ①将藻糖、芥花籽油、玉米粉、低筋面粉拌成玉米面碎。②将蜂蜜、芥花籽油、盐、玉米汁、玉米粉、泡打粉、苏打粉、低筋面粉拌成蛋糕糊。③模具中倒入蛋糕糊，将玉米面碎擦成丝后铺在蛋糕糊上，放在烤盘上，移入烤箱中层，烤约40分钟，取出，放凉脱模即可。

Tips 玉米面碎不用搅拌得过于细腻。

无糖椰枣蛋糕

⏱ 35分钟　难易度★★☆
🔥 上、下火180℃

材料 芥花籽油30毫升，椰浆30毫升，南瓜汁200毫升，盐0.5克，低筋面粉160克，泡打粉2克，苏打粉2克，干红枣（去核）10克，碧根果仁15克

做法 ①将芥花籽油、椰浆搅拌均匀，倒入南瓜汁、盐、低筋面粉、泡打粉、苏打粉，搅拌至无干粉的状态，制成蛋糕糊。②将蛋糕糊倒入铺有油纸的蛋糕模中，铺上干红枣，撒上捏碎的碧根果仁。③将蛋糕模放在烤盘上，移入已预热至180℃的烤箱中层，烤约35分钟即可。

Tips 碧根果仁不捏碎也别有风味。

红枣蛋糕

⏱ 30分钟　难易度★☆☆
🔥 上、下火180℃

材料 蜂蜜60克，芥花籽油40毫升，红枣汁140毫升，盐1克，低筋面粉87克，全麦粉50克，泡打粉1克，苏打粉1克，无花果块25克

做法 ①将蜂蜜、芥花籽油搅拌均匀，倒入红枣汁、盐，搅拌均匀。②将低筋面粉、全麦粉、泡打粉、苏打粉过筛至盆中，搅拌至无干粉的状态，制成面糊，倒入无花果块，拌匀，制成蛋糕糊。③将蛋糕糊倒入铺有油纸的模具中放在烤盘上，移入已预热至180℃的烤箱中，烘烤约30分钟即可。

Tips 烤盘放入烤箱中层烤制为宜。

樱桃燕麦蛋糕

🕐 35分钟　难易度：★★☆
🔲 上、下火180℃

材料 蛋糕糊：蜂蜜30克，芥花籽油15毫升，柠檬汁3毫升，樱桃汁140毫升，全麦粉100克，低筋面粉50克，泡打粉3克，苏打粉2克，樱桃15克；燕麦面碎：蜂蜜10克，芥花籽油15毫升，低筋面粉40克，燕麦片5克

Tips
也可加入速食麦片。

做法 ①蜂蜜、芥花籽油、低筋面粉、燕麦片拌成燕麦面碎。②蜂蜜、芥花籽油、柠檬汁、樱桃汁、全麦粉、低筋面粉、泡打粉、苏打粉拌成蛋糕糊，倒入蛋糕模中，铺上一层燕麦面碎，再放上樱桃。③将蛋糕模放在烤盘上，再移入已预热至180℃的烤箱中，烤约35分钟即可。

抹茶玛德琳蛋糕

🕐 20分钟　难易度：★☆☆
🔲 上、下火180℃

材料 芥花籽油40毫升，蜂蜜50克，水120毫升，柠檬汁8毫升，低筋面粉128克，抹茶粉5克，泡打粉2克

Tips
用电动打蛋器可以更好地将食材拌匀。

做法 ①将芥花籽油、蜂蜜、水、柠檬汁搅拌均匀。②将低筋面粉筛入搅拌盆中，再筛入抹茶粉、泡打粉，搅拌成无干粉的面糊，即成蛋糕糊，装入裱花袋中，取玛德琳模具，挤入蛋糕糊。③将玛德琳模具放入已预热至180℃的烤箱中，烤约20分钟，取出放凉，脱模即可。

黑加仑玛德琳蛋糕

🕐 20分钟　难易度：★☆☆
🔲 上、下火180℃

材料 低筋面粉70克，黑加仑浓缩液30毫升，芥花籽油40毫升，蜂蜜50克，泡打粉2克，水30毫升，盐1克

Tips
挤蛋糕糊时最好垂直挤入。

做法 ①将芥花籽油、蜂蜜、水、黑加仑浓缩液、盐拌匀。②将低筋面粉、泡打粉过筛至搅拌盆中，搅拌成无干粉的面糊，制成蛋糕糊，装入裱花袋中，挤入玛德琳蛋糕模具。③将模具放入已预热至180℃的烤箱中层，烤约20分钟即可。

红枣玛德琳蛋糕

🕐 10分钟　难易度：★☆☆
🔲 上、下火180℃

材料 蜂蜜50克，芥花籽油40毫升，红枣汁100毫升，盐1克，低筋面粉70克，可可粉8克，泡打粉1克

做法 ①将蜂蜜、芥花籽油、红枣汁、盐搅拌均匀。②将低筋面粉、可可粉、泡打粉过筛至盆中，搅拌成无干粉的蛋糕糊，装入裱花袋中。③取蛋糕模，挤入蛋糕糊至满。④将蛋糕模具放入已预热至180℃的烤箱中层，烤约10分钟即可。

扫一扫学烘焙

柠檬玛德琳蛋糕

🕙10分钟　难易度：★☆☆

🔥上、下火180℃

材料 低筋面粉80克，柠檬汁30毫升，水30毫升，蜂蜜40克，泡打粉2克，盐1克，芥花油40毫升

做法 ①将蜂蜜、芥花籽油、柠檬汁、水、盐搅拌均匀。②将低筋面粉、泡打粉过筛至盆中，搅拌至无干粉的状态，制成蛋糕糊，装入裱花袋中。③取玛德琳蛋糕模具，挤入蛋糕糊至满，放入已预热至180℃的烤箱中层，烤约10分钟即可。

Tips 玛德琳蛋糕模具上可涂一层黄油，烤好后更易脱模。

南瓜巧克力蛋糕

🕙20分钟　难易度：★☆☆

🔥上、下火180℃

材料 熟南瓜350克，低筋面粉45克，巧克力豆120克，可可粉15克，泡打粉1克

做法 ①将熟南瓜搅打成泥，倒入巧克力豆、蜂蜜，搅拌均匀。②将低筋面粉、可可粉、泡打粉过筛至搅拌盆中，搅拌均匀，制成蛋糕糊，倒入铺有油纸的蛋糕模具内。③将蛋糕模放入已预热180℃的烤箱中层，烤约20分钟，取出，脱模即可。

Tips 模具装满蛋糕糊后，轻轻震动几下，使蛋糕糊更加平整。

虎皮蛋糕

🕙3分钟　难易度：★☆☆

🔥上火280℃、下火150℃

材料 蛋黄260克，糖120克，玉米淀粉80克，打发的鲜奶油20克

做法 ①将蛋黄、糖搅拌至发白，倒入玉米淀粉中，打发至浓稠状，制成面糊。②取一个装有白纸的烤盘，倒入面糊铺平，放入烤箱，烤3分钟至金黄色，取出放凉，撕去底纸。③在蛋糕表面抹上大量的鲜奶油，将蛋糕卷成圆筒状，静置5分钟至成形，切成大小均等的块状即可。

扫一扫学烘焙

海苔蛋糕

🕙15分钟　难易度：★★☆

🔥上火180℃、下火160℃

材料 海苔碎、打发的鲜奶油各适量；蛋白部分：蛋白4个，塔塔粉3克，细砂糖110克；蛋黄部分：低筋面粉70克，玉米淀粉55克，蛋黄4个，色拉油55毫升，水20毫升，泡打粉2克，细砂糖30克

做法 ①蛋黄部分：将蛋黄、细砂糖、色拉油、水、玉米淀粉、低筋面粉、泡打粉搅拌成糊状。②蛋白部分：将蛋白打发至白色，倒入细砂糖、塔塔粉，拌匀至其呈鸡尾状，倒入蛋黄部分中，放入海苔碎拌匀，倒入烤盘上。③放入烤箱，烤15分钟，取出，抹上打发的鲜奶油，卷成圆筒状即可。

Tips 分次加入细砂糖可使蛋白霜更细腻。

红豆天使蛋糕

⏱ 15分钟　难易度：★★☆

🔥 上火180℃、下火150℃

材料 蛋白250克，塔塔粉2克，低筋面粉100克，色拉油50毫升，细砂糖120克，泡打粉3克，红豆粒10克，柠檬汁5毫升，打发的鲜奶油20克，水70毫升

做法 ①将色拉油、低筋面粉、水、泡打粉、柠檬汁拌匀呈面糊状。

②取另一个碗，倒入蛋白打至起大量的泡，倒入细砂糖、塔塔粉拌匀，倒入装有面糊的搅拌盆中，拌至呈糊状。

③取烤盘，铺上白纸，撒入红豆粒，倒入面糊，铺匀。

④将烤箱温度调成上火180℃、下火150℃，将烤盘放入烤箱中，烤15分钟。

⑤取出烤盘，放凉，撕去底纸，翻转过来，在上面均匀地抹上鲜奶油，卷成圆筒状，静置5分钟至成形。

⑥用刀切去蛋糕两边不整齐的部分，再切成大小均等的块状即可。

彩虹蛋糕

⏱ 20分钟　难易度：★★★

🔥 上、下火160℃

材料 鸡蛋4个，哈密瓜色香油、香芋色香油各适量，打发鲜奶油30克；蛋黄部分：低筋面粉70克，玉米淀粉55克，泡打粉2克，水70毫升，色拉油55毫升，细砂糖28克；蛋白部分：细砂糖97克，泡打粉3克

做法 ①鸡蛋分别取蛋黄、蛋白。

②蛋黄部分：将蛋黄、低筋面粉、玉米淀粉、泡打粉、水、色拉油、细砂糖拌匀。

③蛋白部分：蛋白打至起泡，倒入细砂糖、泡打粉，拌至呈鸡尾状，倒入蛋黄中拌匀，制成面糊。

④将适量面糊倒入香芋色香油拌匀，制成香芋面糊；适量面糊放入哈密瓜色香油中拌匀，制成哈密瓜面糊。

⑤分别将3种面糊装入裱花袋中，取铺上白纸的烤盘，以间隔的方式挤入3种面糊，放入烤箱中，调成上、下火160℃，烤20分钟，取出，抹上鲜奶油，卷成圆筒状，静置5分钟，切成4等份即可。

扫一扫学烘焙

瑞士蛋糕

🕐 20分钟　难易度：★★☆
🔥 上火170℃、下火190℃

材料 鸡蛋4个，低筋面粉125克，细砂糖112克，水50毫升，色拉油37毫升，蛋糕油10克，蛋黄2个，打发的鲜奶油适量

做法 ①鸡蛋放入细砂糖，打发至起泡，倒入适量水，放入低筋面粉、蛋糕油，搅拌均匀，倒入剩余的水，加入色拉油，搅拌匀，制成面糊。

②取烤盘，铺上白纸，倒入面糊抹匀。

③将蛋黄拌匀，倒入裱花袋中，在面糊上快速地淋上蛋黄液，用筷子在面糊表层呈反方向划动，再将烤盘放入烤箱中。

④把烤箱温度调成上火170℃、下火190℃，烤20分钟，取出，撕掉粘在蛋糕上的白纸。

⑤在蛋糕表面均匀地抹上打发的鲜奶油，把蛋糕卷成圆筒状，静置5分钟至其成形，切成2等份即可。

Tips 在鸡蛋中加入少许醋，能使蛋白打发后更稳定，不易消泡。

长颈鹿蛋糕卷

🕐 14分钟　难易度：★★★
🔥 上、下火170℃

材料 植物油20毫升，蛋黄3个，砂糖12克，鲜奶45毫升，低筋面粉40克，粟粉15克，砂糖40克，可可粉15克，蛋白4个，淡奶油100克，糖粉10克

做法 ①将植物油和鲜奶搅拌均匀，倒入砂糖12克、低筋面粉、粟粉、蛋黄，搅均匀，分出1/3作为原味面糊；剩下2/3加入可可粉拌匀，制成可可面糊。

②取另一盆，倒入蛋白、40克砂糖，打发至可提起鹰钩状，分别加到可可面糊和原味面糊中，拌匀。

③原味面糊装入裱花袋，在垫入油纸的烤盘上画出长颈鹿的纹路，烤2分钟，倒入可可面糊，续烤约12分钟。

④淡奶油及糖粉打发至可提起鹰钩状，备用。

⑤将蛋糕体取出，将打发好的奶油抹在没有斑纹的那一面，将蛋糕体卷起即可。

扫一扫学烘焙

Tips 可用草莓、鲜奶油等装饰。

棉花蛋糕

🕐20分钟 难易度：★☆☆
🔥上、下火150℃

材料 熔化的黄奶油60克，低筋面粉80克，牛奶80毫升，细砂糖90克，蛋黄90克，蛋白75克，盐少许，香橙果酱适量

Tips 搅拌材料时要用无水无油的容器，以免影响打发。

做法 ①将蛋黄、盐、30克细砂糖、低筋面粉、牛奶、熔化的黄奶油打发均匀，制成面糊。②将蛋白、剩余的细砂糖快速搅匀，制成蛋白部分，倒入面糊中，搅拌成糊状，倒在铺有烘焙纸的烤盘上，放入烤箱，以上、下火150℃烤20分钟。③取出，抹上香橙果酱，卷成卷，切开即可。

可可戚风蛋糕

🕐20分钟 难易度：★☆☆
🔥上火180℃、下火160℃

材料 打发的鲜奶油40克；蛋白部分：细砂糖95克，蛋白3个，塔塔粉2克；蛋黄部分：蛋黄3个，色拉油30毫升，低筋面粉60克，玉米淀粉50克，泡打粉2克，细砂糖30克，水30毫升

Tips 烤盘中垫入纸更方便脱模。

做法 ①蛋黄部分：所有材料搅拌成糊状。②蛋白部分：将蛋白打至发白，放入细砂糖、塔塔粉，打发至鸡尾状。倒入蛋黄部分中拌匀，倒入烤盘抹匀，放入烤箱。③将烤箱温度调成上火180℃、下火160℃，烤20分钟，取出，均匀地抹上鲜奶油，卷成圆筒状，切成4等份即可。

栗子蓉蛋糕

🕐20分钟 难易度：★★☆
🔥上火180℃、下火160℃

材料 栗子蓉80克，打发鲜奶油40克，黄桃肉20克，巧克力件1片；蛋白部分：细砂糖95克，蛋白3个，塔塔粉2克；蛋黄部分：蛋黄3个，色拉油30毫升，低筋面粉60克，玉米淀粉50克，泡打粉2克，细砂糖30克，水30毫升

Tips 也可将栗子蓉换成其他坚果酱。

做法 ①蛋黄部分：将所有材料拌匀。②蛋白部分：蛋白、细砂糖、塔塔粉打发。加入蛋黄部分中拌匀，倒入烤盘中抹平，放入烤箱。③烤20分钟，取出，抹上鲜奶油，卷成圆筒状，静置4分钟。④将栗子蓉装入裱花袋中，横向挤在蛋糕上，切成块，摆上黄桃肉、巧克力件装饰即可。

草莓卷

🕐20分钟 难易度：★★☆
🔥上火180℃、下火160℃

材料 草莓100克，草粒30克，打发的鲜奶油适量；蛋白部分：蛋白3个，塔塔粉2克，细砂糖95克；蛋黄部分：蛋黄3个，色拉油30毫升，低筋面粉60克，玉米淀粉50克，泡打粉2克，细砂糖30克，水30毫升

Tips 也可卷入其他水果。

做法 ①蛋黄部分：将所有材料拌匀。②蛋白部分：将蛋白、细砂糖、塔塔粉打发。倒入蛋黄部分中，拌匀，倒在烤盘上，撒上草莓粒，放入烤箱，温度调成上火180℃、下火160℃，烤20分钟，取出。③抹上适量的鲜奶油，摆上洗净的草莓，卷成圆筒状，静置一会儿，再切成4等份即可。

哈密瓜蛋糕

🕐 20分钟　难易度：★☆☆
📋 上火180℃、下火160℃

材料 哈密瓜色香油、香橙果浆各适量；蛋白部分：细砂糖95克，蛋白3个，塔塔粉2克，蛋黄部分：蛋黄3个，色拉油30毫升，低筋面粉60克，玉米淀粉50克，泡打粉2克，细砂糖30克，水30毫升

扫一扫学烘焙

做法 ①蛋黄部分：将所有材料拌匀。②蛋白部分：将蛋白打发，加入细砂糖、塔塔粉，打发至呈鸡尾状。倒入蛋黄部分中，拌均匀，加入哈密瓜色香油拌匀，倒入铺有白纸的烤盘中，抹匀。③把烤盘放入烤箱，烤20分钟，取出，抹上香橙果浆，卷成圆筒状，静置一会儿，切成4等份即可。

香橙蛋糕

🕐 20分钟　难易度：★★☆
📋 上火180℃、下火160℃

材料 橙子片：香橙1个，打发的鲜奶油适量，水20毫升，细砂糖100克；蛋白部分：蛋白3个，塔塔粉2克，细砂糖95克；蛋黄部分：蛋黄3个，色拉油30毫升，低筋面粉60克，玉米淀粉50克，泡打粉2克，细砂糖30克，水30毫升

做法 ①香橙切薄片；锅中倒入细砂糖、水、香橙片，小火煮10分钟。②蛋黄部分：将所有材料拌匀。③蛋白部分：将蛋白、细砂糖、塔塔粉打发。倒入蛋黄部分中拌匀。④烤盘上放香橙片、面糊，放入烤箱，烤20分钟，取出，抹上打发好的鲜奶油，卷成筒状，切成2等份即可。

香芋蛋卷

🕐 20分钟　难易度：★☆☆
📋 上火180℃、下火160℃

材料 香芋色香油、香橙果浆各适量；蛋白部分：细砂糖95克，蛋白3个，塔塔粉2克；蛋黄部分：蛋黄3个，色拉油30毫升，低筋面粉60克，玉米淀粉50克，泡打粉2克，细砂糖30克，水30毫升

扫一扫学烘焙

做法 ①蛋黄部分：将所有材料拌匀。②蛋白部分：将蛋白、细砂糖、塔塔粉，打发。倒入蛋黄部分中，拌均匀，加入香芋色香油拌匀，倒入铺有白纸的烤盘中，抹匀。③将烤箱调成上火180℃、下火160℃，烤20分钟，放凉，均匀地抹上香橙果浆，卷成圆筒状，静置一会儿，切成4等份即可。

黄金蛋卷

🕐 15分钟　难易度：★★☆
📋 上火120℃、下火160℃

材料 蛋黄200克，白糖40克，低筋面粉30克，全蛋50克，咖啡粉4克，水40毫升

扫一扫学烘焙

做法 ①蛋黄、白糖、全蛋、低筋面粉搅成糊状。②倒出适量面糊，加入水、咖啡粉，倒入裱花袋中。③烤盘铺上烘焙纸，倒入面糊摊平，将裱花袋中的材料挤在面糊上，放入烤箱，以上火120℃、下火160℃烤15分钟，取出。④撕去蛋糕上的烘焙纸，卷成卷，对半切开即可。

红豆戚风蛋卷

🕐 20分钟　难易度：★★☆

🔥 上火180℃、下火160℃

材料 打发的植物鲜奶油、红豆粒、透明果胶、椰丝各适量；蛋黄部分：蛋黄5个，水70毫升，细砂糖28克，低筋面粉70克，玉米淀粉55克，泡打粉2克，色拉油55毫升；蛋白部分：蛋白5个，细砂糖97克，塔塔粉3克

做法 ①蛋黄部分：将蛋黄、色拉油、低筋面粉、玉米淀粉、泡打粉、水、细砂糖搅拌均匀。

②蛋白部分：将蛋白打至起泡，倒入细砂糖、塔塔粉，打发至呈鸡尾状。

③蛋白部分倒入蛋黄部分中拌匀，倒入铺好蛋糕纸的烤盘中，撒上红豆粒。

④将烤箱预热放入烤盘，以上火180℃、下火160℃烤20分钟，取出，撕去上面的纸张。

⑤将蛋糕翻面，抹上打发的植物鲜奶油，卷成卷，切成均匀的3等份，刷上透明果胶，再沾上椰丝即可。

Tips 卷好的蛋卷可以轻轻地压一下，以免蛋卷散开。

蜂蜜年轮蛋糕

🕐 30分钟　难易度：★★☆

材料 蜂蜜10克，细砂糖25克，色拉油30毫升，蛋黄2个，蛋白2个，牛奶120毫升，低筋面粉100克，草莓适量

做法 ①将牛奶、色拉油、蛋黄搅拌均匀，将低筋面粉筛入，搅拌均匀。

②另取一个碗，倒入细砂糖、蛋白、蜂蜜，打发至鸡尾状，倒入蛋黄部分中拌匀，制成面糊。

③煎锅中倒入适量面糊，用小火煎至表面起泡，翻面，煎至两面熟透。

④操作台上铺一张白纸，放上煎好的面皮，刷上适量蜂蜜（分量外），卷成卷，依此将剩余面皮卷成卷，静置一会儿，放凉，切成段，制成蜂蜜年轮蛋糕，摆上草莓装饰即可。

Tips 煎面皮时宜用小火，否则容易煎煳。

马力诺蛋糕

⏱18分钟　难易度：★★☆

🔲上、下火170℃

材料 鸡蛋6个，细砂糖110克，低筋面粉75克，牛奶45毫升，高筋面粉30克，咖啡粉10克，色拉油32毫升，蛋糕油10克，泡打粉4克，香橙果酱适量

做法 ①将鸡蛋加入细砂糖、高筋面粉、低筋面粉、泡打粉、蛋糕油、牛奶、色拉油，并不停搅拌，制成面糊。

②将1/3的面糊倒入一个小碗中；在余下的面糊中倒入咖啡粉，打发均匀。

③将烘焙纸铺在烤盘上，把两种面糊倒入裱花袋中。将两种面糊以交错的方式挤入烤盘，制成马力诺蛋糕生坯。

④把烤箱温度调成上、下火170℃，放入烤盘，烤约18分钟，取出，撕去粘在蛋糕底部的烘焙纸，均匀地抹上香橙果酱，卷成卷，切成均等的4份即可。

Tips 切蛋糕前将刀在火上加热一下，这样就能切出整齐的切面。

巧克力毛巾卷

⏱20分钟　难易度：★★★

🔲上、下火160℃

材料 蛋黄部分A：蛋黄30克，水30毫升，色拉油25毫升，低筋面粉25克，可可粉10克，淀粉5克；蛋白部分A：蛋白70克，细砂糖30克，塔塔粉2克；蛋黄部分B：蛋黄45克，水65毫升，色拉油55毫升，低筋面粉50克，吉士粉10克，淀粉10克；蛋白部分B：蛋白100克，细砂糖30克，塔塔粉2克

做法 ①蛋黄部分A：色拉油加入水、低筋面粉、可可粉、淀粉、蛋黄，搅拌均匀。

②蛋白部分A：蛋白加入细砂糖、塔塔粉，打发至呈鸡尾状。倒入蛋黄部分A中拌匀，制成可可粉蛋糕浆，倒入铺有烘焙纸的烤盘里，放入烤箱里，烤10分钟。

③蛋黄部分B：淀粉加入吉士粉、低筋面粉、色拉油、水、蛋黄，搅拌均匀。

④蛋白部分B：蛋白加入细砂糖、塔塔粉，打发至呈鸡尾状。放入蛋黄面浆B里，搅成蛋糕浆。

⑤把烤好的可可粉蛋糕取出，倒上蛋糕浆，抹匀，放入烤箱中，烤10分钟，取出，卷成卷，切成段即可。

Tips 圈起时不要太用力，容易折断。

那提巧克力

🕐 15分钟　难易度：★☆☆

📋 上、下火170℃

材料 全蛋216克，白糖86克，香草粉2克，中筋面粉80克，蛋糕油12克，可可粉17克，小苏打2克，水56毫升，色拉油42毫升

扫一扫学烘焙

做法 ①全蛋放入白糖、中筋面粉、可可粉、小苏打、香草粉、蛋糕油、水、色拉油，搅匀。②在烤盘铺一张烘焙纸，倒入搅拌好的材料，抹平，放入烤箱中，烤15分钟至熟。③取出，撕去蛋糕底部的烘焙纸，卷成卷，切成均匀的4段，再筛上适量可可粉（分量外）即可。

蔓越莓蛋卷

🕐 20分钟　难易度：★☆☆

📋 上火180℃、下火160℃

材料 蛋黄60克，水30毫升，食用油30毫升，低筋面粉70克，玉米淀粉55克，细砂糖30克，泡打粉2克，细砂糖110克，蔓越莓干、草莓果酱各适量，蛋白140克，塔塔粉2克

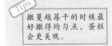

Tips 撒蔓越莓干的时候最好撒得均匀点，蛋糕会更美观。

做法 ①蛋黄、水、食用油、低筋面粉、玉米淀粉、细砂糖、泡打粉搅拌均匀。②另取容器，加入蛋白、细砂糖、塔塔粉，打至鸡尾状，加入到蛋黄里，搅拌搅匀。③烤盘上铺上烘焙纸，撒上蔓越莓干，倒入面糊，放入烤箱内，烤20分钟，抹上果酱，卷成卷，切成大小均匀的蛋糕卷即可。

提子蛋卷

🕐 20分钟　难易度：★☆☆

📋 上火180℃、下火160℃

材料 蛋白部分：蛋白140克，细砂糖110克，塔塔粉2克；蛋黄部分：蛋黄60克，水30毫升，食用油30毫升，低筋面粉70克，玉米淀粉55克，细砂糖30克，泡打粉2克；提子干、草莓果酱适量

扫一扫学烘焙

做法 ①蛋黄、水、食用油、低筋面粉、玉米淀粉、细砂糖、泡打粉搅拌均匀。②另取容器，加入蛋白、细砂糖、塔塔粉，打至鸡尾状，加入到蛋黄里，搅拌搅匀。③烤盘上铺上烘焙纸，撒上提子干，倒入面糊，放入预热好的烤箱内，烤20分钟，抹上草莓果酱，卷成卷，切成蛋糕卷即可。

香草蛋糕卷

🕐 20分钟　难易度：★☆☆

📋 上、下火170℃

材料 蛋白部分：蛋白140克，细砂糖55克，塔塔粉3克；蛋黄部分：蛋黄60克，牛奶40毫升，低筋面粉65克，食用油40毫升，香草粉5克，细砂糖20克；香橙果酱适量

扫一扫学烘焙

做法 ①蛋黄、牛奶、低筋面粉、食用油、香草粉、细砂糖搅拌均匀。②另取容器，加入蛋白、细砂糖、塔塔粉，打至鸡尾状，加入到蛋黄部分里，搅拌搅匀。③烤盘上铺上烘焙纸，倒入面糊，放入预热好的烤箱内，烤20分钟，抹上果酱，卷成卷，切成大小均匀的蛋糕卷即可。

咖啡卷

⏱20分钟　难易度：★☆☆
🔥上、下火170℃

材料 蛋黄部分：蛋黄80克、细砂糖20克、牛奶60毫升、色拉油45毫升、低筋面粉115克、朗姆酒10毫升、咖啡粉10克；蛋白部分：蛋白210克、细砂糖80克、塔塔粉3克；香橙果酱适量

扫一扫学烘焙

做法 ①蛋黄部分：将蛋黄、细砂糖、低筋面粉、咖啡粉、牛奶、色拉油、朗姆酒拌匀。②蛋白部分：蛋白、细砂糖、塔塔粉拌匀。刮入蛋黄部分中，搅拌均匀。③烤盘垫上烘焙纸，倒入拌好的食材，放入烤箱中烤约20分钟，取出，抹上香橙果酱，卷成卷，切成小段即可。

栗子蛋糕

⏱20分钟　难易度：★★☆
🔥上火180℃、下火160℃

材料 蛋白部分：蛋白140克、细砂糖110克、塔塔粉3克；蛋黄部分：蛋黄70克、低筋面粉70克、玉米淀粉55克、纯净水30毫升、色拉油30毫升、细砂糖30克、泡打粉2克；栗子馅、香橙果酱各适量

扫一扫学烘焙

做法 ①蛋黄部分：将蛋黄、细砂糖、低筋面粉、玉米淀粉、泡打粉、纯净水、色拉油拌匀。②蛋白部分：将蛋白、细砂糖、塔塔粉打发。刮入蛋黄部分中拌匀。③烤盘垫上烘焙纸，倒入拌好的食材，放入烤箱中，烤约20分钟，取出，抹上香橙果酱，卷成卷，将栗子馅挤在蛋糕上即可。

年轮蛋糕

⏱30分钟　难易度：★☆☆

材料 蛋黄30克、低筋面粉100克、色拉油30毫升、牛奶120毫升、蛋白60克、细砂糖25克、蜂蜜10克、糖浆适量

扫一扫学烘焙

做法 ①蛋黄加入低筋面粉、色拉油、牛奶、蜂蜜，搅成纯滑的面浆。②另取一碗，倒入细砂糖、蛋白，搅拌成泡沫状，混入面浆中，搅拌均匀。③煎锅放入适量面浆，用小火煎至定型，翻面，煎至焦黄色，盛出，刷上糖浆。再制作两块蛋糕，卷成圆筒状，切成块即可。

紫薯蛋糕卷

⏱18分钟　难易度：★★☆
🔥上、下火170℃

材料 蛋白霜：蛋白4个、白糖30克；蛋黄糊：蛋黄4个、白糖35克、牛奶60毫升、色拉油50毫升、低筋面粉80克；紫薯馅：黄奶油40克、白糖10克、紫薯泥120克、牛奶30毫升

扫一扫学烘焙

做法 ①蛋黄糊：放入所有蛋黄糊材料，搅拌匀。②蛋白霜：蛋白加白糖，快速打发至起泡。倒入蛋黄糊中，搅拌均匀。③烤盘铺烘焙纸，倒入混合好的材料，抹匀，放入烤箱，烤约18分钟。④紫薯馅：紫薯泥、黄奶油、牛奶、白糖搅拌匀。抹在蛋糕上，卷成卷，对半切开即可。

花纹蛋卷

⏱25分钟　难易度：★★☆

🔥上、下火160℃转上、下火180℃

材料 蛋白部分：蛋白4个，细砂糖30克，玉米淀粉10克；蛋黄部分：色拉油40毫升，细砂糖35克，蛋黄4个，可可粉10克，低筋面粉80克，水60毫升；馅料：打发的鲜奶油适量

做法 ①蛋白部分：将蛋白、细砂糖充分打发。

②将一部分的蛋白倒入另一碗中，筛入玉米淀粉，拌匀至呈糊状，装入裱花袋。

③烤盘铺烘焙纸，挤入拌好的材料，呈花纹状，放入烤箱中，以上、下火160℃烤5分钟。

④蛋黄部分：将水、可可粉、低筋面粉、色拉油、细砂糖、蛋黄快速搅拌均匀，倒入剩余的蛋白部分，拌匀成面糊状，倒入烤好的蛋糕上，抹匀。

⑤把烤箱调成上、下火180℃，预热一会儿，放入烤盘，烤20分钟，取出。

⑥撕去粘在蛋糕底部的烘焙纸，再放上打发的鲜奶油抹匀，卷成卷，切成2等份即可。

Tips 蛋糕卷成卷后，可静置一会儿，待其成形后再切。

扫一扫学烘焙

翡翠蛋卷

⏱30分钟　难易度：★★☆

🔥上火160℃、下火180℃转上火190℃、下火170℃

材料 蛋卷皮：鸡蛋3个，白糖50克，低筋面粉50克，色拉油、色香油各适量；蛋白部分：蛋白3个，白糖50克，塔塔粉3克；蛋黄部分：蛋黄4个，水30毫升，色拉油30毫升，白糖30克，低筋面粉70克，泡打粉2克

做法 ①蛋黄部分：将蛋黄、水、白糖、色拉油、低筋面粉、泡打粉拌匀。

②蛋白部分：蛋白、白糖、塔塔粉搅拌至起泡。倒入蛋黄部分中，搅拌均匀，倒入铺有烘焙纸的烤盘，抹平，放入烤箱，以上火160℃、下火180℃烤20分钟，取出，卷成卷。

③蛋卷皮：倒入鸡蛋、白糖、低筋面粉、色拉油、色香油拌匀，制成面糊，倒入铺有烘焙纸的烤盘，抹平。

④放入烤箱，以上火190℃、下火170℃烤10分钟，取出。用蛋卷皮把蛋糕包好，制成蛋卷，切成段即可。

Tips 蛋糕要趁热卷成卷，否则不易成形。

QQ雪卷

⏱ 20分钟　难易度：★★☆
🔥 上、下火170℃

材料 蛋黄部分：细砂糖20克，色拉油30毫升，低筋面粉70克，玉米淀粉15克，蛋黄65克，水40毫升；蛋白部分：蛋白175克，细砂糖75克，塔塔粉2克；全蛋部分：鸡蛋2个，细砂糖60克，低筋面粉60克，水75毫升，黄奶油60克；馅料：果酱适量

做法 ①蛋黄部分：水中加入色拉油、细砂糖、低筋面粉、玉米淀粉、蛋黄，搅成纯滑的面浆。

②蛋白部分：细砂糖加入蛋白、塔塔粉，打发至鸡尾状。加入到面浆中，搅拌均匀，制成蛋糕浆，倒入铺有烘焙纸的烤盘里，抹平，放入预热好的烤箱里，烤20分钟。

③全蛋部分：细砂糖加入鸡蛋、低筋面粉、黄奶油，搅成纯滑的面浆。

④把蛋糕取出，撕去粘在蛋糕上的烘焙纸，倒上果酱抹匀，卷成卷，切成两段。

⑤煎锅倒入适量鸡蛋面浆，用小火煎至熟，放入切好的蛋糕，卷好即可。

Tips
也可用花生酱代替果酱。

瑞士蛋卷

⏱ 20分钟　难易度：★☆☆
🔥 上火190℃、下火170℃

材料 鸡蛋5个，色拉油37毫升，低筋面粉125克，细砂糖110克，水50毫升，蛋糕油10克，蛋黄、果酱各适量

做法 ①细砂糖加入鸡蛋，快速搅拌均匀，倒入低筋面粉、蛋糕油、水、色拉油，搅拌成纯滑的面浆，倒入垫有烘焙纸的烤盘中，抹平。

②把蛋黄、果酱装入裱花袋里，快速地挤在面浆表面上，再用一根筷子在面浆表面上轻轻地画上几道竖痕，在面浆表面上形成波浪花纹，准备烘烤。

③取烤箱，放入面浆，上火调为190℃，下火调为170℃，烤20分钟，取出。

④把烤好的蛋卷皮放在案台烘焙纸上，撕掉蛋卷皮底部的烘焙纸，均匀地抹上一层果酱，用擀面杖从底部将蛋卷皮卷成圆筒状，切成小块即可。

扫一扫学烘焙

Tips
可根据个人喜好，来决定挤在面浆表面的果酱量。

原味瑞士卷

⏱30分钟　难易度：★☆☆
🔲 上、下火160℃

材料 海绵蛋糕预拌粉250克，鸡蛋5个，水65毫升，植物油60毫升，淡奶油100克，砂糖30克

做法 ①海绵蛋糕预拌粉加入鸡蛋、水，用电动打蛋器打发至画"8"字不消，倒入植物油，搅拌均匀，倒入带有油纸的烤盘中。②将烤箱预热5分钟，放入烤盘烤制30分钟。③淡奶油加入砂糖，充分打发。④烤好的蛋糕取出，抹一层奶油，卷一圈，放入冰箱冷藏10分钟，取出切片即可食用。

> **Tips** 趁热倒扣撕去底部烤纸放凉，可防止蛋糕收缩。

巧克力瑞士卷

⏱30分钟　难易度：★☆☆
🔲 上、下火160℃

材料 海绵蛋糕预拌粉250克，鸡蛋5个，巧克力粉8克，淡奶油100克，植物油60毫升，白砂糖、热水各适量

做法 ①海绵蛋糕预拌粉、水、鸡蛋打发。②用热水溶解巧克力粉，倒入打发好的面糊中，再倒入植物油，搅拌均匀。③烤盘中铺上油纸，倒入面糊，放入预热好的烤箱里，烤制30分钟。④淡奶油加入糖打发。⑤蛋糕涂一层奶油，卷起来，放冰箱冷藏10分钟，取出切成圆片即可。

> **Tips** 烤好后马上从烤箱里取出，以免在烤箱里吸收水汽。

抹茶瑞士卷

⏱30分钟　难易度：★☆☆
🔲 上、下火160℃

材料 海绵蛋糕预拌粉250克，鸡蛋5个，淡奶油100克，植物油60毫升，抹茶粉8克，白砂糖、热水各适量

做法 ①海绵蛋糕预拌粉、水、鸡蛋打发。②用热水溶解抹茶粉，倒入打发好的面糊中，再倒入植物油，搅拌均匀。③烤盘中放入油纸，倒入面糊，放入预热好的烤箱中，上、下火160℃烤制30分钟。④淡奶油加入白砂糖打发。⑤蛋糕涂一层奶油，卷起，冷藏10分钟，取出切成圆片即可。

> **Tips** 可用蜂蜜代替白糖，营养更丰富。

草莓瑞士卷

⏱30分钟　难易度：☆☆☆
🔲 上、下火160℃

材料 海绵蛋糕预拌粉250克，鸡蛋5个，水65毫升，植物油60毫升，淡奶油100克，砂糖30克，鲜草莓120克，蕃茜叶适量

做法 ①海绵蛋糕预拌粉加入鸡蛋、水打发，倒入植物油拌匀，倒入铺有油纸的烤盘中。②将烤箱预热5分钟，放入烤盘烤制30分钟。③淡奶油加入砂糖，充分打发。④取出蛋糕，抹一层奶油，摆上鲜草莓依，卷起，放入冰箱冷藏10分钟，取出后，挤上一层奶油，用草莓和蕃茜叶装饰即可。

> **Tips** 卷蛋糕卷时要注意力度，卷的过松会让蛋糕卷容易裂开。

芒果瑞士卷

🕐 30分钟　难易度：★★☆
🔲 上、下火160℃

材料 海绵蛋糕预拌粉250克，鸡蛋5个，水65毫升，植物油60毫升，淡奶油100克，砂糖30克，鲜芒果粒120克，草莓、鲜芒果片各适量

做法 ①海绵蛋糕预拌粉中打入鸡蛋，加水打发，倒入植物油拌匀，倒入铺有油纸的烤盘中。②将烤箱预热5分钟，放入烤盘烤制30分钟。③淡奶油加入砂糖打发。④取出蛋糕，抹一层奶油，放上鲜芒果粒，卷一圈，放入冰箱冷藏10分钟，取出后表面装饰奶油及鲜芒果片、草莓即可食用。

Tips 芒果片尽量削薄，更方便卷起做造型。

瑞士水果卷

🕐 20分钟　难易度：★★☆
🔲 上火170℃、下火160℃

材料 蛋黄4个，橙汁50毫升，色拉油40毫升，低筋面粉70克，玉米淀粉15克，蛋白4个，细砂糖40克，动物性淡奶油120克，草莓果肉、芒果果肉等各适量

做法 ①烤箱预热；蛋黄、橙汁、色拉油、低筋面粉、玉米淀粉拌匀。②将蛋白和细砂糖打至硬性发泡，制成蛋白霜，再倒入蛋黄面粉糊中，再倒入垫有烘焙纸的烤盘内，放入烤箱中，烘烤约20分钟，取出。③把动物性淡奶油打发，挤在蛋糕中间，铺上水果块，卷起定型，以奶油、水果装饰即可。

Tips 打发奶油时可根据个人口味调整加入的糖或者细砂糖。

双色毛巾卷

🕐 16分钟　难易度：★★☆
🔲 上火170℃、下火160℃

材料 蛋白7个，砂糖200克，塔塔粉3克，盐1克，柠檬汁2毫升，蛋黄3个，植物油120毫升，鲜奶140毫升，粟粉50克，低筋面粉175克，香草精3滴，泡打粉3克，抹茶粉3克，淡奶油100克

做法 ①植物油、鲜奶、150克砂糖、低筋面粉、粟粉、泡打粉、香草精、蛋黄打匀，分成两份，一份加入抹茶粉拌匀。②蛋白、盐、塔塔粉、柠檬汁、50克砂糖打发，制成蛋白霜，分别加入到原味面糊及抹茶面糊中拌匀，间隔挤入烤盘。③烤箱内放入烤盘，烤16分钟取出，抹上打发的奶油，卷起即可。

Tips 涂抹奶油时注意不要过量，否则可能使蛋糕卷难以顺利卷起。

草莓香草蛋糕卷

🕐 20分钟　难易度：★☆☆
🔲 上火170℃、下火160℃

材料 无盐黄油25克，鸡蛋1个，水25毫升，盐2克，低筋面粉58克，泡打粉2克，粟粉8克，砂糖50克，香草精2滴，甜奶油150克，新鲜草莓2颗，薄荷叶适量

做法 ①鸡蛋中倒入砂糖、水、盐、低筋面粉、泡打粉、粟粉拌匀。②无盐黄油隔水熔化，倒入混合物、香草精拌匀。③烤盘铺上油纸，倒入面糊，放入烤箱，烤约20分钟，出炉。④甜奶油打发，抹在蛋糕表面，卷起，分成3等份，挤上打发的奶油，装饰上新鲜草莓粒和薄荷叶即可。

Tips 蛋糕表面的装饰奶油尽量挤在蛋糕体中间，否则上面的水果容易掉落。

抹茶年轮蛋糕

⏱ 30分钟　难易度：★★☆

材料　牛奶120毫升，低筋面粉100克，细砂糖25克，抹茶粉10克，蛋白2个，蛋黄2个，色拉油30毫升，糖粉适量，蜂蜜适量

（做法）①将蛋黄、牛奶、色拉油、低筋面粉、抹茶粉搅拌均匀。

②蛋白加入细砂糖，打发至鸡尾状，倒入备好的蛋黄面糊中。

③煎锅上倒入适量面糊，用小火煎至表面起泡，翻面，煎至两面熟透。

④在操作台上铺一张白纸，放上面皮，刷上适量蜂蜜，卷成卷，静置一会儿，放凉待用。

⑤依此将剩余的面糊煎成面皮，再倒在白纸上，刷上适量蜂蜜，卷成卷，切成段，制成抹茶年轮蛋糕，再筛入适量糖粉即可。

Tips　可以加入适量葡萄干，风味更佳。

卷卷蛋糕

⏱ 30分钟　难易度：★★☆

材料　牛奶120毫升，低筋面粉100克，蛋黄2个，蛋白2个，色拉油30毫升，细砂糖25克，蜂蜜适量

（做法）①将牛奶、色拉油、蛋黄、低筋面粉搅拌均匀，备用。

②蛋白加入细砂糖，打发至鸡尾状，倒入备好的蛋黄部分中拌匀，制成面糊。

③煎锅上倒入适量面糊，用小火煎至表面起泡，翻面，煎至两面呈金黄色。

④在操作台上铺一张白纸，放上面皮，刷上适量蜂蜜，卷成卷，静置一会儿，放凉待用。

⑤依此将剩余的面糊煎成面皮，再倒在白纸上，刷上适量蜂蜜，卷成卷，切成段，再刷上适量蜂蜜即可。

Tips　煎好的面皮放凉了再刷蜂蜜，否则会容易失去黏性。

巧克力年轮蛋糕

⏱ 30分钟　难易度：★★☆

材料 细砂糖25克，可可粉10克，色拉油30毫升，蛋黄2个，蛋白2个，牛奶120毫升，低筋面粉100克，蜂蜜、白巧克力、草莓各适量

做法①白巧克力隔水加热至熔化，制成白巧克力液。

②将牛奶、色拉油、蛋黄、低筋面粉、可可粉搅拌均匀，备用。

③蛋白加入细砂糖，打发至鸡尾状，倒入备好的蛋黄部分中拌匀，制成面糊。

④煎锅上倒入适量面糊，用小火煎至表面起泡，翻面，煎至两面呈金黄色。

⑤在操作台上铺一张白纸，放上面皮，刷上适量蜂蜜，卷成卷，静置一会儿，放凉；依此将剩余的面糊煎成面皮，再倒在白纸上，刷上适量蜂蜜，卷成卷，切成段。

⑥把熔化的白巧克力液装入裱花袋中，在蛋糕上快速地划上白巧克力液，放上草莓装饰即可。

> Tips　蛋糕卷不宜太厚，否则容易散开，影响成品外观。

马琪果蛋糕

⏱ 20分钟　难易度：★★☆

🔲 上、下火170℃

材料 馅料：细砂糖50克，黄奶油130克，吉利丁片2片，咖啡粉16克，白巧克力45克，打发的鲜奶油150克；蛋白部分：蛋白170克，细砂糖90克，塔塔粉3克；蛋黄部分：蛋黄90克，可可粉25克，低筋面粉90克，色拉油80毫升，泡打粉3克，热水90毫升

做法①蛋黄部分：将热水、可可粉、低筋面粉、色拉油、泡打粉、蛋黄搅拌均匀。

②蛋白部分：蛋白加入细砂糖、塔塔粉，打发至鸡尾状。倒入蛋黄部分中，搅拌均匀。

③在烤盘里铺烘焙纸，倒入面糊抹匀，放入烤箱，烤20分钟，取出，撕去粘在蛋糕底部的白纸。

④馅料：将吉利丁片放在水中，浸泡5分钟至软；细砂糖煮至熔化，制成焦糖，加入黄奶油、咖啡粉、泡软的吉利丁片，煮至溶化，倒入白巧克力、打发的鲜奶油拌匀。

⑤把蛋糕翻面，放上馅料抹平，卷成卷，放入冰箱冷藏10分钟，切成段即可。

> Tips　熔化细砂糖时，火不宜太大，以免烧焦。

香草蛋糕

⏱18分钟　难易度★☆☆
🔲上、下火160℃

材料 蛋黄部分：蛋黄4个，色拉油40毫升，细砂糖20克，低筋面粉65克，纯牛奶40毫升，香草粉5克；蛋白部分：蛋白4个，细砂糖60克，塔塔粉3克；馅料：打发的鲜奶油150克

Tips 蛋白可以分次加入，能更好地搅匀使蛋糕更松软。

做法 ①蛋黄部分：将纯牛奶、低筋面粉、色拉油、香草粉、细砂糖、蛋黄搅拌均匀。②蛋白部分：将蛋白、细砂糖打发，放入塔塔粉打发。倒入蛋黄部分中，拌成面糊。③烤盘铺烘焙纸，将面糊倒入烤盘中，放入烤箱，烤约18分钟，取出，倒入打发好的鲜奶油抹匀，卷成卷，切成2等份即成。

香蕉蛋糕

⏱25分钟　难易度★☆☆
🔲上、下火170℃

材料 鸡蛋2个，细砂糖90克，水25毫升，香蕉泥100克，低筋面粉70克，泡打粉1克，食粉1克，盐1克，色拉油50毫升，白芝麻适量

扫一扫学烘焙

做法 ①鸡蛋加入细砂糖、低筋面粉、泡打粉、食粉、盐、香蕉泥、水、色拉油，搅成蛋糕浆。②把蛋糕浆倒入铺有烘焙纸的烤盘里，抹匀，撒上一层白芝麻，放入预热好的烤箱里。③以上、下火170℃烤25分钟，取出，撕去粘在蛋糕上的烘焙纸，卷成卷，切成小段即可。

摩卡蛋糕

⏱20分钟　难易度★☆☆
🔲上、下火170℃

材料 低筋面粉100克，鸡蛋230克，纯牛奶30毫升，色拉油30毫升，细砂糖150克，可可粉5克，咖啡粉2克，打发的鲜奶油适量

扫一扫学烘焙

做法 ①将鸡蛋、细砂糖拌至起泡；在低筋面粉中倒入咖啡粉、可可粉，混合好倒入鸡蛋中，加纯牛奶、色拉油拌成蛋糕浆。②在烤盘上铺烘焙纸，倒入蛋糕浆，抹匀，放入预热好的烤箱中，烤20分钟，取出。③撕去蛋糕底部的烘焙纸，倒入打发好的鲜奶油，抹匀，卷成卷，切成均等的小段即成。

果园蛋糕

⏱25分钟　难易度★★☆
🔲上、下火160℃

材料 蛋黄部分：水70毫升，细砂糖40克，色拉油30毫升，蛋黄75克，低筋面粉100克，奶粉15克，泡打粉2克；蛋白部分：盐2克，细砂糖90克，塔塔粉3克，蛋白175克；馅料：黄桃果肉50克，香橙果酱适量

做法 ①蛋黄部分：将低筋面粉、奶粉、水、色拉油、泡打粉、细砂糖、蛋黄搅成面浆。②蛋白部分：蛋白加入细砂糖、盐、塔塔粉，打发。加到面浆里，搅成蛋糕浆。③倒入铺有烘焙纸的烤盘里，放入烤箱里，烤25分钟，取出，放上香橙果酱抹匀，卷成卷，切成段，放上黄桃果肉即可。

抹茶蛋糕

🕐20分钟　难易度：★★☆
🔥上火180℃、下火160℃

材料 植物鲜奶油50克，蛋黄部分：水20毫升，色拉油55毫升，细砂糖28克，低筋面粉70克，玉米淀粉55克，泡打粉2克，蛋黄5个，抹茶粉15克；蛋白部分：细砂糖100克，塔塔粉3克，蛋白5个

扫一扫学烘焙

做法 ①蛋黄部分：将所有材料拌匀。②蛋白部分：将蛋白、细砂糖、塔塔粉搅动至其呈鸡尾状。倒入蛋黄中，搅拌匀。③在烤盘上铺一张白纸，倒入面糊抹平，放入烤箱，烤20分钟，取出。④将植物鲜奶油打发；蛋糕切成两半，抹上奶油，卷成圆筒状，静置5分钟，切成4块即可。

提子哈雷蛋糕

🕐15分钟　难易度：★☆☆
🔥上火200℃、下火180℃

材料 鸡蛋250克，低筋面粉250克，泡打粉5克，细砂糖250克，色拉油250毫升，提子干、蜂蜜各适量

扫一扫学烘焙

做法 ①将鸡蛋、细砂糖拌至呈乳白色，将低筋面粉、泡打粉过筛至容器中拌匀，加入色拉油，打发至浆糊状。②将蛋糕纸杯放在烤盘上，将浆糊倒入杯中至五分满，撒入适量提子干。③将烤盘放入烤箱中，调成上火200℃、下火180℃，烤15分钟，取出，在蛋糕表面刷上适量蜂蜜即可。

杏仁哈雷蛋糕

🕐15分钟　难易度：★☆☆
🔥上火200℃、下火180℃

材料 鸡蛋250克，低筋面粉250克，泡打粉5克，细砂糖250克，色拉油250毫升，杏仁片、沙拉酱各适量

扫一扫学烘焙

做法 ①将鸡蛋、细砂糖快速拌至其呈乳白色，用筛网依次将低筋面粉、泡打粉过筛至容器中，搅拌匀，加入色拉油，搅拌匀，打发至浆糊状。②将蛋糕纸杯放在烤盘上，将浆糊倒入纸杯中，至五分满即可，撒入适量杏仁片。③将烤盘放入烤箱中，烤15分钟，取出，刷上适量沙拉酱即可。

迷你蛋糕

🕐10分钟　难易度：★☆☆
🔥上、下火160℃

材料 蛋白部分：蛋白4个，塔塔粉3克，细砂糖110克；蛋黄部分：低筋面粉70克，玉米淀粉55克，蛋黄4个，色拉油55毫升，水20毫升，泡打粉2克，细砂糖30克

扫一扫学烘焙

做法 ①蛋黄部分：将所有材料拌匀。②蛋白部分：将蛋白打发至白色，倒入细砂糖、塔塔粉，拌匀至其呈鸡尾状。倒入蛋黄部分中，拌匀，装入裱花袋中，挤入蛋糕纸杯，至五分满。③把蛋糕纸杯放入烤盘，烤箱温度调成上、下火160℃，放入烤盘，烤10分钟即可。

玛芬蛋糕

🕐 20分钟　难易度：★☆☆

🔲 上火190℃、下火170℃

材料 糖粉160克，鸡蛋220克，低筋面粉270克，牛奶40毫升，盐3克，泡打粉8克，熔化的黄奶油150克

做法 ①将鸡蛋、糖粉、盐倒入大碗中，搅拌均匀，倒入熔化的黄奶油、低筋面粉、泡打粉、牛奶，并不停搅拌，制成面糊，倒入裱花袋中。②把蛋糕纸杯放入烤盘中，挤入适量面糊，至七分满。③将烤盘放入烤箱中，以上火190℃、下火170℃烤20分钟至熟，取出蛋糕即可。

Tips 低筋面粉和泡打粉需要先过筛。

糖霜巧克力杯子蛋糕

🕐 12分钟　难易度：★☆☆

🔲 上、下火180℃

材料 无盐黄油30克，巧克力55克，鸡蛋1个，松饼粉82克，牛奶30毫升，防潮糖粉适量

做法 ①将无盐黄油、巧克力及牛奶隔水加热至溶化，搅拌均匀，倒出，加入鸡蛋、松饼粉，搅拌至无干粉的状态，装入裱花袋。②在12连玛芬模具中放入蛋糕纸杯，将蛋糕糊挤入蛋糕纸杯中。③放进预热至180℃的烤箱中烘烤约12分钟，取出放凉。在蛋糕表面撒上防潮糖粉即可。

Tips 倒入松饼粉时最好筛一下。

樱桃奶油蛋糕

🕐 23分钟　难易度：★★☆

🔲 上、下火165℃

材料 蛋糕糊：蛋黄75克，细砂糖25克，低筋面粉60克，杏仁粉30克，可可粉15克，盐1克，牛奶15毫升，泡打粉1克；蛋白霜：蛋白90克，细砂糖35克；装饰：淡奶油100克，细砂糖15克，樱桃适量

做法 ①蛋黄、牛奶、盐、细砂糖、可可粉、低筋面粉、泡打粉、杏仁粉拌成蛋糕糊。②将蛋白和细砂糖打发，制成蛋白霜，倒入蛋糕糊中拌匀，挤入模具中，放入烤箱中，烘烤约23分钟。③将淡奶油及细砂糖打发，至可提起鹰嘴状，装入裱花袋中，挤在蛋糕上，放上樱桃作为装饰即可。

Tips 蛋白霜分三次倒入蛋糕糊中会更细腻。

柠檬玛芬

🕐 20分钟　难易度：☆☆☆

🔲 上火170℃、下火160℃

材料 糖粉100克，鸡蛋2个，黄奶油120克，泡打粉2克，低筋面粉120克，切碎的柠檬皮少许，打发的鲜奶油适量

做法 ①将黄奶油、糖粉、鸡蛋、低筋面粉、泡打粉、柠檬皮碎搅拌成糊状，装入裱花袋中，挤入锡纸杯中，至八分满，放入烤盘。②将烤盘放入烤箱，以上火170℃、下火160℃烤20分钟，取出。③把打发的鲜奶油装入裱花袋中，将烤好的柠檬玛芬装入盘中，挤入适量的鲜奶油即可。

Tips 挤入纸杯的面糊不能太满，以免烤的时候溢出，影响美观。

抹茶红豆杯子蛋糕

坚果巧克力蛋糕

🕐13分钟　难易度：★★☆
🔲上、下火170℃

材料 蛋糕糊：无盐黄油100克，糖粉100克，玉米糖浆30克，鸡蛋2个，低筋面粉90克，杏仁粉20克，泡打粉2克，抹茶粉5克，熟红豆粒50克，淡奶油40克；装饰：无盐黄油180克，糖粉160克，牛奶15毫升，抹茶粉适量，熟红豆粒适量

做法 ①将无盐黄油、糖粉、鸡蛋、淡奶油、玉米糖浆、红豆粒、低筋面粉、泡打粉、杏仁粉及抹茶粉拌成蛋糕糊。②蛋糕糊挤入蛋糕纸杯中，放进烤箱，烤约13分钟，取出。③将无盐黄油、糖粉、抹茶粉、牛奶打发，装入裱花袋中，挤在蛋糕体上，再放上几粒红豆装饰即可食用。

🕐18分钟　难易度：★★☆
🔲上、下火190℃

材料 黄奶油225克，花生碎适量，低筋面粉137克，泡打粉5克，鸡蛋5个，可可粉25克，糖粉280克，黑巧克力适量

扫一扫学烘焙

做法 ①将黄奶油、黑巧克力隔水加热至熔化，搅拌均匀，放入糖粉275克、鸡蛋、低筋面粉、可可粉、泡打粉、花生碎，搅拌匀，制成面糊，倒入裱花袋中。②把纸杯放入烤盘，往纸杯内倒入面糊，至六分满，放入烤箱。③烤约18分钟至熟，取出，筛上糖粉（分量外）即可。

瑞士松糕

双色纸杯蛋糕

🕐20分钟　难易度：★★☆
🔲上、下火170℃

材料 可可粉38克，水70毫升，泡打粉15克，糖粉250克，鸡蛋3个，盐3克，黄奶油270克，食粉7克，高筋面粉15克，低筋面粉250克，腰果适量

扫一扫学烘焙

做法 ①将黄奶油、糖粉、鸡蛋、低筋面粉、泡打粉、食粉、盐、高筋面粉、可可粉、水打发成纯滑的面糊，倒入裱花袋中。②把蛋糕纸杯放在烤盘中，把面糊挤入蛋糕杯中，再逐一放入腰果，放入烤箱里。③以上、下火170℃烤20分钟，取出即可。

🕐20分钟　难易度：★★☆
🔲上、下火170℃

材料 鸡蛋250克，细砂糖175克，低筋面粉200克，盐2克，蛋糕油10克，黄奶油125克，牛奶香粉2克，可可粉5克，杏仁片适量

Tips
烤箱要预热好后再放入蛋糕生坯，这样烤出的蛋糕才饱满。

做法 ①将鸡蛋、细砂糖、黄奶油、低筋面粉、蛋糕油、盐、牛奶香粉搅成蛋糕浆，取出部分。②可可粉加到余下蛋糕浆里搅匀。③在烤盘放入4个蛋糕杯，将两种蛋糕浆一同挤入杯中，逐个放入适量杏仁片，放入预热好的烤箱里。④以上、下火170℃烤20分钟至熟即可。

白雪公主

⏱ 20分钟　难易度：★★☆

🔥 上火170℃、下火180℃

材料 鸡蛋3个，细砂糖90克，低筋面粉112克，香草粉1克，蛋糕油10克，水40毫升，色拉油25毫升

做法 ①把鸡蛋、细砂糖、低筋面粉、香草粉、蛋糕油、水、色拉油搅成纯滑的面浆。②取蛋糕杯装在烤盘里，分别装入面浆，放入预热好的烤箱。③将烤箱上火调为170℃，下火调为180℃，烤20分钟即可。

Tips
蛋糕烤好放凉后要放入冰箱冻2小时再脱模，这样不容易破坏蛋糕形状。

全麦蔬菜杯

⏱ 15分钟　难易度：★★☆

🔥 上、下火170℃

材料 鸡蛋1个，色拉油20毫升，黄奶油20克，水10毫升，全麦面粉100克，水发海藻适量

做法 ①黄奶油、鸡蛋、全麦面粉、水、色拉油搅成糊状。②取蛋糕杯放在烤盘里，装入适量面糊，放上少许海藻，放入预热好的烤箱。③将烤箱上下火均调为170℃，烘烤15分钟至熟即可。

Tips
面糊装入蛋糕杯时不宜装得过满，通常装到6~8分满即可。

妙芙

⏱ 15分钟　难易度：★☆☆

🔥 上火190℃、下火160℃

材料 鸡蛋2个，糖粉140克，盐1克，低筋面粉125克，泡打粉5克，吉士粉15克，色拉油100毫升

做法 ①将鸡蛋加入糖粉、低筋面粉、吉士粉、泡打粉、盐、色拉油，搅拌成纯滑的蛋糕浆，装入裱花袋中。②烤盘中放入蛋糕纸杯，挤入蛋糕浆，至七分满，放入预热好的烤箱中。③以上火190℃、下火160℃烤15分钟至熟，取出烤好的蛋糕即可。

扫一扫学烘焙

北海道戚风杯

⏱ 15分钟　难易度：★★☆

🔥 上、下火170℃

材料 水果适量；蛋白部分：蛋白115克，白糖110克，塔塔粉1克；蛋黄部分：盐1.5克，蛋黄85克，全蛋60克，色拉油60毫升，低筋面粉80克，奶粉2克，泡打粉2克

做法 ①蛋黄部分：全蛋、蛋黄、低筋面粉、色拉油、盐、奶粉、泡打粉拌匀。②蛋白部分：蛋白加入白糖、塔塔粉搅匀。放入蛋黄部分中搅匀。③取蛋糕纸杯，放在烤盘上，逐一倒入混合好的面糊，至七八分满。④放入烤箱，烤15分钟至熟，取出，将切好的水果放在烤好的蛋糕上即可。

Tips
打蛋白时需打至起泡，这样可以让蛋糕的口感更绵软。

哈雷蛋糕

⏱ 20分钟　难易度：★☆☆
🔥 上火180℃、下火160℃

材料 细砂糖180克，鸡蛋180克，色拉油180毫升，低筋面粉200克，牛奶50毫升，牛奶香粉、泡打粉、盐各5克

做法 ① 将细砂糖、鸡蛋、盐、牛奶香粉、泡打粉、低筋面粉、牛奶、色拉油拌匀待用，装入裱花袋中，压匀。② 模具杯放入烤盘，将袋中的材料依次挤入模具杯，约六分满即可。③ 将烤盘放入烤箱中，以上火180℃、下火160℃烤约20分钟至熟，取出烤盘即可。

Tips 注意每次倒入材料后不要过度搅拌，否则会起筋。

巧克力杯子蛋糕

⏱ 20分钟　难易度：★☆☆
🔥 上火180℃、下火160℃

材料 低筋面粉100克，细砂糖100克，色拉油100毫升，鸡蛋100克，可可粉10克，泡打粉5克

做法 ① 鸡蛋、细砂糖、低筋面粉、可可粉、泡打粉、色拉油搅拌均匀，装入裱花袋中，压匀。② 模具杯放入烤盘，将袋中的材料依次挤入模具杯，约六分满即可。③ 将烤盘放入烤箱中，以上火180℃、下火160℃烤约20分钟至熟，取出烤盘即可。

Tips 烤前先静置两分钟，使模具杯中的材料表面更光滑均匀。

超软巧克力

⏱ 15分钟　难易度：★☆☆
🔥 上火180℃、下火160℃

材料 低筋面粉85克，可可粉10克，黄油60克，细砂糖85克，鸡蛋1个，牛奶80毫升，盐1克，泡打粉2.5克，小苏打1.5克

做法 ① 细砂糖、黄油、鸡蛋、可可粉、盐、泡打粉、小苏打、低筋面粉、牛奶拌成糊。② 取一裱花袋，盛入拌好的面糊，收紧袋口，在袋底剪出一个小孔，再挤入纸杯中，至六分满，制成蛋糕生坯。③ 烤箱预热，放入蛋糕生坯，以上火180℃、下火160℃的温度，烤约15分钟即成。

扫一扫学烘焙

蔓越莓玛芬蛋糕

⏱ 15分钟　难易度：★☆☆
🔥 上、下火200℃

材料 低筋面粉100克，细砂糖30克，泡打粉6克，盐1.25克，鸡蛋20克，牛奶80毫升，色拉油30毫升，蔓越莓酱40克

做法 ① 将细砂糖、鸡蛋、泡打粉、盐、低筋面粉、牛奶、色拉油、蔓越莓酱拌至成细滑的面糊。② 取一裱花袋，盛入拌好的面糊，再挤入纸杯中，至六分满，制成蛋糕生坯。③ 烤箱预热，放入蛋糕生坯，以上、下火200℃烤约15分钟即成。

Tips 为了保证美观，不要使蛋糕纸杯边缘沾有面糊。

草莓香草玛芬

⏱20分钟　难易度：★☆☆
▭上、下火200℃

材料 鸡蛋2个，细砂糖80克，香草粉15克，盐2克，黄油150克，朗姆酒5毫升，牛奶300毫升，低筋面粉200克，泡打粉5克，燕麦片60克，切瓣草莓片适量

扫一扫学烘焙

做法 ①将鸡蛋、细砂糖、黄油、盐、泡打粉、香草粉、低筋面粉、牛奶、朗姆酒、燕麦片充分搅匀。②备好蛋糕模具，放入蛋糕纸杯，将拌好的蛋糕浆逐一刮入纸杯中至七分满。③将蛋糕模具放入烤箱，以上、下火200℃烤20分钟至熟，装在盘中，逐一放上草莓片即可。

咖啡提子玛芬

⏱20分钟　难易度：★☆☆
▭上、下火200℃

材料 低筋面粉150克，酵母3克，咖啡粉150克，香草粉10克，牛奶150毫升，细砂糖100克，鸡蛋2个，色拉油10毫升，提子干适量

扫一扫学烘焙

做法 ①将鸡蛋、细砂糖、酵母、香草粉、咖啡粉、低筋面粉、色拉油、牛奶、提子干拌匀，制成蛋糕浆。②备好蛋糕模具，放入蛋糕纸杯，将拌好的蛋糕浆逐一刮入纸杯中至七八分满。③将蛋糕模具放入烤箱中，以上、下火200℃烤20分钟至熟即可。

蓝莓玛芬

⏱25分钟　难易度：★★☆
▭上、下火180℃

材料 鸡蛋1个，低筋面粉120克，细砂糖80克，泡打粉2克，无盐黄油50克，牛奶50毫升，蓝莓50克

扫一扫学烘焙

做法 ①将无盐黄油、细砂糖、鸡蛋、泡打粉、低筋面粉、牛奶不停搅拌，倒入洗净的蓝莓慢速搅拌均匀，制成蛋糕浆。②取数个蛋糕纸杯，将拌好的蛋糕浆逐一刮入纸杯中至六分满。③备好烤盘，放上装有蛋糕浆的纸杯，放入烤箱，以上、下火180℃，烤25分钟至熟即可。

猕猴桃巧克力玛芬

⏱15分钟　难易度：★★☆
▭上火180℃、下火160℃

材料 低筋面粉100克，泡打粉3克，可可粉15克，蛋白30克，细砂糖80克，色拉油50毫升，牛奶65毫升，猕猴桃果肉适量

Tips 可以摆上多种水果，味道更佳。

做法 ①将蛋白、细砂糖、可可粉、泡打粉、低筋面粉、色拉油、牛奶不停搅拌，制成蛋糕浆。②取数个蛋糕纸杯，将拌好的蛋糕浆逐一刮入纸杯中至六七分满，放入切成小块的猕猴桃果肉。③纸杯放入烤盘，将烤盘放入烤箱中，温度调至上火180℃、下火160℃，烤15分钟至熟即可。

蜜豆玛芬

⏱ 15分钟　难易度：★☆☆

🔥 上火180℃、下火160℃

材料 黄油60克，细砂糖60克，鸡蛋1个，牛奶50毫升，柠檬汁15毫升，低筋面粉100克，泡打粉3克，蜜豆适量

做法 ①细砂糖、鸡蛋、泡打粉、黄油、低筋面粉、牛奶、柠檬汁、蜜豆搅拌均匀，制成蛋糕浆。②取数个蛋糕纸杯，放在烤盘上，将拌好的蛋糕浆逐一刮入纸杯中至六分满。③将烤盘放入烤箱，以上火180℃、下火160℃烤15分钟至熟，取出烤盘即可。

Tips 可以在蛋糕生坯顶部再放入少许蜜豆之后进行烤制更美观。

葡萄干玛芬

⏱ 15分钟　难易度：★☆☆

🔥 上火180℃、下火160℃

材料 鸡蛋4个，糖粉160克，盐3克，黄油150克，牛奶40毫升，低筋面粉270克，泡打粉8克，葡萄干适量

做法 ①鸡蛋、糖粉、黄油、盐、泡打粉、低筋面粉、牛奶、葡萄干搅匀，制成蛋糕浆。②取数个蛋糕纸杯，将拌好的蛋糕浆逐一刮入纸杯中至七八分满，放入烤盘。③将烤盘放入烤箱，以上火180℃、下火160℃烤15分钟至熟即可。

Tips 可将葡萄干在白兰地中浸泡一晚，会给蛋糕带来复合口味。

提子玛芬

⏱ 15分钟　难易度：★☆☆

🔥 上火180℃、下火160℃

材料 鸡蛋4个，糖粉160克，牛奶40毫升，低筋面粉270克，黄油150克，泡打粉5克，提子适量

做法 ①将鸡蛋、糖粉、黄油、泡打粉、低筋面粉、牛奶、提子拌匀，制成蛋糕浆。②取数个蛋糕纸杯放在烤盘上，将拌好的蛋糕浆逐一刮入纸杯中至六七分满。③将烤盘放入烤箱，以上火180℃、下火160℃烤15分钟至熟即可。

Tips 可以在蛋糕生坯上再撒上少许提子。

脱脂奶水果玛芬

⏱ 20分钟　难易度：★☆☆

🔥 上、下火200℃

材料 盐2克，低筋面粉140克，细砂糖60克，脱脂牛奶125毫升，黄油50克，鸡蛋1个，什锦水果粒适量

做法 ①鸡蛋、细砂糖、黄油、盐、低筋面粉、脱脂牛奶，一边倒一边搅拌，制成蛋糕浆。②备好蛋糕模具，放入蛋糕纸杯，将拌好的蛋糕浆逐一刮入纸杯中至七分满，制成蛋糕生坯，逐一放上什锦水果粒。③将蛋糕模具放入烤箱中，以上、下火200℃，烤20分钟至熟即可。

扫一扫学烘焙

273

抹茶玛芬蛋糕

🕐 20分钟　难易度：★☆☆
🔲 上火190℃、下火170℃

材料　糖粉160克，鸡蛋220克，低筋面粉270克，牛奶40毫升，盐3克，泡打粉8克，熔化的黄奶油150克，抹茶粉15克

做法①将鸡蛋、糖粉、盐倒入大碗中，用电动打蛋器搅拌均匀，倒入熔化的黄奶油，搅拌均匀。

②将低筋面粉、泡打粉过筛至大碗中，搅拌均匀，倒入牛奶，并不停搅拌，制成面糊。

③取适量面糊，加入抹茶粉，搅拌均匀，装入裱花袋中。

④把蛋糕纸杯放入烤盘中，将面糊挤入纸杯内，至七分满，放入烤箱，以上火190℃、下火170℃烤20分钟至熟即可。

Tips 可以在纸杯里加入葡萄干，口味会更佳。

巧克力玛芬蛋糕

🕐 20分钟　难易度：★☆☆
🔲 上火190℃、下火170℃

材料　糖粉160克，鸡蛋220克，低筋面粉270克，牛奶40毫升，盐3克，泡打粉8克，熔化的黄奶油150克，可可粉8克

做法①将鸡蛋、糖粉、盐倒入大碗中，搅拌均匀，倒入熔化的黄奶油，搅拌均匀。

②将低筋面粉、泡打粉过筛至大碗中，搅拌均匀，倒入牛奶，并不停搅拌，制成面糊。

③取适量面糊，再加入可可粉，搅拌均匀，装入裱花袋中。

④把蛋糕纸杯放入烤盘中，将面糊挤入纸杯内，至七分满。

⑤将烤盘放入烤箱中，以上火190℃、下火170℃烤20分钟至熟即可。

Tips 可用打发的鲜奶油装饰。

樱桃玛芬

⏱ 20分钟　难易度：★☆☆
🔥 上火170℃、下火160℃

材料 糖粉100克，鸡蛋2个，黄奶油120克，泡打粉2克，低筋面粉120克，切碎的柠檬皮、打发的鲜奶油各适量，车厘子少许

做法 ①将黄奶油、糖粉搅拌匀，先加入一个鸡蛋，搅拌均匀，再加入另一个鸡蛋，继续搅拌。

②将低筋面粉、泡打粉过筛至碗中，搅拌均匀，放入柠檬皮碎，搅拌成糊状，装入裱花袋中。

③将面糊挤入锡纸杯中，至八分满，把锡纸杯放入烤盘，放入烤箱，以上火170℃、下火160℃烤20分钟至熟，取出。

④把打发的鲜奶油装入裱花袋中，挤在蛋糕上，摆上车厘子装饰即可。

焗花生牛油蛋糕

⏱ 16分钟　难易度：★★☆
🔥 上火170℃、下火160℃

材料 蛋糕体：砂糖85克，盐2克，低筋面粉100克，花生酱50克，泡打粉2克，可可粉6克，鲜奶45毫升，鸡蛋1个，无盐黄油（热熔）35克；装饰：蛋黄1个，砂糖5克，芝士粉5克，鲜奶20毫升，淡奶油40克，坚果适量

做法 ①蛋糕体：砂糖、鸡蛋、盐拌匀。

②鲜奶、无盐黄油及花生酱混合隔水加热，拌匀，加入到蛋液中，搅拌均匀。

③低筋面粉、泡打粉及可可粉筛入到混合物中拌匀，挤入到杯子蛋糕纸杯中。

④烤箱以上火170℃、下火160℃预热，蛋糕坯放入烤箱中层，烤约16分钟。

⑤装饰：淡奶油加砂糖快速打发。

⑥鲜奶倒入锅中煮开，边搅拌边倒入打散的蛋黄液中，制成蛋黄浆，倒入芝士粉搅拌均匀，分两次倒入已打发的淡奶油中，搅拌均匀，装入裱花袋，以螺旋状挤在已烤好的蛋糕体表面，再用坚果加以装饰即可。

Tips 分次加入鸡蛋时，都要搅拌均匀，这样做出的成品口感更佳。

Tips 若鲜奶、无盐黄油、花生酱的温度与室温一致，可无须隔水加热，搅拌均匀倒入即可。面粉过筛后再搅拌均匀，可以将面粉中的块状颗粒筛成细粉，使蛋糕口感更细腻。

杏仁蛋奶玛芬

⏱ 20分钟　难易度：★☆☆
🔥 上、下火200℃

材料 低筋面粉150克，南杏仁30克，黄油100克，鸡蛋1个，细砂糖50克，牛奶50毫升，香草粉15克

扫一扫学烘焙

做法 ①将鸡蛋、细砂糖、黄油、香草粉、低筋面粉、牛奶、部分南杏仁拌匀，制成蛋糕浆。②备好蛋糕模具，放入蛋糕纸杯，将拌好的蛋糕浆逐一刮入纸杯中至七分满，制成蛋糕生坯，撒南杏仁。③将蛋糕模具放入烤箱中，以上、下火200℃烤20分钟至熟即可。

核桃玛芬蛋糕

⏱ 15分钟　难易度：★☆☆
🔥 上火180℃、下火160℃

材料 全蛋210克，盐3克，色拉油15毫升，牛奶40毫升，低筋面粉250克，泡打粉8克，糖粉160克，核桃仁40克

扫一扫学烘焙

做法 ①全蛋加入糖粉、盐、泡打粉、低筋面粉、牛奶、色拉油搅拌，搅成纯滑的蛋糕浆，装入裱花袋里。②把蛋糕浆挤入烤盘上的蛋糕杯里，约五分满，放入少许核桃仁，制成蛋糕生坯。③将烤箱调为上火180℃、下火160℃，预热5分钟，把蛋糕生坯放入烤箱里，烘烤15分钟至熟即可。

奶油玛芬蛋糕

⏱ 15分钟　难易度：★★☆
🔥 上火180℃、下火160℃

材料 全蛋210克，盐3克，色拉油15毫升，牛奶40毫升，低筋面粉250克，泡打粉8克，打发植物鲜奶油90克，糖粉160克，彩针适量

扫一扫学烘焙

做法 ①全蛋加入糖粉、盐、泡打粉、低筋面粉、牛奶、色拉油搅拌，搅成纯滑的蛋糕浆，装入裱花袋里，挤入烤盘上的蛋糕杯里。②烤箱预热5分钟，将蛋糕生坯放入烤箱里，烘烤15分钟至熟，取出。③把打发好的植物奶油装入裱花袋里，挤在蛋糕上，逐个撒上适量彩针即可。

巧克力奶油玛芬蛋糕

⏱ 15分钟　难易度：★☆☆
🔥 上火180℃、下火160℃

材料 全蛋210克，盐3克，色拉油15毫升，牛奶40毫升，低筋面粉250克，泡打粉8克，糖粉160克，可可粉40克，打发的植物鲜奶油80克

扫一扫学烘焙

做法 ①全蛋加入糖粉、盐、泡打粉、低筋面粉、牛奶、色拉油搅拌，搅成纯滑的蛋糕浆，装入裱花袋里，挤入烤盘上的蛋糕杯中，约七分满。②将打发的植物鲜奶油加入可可粉拌匀，装入套有裱花嘴的裱花袋里。③烤箱预热5分钟，放入蛋糕生坯，烘烤15分钟，挤上可可粉奶油即可。

蓝莓宝贝

⏱ 10分钟　难易度：★★☆
🔥 上火180℃、下火150℃

材料 蛋糕体：黄油225克，糖粉135克，全蛋180克，高筋面粉120克，低筋面粉120克，泡打粉2克，牛奶30毫升；馅料：蓝莓果酱15克，红豆30克

Tips 可以榨取鲜果汁，跟面团一起揉制，这样口感会更好。

做法 ①将烤箱预热；黄油、糖粉、全蛋液、牛奶、泡打粉和高、低筋面粉搅拌成糊。②用长柄刮板将搅拌好的面糊装入裱花袋，挤在蛋糕纸杯中约八分满，在面糊表层加入蓝莓果酱和红豆。③将烤盘放入预热好的烤箱中，烘烤10分钟即可。

杯子浓情布朗尼

⏱ 25分钟　难易度：★☆☆
🔥 上火180℃、下火150℃

材料 黄油100克，细砂糖80克，饴糖30克，盐2克，鸡蛋110克，黑巧克力55克，低筋面粉50克，可可粉10克，泡打粉2克，核桃碎60克

Tips 也可用腰果碎代替核桃碎。

做法 ①烤箱预热；黄油、细砂糖、盐打发，倒入饴糖、低筋面粉、泡打粉、可可粉拌匀。②把鸡蛋分多次加入并拌匀，把熔化的黑巧克力加入面糊中，拌匀，加入核桃碎进行搅拌。③将制好的面糊放入裱花袋，再将面糊挤到蛋糕纸杯中约七分满，放入预热好的烤箱中烘烤约25分钟即可。

奶油玛芬

⏱ 18分钟　难易度：★☆☆
🔥 上火190℃、下火180℃

材料 低筋面粉100克，黄油65克，鸡蛋60克，细砂糖80克，动物性淡奶油40克，炼乳10克，泡打粉1/2小勺，盐适量

扫一扫学烘焙

做法 ①将黄油放入烤盘中，放入烤箱加热至熔化，同步进行烤箱预热。②动物性淡奶油、盐、细砂糖、炼乳、鸡蛋、熔化的黄油拌匀。③将泡打粉和低筋面粉倒入打发好的黄油中拌匀，挤到置于烤盘上的纸杯中约八分满。④将烤盘放入预热好的烤箱中，烘烤15~18分钟即可食用。

柠檬重油蛋糕

⏱ 20分钟　难易度：★☆☆
🔥 上火170℃、下火180℃

材料 柠檬皮40克，泡打粉5克，细砂糖100克，鸡蛋100克，低筋面粉100克，黄油100克

扫一扫学烘焙

做法 ①柠檬皮切成丁；泡打粉、细砂糖、鸡蛋、低筋面粉、软化的黄油搅拌成面糊。②将柠檬皮倒入面糊中，搅拌均匀。③将面糊倒入纸杯中，放在烤盘上，移入烤箱中烘烤约20分钟即可。

香橙重油蛋糕

🕐 20分钟　难易度：★☆☆

🔥 上火170℃、下火180℃

材料 香橙皮40克，泡打粉5克，糖粉100克，鸡蛋100克，低筋面粉100克，色拉油100毫升

做法 ①将香橙皮切成丁；泡打粉、糖粉、鸡蛋、低筋面粉、色拉油用打蛋器搅拌成面糊。②将香橙皮丁倒入面糊中，搅拌均匀后装入裱花袋，再将其挤入纸杯中。③把纸杯放进烤箱中，烘烤约20分钟，取出，撒上些许糖粉（分量外）摆盘即可。

Tips 根据个人喜好，可以在蛋糕定型后，适当地加入一些橙肉。

奶茶小蛋糕

🕐 18分钟　难易度：★☆☆

🔥 上火170℃、下火160℃

材料 低筋面粉120克，牛奶10毫升，鸡蛋50克，红茶2克，红茶水65毫升，白砂糖70克，黄油30克

扫一扫学烘焙

做法 ①烤箱预热；把红茶水跟白砂糖搅拌均匀，加入鸡蛋拌匀，再加入红茶、牛奶、低筋面粉、软化的黄油，拌匀。②用长柄刮板将拌匀的面糊装入裱花袋中，再用剪刀剪出小孔挤入蛋糕纸杯中。③把蛋糕坯放进预热好的烤箱中烘烤约18分钟，烤好后将蛋糕取出即可。

原味玛芬

🕐 25分钟　难易度：★☆☆

🔥 上、下火160℃

材料 原味玛芬预拌粉175克，水45毫升，鸡蛋1个，植物油42毫升

扫一扫学烘焙

做法 ①原味玛芬预拌粉、水、鸡蛋搅拌均匀，分两次加入植物油，搅拌均匀。②将面糊装入裱花袋，挤入备好的蛋糕纸杯中至七分满，将纸杯整齐摆放在烤盘内。③将烤盘放入预热好的烤箱，温度为上、下火160℃，烤制25分钟即可。

蔓越莓玛芬

🕐 25分钟　难易度：★☆☆

🔥 上、下火160℃

材料 原味玛芬预拌粉175克，水45毫升，鸡蛋1个，植物油42毫升，蔓越莓干15克

扫一扫学烘焙

做法 ①原味玛芬预拌粉、水、鸡蛋搅拌均匀，分两次加入植物油，搅拌均匀。②蔓越莓干用剪刀剪碎，倒入面糊中搅拌均匀，装入裱花袋，挤入备好的蛋糕纸杯中，并整齐地摆放在烤盘内。③将烤盘放入预热好的烤箱，温度为上、下火160℃，烤制25分钟即可。

提子玛芬

🕐 25分钟　难易度：★☆☆
🍴 上、下火160℃

材料 原味玛芬预拌粉175克，水45毫升，鸡蛋1个，植物油42毫升，提子干15克

扫一扫学烘焙

做法 ①将预拌粉、水、鸡蛋搅拌均匀，分两次加入植物油，搅拌均匀。②提子干剪碎，再倒入面糊中，充分搅拌均匀，装入裱花袋，挤入备好的蛋糕纸杯中至七分满，并整齐地摆放在烤盘内。③将烤盘放入预热好的烤箱，温度为上下火160℃，烤制25分钟即可。

巧克力玛芬

🕐 25分钟　难易度：★☆☆
🍴 上、下火160℃

材料 巧克力玛芬预拌粉125克，水45毫升，鸡蛋1个，植物油42毫升，草莓、奶油各适量

Tips 为了保证美观，不要使蛋糕纸杯边缘沾有预拌粉。

做法 ①将预拌粉、水、鸡蛋搅拌均匀，分两次加入植物油，搅拌均匀。②将面糊装入裱花袋，挤入备好的蛋糕纸杯中至七分满，并整齐摆放在烤盘内。③将烤盘放入预热好的烤箱，温度为上下火160℃，烤制25分钟后点缀打发的奶油和草莓即可。

红枣玛芬

🕐 25分钟　难易度：★☆☆
🍴 上、下火160℃

材料 红枣玛芬预拌粉175克，水45毫升，鸡蛋1个，植物油42毫升

扫一扫学烘焙

做法 ①将预拌粉、水、鸡蛋搅拌均匀，分两次加入植物油，搅拌均匀。②用长柄刮板将面糊装入裱花袋，挤入备好的蛋糕纸杯中至七分满，整齐摆放在烤盘内。③将烤盘放入预热好的烤箱，温度为上下火160℃，烤制25分钟即可。

心太软蛋糕

🕐 20分钟　难易度：★☆☆
🍴 上火140℃、下火160℃

材料 布朗尼蛋糕预拌粉210克，白砂糖210克，鸡蛋4个，黄油160克，核桃仁75克，黑巧克力150克

Tips 白砂糖加入黄油与鸡蛋后要搅拌至无颗粒状态，以免影响口感。

做法 ①核桃仁放入烤盘中，烤3~5分钟；将巧克力切碎，留少许，剩余隔热水熔化。②白砂糖加入黄油、鸡蛋、布朗尼蛋糕预拌粉、熔好的巧克力、核桃仁拌匀。③将面糊挤入蛋糕杯1/3，放入巧克力碎，再挤1/3。④将蛋糕杯放入烤盘，放入烤箱，烤制20分钟即可。

香蕉玛芬

🕐 30分钟　难易度：★☆☆

🔲 上、下火170℃

材料 低筋面粉100克，鸡蛋30克，牛奶65毫升，去皮香蕉120克，泡打粉5克，玉米油30毫升，白砂糖20克，红糖20克

Tips 切不可太过用力和长时间搅拌。

做法 ①香蕉去皮压成颗粒状（留少许香蕉片）；低筋面粉、泡打粉混合过筛。②鸡蛋打散，加入牛奶、玉米油、白砂糖、红糖、香蕉泥、筛过的粉，搅拌均匀。③把搅拌好的面糊装入玛芬杯，八分满即可，表面盖上香蕉片。④放入烤箱烤至蛋糕上色、膨胀开裂即可。

红枣芝士蛋糕

🕐 13分钟　难易度：★★☆

🔲 上、下火175℃

材料 奶油奶酪90克，无盐黄油65克，细砂糖50克，鸡蛋100克，低筋面粉100克，泡打粉2克，红枣糖浆45克，已打发的淡奶油、薄荷叶、防潮糖粉各适量

Tips 可放红枣粒点缀。

做法 ①将无盐黄油、奶油奶酪、细砂糖打发，加入鸡蛋、红枣糖浆、低筋面粉、泡打粉拌成蛋糕糊。②在玛芬模具中放上蛋糕纸杯，将蛋糕糊垂直装入蛋糕纸杯中，至八分满。③放入预热至175℃的烤箱中，烘烤约13分钟，取出，挤上已打发的淡奶油，撒上防潮糖粉，放上薄荷叶装饰即可。

奥利奥小蛋糕

🕐 20分钟　难易度：★☆☆

🔲 上、下火170℃

材料 低筋面粉120克，泡打粉3克，无盐黄油75克，奥利奥饼干碎45克，鸡蛋50克，细砂糖40克，牛奶50毫升

Tips 分两次加入牛奶，可使蛋糕糊更细腻。

做法 ①将室温软化的无盐黄油、细砂糖、鸡蛋、牛奶搅拌均匀。②筛入低筋面粉、泡打粉搅拌均匀，再加入奥利奥饼干碎，搅拌均匀，制成蛋糕糊。③将蛋糕糊装入裱花袋中，垂直挤入蛋糕纸杯中，至八分满。④放进预热至170℃的烤箱中，烘烤约20分钟。烤好后取出放凉即可。

黑芝麻杯子蛋糕

🕐 13分钟　难易度：★★☆

🔲 上、下火180℃

材料 蛋糕糊：低筋面粉60克，黑芝麻粉20克，无盐黄油15克，牛奶25毫升，鸡蛋100克，细砂糖50克；装饰：淡奶油适量，细砂糖适量，黑芝麻粉适量

Tips 将蛋糕糊装入裱花袋再挤入蛋糕杯。

做法 ①将牛奶加热至沸腾，关火，倒入无盐黄油拌匀。②将鸡蛋及细砂糖打至发白，倒入牛奶混合物、低筋面粉、黑芝麻粉拌成蛋糕糊，倒入蛋糕纸杯中。③放入烤箱，烤约13分钟，取出。④装饰：将淡奶油及细砂糖打发，倒入黑芝麻粉拌匀，装入裱花袋中，挤在杯子蛋糕的表面即可。

苹果玛芬

🕐 25分钟　难易度：★☆☆
🔲 上、下火175℃

材料 苹果丁150克，细砂糖90克，柠檬汁5毫升，肉桂粉1克，无盐黄油95克，鸡蛋1个，低筋面粉160克，泡打粉2克，盐1克，牛奶55毫升，椰丝10克

Tips
小火加热苹果丁时需常搅拌，以免糊锅。

做法 ①将苹果丁、30克细砂糖加热约10分钟，加入柠檬汁和肉桂粉拌匀。②将室温软化的无盐黄油、60克细砂糖、鸡蛋、低筋面粉、泡打粉、盐、牛奶、1/2苹果丁拌成蛋糕糊，挤入蛋糕纸杯。③在表面放上剩余的苹果丁，再撒上一些椰丝，放进烤箱中，烘烤约25分钟，烤好后取出放凉。

奶油巧克力杯子蛋糕

🕐 12分钟　难易度：★☆☆
🔲 上、下火180℃

材料 蛋糕糊：可可粉10克，低筋面粉60克，无盐黄油15克，牛奶25毫升，鸡蛋100克，黑糖50克；装饰：淡奶油适量，可可粉适量，糖粉适量

Tips
用裱花袋挤奶油时拉长，可变成不同花形。

做法 ①将鸡蛋、黑糖打至发白。②牛奶煮至沸腾，关火，倒入无盐黄油、蛋液、低筋面粉、可可粉拌成蛋糕糊，挤入蛋糕纸杯中，放进烤箱中，烤约12分钟取出。③装饰：将淡奶油快速打发，加入可可粉搅拌均匀，装入裱花袋，挤在杯子蛋糕表面，撒上糖粉，插上小猴子小旗即可。

草莓乳酪玛芬

🕐 20~25分钟　难易度：★☆☆
🔲 上、下火180℃

材料 奶油奶酪100克，无盐黄油50克，细砂糖70克，鸡蛋100克，低筋面粉120克，泡打粉2克，浓缩柠檬汁5毫升，草莓适量

Tips
鸡蛋需分两次加入，分别搅拌。

做法 ①将奶油奶酪、无盐黄油搅打均匀，倒入细砂糖，搅打至蓬松羽毛状。②加入鸡蛋、浓缩柠檬汁，搅拌均匀，筛入低筋面粉及泡打粉，搅拌均匀，制成蛋糕糊。③将蛋糕糊装入裱花袋，垂直挤入到蛋糕纸杯中，至七分满，在表面放上草莓，放入烤箱中，烘烤20~25分钟即可。

花生酱杏仁玛芬

🕐 20分钟　难易度：★☆☆
🔲 上、下火170℃

材料 松饼粉200克，无盐黄油80克，细砂糖100克，鸡蛋2个，牛奶140毫升，花生酱30克，杏仁粒适量

Tips
鸡蛋需先打散，再分两次倒入蛋糕糊中。

做法 ①将细砂糖、室温软化的无盐黄油搅拌至融合，倒入花生酱、鸡蛋、松饼粉，搅拌均匀。②倒入牛奶，搅拌均匀，制成蛋糕糊，装入裱花袋中。③在玛芬模具中放入蛋糕纸杯，把蛋糕糊垂直挤入蛋糕纸杯中，至八分满。④杏仁粒切碎，撒在蛋糕表面。⑤放入烤箱中，烘烤约20分钟即可。

巧克力咖啡蛋糕

🕐 18分钟　难易度：★★☆

🔲 上火180℃、下火150℃

材料 **蛋糕体**：即溶咖啡粉3克，可可粉4克，鲜奶20毫升，热水20毫升，蛋黄40克，砂糖45克，植物油22毫升，咖啡酒10毫升，低筋面粉55克，蛋白80克，粟粉5克，盐2克；**装饰**：即溶咖啡粉2克，鲜奶5毫升，淡奶油100克

做法 ①装饰：把鲜奶和即溶咖啡粉拌匀。

②淡奶油打发，倒入牛奶咖啡，搅拌均匀后，装入裱花袋中，放入冰箱冷藏。

③蛋糕体：即溶咖啡粉、可可粉、鲜奶、咖啡酒及热水拌匀。

④蛋黄、盐、20克砂糖、③中的咖啡可可混合物、植物油、低筋面粉、粟粉拌成糊。

⑤将蛋白放入新容器中，加入25克砂糖，打发成蛋白霜，加入到面糊中，搅拌均匀，装入裱花袋。

⑥将蛋糕纸杯放入玛芬模具中，蛋糕面糊垂直挤入纸杯中至七分满。

⑦烤箱预热，蛋糕坯放入烤箱中，全程烤约18分钟，出炉后待其冷却，在中间挤上咖啡奶油装饰即可。

Tips
可在表面筛一层咖啡粉。

小黄人杯子蛋糕

🕐 20分钟　难易度：★★★

🔲 上、下火170℃

材料 **蛋糕体**：鸡蛋1个，砂糖65克，植物油50毫升，鲜奶40毫升，低筋面粉80克，盐1克，泡打粉1克；**装饰**：巧克力适量，翻糖膏适量，黄色色素适量

做法 ①鸡蛋拌成蛋液，加入砂糖、盐、鲜奶、植物油、低筋面粉、泡打粉，拌成淡黄色蛋糕糊，装入裱花袋垂直往蛋糕纸杯中间挤入。

②烤箱以上、下火170℃预热，将蛋糕坯放入烤箱，烤约20分钟，冷却后，沿杯口切去高于纸杯的蛋糕体。

③取适量翻糖膏，加入几滴黄色色素，揉搓均匀，擀平，印出圆形剪下，放在蛋糕体上面作为小黄人的皮肤。

④取一块新的翻糖膏，印出小的圆形，作为小黄人的眼白，在原来的黄色翻糖上印出眼睛的外圈。

⑤将白色翻糖膏套入黄色圈圈中，作为小黄人的眼睛，用巧克力画出小黄人的眼珠、嘴巴和眼镜框即可。

Tips
小黄人的眼镜和嘴巴也可用翻糖膏加入黑色色素揉搓均匀，剪出形状即可。

猫头鹰杯子蛋糕

🕐 20分钟　难易度：★★★
🔲 上、下火170℃

材料 低筋面粉105克，泡打粉3克，无盐黄油80克，细砂糖70克，盐2克，鸡蛋1个，酸奶85克，黑巧克力100克，奥利奥饼干6块，M&M巧克力豆适量

做法 ①将无盐黄油打散，加入细砂糖、盐，打至微微发白，分三次加入蛋液，充分搅拌均匀，分两次倒入酸奶，拌匀，筛入低筋面粉及泡打粉，搅拌至无颗粒状，制成蛋糕面糊。

②装入裱花袋，垂直以画圈的方式将蛋糕面糊挤入蛋糕纸杯至八分满。

③烤箱以上、下火170℃预热，蛋糕坯放入烤箱，烤约20分钟，取出待凉的蛋糕体，用橡皮刮刀在表面均匀抹上煮熔的黑巧克力酱。

④将每片奥利奥饼干分开，取夹心完整的那一片作为猫头鹰的眼睛，用M&M巧克力豆作为猫头鹰的眼珠及鼻子，将剩余的奥利奥饼干从边缘切取适当大小，作为猫头鹰的眉毛即可。

> **Tips** 装饰要趁表面巧克力未干时进行。猫头鹰的眉毛可以在饼干上涂上巧克力酱，再加以修饰，这样更加逼真生动哦。此步骤可以让小朋友自由发挥，动手又动脑。

奶油狮子造型蛋糕

🕐 20分钟　难易度：★★☆
🔲 上、下火170℃

材料 蛋糕体：中筋面粉120克，泡打粉3克，豆浆125毫升，砂糖70克，盐2克，植物油35毫升，鸡蛋1个；装饰：淡奶油150克，砂糖20克，黄色色素适量，黑色色素适量

做法 ①蛋糕体：将植物油、豆浆搅拌均匀，加入砂糖、盐，继续拌匀，筛入中筋面粉及泡打粉，搅拌均匀。

②打入鸡蛋，拌成淡黄色面糊，装入裱花袋中，挤入蛋糕纸杯。

③放入烤箱，烤约20分钟。

④装饰：淡奶油加入砂糖，快速打发，分成三份，其中两份分别滴入适量黄色色素和黑色色素，继续搅拌至可呈鹰钩状，分别装入裱花袋中。

⑤取出烤好、冷却的蛋糕体，将黄色奶油挤在蛋糕四周呈圈状，作为狮子的毛发，用白色奶油在中间挤上狮子鼻子两旁的装饰，用黑色奶油挤上眼睛和鼻子即可。

> **Tips** 狮子的颜色也可以根据自己的喜好用其他食材调出。可用南瓜或地瓜泥做出狮子的毛发，用巧克力挤出狮子的鼻子眼睛。挤的时候要注意力度均匀，补足留出来的细缝。

奶油奶酪玛芬

⏱ 16分钟　难易度：★☆☆
🔥 上、下火160℃

材料 奶油奶酪100克，无盐黄油50克，砂糖70克，鸡蛋2个，低筋面粉120克，泡打粉2克，柠檬汁适量，杏仁片适量

Tips
可用牙签截入蛋糕中间，拔出后牙签表面没有糊状颗粒即可

做法 ①奶油奶酪、无盐黄油打发，倒入砂糖、鸡蛋、柠檬汁拌匀。②筛入低筋面粉和泡打粉，拌成蛋糕糊，装入裱花袋，垂直挤入蛋糕纸杯中，至八分满，在表面均匀撒上杏仁片。③烤箱以上、下火160℃预热，蛋糕坯放入烤箱，烤约16分钟，取出后放于散热架待其冷却即可。

可乐蛋糕

⏱ 18分钟　难易度：★☆☆
🔥 上火170℃、下火160℃

材料 可乐汽水165毫升，无盐黄油60克，高筋面粉55克，低筋面粉55克，泡打粉2克，可可粉5克，鸡蛋1个，香草精2滴，砂糖65克，盐2克，棉花糖20克，淡奶油100克，草莓3颗，糖粉适量

Tips
鸡蛋与砂糖打到发泡，加入液体后搅拌两三下即可。

做法 ①无盐黄油煮至熔化，倒入可乐拌匀，待凉。②鸡蛋加入香草精、35克砂糖、盐、黄油可乐、高筋面粉、低筋面粉、泡打粉、可可粉拌成面糊。③在模具中放入蛋糕杯，挤入面糊，放上棉花糖，烤18分钟，放凉。④淡奶油加30克砂糖打发，挤在蛋糕体上，放上草莓，撒上糖粉装饰即可。

朗姆酒树莓蛋糕

⏱ 18分钟　难易度：★★☆
🔥 上火170℃、下火160℃

材料 无盐黄油90克，砂糖105克，盐2克，64%黑巧克力35克，鸡蛋80克，低筋面粉140克，泡打粉2克，可可粉10克，朗姆酒60毫升，新鲜树莓6个，淡奶油200克，黄色色素适量

Tips
鸡蛋如果使用冷藏的，有可能造成蛋和油无法融合影响到口感。

做法 ①无盐黄油加入砂糖、盐、隔水熔化的黑巧克力、鸡蛋、低筋面粉、泡打粉、可可粉、朗姆酒拌融合，装入裱花袋。②烤盘放上纸杯，挤入蛋糕糊，放入烤箱，烤约18分钟。③淡奶油打发，取部分加入黄色色素拌匀，分别装入裱花袋中，挤在已经放凉的蛋糕表面，再加上树莓装饰即可。

红茶蛋糕

⏱ 17分钟　难易度：★☆☆
🔥 上火170℃、下火160℃

材料 鸡蛋1个，水12毫升，砂糖30克，盐2克，低筋面粉35克，泡打粉1克，红茶叶碎1小包，无盐黄油（热熔）12克，炼奶6克，淡奶油80克，朗姆酒2毫升，可可粉少许

Tips
加入粉类时不可搅拌太久，过度搅拌会影响到蛋糕体的口感。

做法 ①鸡蛋、砂糖、盐、水、低筋面粉、泡打粉、炼奶、热熔无盐黄油拌匀。②在模具上先放上纸杯，挤入蛋糕面糊，撒上红茶叶碎，放入烤箱，烤约17分钟，出炉后冷却。③淡奶油打发至可提起鹰钩状，加入朗姆酒拌匀后，装入裱花袋，挤于蛋糕表面，撒上可可粉装饰即可。

肉松紫菜蛋糕

🕐 25分钟　难易度：★★☆

🔲 上、下火170℃

材料 蛋黄糊：蛋黄2个，细砂糖15克，色拉油15毫升，水40毫升，紫菜碎8克，肉松20克，低筋面粉40克，泡打粉1克；蛋白霜：蛋白2个，细砂糖20克

Tips
若是开封较久的泡打粉，需过筛后再加入到制作过程中。

做法　①蛋黄打散，倒入细砂糖、色拉油、水、低筋面粉、泡打粉、紫菜碎拌成蛋黄糊。②蛋白和细砂糖打发，制成蛋白霜，倒入蛋黄糊中，搅拌均匀，制成蛋糕糊，装入裱花袋。③将蛋糕糊垂直挤入蛋糕纸杯中，至七分满，在表面放上肉松，放入预热至170℃的烤箱中烘烤25分钟即可。

摩卡玛芬

🕐 18分钟　难易度：★☆☆

🔲 上、下火160℃

材料 无盐黄油100克，即溶咖啡细粉1小勺，砂糖100克，盐1克，鸡蛋1个，低筋面粉170克，泡打粉1小勺，酸奶80克，入炉巧克力适量

Tips
可点缀打发的奶油。

做法　①无盐黄油打散，加入即溶咖啡细粉、砂糖、盐、鸡蛋打发，倒入酸奶、低筋面粉、泡打粉混合均匀。②把面糊装入裱花袋，挤入杯子蛋糕纸杯中，至八分满，放上入炉巧克力即可。③烤箱以上、下火160℃预热，蛋糕坯放入烤箱中层，烤约18分钟即可。

提子松饼蛋糕

🕐 20分钟　难易度：★★☆

🔲 上火170℃、下火160℃

材料 鸡蛋3个，砂糖135克，盐3克，鲜奶110毫升，无盐黄油150克，高筋面粉55克，低筋面粉145克，泡打粉3克，提子干120克，淡奶油100克

Tips
把蛋糕放入烤箱中层烘烤。

做法　①鸡蛋加入砂糖、盐、鲜奶、无盐黄油、提子干（留少许）、高筋面粉、低筋面粉、泡打粉，拌成蛋糕糊。②将蛋糕糊挤入到蛋糕纸杯中。③烤箱以上火170℃、下火160℃预热，把蛋糕坯放入烤箱，烤20分钟，出炉后待其冷却，在表面挤上已打发的淡奶油，用提子干装饰即可。

蓝莓果酱花篮

🕐 15分钟　难易度：★★☆

🔲 上火170℃、下火160℃

材料 鸡蛋2个，鲜奶25毫升，香草精2滴，低筋面粉50克，泡打粉1克，盐1克，炼奶10克，蓝莓果酱适量，砂糖50克，无盐黄油80克，糖浆20克

Tips
蛋糕糊倒入模具中至八分满。

做法　①鸡蛋加入砂糖、盐，打发。②无盐黄油60克、鲜奶、炼奶、香草精隔水加热，倒入蛋液中，筛入低筋面粉、泡打粉，拌匀。③蛋糕纸杯放入玛芬模具中，倒入蛋糕糊，放入烤箱，烤约15分钟，出炉倒扣冷却。④将20克无盐黄油、糖浆打发，挤在蛋糕体的四周，在中间铺上适量蓝莓果酱即可。

蜂蜜玛德莲蛋糕

⏱10分钟　难易度：★☆☆

🔥上、下火180℃

材料 鸡蛋1个，蜂蜜2大勺，柠檬汁5毫升，松饼粉55克，无盐黄油30克

做法 ①鸡蛋打散，倒入蜂蜜、柠檬汁、松饼粉，搅拌均匀。②将无盐黄油隔水加热至熔化，倒入面糊中，搅拌均匀，制成蛋糕糊，装入裱花袋中。③将蛋糕糊垂直挤入模具中，模具放到烤盘上，放入预热至180℃的烤箱中，烘烤约10分钟，烤好后，取出放凉。

Tips
加入松饼粉时要过筛。

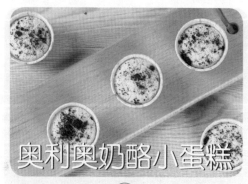

奥利奥奶酪小蛋糕

⏱16分钟　难易度：★☆☆

🔥上、下火180℃转上、下火150℃

材料 奶油奶酪250克，淡奶油150克，蛋黄50克，蛋白50克，香草精2克，细砂糖60克，奥利奥饼干碎适量

做法 ①奶油奶酪打散，倒入淡奶油、30克细砂糖、蛋黄、香草精搅成霜状混合物。②蛋白加入30克细砂糖打发，加入霜状混合物，拌成蛋糕糊，装入裱花袋中，垂直从中间挤入蛋糕纸杯，撒上少许奥利奥饼干碎。③在烤盘中倒入适量水，隔网放上蛋糕杯，放入烤箱，烤约16分钟即可。

Tips
在烤盘中倒入清水，在烘烤过程中增加水汽，达到使蛋糕不会开裂的效果。

红丝绒纸杯蛋糕

⏱20分钟　难易度：★★☆

🔥上、下火175℃

材料 蛋糕体：低筋面粉100克，糖粉65克，无盐黄油45克，鸡蛋1个，鲜奶90毫升，可可粉7克，柠檬汁8毫升，盐2克，苏打粉2.5克，红丝绒色素5克；装饰：淡奶油100克，糖粉8克，Hello Kitty小旗若干

做法 ①蛋糕体材料拌匀，制成红丝绒蛋糕糊，装入裱花袋，从中间垂直挤入蛋糕纸杯。②烤箱以上、下火175℃预热，将蛋糕坯放入烤箱，烤约20分钟。③淡奶油加糖粉用电动打蛋器快速打发至可提起鹰钩状，装入裱花袋中，以螺旋状挤在蛋糕表面，插上Hello Kitty的小旗即可。

水蒸豹纹蛋糕

⏱40分钟　难易度：★★☆

🔥上、下火175℃

材料 蛋黄糊：细砂糖25克，水80毫升，植物油60毫升，低筋面粉115克，泡打粉2克，蛋黄115克；蛋白霜：蛋白210克，塔塔粉2克，细砂糖90克；豹纹糊：可可粉4克

做法 ①蛋黄糊：将细砂糖和水煮化，加入植物油、低筋面粉、泡打粉、蛋黄拌匀。②蛋白霜：蛋白、塔塔粉、细砂糖打发。加到蛋黄糊中，拌成蛋糕糊。③取部分蛋糕糊，分别筛入1克可可粉和3克可可粉拌匀。剩余的蛋糕糊倒入蛋糕纸杯中，用可可糊画豹纹，放入烤箱中烘烤40分钟。

Tips
每放入一样食材，就搅拌一下。

素巧克力蛋糕

🕐 18分钟　难易度：★☆☆

🔥 上、下火180℃

材料 低筋面粉100克，巧克力碎20克，豆浆100毫升，枫糖浆50克，芥花籽油30毫升，可可粉5克，泡打粉2克，盐1克

做法 ①将枫糖浆、芥花籽油、豆浆、盐、低筋面粉、泡打粉、可可粉拌成无干粉的面糊，即成蛋糕糊。②取蛋糕纸杯，倒入蛋糕糊，撒上巧克力碎，放在蛋糕模具内。③移入已预热至180℃的烤箱中层，烤约18分钟即可。

Tips 蛋糕糊倒入杯中至九分满即可。

柠檬椰子纸杯蛋糕

🕐 25分钟　难易度：★☆☆

🔥 上、下火180℃

材料 椰浆100毫升，椰子粉40克，豆浆40毫升，低筋面粉70克，枫糖浆60克，芥花籽油35毫升，泡打粉1克，苏打粉1克，柠檬汁10毫升，盐0.5克

做法 ①将椰浆、豆浆、枫糖浆、芥花籽油、柠檬汁、盐倒入搅拌盆中，用手动打蛋器搅拌均匀。②再将椰子粉、泡打粉、苏打粉、低筋面粉过筛至盆中，拌至无干粉的状态，即制成蛋糕糊，装入裱花袋里。③将蛋糕纸杯铺在烤盘上，把蛋糕糊挤在蛋糕纸杯里，放入烤箱，烤25分钟即可。

Tips 蛋糕液倒入七分满。

胡萝卜巧克力纸杯蛋糕

🕐 16分钟　难易度：★★☆

🔥 上、下火180℃

材料 蛋糕糊：熟胡萝卜泥200克，低筋面粉90克，芥花籽油30毫升，可可粉15克，枫糖浆70克，豆浆80毫升，泡打粉2克，盐0.5克　内馅：可可粉30克，豆浆78毫升，枫糖浆10克

做法 ①将枫糖浆、芥花籽油、豆浆、盐、熟胡萝卜泥、低筋面粉、可可粉、泡打粉拌成糕糊，装入裱花袋里，挤入蛋糕纸杯，移入烤盘，放入已预热至180℃的烤箱中，烘烤约16分钟。②豆浆里倒入可可粉、枫糖浆，搅拌均匀，即成内馅。③取出蛋糕将内馅抹在蛋糕上即可。

Tips 用刀在内馅上沾挑几下，可形成花形。

绿茶蛋糕

🕐 45分钟　难易度：★☆☆

🔥 上、下火180℃

材料 低筋面粉80克，红豆汁80毫升，蜂蜜60克，柠檬汁5毫升，绿茶汁8克，泡打粉2克，芥花籽油30毫升，红豆泥适量

做法 ①将芥花籽油、蜂蜜、柠檬汁、红豆汁、低筋面粉、绿茶粉、泡打粉搅拌成无干粉的面糊，装入裱花袋中。②取蛋糕纸杯，挤入蛋糕糊，放在烤盘上，放入烤箱中层，烤约45分钟。③取出烤好的绿茶蛋糕，将装入裱花袋的红豆泥挤在绿茶蛋糕上即可。

Tips 也可以将绿茶粉替换成抹茶粉。色泽更美观，口感更苦。

樱桃开心果杏仁蛋糕

🕐 20分钟　难易度：★☆☆

🔥 上、下火180℃

材料 蜂蜜60克，芥花籽油8毫升，低筋面粉15克，杏仁粉75克，水80毫升，泡打粉2克，开心果碎4克，新鲜樱桃60克

Tips
可点缀其他水果等。

做法 ①将蜂蜜、芥花籽油、低筋面粉、杏仁粉、水、泡打粉拌匀，即成蛋糕糊，装入裱花袋中。②取蛋糕模具，放上蛋糕纸杯，挤入蛋糕糊至七分满，撒上开心果碎，放上新鲜樱桃。③将蛋糕模具放入已预热至180℃的烤箱中，烤约20分钟即可。

苹果蛋糕

🕐 15分钟　难易度：★☆☆

🔥 上、下火180℃

材料 低筋面粉120克，苹果丁45克，苹果汁120毫升，淀粉15克，芥花籽油30毫升，蜂蜜40克，泡打粉1克，苏打粉1克，杏仁片少许

Tips
蛋糕糊装入杯中至八分满即可。

做法 ①将芥花籽油、蜂蜜、苹果汁、低筋面粉、淀粉、泡打粉、苏打粉、苹果丁搅拌均匀，制成苹果蛋糕糊，装入裱花袋。②取蛋糕杯，挤入苹果蛋糕糊，撒上杏仁片。③将蛋糕杯放在烤盘上，再将烤盘移入已预热至180℃的烤箱中层，烤约15分钟即可。

香橙慕斯

🕐 3小时　难易度：★★☆

材料 戚风蛋糕体1块，橙汁100毫升，砂糖50克，水15毫升，蛋黄2个，吉利丁片15克，君度酒10毫升，淡奶油220克，鲜果适量

Tips
如果家中没有喷火枪，可用毛巾浸透热水，紧贴围在模具四周，重复几次，至可成功脱模为止。

做法 ①戚风蛋糕体切成两份；淡奶油打发；吉利丁片用水泡软；砂糖与水煮成糖水。②蛋黄打散，倒入糖水、橙汁、君度酒、吉利丁片、淡奶油，拌成慕斯液。③模具中倒入部分慕斯液，放一份蛋糕体，再倒慕斯液，再铺蛋糕体，冷藏凝固。④取出，脱模，加以奶油和鲜果装饰即可。

豆腐慕斯蛋糕

🕐 10分钟　难易度：★★☆

🔥 上、下火180℃

材料 蛋糕糊：芥花籽油30毫升，豆浆30毫升，枫糖浆35克，柠檬汁2毫升，盐1克，低筋面粉60克，可可粉15克，泡打粉1克，苏打粉1克；慕斯馅：豆腐渣250克，枫糖浆30克，开心果碎适量

Tips
冷藏3小时即可。

做法 ①芥花籽油、豆浆、枫糖浆、柠檬汁、盐、低筋面粉、可可粉、泡打粉、苏打粉拌成蛋糕糊。②烤盘铺油纸放上慕斯圈后倒入蛋糕糊，烘烤约10分钟，取出切两半。③将豆腐渣、枫糖浆拌成慕斯馅。④一半蛋糕放在慕斯圈里，倒入慕斯馅，再盖蛋糕，移入冰箱冷藏，放上开心果碎作装饰即可。

奶酪慕斯

🕐2小时　难易度：★☆☆

材料 蛋糕体、水果各适量；奶酪慕斯：牛奶75毫升，白糖11克，蛋黄15克，明胶粉7克，淡奶油175克，奶酪110克

Tips 冷冻前，可以在模具上封一层保鲜膜，这样可以防止冰箱中的水汽进入蛋糕，从而影响口感。

做法 ①容器中倒入牛奶、白糖，用小火加热，用打蛋器搅匀，倒入明胶粉、淡奶油、奶酪、蛋黄搅匀。②用保鲜膜包好模具底部，将模具倒扣在蛋糕上，沿着模具边缘将蛋糕体切成圆饼状，放入模具，倒入慕斯，摆上水果，再放入冰箱冷冻2小时。③取出成品，脱模，切成扇形块，装入盘中即可。

提拉米苏

🕐50分钟　难易度：★★☆

材料 蛋糕体数片；芝士糊：蛋黄2个，蜂蜜30克，细砂糖30克，芝士250克，动物性淡奶油120克；咖啡酒糖液：咖啡粉5克，水100毫升，细砂糖30克，朗姆酒35毫升；装饰：水果适量，可可粉适量

Tips 搅拌材料时，要顺一个方向匀速搅拌，这样口感才更好。

做法 ①芝士打散，加细砂糖、蛋黄、蜂蜜拌匀；打发动物性淡奶油，加入芝士糊中，搅拌均匀。②水烧开，加入咖啡粉、细砂糖和朗姆酒搅拌均匀。③蛋糕杯底放上蘸了咖啡酒糖液的蛋糕体，挤入芝士糊，再加入蛋糕，倒入芝士糊，冷冻半小时以上，取出，筛上可可粉，用水果装饰即可。

舒芙蕾

🕐30分钟　难易度：★★☆

🔲 上、下火180℃

材料 蛋黄部分：细砂糖50克，蛋黄45克，淡奶油40克，芝士250克，玉米淀粉25克；蛋白部分：蛋白110克，塔塔粉2克，细砂糖50克，糖粉适量

扫一扫学烘焙

做法 ①将细砂糖、淡奶油煮化，加入芝士，拌熔后关火，加入蛋黄、玉米淀粉搅拌。②蛋白、塔塔粉、细砂糖打发，刮入芝士液中拌匀，倒入模具中，放入烤盘，在烤盘中加入少许水。③将烤盘放入烤箱中，以上、下火180℃烤约30分钟至熟，取出，将糖粉过筛到舒芙蕾上即可。

凤梨慕斯蛋糕

🕐2小时　难易度：★☆☆

材料 海绵蛋糕坯1个，菠萝肉泥220克，细砂糖25克，水10毫升，白兰地5毫升，蛋白20克，植物鲜奶油200克，鱼胶粉10克

扫一扫学烘焙

做法 ①蛋糕坯分切成3片，取一片蛋糕放入圆形模具里。②将白兰地、水倒入锅中，加入鱼胶粉、细砂糖、植物鲜奶油、菠萝肉泥、蛋白搅匀，制成慕斯浆，取适量倒在模具中的蛋糕片上。③盖上一片蛋糕，再倒入适量慕斯浆制成生坯，放入冰箱冷冻2小时至成形即可。

玫瑰花茶慕斯

◎ 20分钟　难易度：★★★
□ 上、下火160℃

材料 蛋糕体：鸡蛋2个，砂糖35克，盐1克，香草精2滴，低筋面粉40克，炼奶8克，无盐黄油15克；玫瑰慕斯：干玫瑰花适量，鲜奶90毫升，砂糖8克，吉利丁片5克，粉红色食用色素2滴，淡奶油300克

做法 ①吉利丁片放入水中泡软；淡奶油打发。

②鸡蛋、砂糖、盐隔水加热打至发白。

③无盐黄油隔水加热，倒入炼奶、打发的蛋液、低筋面粉、香草精，拌匀。

④烤盘铺白纸，放上模具，将蛋糕糊倒入模具中，放入烤箱中，烤约20分钟。

⑤干玫瑰花、鲜奶、砂糖煮沸，加盖焖5分钟，捞起玫瑰花。

⑥倒入吉利丁片、粉红色食用色素、打发的淡奶油（留少许），拌成玫瑰慕斯液。

⑦将玫瑰慕斯液倒入模具中，抹平，放上烤好的海绵蛋糕，放入冰箱冷藏4小时，切成长方形块状，挤上已打发的淡奶油，用干玫瑰花加以装饰即可。

香浓巧克力慕斯

◎ 21分钟　难易度：★★☆
□ 上火160℃、下火150℃

材料 巧克力海绵蛋糕1块，砂糖12克，黑巧克力80克，水12毫升，淡奶油220克，蛋黄2个，吉利丁片（用水泡软）10克，巧克力、鲜果各适量

做法 ①巧克力海绵蛋糕分成两份。

②黑巧克力隔水熔化，制成巧克力酱。

③砂糖与水倒入盆中煮溶，制成糖水。

④蛋黄打匀，倒入糖水、黑巧克力酱，搅拌均匀，加入用水泡软的吉利丁片，搅拌均匀。

⑤淡奶油快速打发，分三次加入到④中的混合物中，搅拌均匀，制成慕斯液。

⑥模具底部包裹上保鲜膜，倒入一层慕斯液，放一层蛋糕体，铺平后再倒一层慕斯液，再铺上一层蛋糕体，放入冰箱冷藏凝固。

⑦凝固后从冰箱取出，撕下保鲜膜，用喷火枪在慕斯模具四周加热，脱模，用巧克力和鲜果装饰即可。

Tips 做巧克力装饰时，可先用熔化的巧克力酱在油纸上画好想要的图案，放入冰箱冷冻定型，取出后直接装饰。

Tips 玫瑰花与鲜奶共煮并加盖焖是为了释放出干玫瑰花的香气，使蛋糕体具有玫瑰花茶的清香。

草莓慕斯蛋糕

⏱ 25分钟　难易度：★★★
🔥 上火180℃、下火160℃

材料 鸡蛋4个，草莓150克；蛋黄部分：低筋面粉70克，玉米淀粉55克，泡打粉2克，水70毫升，色拉油55毫升，细砂糖28克；蛋白部分：细砂糖97克，泡打粉3克；慕斯酱：吉利丁片2块，牛奶250毫升，朗姆酒5毫升，打发鲜奶油250克，细砂糖25克

做法 ①打开鸡蛋，分离蛋黄、蛋白。

②蛋黄部分：材料加入蛋黄中拌匀。

③蛋白部分：蛋白倒入细砂糖、泡打粉打发。倒入蛋黄部分中拌成面糊，倒入模具中，放入烤箱，烤25分钟，取出。

④蛋糕平切成三块，将一块蛋糕放入模具中，沿着模具边缘摆上草莓。

⑤慕斯酱：锅中倒入牛奶、细砂糖、泡软的吉利丁片煮溶，倒入打发鲜奶油、朗姆酒中拌匀，制成慕斯酱。

⑥将慕斯酱倒入模具中，放上蛋糕，倒入慕斯酱，冷藏2小时，摆上草莓即可。

提子慕斯蛋糕

⏱ 25分钟　难易度：★★★
🔥 上火180℃、下火160℃

材料 鸡蛋4个；蛋黄部分：低筋面粉70克，玉米淀粉55克，泡打粉2克，水70毫升，色拉油55毫升，细砂糖28克；蛋白部分：细砂糖97克，泡打粉3克；慕斯酱：吉利丁片2块，牛奶250毫升，朗姆酒5毫升，打发鲜奶油250克，细砂糖25克；装饰：黑巧克力液10克，巧克力片、提子各适量

做法 ①分别将鸡蛋的蛋黄、蛋白装入搅拌盆中。

②蛋黄部分：低筋面粉、玉米淀粉、泡打粉、蛋黄、水、色拉油、细砂糖拌匀。

③蛋白部分：蛋白、细砂糖、泡打粉打发。倒入蛋黄部分中拌成面糊，倒入模具中，放入烤箱中，烤25分钟，取出。

④蛋糕切块，制成心形；取一块心形蛋糕放入模具中，摆上切好的提子。

⑤慕斯酱：锅中倒入牛奶、细砂糖拌匀，放入泡软的吉利丁，煮溶，倒入打发鲜奶油中，倒入朗姆酒拌成慕斯酱。

⑥将慕斯酱倒入心形模具中，放上蛋糕，倒入剩余的慕斯酱，冷藏2小时，淋上黑巧克力液，摆上巧克力片即可。

Tips 提子放入蛋糕中时，表层的水分应尽量擦干，否则会影响蛋糕的保存时间。

Tips 切慕斯的时候，先把刀在火上烤一下，会切得更整齐。

扫一扫学烘焙

巧克力曲奇芝士慕斯

🕐 3小时　难易度：★★☆

材料 饼底：奶香曲奇饼干95克，无盐黄油50克；巧克力曲奇芝士：吉利丁片8克，鲜奶85毫升，奶油奶酪130克，砂糖25克，淡奶油350克，朱古力酒15毫升，奥利奥饼干碎80克

Tips
曲奇饼干也可用普通的奥利奥饼干代替。

做法 ①饼干捣碎，与无盐黄油拌匀，倒入模具中压平。②吉利丁片泡软；鲜奶煮开，加入吉利丁片拌匀。③奶油奶酪、砂糖打发，倒入朱古力酒、鲜奶混合物拌匀。④淡奶油打发，留部分作装饰，剩余加入混合物、奥利奥饼干碎拌成曲奇芝士，倒入慕斯模中冷藏，点缀奶油、奥利奥饼干即可。

芒果慕斯

🕐 2小时　难易度：★☆☆

材料 慕斯预拌粉116克，牛奶210毫升，淡奶油333克，芒果酱300克，海绵蛋糕体2个

扫一扫学烘焙

做法 ①牛奶加热，加入预拌粉拌匀。②将淡奶油打发，倒入面糊、芒果酱拌匀。③取出保鲜膜，将保鲜膜包裹在模具的一边，放入一层海绵蛋糕，倒入部分面糊，再放一层海绵蛋糕，倒入剩下的面糊，放入冰箱冷冻2小时。④将冷冻好的慕斯从冰箱取出脱模，即可食用。

速成草莓慕斯

🕐 2小时　难易度：★☆☆

材料 慕斯预拌粉116克，牛奶210毫升，淡奶油333克，草莓果酱300克，海绵蛋糕体2个

Tips
面糊需要冷却至手温，再倒入打发的奶油中。

做法 ①牛奶加热，加入预拌粉拌匀。②将淡奶油打发，倒入面糊、草莓酱拌匀。③取出保鲜膜，将保鲜膜包裹在模具的一边，放入一个海绵蛋糕体，倒入部分面糊并将表面抹平，再放入一个海绵蛋糕，将剩下的面糊倒入模具，放入冰箱冷冻2小时。④将冷冻好的慕斯从冰箱取出脱模，即可食用。

蓝莓慕斯

🕐 2小时　难易度：★☆☆

材料 慕斯预拌粉116克，牛奶210毫升，淡奶油333克，蓝莓果酱300克，海绵蛋糕体2个

扫一扫学烘焙

做法 ①将牛奶加热，加入预拌粉拌匀。②将淡奶油打发，倒入面糊、蓝莓果酱拌匀。③取出保鲜膜，将保鲜膜包裹在模具的一边，放入一层海绵蛋糕，倒入部分面糊，盖住海绵蛋糕，再放一层海绵蛋糕，倒入剩下的面糊，冷冻2小时。④将冷冻好的慕斯从冰箱取出脱模，即可食用。

双味慕斯

🕐 2小时　难易度 ★☆☆

材料 慕斯预拌粉116克，牛奶210毫升，淡奶油333克，草莓果酱150克，蓝莓果酱150克，海绵蛋糕体2个

扫一扫学烘焙

做法 ①牛奶加热，加入预拌粉拌匀。②淡奶油打发，倒入面糊拌匀，一分为二，一份加入蓝莓果酱拌匀，另一份加入草莓果酱拌匀。③放入一层海绵蛋糕体，倒入草莓面糊，盖住海绵蛋糕，再放一层海绵蛋糕，倒入蓝莓面糊，与模具边缘齐平，随即放入冰箱冷冻2小时即可食用。

速成巧克力慕斯

🕐 2小时　难易度 ★☆☆

材料 慕斯预拌粉116克，牛奶210毫升，淡奶油333克，黑巧克力300克，海绵蛋糕体2个

Tips 牛奶需要小火加热。

做法 ①黑巧克力隔水加热；牛奶加热，加入预拌粉拌匀。②将淡奶油打发，倒入面糊、黑巧克力酱拌匀，将保鲜膜包裹在模具的一边作为底。③放入一层海绵蛋糕，倒入适量面糊，再放一层海绵蛋糕，倒入剩下的面糊，举起模具沿桌边轻敲两下，让面糊表面平整，随即放入冰箱冷冻2小时即可食用。

四季慕斯

🕐 3小时　难易度 ★★☆

材料 水果、奶油各适量；牛奶慕斯底：牛奶400毫升，淡奶油180克，细砂糖30克，香草荚半根，吉利丁片12.5克，蛋黄3个

Tips 慕斯煮至用刮刀划过有明显痕迹时关火。

做法 ①吉利丁片泡软；香草荚取籽。②将牛奶、蛋黄、细砂糖、香草籽、香草荚小火熬煮搅拌，关火。③加入泡软的吉利丁拌至溶化。④将淡奶油打发，跟蛋黄糊混合均匀，装入模具中，中层加入水果丁。⑤将慕斯糊摇晃平整，放入冰箱冷藏至凝固，用水果、奶油装饰即可。

柚子慕斯蛋糕

🕐 8小时　难易度 ★★☆

材料 吉利丁片10克，凉水80毫升，牛奶80毫升，蛋黄20克，淡奶油200克，蜂蜜柚子酱150克；装饰：热水200毫升，柚子蜜15克；海绵蛋糕1片

Tips 慕斯液倒入模具中八分满即可。

做法 ①吉利丁片泡软；淡奶油打发；将牛奶加热。②取5克吉利丁片倒入牛奶中拌溶，加入蛋黄、蜂蜜柚子酱、淡奶油拌成慕斯液。③在慕斯圈中倒入部分慕斯液，放入海绵蛋糕，再注入慕斯液抹平，冷藏4小时。④热水、5克吉利丁、柚子蜜搅拌均匀，倒在慕斯上，放入冰箱冷藏4小时即可。

芒果慕斯蛋糕

草莓慕斯

⏱ 2小时　难易度：★☆☆

材料 海绵蛋糕1个，芒果肉粒200克，细砂糖40克，鱼胶粉9克，水40毫升，植物鲜奶油250克，白兰地5毫升，QQ糖15克，橙汁45毫升

Tips　煮鱼胶粉应用小火，并不停搅拌。

做法 ①将蛋糕切成2片，一片放入模具里。②水中加入鱼胶粉、白兰地、细砂糖煮至溶化，倒入橙汁、植物鲜奶油、芒果肉粒，搅匀，制成芒果慕斯浆。③取适量芒果慕斯浆倒入模具中的蛋糕上，盖上一片蛋糕，再倒入适量芒果慕斯浆，放上QQ糖，放入冰箱冷冻2小时，取出脱模即可。

⏱ 3小时　难易度：★★☆

材料 蛋糕坯适量，鲜草莓30克；慕斯底：牛奶30毫升，白砂糖20克，淡奶油280克，草莓果泥100克，吉利丁片10克；慕斯淋面A：草莓果泥100克，白砂糖150克，饴糖175克；慕斯淋面B：草莓果泥75克，白巧克力150克，吉利丁片20克；装饰：椰蓉、红加仑各适量

做法 ①慕斯淋面A：所有材料隔水加热。②慕斯淋面B：所有材料隔水加热，拌入慕斯淋面A中。③慕斯底：牛奶、白砂糖、草莓果泥、软化的吉利丁片隔水加热，倒入打发的淡奶油拌匀。④模具中放入蛋糕坯、鲜草莓丁、慕斯底，冷藏3小时，淋上慕斯淋面，裹上椰蓉，用红加仑装饰即可。

树莓慕斯

巧克力慕斯

⏱ 3小时　难易度：★☆☆

材料 蛋糕坯、草莓、蓝莓各适量；慕斯淋面：牛奶80毫升，树莓200克，吉利丁片15克，细砂糖30克；慕斯底：淡奶油280克，朗姆酒5毫升

Tips　树莓果泥，可以用新鲜或冷冻树莓自己打成泥。

做法 ①慕斯淋面：把软化的吉利丁片、细砂糖和牛奶隔水加热拌匀，离火，加入树莓，拌成慕斯淋面。②慕斯底：淡奶油打发，倒入部分树莓淋面、朗姆酒拌匀，倒进装有蛋糕坯的模具里，冷藏3小时。③取出蛋糕，切成正方小块，再将慕斯放在蛋糕底托上，用草莓和蓝莓等进行装饰即可。

⏱ 3小时　难易度：★★☆

材料 蛋糕坯、杏仁、巧克力片各适量；慕斯底：黑巧克力100克，牛奶50毫升，吉利丁片5克，淡奶油210克；慕斯淋面：牛奶130毫升，巧克力150克，果胶75克，吉利丁片5克

Tips　制作巧克力慕斯馅，温度很重要，最好保持在35℃~38℃。

做法 ①慕斯淋面：吉利丁片泡水；将所有淋面材料隔水加热拌匀。②慕斯底：把黑巧克力、牛奶、软化的吉利丁隔水加热，搅成巧克力酱；淡奶油打发，倒入巧克力酱拌匀，挤进模具，冷藏3小时。③巧克力片刷上果胶粘在蛋糕上，慕斯底淋上慕斯淋面放在蛋糕上，点缀巧克力片、杏仁即可。

Part 4

点心篇

　　相较于饼干的酥脆适口、面包的朴实松软、蛋糕的细腻嫩滑，点心则多了一层精致浪漫的外衣，赏心悦目之余，更是带来舌尖的美好体验。挞、派、松饼、马卡龙、布丁、泡芙等，本章详细介绍了多款美味点心的制作方法，配以清晰的图片，甜香的味道好似扑鼻而来。是否已迫不及待想要自己动手？让我们一起进入缤纷的点心世界吧！

挞皮制作

越来越多的人无视蛋挞的热量爱上它，这蛋挞潮流从蛋液内芯开始演变，升级成为各种水果挞等。制作时若没有低筋面粉，可以用高筋面粉和玉米淀粉以1∶1的比例进行调配。多余的挞皮可直接冷冻起来保存，下次使用时室温回软即可。

原料：低筋面粉75克，糖粉50克，黄油50克，蛋黄15克，面粉少量
工具：刮板1个，蛋挞模具数个

⏱ 20分钟　☁ 开胃健脾　🍵 甜

1.往案台上倒入低筋面粉，用刮板开窝。

2.加入黄油、糖粉，稍稍拌匀。

3.放入蛋黄，用刮板稍微拌匀。

4.用刮板刮入面粉，混合均匀。

5.混合物搓揉约5分钟成一个纯滑面团。

6.手中沾上少许面粉，取适量的面团，放在手心搓揉。

7.取数个蛋挞模具，将揉好的面团放置模具中，均匀贴在模具内壁。

8.最后用手将模具边缘的面团整平即可使用。

派皮制作

派和披萨类似，但是派的口感更厚重、甜蜜。压制派皮时，厚度不要过厚，不然容易夹生。重点在于做好后，在底部用叉子戳出一些细密小孔，这可以让体积比较大的派在烤制的时候不会因为产生空气而膨起。

原料： 低筋面粉200克，细砂糖5克，水60毫升，黄油100克

工具： 刮板1个，擀面杖1根，叉子1把，派皮模具1个

⏱ 15分钟　　🍽 增强免疫力　　🍵 甜

1.往案台上倒入低筋面粉，用刮板拌匀，开窝。

2.加入黄油、细砂糖、水，稍微搅拌均匀。

3.刮入面粉，将材料混合匀，搓揉成一个纯滑面团。

4.将面团均匀擀平成派皮生坯。

5.取一派皮模具，将生坯盖在模具上。

6.拿起模具，用刮板沿着模具边缘将多余生坯刮去。

7.用手整平边缘，至生坯均匀覆盖模具。

8.用叉子均匀戳生坯底部即可。

草莓蛋挞

⏱ 10~15分钟　难易度：★☆☆
🔥 上火200℃、下火220℃

材料 糖粉75克，低筋面粉225克，黄奶油150克，白砂糖100克，鸡蛋5个，凉开水250毫升，草莓少许

扫一扫学烘焙

做法
①黄奶油加入糖粉、1个鸡蛋、低筋面粉，拌匀并揉成团，搓成长条状，切成小面团搓圆，粘在蛋挞模具上。②4个鸡蛋加入白砂糖、凉开水拌匀，倒入模具中。③将蛋挞模放入烤盘中，再放入烤箱，以上火200℃、下火220℃烤10~15分钟，取出，放上备好的草莓装饰即可。

草莓挞

⏱ 20分钟　难易度：★★☆
🔥 上、下火180℃

材料 挞皮、草莓各适量卡仕达酱：蛋黄2个，牛奶170毫升，细砂糖50克，低筋面粉16克；杏仁馅：奶油75克，糖粉75克，杏仁粉75克，鸡蛋2个

做法
①杏仁馅：鸡蛋加入糖粉、奶油、杏仁粉拌成糊状，装入挞皮中，放入烤箱，烤20分钟。②卡仕达酱：牛奶小火煮开，放入细砂糖、蛋黄、低筋面粉拌成糊状。③将卡仕达酱装入裱花袋中；将草莓一分为二，但不切断，放好。④将卡仕达酱挤在蛋挞上，在上面放上草莓即成。

Tips 将蛋挞皮生坯做好后冷冻，可使用很久。

核桃挞

⏱ 20分钟　难易度：★★☆
🔥 上、下火180℃

材料 蛋挞皮、核桃仁、水晶果酱各适量卡仕达酱：蛋黄2个，牛奶170毫升，细砂糖50克，低筋面粉16克；杏仁馅：奶油75克，糖粉75克，杏仁粉75克，鸡蛋2个

做法
①杏仁馅：鸡蛋加入糖粉、奶油、杏仁粉，拌成糊状，装入蛋挞皮中，放入预热好的烤箱中，烤20分钟。②卡仕达酱：将牛奶用小火煮开，放入细砂糖、蛋黄、低筋面粉拌匀，煮至成面糊状，即成卡仕达酱。③用刷子将核桃刷上水晶果酱，放在蛋挞上即成。

Tips 捏挞皮的时候，底部要尽量捏薄一点。

葡式蛋挞

⏱ 20分钟　难易度：★★☆
🔥 上火220℃、下火200℃

材料 挞皮：糖粉75克，低筋面粉225克，黄油奶150克，鸡蛋1个；葡挞液：蛋黄4个，牛奶200毫升，鲜奶油200毫升，白砂糖、炼乳、吉士粉各适量

做法
①挞皮：黄奶油加入糖粉拌至变白，加入1个鸡蛋、低筋面粉揉成面团，搓成小剂子，粘在蛋挞模上，按紧。②葡挞液：牛奶、鲜奶油煮开，加入白砂糖、炼乳煮开，关火，倒入蛋黄、吉士粉拌匀，倒入挞模中。③挞模放入烤盘，放入预热好的烤箱中，烤20分钟，至其熟透即可。

Tips 开火后要不断搅拌，以免细砂糖糊锅。

脆皮蛋挞

⏱ 10分钟　难易度：★★☆

🔥 上火200℃、下火220℃

材料 面皮：低筋面粉220克，高筋面粉30克，黄奶油40克，细砂糖5克，盐1.5克，水125毫升，片状酥油180克；蛋挞液：水125毫升，细砂糖50克，鸡蛋2个

扫一扫学烘焙

做法 ①面皮：低筋面粉、高筋面粉、细砂糖、盐、水、黄奶油揉成面团；片状酥油擀平。②面团擀大，放上片状酥油擀薄，对折四次，冷藏10分钟，重复操作三次，压出四块圆形面皮，放入挞模中。③蛋挞液：水、细砂糖、鸡蛋液拌匀。倒入挞模中，放入烤箱中，烤10分钟即可。

蓝莓挞

⏱ 15分钟　难易度：★★☆

🔥 上、下火200℃

材料 蛋挞皮适量，水125毫升，鸡蛋2个，细砂糖50克，蓝莓酱适量，蓝莓适量

扫一扫学烘焙

做法 ①细砂糖倒入水、鸡蛋拌匀，制成蛋液，过筛至碗中，倒入蓝莓酱，搅拌均匀。②蛋液倒入有蛋挞皮的挞模中，至八分满，放入烤箱中。③将烤箱温度调成上、下火200℃，烤15分钟至熟，装入盘中，放上蓝莓装饰即可。

香橙挞

⏱ 6分钟　难易度：★☆☆

🔥 上、下火170℃

材料 低筋面粉125克，糖粉25克，黄奶油40克，蛋黄15克，香橙果膏50克，银珠适量

扫一扫学烘焙

做法 ①将低筋面粉、糖粉、蛋黄、黄奶油揉搓成面团，切成小剂子，沾上少许糖粉，放入蛋挞模，沾着蛋挞模边缘按压捏紧，放入烤盘。②将烤箱温度调成上、下火170℃，放入烤箱中，烤6分钟至熟，取出，脱模，放入盘中。③蛋挞中倒入香橙果膏，放银珠装饰即可。

咖啡挞

⏱ 20分钟　难易度：★★☆

🔥 上、下火170℃

材料 挞皮适量，色拉油100毫升，鸡蛋2个，细砂糖90克，低筋面粉75克，奶粉25克，咖啡粉5克，纯牛奶7毫升

扫一扫学烘焙

做法 ①将鸡蛋、细砂糖、低筋面粉、奶粉、咖啡粉、纯牛奶、色拉油搅拌匀，制成馅料，装入裱花袋里。②将挞皮放在烤盘里，挤入适量馅料，至八分满，放入预热好的烤箱里。③以上、下火170℃烤20分钟至熟，取出，装入盘中即可。

椰挞

⏱ 20分钟　难易度：★★☆
🔥 上、下火190℃

材料　蛋挞皮适量，色拉油125毫升，水125毫升，鸡蛋30克，椰蓉125克，细砂糖100克，低筋面粉50克，泡打粉3克

扫一扫学烘焙

做法　①色拉油、水、细砂糖煮至完全溶化，关火，倒入椰蓉、低筋面粉、泡打粉、鸡蛋，持续搅拌，装入裱花袋。②将所有的模具填入挞皮，在挞皮内依次挤入馅料，挤入八分满即可，放入烤盘，把烤盘放入预热好的烤箱内。③将上火调为190℃，下火调为190℃，时间定为20分钟即可。

蜜豆蛋挞

⏱ 10分钟　难易度：★★☆
🔥 上、下火200℃

材料　蛋挞皮适量，水125毫升，细砂糖50克，鸡蛋100克，蜜豆50克

做法　①把鸡蛋倒入碗中，加入水、细砂糖，用打蛋器搅匀，制成蛋挞水，过筛，加入蜜豆，拌匀。②蛋挞皮装在烤盘里，逐个倒入蜜豆蛋挞水，装约八分满。③把烤箱上、下火均调为200℃，预热5分钟，把蛋挞生坯放入烤箱，烘烤10分钟，取出蛋挞即可。

巧克力蛋挞

⏱ 10分钟　难易度：★☆☆
🔥 上、下火200℃

材料　蛋挞皮适量，水125毫升，细砂糖50克，鸡蛋100克，巧克力豆适量

扫一扫学烘焙

做法　①把鸡蛋倒入碗中，加入水、细砂糖，用打蛋器搅匀，制成蛋挞水，过筛。②蛋挞皮装在烤盘里，倒入蛋挞水，装约八分满，逐个放入适量巧克力豆，制成蛋挞生坯。③把烤箱上、下火均调为200℃，预热5分钟，把蛋挞生坯放入烤箱里，烘烤10分钟至熟，取出即可。

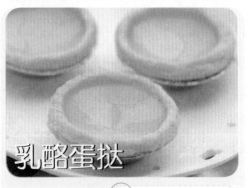

乳酪蛋挞

⏱ 10分钟　难易度：★☆☆
🔥 上、下火190℃

材料　挞皮：低筋面粉100克，黄油50克，乳酪35克，细砂糖20克；挞馅：牛奶20毫升，鸡蛋2个，细砂糖50克，水100毫升

> **Tips**
> 黄油需提前室温放至软化，再进行打发。

做法　①挞皮：将黄油、乳酪、细砂糖、低筋面粉搅拌至黏稠，揉至长条形，放入蛋挞模具中捏至成形。②挞馅：把水、细砂糖搅拌溶化，倒入牛奶、鸡蛋，搅拌均匀后过筛。③将挞馅装入挞皮中，约九分满，放入预热好的烤箱中，烘烤约10分钟即可。

香甜樱桃挞

🕐 28分钟　难易度 ★★☆
🔲 上火200℃、下火160℃

材料 挞皮：低筋面粉175克，黄油100克，水45毫升，盐2克；挞馅：淡奶油125毫升，牛奶125毫升，细砂糖20克，蛋黄100克，朗姆酒3毫升，樱桃果肉70克

💡 *Tips* 面皮可以多做些，用塑料袋分装，用冰箱冷冻保存1个月，使用前，放到冷藏室解冻即可。

做法 ①烤箱预热；把黄油、水、盐、低筋面粉拌匀，制成挞皮，贴蛋挞模内，放在烤盘中，放进烤箱中烤约8分钟。②将淡奶油、牛奶、细砂糖、蛋黄、朗姆酒拌匀，倒入烤好的挞皮中约九分满，放入预热好的烤箱中烘烤约20分钟，出炉，用樱桃果肉装饰已经烤好的挞即可。

柠檬挞

🕐 20分钟　难易度 ★★☆
🔲 上火180℃、下火160℃

材料 挞皮：黄油50克，糖粉50克，鸡蛋20克，泡打粉1克，低筋面粉100克；挞馅：牛奶20毫升，糖粉20克，柠檬汁20毫升，柠檬果肉15克，黄油25克，水40毫升，蛋黄液15克；柠檬片适量

💡 *Tips* 为保证挞的口感和味道，柠檬汁不能用鲜柠檬以外的柠檬类饮品代替。

做法 ①挞皮：把黄油、糖粉、鸡蛋、低筋面粉、泡打粉搅拌均匀制成面皮，压入模具的内壁。②挞馅：把牛奶、水、糖粉、黄油加热，加入柠檬果肉、柠檬汁、蛋黄液拌匀，倒入挞皮，将柠檬切片盖在挞馅上。③将模具放在烤盘中，放入预热好的烤箱中烘烤约20分钟即可食用。

豆浆椰子布丁挞

🕐 20分钟　难易度 ★★☆
🔲 上、下火180℃

材料 挞皮：芥花籽油60毫升，枫糖浆40克，低筋面粉120克，泡打粉2克；挞馅：豆腐200克，豆浆300毫升，细砂糖60克，椰子粉30克，淀粉20克，低筋面粉20克，椰丝40克

💡 *Tips* 刚出炉的挞皮较脆弱，不要立即脱模。

做法 ①挞皮：将挞皮材料拌匀，擀成面皮，压成正方形，放在烤盘上，戳透气孔，放入烤箱，烤约10分钟。②挞馅：将豆腐、豆浆、枫糖浆打成浆，筛入椰子粉、淀粉、低筋面粉，边加热边拌至浓稠。③慕斯圈内放入挞皮，倒入挞馅；椰丝烘烤约10分钟，撒在成品上。冷藏约6小时即可。

素蓝莓挞

🕐 10分钟　难易度 ★★☆
🔲 上、下火180℃

材料 蓝莓20克；挞皮：芥花籽油20毫升，枫糖浆30克，低筋面粉90克，泡打粉2克；挞馅：豆腐100克，枫糖浆22克

💡 *Tips* 过筛能使面粉变得更蓬松。

做法 ①挞皮：将挞皮材料拌匀，擀成约4毫米的面皮，扣在挞模上，压实，切掉多余的面皮，戳透气孔，放入已预热至180℃的烤箱中层，烘烤约10分钟。②挞馅：将豆腐、枫糖浆搅打成泥，制成挞馅。③取出烤好的挞皮，脱模，将挞馅倒入挞皮中至八分满，放上蓝莓作装饰即可。

南瓜挞

🕐 10分钟　难易度：★★★
🔥 上、下火180℃

材料 杏仁碎、干红枣块各少许；挞皮：芥花籽油30毫升，枫糖浆20克，盐0.5克，杏仁粉15克，低筋面粉60克，泡打粉2克，苏打粉2克；南瓜150克，豆腐100克，盐0.5克，枫糖浆22克

Tips 蒸熟的南瓜需过滤掉多余水分。

做法 ①挞皮：挞皮材料拌匀，擀成面皮，扣在挞模上压实，戳透气孔，放入已预热至180℃的烤箱中层，烤约10分钟。②将蒸熟的南瓜倒入搅拌机中，再倒入豆腐、盐、枫糖浆，搅打成泥，装入裱花袋中。③取出烤好的挞皮，挤入适量挞馅至九分满，放上红枣块、杏仁碎作装饰即可。

无花果挞

🕐 40分钟　难易度：★★★
🔥 上、下火180℃

材料 挞皮：低筋面粉60克，芥花籽油30毫升，枫糖浆20克，杏仁粉15克，泡打粉2克，盐0.5克，苏打粉2克；挞馅：杏仁粉50克，低筋面粉10克，泡打粉2克，枫糖浆30克，芥花籽油10毫升，豆浆50毫升，无花果干适量

做法 ①挞皮：挞皮材料拌匀，擀成面皮，扣在挞模上，压实，切掉多余的面皮，戳透气孔，放入已预热至180℃的烤箱中层，烤约10分钟。②挞馅：将挞馅材料搅拌均匀，制成挞馅。③取出挞皮，倒入挞馅至七分满，再放上无花果干，移入预热至180℃的烤箱中层，烘烤约30分钟即可。

牛油果挞

🕐 10分钟　难易度：★★☆
🔥 上、下火180℃

材料 菠萝片、樱桃各少许；挞皮：低筋面粉90克，蜂蜜30克，芥花籽油20毫升，泡打粉2克；挞馅：牛油果40克，柠檬汁3毫升，水3毫升

Tips 倒入挞馅至八分满。

做法 ①挞皮：挞皮材料拌匀，擀成面皮，扣在挞模上压实，戳透气孔，放入已预热至180℃的烤箱中层，烤约10分钟。②挞馅：将牛油果、水、柠檬汁倒入搅拌机中，搅打成泥，即成挞馅。③取出烤好的挞皮，倒入挞馅，将表面抹平，将菠萝片摆在挞馅上，再放上樱桃作装饰即可。

草莓派

🕐 25分钟　难易度：★★☆
🔥 上、下火180℃

材料 派皮适量；馅料：黄奶油50克，细砂糖50克，杏仁粉50克，鸡蛋1个；装饰：草莓100克，蜂蜜适量

做法 ①将细砂糖、鸡蛋、杏仁粉、黄奶油拌成杏仁奶油馅，倒入放有派皮的模具内抹匀。②把烤箱温度调成上、下火180℃，放入烤盘，烤约25分钟，至其熟透。③取出烤盘，放置片刻至凉，去除模具，将烤好的派装入盘中，沿着派皮的边缘摆上洗净的草莓，刷适量蜂蜜即可。

扫一扫学烘焙

黄桃派

🕐 25分钟　难易度：★★☆

🔲 上、下火180℃

材料 派皮适量；馅料：黄奶油50克，细砂糖50克，杏仁粉50克，鸡蛋1个；装饰：黄桃肉60克

扫一扫学烘焙

做法 ①将细砂糖、鸡蛋快速拌匀，加入杏仁粉、黄奶油，搅拌至糊状，制成杏仁奶油馅，倒入放有派皮的模具内，至五分满，并抹匀。②把烤箱温度调成上、下火180℃，放入烤盘，烤约25分钟，至其熟透。③取出放凉，将烤好的派装入盘中，将黄桃肉切成薄片，摆放在派上即可。

杏仁苹果派

🕐 30分钟　难易度：★★☆

🔲 上、下火180℃

材料 苹果1个，蜂蜜、派皮各适量，黄奶油50克，细砂糖50克，杏仁粉50克，鸡蛋1个

Tips 切好的苹果放入淡盐水中浸泡，可以防止氧化变黑。

做法 ①将细砂糖、鸡蛋、杏仁粉、黄奶油拌成杏仁奶油馅；苹果去核切薄片，放入淡盐水中泡5分钟。②将部分杏仁奶油馅倒入放有派皮的模具内，摆上苹果片，倒入杏仁奶油馅，冷藏20分钟，取出后放入烤箱。③烤约30分钟，至其熟透，刷上适量蜂蜜即可。

提子派

🕐 25分钟　难易度：★★☆

🔲 上、下火180℃

材料 提子、派皮各适量，黄奶油50克，细砂糖50克，杏仁粉50克，鸡蛋1个

Tips 雕好的提子可以用牙签将籽剔除，更方便食用。

做法 ①将细砂糖、鸡蛋、杏仁粉、黄奶油拌成杏仁奶油馅，倒入放有派皮的模具内，至五分满，并抹匀。②把烤箱温度调成上、下火180℃，放入烤盘，烤约25分钟，至其熟透。③取出烤盘，放置片刻至凉，去除模具，将烤好的派装入盘中，提子雕成莲花形状，摆在派上即可。

车厘子起司

🕐 15分钟　难易度：★★☆

🔲 上火190℃、下火170℃

材料 奶酪200克，细砂糖50克，鸡蛋2个，蛋黄1个，玉米淀粉10克，柠檬汁适量，鲜奶油25克，车厘子少许

扫一扫学烘焙

做法 ①将鸡蛋、蛋黄、细砂糖、奶酪、鲜奶油、玉米淀粉、柠檬汁搅拌成纯滑的面浆。②取蛋糕纸杯，放入烤盘里，摆放好，倒入面浆，至八分满，逐一放入车厘子。③把烤盘放入预热好的烤箱中，以上火190℃、下火170℃烤约15分钟至熟，取出即可。

黄金乳酪

⏱ 20分钟　难易度：★★☆

🔥 上火190℃、下火170℃

材料 奶酪200克，细砂糖100克，蛋白100克，酸奶60毫升，植物鲜奶油50克，玉米淀粉25克，朗姆酒适量

Tips 烤箱先预热可使奶酪烤得更均匀。

做法 ①将蛋白、细砂糖打发至起泡，加入奶酪、玉米淀粉、植物鲜奶油、酸奶、朗姆酒，搅拌成纯滑的面浆。②将蛋糕纸杯放入烤盘中，倒入面浆，至八分满，放入预热好的烤箱中。③以上火190℃、下火170℃烤20分钟至熟，把烤好的乳酪取出即可。

水果乳酪派

⏱ 25分钟　难易度：★★☆

🔥 上火200℃、下火190℃

材料 乳酪100克，牛奶450毫升，黄奶油90克，高筋面粉25克，低筋面粉25克，细砂糖65克，鸡蛋2个，蛋黄45克，派皮、提子各适量

Tips 加入黄奶油可提高面团的伸展性，增加成品的柔软度。

做法 ①黄奶油加入细砂糖、蛋黄、鸡蛋、高筋面粉、低筋面粉、乳酪、牛奶，搅拌成纯滑的面浆。②把放有派皮的模具放入烤盘中，倒入馅料，至九分满，放上适量提子，放入预热好的烤箱里。③以上火200℃、下火190℃烤约25分钟，把烤好的水果乳酪派取出即可。

酸奶乳酪派

⏱ 20分钟　难易度：★★★

🔥 上、下火170℃

材料 派皮：黄奶油175克，白糖87克，鸡蛋45克，低筋面粉225克，玉米淀粉50克，泡打粉2.5克；馅料：乳酪93克，炼乳67克，白糖5克，鸡蛋55克，低筋面粉60克，酸奶75克，吉利丁适量

Tips 面团压成的面饼不要超过1厘米厚。

做法 ①派皮：将派皮材料揉成面团，压成面饼，放入模具中，扎上数个小孔。②馅料：将材料搅匀。倒入派皮中，放在烤盘上，以上火170℃、下火170℃烤20分钟，取出。③把吉利丁放入水中泡软后，倒入酸奶，煮至溶化，倒在烤好的乳酪上，冷冻1小时，再切成小块即可。

苹果派

⏱ 30分钟　难易度：★★☆

🔥 上、下火180℃

材料 派皮：黄油100克，细砂糖5克，牛奶60毫升，低筋面粉200克；馅料：黄油50克，细砂糖50克，鸡蛋1个，杏仁粉50克，苹果片适量

扫一扫学烘焙

做法 ①油皮：将油皮材料揉成面团，擀薄，呈0.3厘米左右的面皮，放入派模。②馅料：将馅料材料拌至糖分完全溶化。部分盛入派皮中，撒上苹果片，再盛入余下的馅料，填满。③将生坯放在烤盘中，再推入预热的烤箱中，以上、下火180℃烤约30分钟即成。

鲜果派

⏱ 30分钟　难易度：★★☆
🔥 上、下火180℃

材料 派皮：黄油100克，细砂糖5克，牛奶60毫升，低筋面粉200克；派馅：黄油50克，细砂糖50克，鸡蛋1个，杏仁粉50克；蓝莓、葡萄、猕猴桃各适量

扫一扫学烘焙

做法 ①派皮：将派皮材料揉成面团，擀成0.5厘米左右的面皮，放入派模。②派馅：将派馅材料拌匀。倒入派皮中，震平，放入烤箱。③温度调至上、下火180℃，烤30分钟至熟，取出，脱膜，表面先放入一圈洗净的葡萄、切好的猕猴桃，倒上洗净的蓝莓即可。

草莓乳酪派

⏱ 40分钟　难易度：★★☆
🔥 上火190℃，下火150℃

材料 派皮：黄油125克，糖粉125克，鸡蛋50克，低筋面粉250克，泡打粉1克；派馅：奶油奶酪170克，黄油60克，细砂糖60克，鸡蛋50克，淀粉9克，淡奶油35克；草莓酱60克

Tips 可点缀鲜草莓果粒。

做法 ①派皮：将派皮材料揉成面团，擀成面皮，放入模具底部，剩下的派皮擀成长条形，裹在模具的内边缘，打孔排气，放进烤箱，烤约15分钟。②派馅：将派馅材料拌匀。倒入派皮中，再把草莓酱挤入派馅中。③把派放入预热好的烤箱中层，烤约25分钟。取出烤好的派，装盘即可。

清甜双果派

⏱ 25分钟　难易度：★★☆
🔥 上火180℃，下火160℃

材料 派皮：低筋面粉135克，黄油110克，鸡蛋15克，泡打粉2克，糖粉80克；派馅：苹果1个，梨1个，柠檬汁5毫升，细砂糖60克，盐2克，肉桂粉4克，黄油10克

扫一扫学烘焙

做法 ①派皮：将派皮材料揉成面团，擀成面皮，放入模具底部，剩下的派皮擀成长条形，裹在模具的内边缘，打孔排气，放进烤箱，烤约20分钟。②派心馅拌匀后放在派底上，再放入烤箱中，上、下火温度保持不变，烘烤5分钟即可。

核桃派

⏱ 33分钟　难易度：★★☆
🔥 上火180℃，下火160℃

材料 派皮：黄油100克，面粉170克，水90毫升；派馅：白砂糖50克，黄油37克，蜂蜜25毫升，麦芽糖62克，核桃仁250克，提子100克

扫一扫学烘焙

做法 ①派皮：将派皮材料揉成面团，擀成面皮，放入模具底部，剩下的派皮擀成长条形，裹在模具的内边缘，打孔排气，放进烤箱，烘烤约15~18分钟。②派馅：把蜂蜜、麦芽糖、黄油、白砂糖加热拌匀，倒入核桃仁和提子搅拌。③把派馅放入烤好的派皮中，放入烤箱中烤约15分钟即可。

抹茶派

🕐 30分钟　难易度：★★☆
🔲 上火180℃、下火160℃

材料 糖粉适量，蓝莓适量，淡奶油100克，抹茶粉30克；派皮：面粉340克，黄油200克，水90毫升；派心：低筋面粉30克，鸡蛋50克，细砂糖50克，抹茶粉15克，黄油50克，杏仁粉50克

Tips 如果喜欢其他的水果，也可以选择其他水果进行装饰。

做法 ①派皮：将派皮材料揉成面团，擀成面皮，放入模具底部，放进烤箱，烘烤约15分钟。②把派心原料搅拌均匀；在派底底部打孔排气，将派心挤进烤好的派底中，放在烤盘，移入烤箱，烤约15分钟。③取出，筛上糖粉，挤上淡奶油，再筛上抹茶粉，用蓝莓装饰即可。

甜心巧克力

🕐 20分钟　难易度：★★★
🔲 上火180℃、下火160℃

材料 可可粉、巧克力碎、樱桃各少许；派皮：黄油80克，糖粉45克，低筋面粉137克，可可粉10克，蛋黄15克；派心：淡奶油500克，巧克力200克，牛奶80毫升，吉利丁15克，朗姆酒10毫升

Tips 用吉利丁制作的甜品需冷藏，不食用时要及时放入冰箱。

做法 ①派皮：将派皮材料揉成面团，擀成面皮，放入模具底部，打排气孔，放进烤箱，烘烤约20分钟。②派心：把牛奶、巧克力、朗姆酒、软化后的吉利丁隔水加热，拌成巧克力酱；淡奶油打发，倒入巧克力酱中拌匀。③把派心倒进派皮中，筛上可可粉，用巧克力碎、樱桃等进行装饰即可。

蓝莓派

🕐 35分钟　难易度：★★☆
🔲 上火180℃、下火160℃

材料 派皮：面粉340克，黄油200克，水90毫升；派心：芝士190克，细砂糖75克，鸡蛋50克，淡奶油150克；蓝莓70克

Tips 蓝莓用搅拌机打成泥，加入适量糖，熬至充分混合均匀，即为蓝莓酱。

做法 ①派皮：把派皮原料搅拌均匀后放进派模，放在烤盘中，在派底部打孔排气，放进烤箱烘烤约15分钟，取出。②把派心原料搅拌均匀，用裱花袋把搅拌好的派心挤入烤好的派皮中，把派放进烤箱中烘烤约20分钟。③取出烤好的派，冷却后铺上蓝莓装盘即可。

千丝水果派

🕐 40分钟　难易度：★★★
🔲 上火180℃、下火160℃

材料 派皮：面粉340克，黄油200克，水90毫升；派心：鸡蛋75克，细砂糖100克，低筋面粉200克，肉桂粉1克，胡萝卜丝80克，菠萝干70克，核桃60克，黄油50克；新鲜水果（草莓、蓝莓、红加仑、樱桃等）适量

做法 ①派皮：把派皮原料搅拌均匀后放进派模，放在烤盘中，在派底部打孔排气，放进烤箱烘烤约15分钟，取出。②把派心原料搅拌均匀，用裱花袋把搅拌好的派心挤入烤好的派皮中，把派放进烤箱中烘烤约25分钟。③取出烤好的派，冷却后，用备好的新鲜水果装饰即可。

格子松饼

⏱ 5分钟　难易度：★☆☆

▭ 上、下火170℃

材料 纯牛奶200毫升，细砂糖75克，低筋面粉180克，泡打粉5克，蛋白、蛋黄各3个，熔化的黄奶油30克，盐2克

Tips 倒入面糊后一定要等到不断冒泡再盖炉盖，饼才能松软。

做法 ①蛋白加入细砂糖打发，倒入拌好的蛋黄中，搅拌均匀，放入冰箱冷藏30分钟后取出。②将蛋黄、低筋面粉、泡打粉、盐、纯牛奶、熔化的黄奶油拌匀。③将华夫炉涂适量黄奶油，倒入拌好的材料烤至起泡，盖盖，烤20秒，取出松饼，切成4等份，装入盘中，撒上适量糖粉即可。

可可松饼

⏱ 5分钟　难易度：★☆☆

▭ 上、下火170℃

材料 纯牛奶200毫升，细砂糖75克，低筋面粉180克，泡打粉5克，盐2克，蛋白、蛋黄各3个，熔化的黄奶油30克，糖粉、黄奶油各适量，可可粉10克

Tips 要注意烘烤的时间，以免烤焦。

做法 ①将蛋黄、低筋面粉、泡打粉、细砂糖、纯牛奶、熔化的黄奶油拌匀。②蛋白打发，倒入拌好的蛋黄中拌匀，放入可可粉、盐拌匀，冷藏30分钟。③将华夫炉涂适量黄奶油，倒入拌好的材料烤至起泡，盖上盖子，烤1分钟，待凉后取出松饼，切成4等份，装入盘中，撒上适量糖粉即可。

抹茶松饼

⏱ 5分钟　难易度：★☆☆

▭ 上、下火170℃

材料 纯牛奶200毫升，细砂糖75克，低筋面粉180克，泡打粉5克，盐2克，蛋白、蛋黄各3个，熔化的黄奶油30克，黄奶油适量，抹茶粉10克，蜂蜜少许

Tips 加入的黄奶油要完全熔化，以免起团。

做法 ①将蛋黄、低筋面粉、泡打粉、细砂糖、纯牛奶、熔化的黄奶油拌匀。②蛋白打发，倒入拌好的蛋黄中拌匀，放入抹茶粉、盐拌匀，冷藏30分钟。③将华夫炉涂适量黄奶油，倒入拌好的材料烤至起泡，盖上盖子，烤1分钟，待凉后取出松饼，切成4等份，装入盘中，淋上适量蜂蜜即可。

奶油松饼

⏱ 6分钟　难易度：★☆☆

▭ 上、下火200℃

材料 纯牛奶200毫升，低筋面粉180克，蛋白3个，蛋黄3个，熔化的黄奶油30克，细砂糖75克，泡打粉5克，盐2克，黄奶油适量，打发的鲜奶油10克

Tips 黄油不要抹太多，以免影响口感。

做法 ①将细砂糖、牛奶、低筋面粉、蛋黄、泡打粉、盐、熔化的黄奶油拌匀。②蛋白打发，倒入拌好的蛋黄中拌匀。③将华夫炉涂适量黄奶油，倒入拌好的材料烤至起泡，盖盖，烤2分钟，待凉后取出松饼，切成4等份，在一块松饼上抹适量鲜奶油，再叠上一块松饼，从中间切开，呈扇形即可。

香芋松饼

🕐 6分钟　难易度：★☆☆

🍳 上、下火200℃

材料 纯牛奶200毫升，低筋面粉180克，蛋白3个，蛋黄3个，熔化的黄奶油30克，细砂糖75克，泡打粉5克，盐2克，黄奶油、蜂蜜、香芋色香油各适量

Tips 烤炉预热温度不要太高，以免将松饼烤焦。

做法 ①将细砂糖、牛奶、低筋面粉、蛋黄、泡打粉、盐、熔化的黄奶油拌匀。②蛋白打发，倒入拌好的蛋黄中拌匀，倒入香芋色香油拌成香芋浆糊。③将华夫炉预热，涂黄奶油至其熔化，倒入香芋浆糊烤至其起泡，盖上盖，烤2分钟至熟，装入盘中，剪开，淋入适量的蜂蜜即可。

松饼

🕐 5分钟　难易度：★★☆

🍳 上、下火170℃

材料 松饼预拌粉250克，鸡蛋1个，植物油70毫升，白砂糖适量，水少许

扫一扫学烘焙

做法 ①在备好的搅拌盆中依次倒入松饼预拌粉、水、鸡蛋、植物油，混合均匀。②将揉好的面团平均分成两份，用手压成面饼状，面饼两面均沾上白糖。③松饼机预热1分钟后，把面饼放入，盖上盖子烤5分钟即可。

巧克力华夫饼

🕐 6分钟　难易度：★☆☆

🍳 上、下火200℃

材料 纯牛奶200毫升，熔化的黄奶油30克，细砂糖75克，低筋面粉180克，泡打粉5克，盐2克，蛋白、蛋黄各3个，黄奶油适量，黑巧克力液30克，草莓3颗，蓝莓少许

Tips 裱花袋的口不要剪太大，否则不易控制挤出的量。

做法 ①将细砂糖、牛奶、低筋面粉、蛋黄、泡打粉、盐、黄奶油拌匀。②将蛋白打发，倒入面糊中拌匀。③华夫炉涂黄奶油，将拌好的材料倒在华夫炉中，至其起泡，盖上盖，烤1分钟至熟，取出，切成4等份，放上洗净的蓝莓、草莓。④把黑巧克力液装入裱花袋中，挤在华夫饼上即可。

华夫饼

🕐 6分钟　难易度：☆☆☆

🍳 上、下火200℃

材料 鸡蛋1个，细砂糖20克，牛奶100毫升，蜂蜜10克，黄油30克，低筋面粉100克，泡打粉3克

Tips 如果刚烤好的华夫饼直接装盆，则会因为过热有水汽，影响食用口感。

做法 ①低筋面粉和泡打粉混合均匀过筛；黄油隔水熔化。②鸡蛋加细砂糖、牛奶、蜂蜜、熔化的黄油，混合均匀，静置30分钟。③华夫饼机预热好之后，刷一层熔化的黄油（分量外），将面糊倒入华夫饼机，倒满后盖上盖子，翻转待成熟即可。

鲷鱼烧

⏱ 4分钟　难易度：★★☆
🔥 上、下火200℃

材料 鸡蛋120克，细砂糖48克，蜂蜜24克，盐1.2克，牛奶60毫升，低筋面粉120克，泡打粉2.4克，玉米油18毫升，豆沙馅108克，黄油适量

烤好的小鱼要放晾网冷却，以免有水汽。

(做法) ①鸡蛋加入细砂糖、蜂蜜、低筋面粉、泡打粉、牛奶、玉米油、盐，搅匀。②模具先预热，再刷一层熔化的黄油，倒入适量面糊盖住模具底部，放入豆沙馅，再倒入少许面糊盖住馅心。③盖上模具，微小火加热约1分钟，翻面，再加热2分钟，翻面烤30秒，查看烘焙程度，成熟取出即可。

可可马卡龙

⏱ 20分钟　难易度：★☆☆
🔥 上、下火150℃

材料 细砂糖150克，水30毫升，蛋白95克，杏仁粉120克，可可粉10克，芒果酱适量

扫一扫学烘焙

(做法) ①水、细砂糖煮溶，用温度计测水温为118℃后关火；50克蛋白打发，倒入糖浆，制成蛋白部分。②杏仁粉、45克蛋白、糖粉、可可粉、蛋白部分拌匀，在烤盘中挤出几个圆饼，放入烤箱，烤20分钟。③将芒果酱打发，装入裱花袋中；取面饼，挤上芒果酱，再盖上面饼，筛上可可粉即可。

马卡龙

⏱ 15分钟　难易度：★☆☆
🔥 上、下火150℃

材料 细砂糖150克，水30毫升，蛋白95克，杏仁粉120克，糖粉120克，打发的鲜奶油适量

扫一扫学烘焙

(做法) ①水、细砂糖煮至溶化，用温度计测水温为118℃后关火；将50克蛋白打发至起泡，倒入糖浆，制成蛋白部分。②将杏仁粉、45克蛋白、糖粉、蛋白部分拌匀，装入裱花袋中，在烤盘中挤出几个圆饼，放入烤箱，烤15分钟。③取一块烤好的面饼，挤上适量打发的鲜奶油，再盖上面饼即可。

抹茶马卡龙

⏱ 15分钟　难易度：★☆☆
🔥 上、下火150℃

材料 细砂糖150克，水30毫升，蛋白95克，杏仁粉120克，糖粉120克，打发的鲜奶油适量，抹茶粉5克

扫一扫学烘焙

(做法) ①水、细砂糖煮至溶化，用温度计测水温为118℃后关火；将50克蛋白打发，倒入糖浆，制成蛋白部分。②将杏仁粉、45克蛋白、糖粉、抹茶粉、蛋白部分拌匀，装入裱花袋中，在烤盘中挤出几个圆饼，放入烤箱，烤15分钟。③取一面饼，挤上适量打发的鲜奶油，再盖上面饼即可。

巧克力马卡龙

🕐 15分钟　难易度：★☆☆

🔲 上、下火150℃

材料 细砂糖150克，水30毫升，蛋白95克，杏仁粉120克，糖粉120克，巧克力液、芒果酱各适量

扫一扫学烘焙

做法 ①水、细砂糖煮溶，用温度计测水温为118℃后关火；将50克蛋白打发，倒入糖浆，制成蛋白部分。②将杏仁粉、45克蛋白、糖粉、蛋白部分拌匀，在烤盘中挤出几个圆饼，放入烤箱中，烤15分钟取出，挤上巧克力液；取一面饼，挤上适量芒果酱，再盖上另一块面饼即可。

原味马卡龙

🕐 8分钟　难易度：★★☆

🔲 上火180℃、下火160℃

材料 杏仁粉60克，糖粉125克，蛋白50克，淡奶油30克

Tips
面糊中如果有气泡的话，要立马用牙签将其戳破。有气泡是正常现象，如果气泡过多的话，说明，蛋白消泡太多造成的。

做法 ①将杏仁粉、105克糖粉、20克蛋白拌匀。②30克蛋白和20克糖粉打发至可以拉出直立的尖角，加入到杏仁糊中搅拌均匀，装入裱花袋，挤到铺有烘焙纸的烤盘上，烘烤约8分钟。③打发淡奶油，放入裱花袋中，然后将其挤在两片面饼中间，将面饼捏起来即可。

法式马卡龙

🕐 15~20分钟　难易度：★☆☆

🔲 上、下火190℃

材料 马卡龙预拌粉250克，热水28毫升，奶油少许

扫一扫学烘焙

做法 ①马卡龙预拌粉倒入烧开的热水，搅拌均匀，做成面糊，放入裱花袋，均匀地在烤盘上挤出面饼。②室温放置15~20分钟，至表面结皮。③烤箱预热190℃，烤制15~20分钟，取出烤好的马卡龙，两两一组，在夹层中间挤上奶油即可食用。

泡芙

🕐 20分钟　难易度：★☆☆

🔲 上火175℃、下火180℃

材料 奶油60克，高筋面粉60克，鸡蛋2个，牛奶60毫升，水60毫升

扫一扫学烘焙

做法 ①锅中注水，注入牛奶、奶油拌匀，用中小火煮1分钟，关火后倒入高筋面粉、鸡蛋，搅拌成浓稠状，即成泡芙浆，装入裱花袋。②在烤盘上铺张锡纸，挤入泡芙浆呈宝塔状，制成泡芙生坯。③烤箱预热，放入烤盘，以上火175℃、下火180℃烤约20分钟，取出即可食用。

脆皮泡芙

🕐20分钟　难易度：★★★
🔲上火190℃、下火200℃

材料 脆皮：细砂糖120克，牛奶香粉5克，奶油100克，低筋面粉100克；泡芙：鸡蛋2个，奶油100克，牛奶100毫升，水65毫升，高筋面粉65克；装饰：樱桃适量

扫一扫学烘焙

做法 ①脆皮：脆皮材料混合均匀，制成面团，揉成圆条状，冷藏约30分钟。②泡芙浆：锅中倒水，注入牛奶、奶油加热，关火后倒入高筋面粉、鸡蛋，拌成泡芙浆。③烤盘中挤入泡芙浆；面团切成若干薄片，即成脆皮，平放在泡芙生坯上，摆放好，烤约20分钟，点缀上樱桃即可。

日式泡芙

🕐20分钟　难易度：★☆☆
🔲上火190℃、下火200℃

材料 奶油60克，高筋面粉60克，鸡蛋2个，牛奶60毫升，水60毫升，植物鲜奶油300克，糖粉适量

扫一扫学烘焙

做法 ①锅中加入水、牛奶、奶油煮至溶化，关火，倒入高筋面粉、鸡蛋拌匀。②将泡芙浆挤到烤盘上，放入烤箱中，烤20分钟，取出。③将植物鲜奶油打发，装入裱花袋中；用刀将泡芙横切一道口子，将打发鲜奶油挤到泡芙中，摆盘，将糖粉撒在泡芙上装饰即可。

冰淇淋泡芙

🕐10分钟　难易度：★☆☆
🔲上火170℃、下火180℃

材料 低筋面粉75克，黄奶油55克，鸡蛋2个，牛奶110毫升，水75毫升，糖粉、冰激凌各适量

做法 ①锅中倒水、牛奶、黄奶油煮沸，关火后放低筋面粉、鸡蛋搅拌成面糊，装入裱花袋中。②取铺有高温布的烤盘，挤上面糊，放入烤箱中，温度调成上火170℃、下火180℃，烤10分钟至熟。③取出烤盘，把泡芙切一刀，但不切断，填入适量冰激凌，将糖粉过筛至冰激凌泡芙上即可。

Tips 在制作面糊时，鸡蛋要分次倒入，这样更易搅拌均匀。

泡芙塔

🕐20分钟　难易度：★☆☆
🔲上、下火200℃

材料 牛奶110毫升，水35毫升，黄奶油55克，低筋面粉75克，盐3克，鸡蛋2个，糖粉适量，糖浆适量

做法 ①将牛奶加热，加入黄奶油、水、盐，小火搅匀，倒入低筋面粉、鸡蛋搅匀。②在烤盘上铺高温布，将泡芙浆挤出数个小团，放入烤箱，以上、下火200℃烤20分钟，取出。③在泡芙上刷适量糖浆，提放形成塔状，筛上适量糖粉即可。

Tips 煮好的泡芙浆要冷却后方可装入裱花袋，以免裱花袋遇高温产生有害物质。

311

巧克力脆皮泡芙

⏱ 20分钟 难易度：★★★
🔲 上、下火180℃

材料 泡芙皮：黄奶油120克，低筋面粉135克，糖粉90克，可可粉15克；粉浆：纯牛奶110毫升，水35毫升，黄奶油55克，低筋面粉75克，鸡蛋2个

扫一扫学烘焙

做法 ①泡芙皮：将泡芙皮材料揉成面团，冷冻60分钟。②粉浆：水加入纯牛奶、黄奶油，煮至溶化，关火，倒入低筋面粉、鸡蛋快速搅匀，装入裱花袋里，挤在铺有高温布的烤盘里。③把泡芙皮切成薄饼，放在粉浆生坯上，放入预热好的烤箱，以上、下火180℃烤20分钟，取出即可食用。

闪电泡芙

⏱ 15分钟 难易度：★★☆
🔲 上、下火200℃

材料 牛奶100毫升，水120毫升，黄奶油120克，低筋面粉50克，高筋面粉135克，鸡蛋220克，巧克力豆、巧克力液各适量，盐3克，白糖10克

扫一扫学烘焙

做法 ①把水、白糖、牛奶、盐、黄奶油煮至溶化，倒入高筋面粉、低筋面粉、鸡蛋拌匀装入裱花袋。②在烤盘铺上高温布，将面团挤成大小适中的条状，放入烤箱，以上、下火200℃烤15分钟至熟，取出。③将烘焙纸铺在案台上，放上烤好的泡芙，倒入巧克力液，撒上巧克力豆即可。

奶油泡芙

⏱ 20分钟 难易度：★☆☆
🔲 上火190℃、下火200℃

材料 牛奶110毫升，水35毫升，黄油55克，低筋面粉75克，盐3克，鸡蛋2个，植物奶油、糖粉各适量

Tips 戳泡芙底部的时候力气不要太大，以免戳穿。

做法 ①牛奶、水、黄油煮至溶化，加入盐，关火，倒入低筋面粉、鸡蛋，拌匀。②在烤盘上挤上面糊，放入预热好的烤盘内，烤20分钟，取出。③将植物奶油打至呈凤尾状，装入裱花袋中；在放凉的泡芙底部戳出一个小洞，将植物奶油挤入泡芙中，筛上糖粉即可。

水果泡芙

⏱ 20分钟 难易度：☆☆☆
🔲 上、下火200℃

材料 牛奶110毫升，水35毫升，黄奶油55克，低筋面粉75克，盐3克，鸡蛋2个，已打发的鲜奶油适量，什锦水果适量

扫一扫学烘焙

做法 ①锅中倒入牛奶、水、盐、黄奶油拌至溶化，关火后加入低筋面粉、鸡蛋拌匀，装入裱花袋。②烤盘垫上烘焙纸，将蛋糕浆挤成小圆饼，放入烤箱中，烤20分钟，取出。③将鲜奶油装进裱花袋里；逐一切开泡芙的侧面且勿切断，将鲜奶油挤进每个泡芙切开的小口里，放入什锦水果即可。

忌廉泡芙

⏱ 15分钟　难易度 ★☆☆

🔥 上、下火为200℃

材料 牛奶110毫升，水35毫升，黄奶油35克，低筋面粉75克，盐3克，鸡蛋2个，忌廉馅料100克

扫一扫学烘焙

做法 ① 牛奶加入水、黄奶油、盐搅拌，煮至溶化，关火后加入低筋面粉、鸡蛋，搅成纯滑面浆，装入裱花袋里，挤在垫有高温布的烤盘上，制成泡芙生坯。② 烤箱预热5分钟，放入生坯，烘烤15分钟至熟，取出。③ 将忌廉馅料装入裱花袋里，用刀将泡芙体切开，逐个挤入适量忌廉馅料即可。

心形水果泡芙

⏱ 20分钟　难易度 ★★☆

🔥 上火180℃　下火200℃

材料 牛奶110毫升，水35毫升，黄奶油35克，低筋面粉75克，盐3克，鸡蛋2个，忌廉馅料适量，杂果粒80克，草莓80克，糖粉适量

扫一扫学烘焙

做法 ① 牛奶中加入水、黄奶油、盐搅拌，煮至溶化，关火后加入低筋面粉、鸡蛋，搅成面浆，挤在烤盘上，挤成心形状生坯。② 将烤箱预热5分钟，放入生坯，烘烤20分钟，取出，横向切成两半。③ 把忌廉馅料挤在其中一片泡芙体上，放上草莓、杂果粒，盖上另一片泡芙体，筛上糖粉即可。

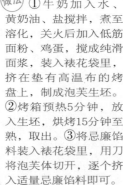

咖啡乳酪泡芙

⏱ 20分钟　难易度 ★★☆

🔥 上火180℃　下火160℃

材料 泡芙面团：低筋面粉100克，水160毫升，黄油80克，细砂糖10克，盐1克，鸡蛋3个左右；咖啡乳酪馅：奶油奶酪180克，淡奶油135克，糖粉45克，咖啡粉10克

扫一扫学烘焙

做法 ① 水、黄油搅拌，转小火，加入盐、细砂糖、低筋面粉，混合后关火，散热，加入鸡蛋搅拌，挤在垫有烘焙纸的烤盘上。② 把烤盘送入烤箱，烤约20分钟。③ 将奶油奶酪加入糖粉打至细滑，加入淡奶油、咖啡粉混合成乳酪馅。④ 取出泡芙，冷却后将乳酪馅装入裱花袋里，填入泡芙中即可。

经典奶油泡芙

⏱ 20分钟　难易度 ★★☆

🔥 上火180℃　下火160℃

材料 低筋面粉100克，水160毫升，黄油80克，细砂糖5克，盐1克，鸡蛋3个左右，奶油100毫升

> **Tips**
> 奶油中也可以根据个人口味加入适量糖或者糖粉。

做法 ① 把水、盐、细砂糖、黄油加热，沸腾时调为小火，倒入低筋面粉混合均匀，关火冷却，加入鸡蛋搅拌，挤在烤盘上。② 把烤盘放入预热好的烤箱，烘烤约20分钟；用电动打蛋器打发好奶油待用。③ 泡芙冷却后，在底部用手指挖一个洞，用小圆孔的裱花嘴插入，往里面挤入打发好的奶油馅即可。

速成泡芙

⏱18分钟　难易度：★☆☆
🔥上、下火160℃

材料 泡芙预拌粉220克，白砂糖15克，水250毫升，黄油130克，鸡蛋4个，打发好的淡奶油200克

Tips
在烤制的时候，千万不要打开烤箱门。

做法 ①水、白砂糖、黄油加热至溶化，倒入泡芙预拌粉、鸡蛋拌匀，装入裱花袋中。②备好烤盘，将面糊挤成宝塔状，放入烤箱，上、下火调至160℃，烤18分钟，取出。③将打发的淡奶油装入裱花袋中，在烤好的泡芙底部用刀挖一个小洞，把准备好的淡奶油挤进泡芙即可食用。

速成闪电泡芙

⏱18分钟　难易度：★☆☆
🔥上、下火160℃

材料 泡芙预拌粉220克，白砂糖15克，水250毫升，黄油130克，鸡蛋4个，黑巧克力100克

Tips
水和黄油加热的时候需要保持沸腾状态45秒，超过1分钟会导致水分蒸发过多，导致无法发泡。

做法 ①水、白砂糖、黄油加热至熔化，倒入泡芙预拌粉、鸡蛋拌匀，装入裱花袋中。②准备烤盘，用裱花袋挤出若干个等长的长条，放入烤箱，上、下火调至160℃，烤18分钟。③把黑巧克力切碎，隔水加热至熔化，装入裱花袋；取出烤好的泡芙，放在烤架上，表面挤上适量的黑巧克力即可。

香草泡芙

⏱25分钟　难易度：★★☆
🔥上、下火200℃转180℃

材料 泡芙：水71毫升，黄油69克，牛奶68毫升，砂糖3克，盐2克，低筋面粉70克，鸡蛋121克；香草奶油馅：牛奶268毫升，蛋黄38克，砂糖37克，玉米淀粉22克，香草荚1根，淡奶油200克

Tips
烤的时候不要开烤箱门，否则泡芙会立即塌陷。

做法 ①将黄油、牛奶、盐、砂糖、水、低筋面粉放小火上拌匀，离火，加入鸡蛋液拌匀。②面糊在烤盘上挤出圆形，放入烤箱，烤约10分钟，转成180℃，烘烤15分钟。③加热牛奶、香草荚，煮沸；蛋黄加砂糖、玉米淀粉、牛奶，煮浓稠。④淡奶油打发加牛奶蛋黄糊拌匀；泡芙中挤入泡芙馅即可。

海绵小西饼

⏱8~12分钟　难易度：★★☆
🔥上火180℃、下火160℃

材料 蛋黄面糊：蛋黄25克，细砂糖5克，色拉油10毫升，牛奶10毫升，朗姆酒1毫升，低筋面粉20克；蛋白霜：蛋白25克，柠檬汁1毫升，细砂糖15克；奶油馅：黄油30克，细砂糖10克，朗姆酒1毫升

Tips
面糊不要搅拌过久，避免面粉产生筋性，导致烘烤时回缩。

做法 ①蛋黄面糊：牛奶、色拉油、朗姆酒、蛋黄、细砂糖、低筋面粉拌成面糊。②蛋白霜：蛋白、细砂糖、柠檬汁打成蛋白霜。倒入面糊中拌匀，挤在烤盘上，放入烤箱中烘烤8~12分钟。③奶油馅：把黄油、细砂糖搅拌成乳霜状，加入朗姆酒继续搅拌均匀。挤在两片饼干中间夹起来即可。

烤布丁

⏱ 15分钟　难易度：★★☆
🔥 上火175℃、下火180℃

材料 蛋液：蛋黄2个，鸡蛋3个，牛奶250毫升，香草粉1克，细砂糖50克；焦糖：冷水适量，细砂糖200克

做法

①锅中倒入细砂糖、冷水拌匀，煮约3分钟，冷却约10分钟，即为焦糖，倒入牛奶杯，冷却。②鸡蛋、蛋黄、细砂糖、香草粉、牛奶快速搅拌至糖分完全溶化，过筛两遍。③取牛奶杯，倒入蛋液，放入烤盘中，再在烤盘中倒入少许水，放入烤箱，以上火175℃、下火180℃的温度，烤约15分钟即可。

Tips 煮焦糖的时候要不停地晃动锅子，以免产生糊味。

牛奶布丁

⏱ 15分钟　难易度：★☆☆
🔥 上、下火160℃

材料 牛奶260毫升，香草粉5克，鸡蛋5个，白砂糖30克

做法

①将3个鸡蛋打入碗中，剩余2个将蛋黄分离入碗中，倒入白砂糖、香草粉、牛奶，搅拌均匀，制成布丁液，过筛两遍，再倒入牛奶杯至八分满即可。②将牛奶杯放入烤盘中，在烤盘中加少量水，以备隔水烤制。③把烤盘放入烤箱，用上、下火160℃，烤15分钟即可。

Tips 倒牛奶的时候边倒边搅拌，口感会更好。

樱桃布丁

⏱ 20分钟　难易度：★☆☆
🔥 上、下火160℃

材料 牛奶500毫升，鸡蛋3个，蛋黄30克，细砂糖240克，纯净水40毫升，热水10毫升，樱桃适量

扫一扫学烘焙

做法

①樱桃切丁；牛奶、200克细砂糖小火拌至溶化，关火，加入鸡蛋、蛋黄打散，倒入容器中，倒入樱桃成布丁液。②40克细砂糖倒入锅中，加入纯净水，小火煮溶，加入热水。③在模具中倒入糖水，再倒入布丁液，放入烤盘中，加少量水，放入烤箱，烤约20分钟，取出，冷藏半个小时即成。

焦糖布丁

⏱ 20分钟　难易度：★☆☆
🔥 上火180℃、下火160℃

材料 布丁液：牛奶250毫升，细砂糖50克，鸡蛋2个；焦糖：细砂糖75克，水20毫升

做法

①焦糖：细砂糖和水中火加热，煮至变色即成焦糖，倒入布丁杯，在底部铺上一层。②把牛奶、细砂糖、鸡蛋拌成布丁液；在布丁杯的内壁涂上一层黄油，把静置好的布丁液倒入布丁杯。③在烤盘里注水，放上布丁杯，把烤盘放入预热好的烤箱，烤焙20分钟左右即可。

Tips 烤盘里水的高度至少要超过布丁液的一半位置。

菠萝牛奶布丁

⏱15分钟　难易度★☆☆
🔲上、下火160℃

材料 牛奶500毫升，细砂糖40克，香草粉10克，蛋黄2个，鸡蛋3个，菠萝粒15克

Tips 如果喜欢口感更嫩滑的布丁，可以将布丁液多筛几次。

做法 ①牛奶用小火煮热，加入细砂糖、香草粉，改大火搅拌匀，关火放凉。②将鸡蛋、蛋黄拌匀，倒入牛奶，边倒边搅拌，过筛两次，倒入牛奶杯，至八分满，放入有适量水的烤盘中。③将烤盘放入烤箱中，调成上、下火160℃，烤15分钟，取出，放凉，放入菠萝粒装饰即可。

蓝莓牛奶布丁

⏱15分钟　难易度★☆☆
🔲上、下火160℃

材料 牛奶500毫升，细砂糖40克，香草粉10克，蛋黄2个，鸡蛋3个，蓝莓20克

做法 ①牛奶用小火煮热，加入细砂糖、香草粉，改大火搅拌匀，关火放凉。②将鸡蛋、蛋黄拌匀，倒入牛奶，边倒边搅拌，过筛两次，倒入牛奶杯，至八分满，放入有适量水的烤盘中。③将烤盘放入烤箱中，烤15分钟，取出，放凉，放入洗净的蓝莓装饰即可。

扫一扫学烘焙

草莓牛奶布丁

⏱15分钟　难易度★☆☆
🔲上、下火160℃

材料 牛奶500毫升，细砂糖40克，香草粉10克，蛋黄2个，鸡蛋3个，草莓粒20克

做法 ①牛奶用小火煮热，加入细砂糖、香草粉，拌匀，关火放凉。②将鸡蛋、蛋黄拌匀，倒入牛奶，边倒边搅拌，过筛两次，倒入牛奶杯中，至八分满，放入烤盘中，盘中倒入适量水。③将烤盘放入烤箱中，调成上、下火160℃，烤15分钟，取出，放凉，放入草莓粒装饰即可。

扫一扫学烘焙

黄桃牛奶布丁

⏱15分钟　难易度★☆☆
🔲上、下火160℃

材料 牛奶500毫升，细砂糖40克，香草粉10克，蛋黄2个，鸡蛋3个，黄桃粒20克

做法 ①牛奶用小火煮热，加入细砂糖、香草粉，改大火搅拌匀，关火放凉。②将鸡蛋、蛋黄拌匀，倒入牛奶，边倒边搅拌，过筛两次，倒入牛奶杯中，至八分满，放入烤盘中，盘中倒入适量水。③将烤盘放入烤箱，调成上、下火160℃，烤15分钟，取出，放凉，放入黄桃粒装饰即可。

扫一扫学烘焙

铜锣烧

⏱ 10分钟 难易度：★☆☆

材料 鸡蛋4个，低筋面粉240克，细砂糖80克，蜂蜜60克，食粉3克，水6毫升，色拉油40毫升，牛奶15毫升，糖液适量

做法 ①细砂糖、鸡蛋、低筋面粉、食粉、蜂蜜、水、色拉油、牛奶搅拌匀。②舀适量的面糊倒入锅中，用小火煎至表面起泡，翻一面煎至两面焦黄。③盛出装入盘中，刷上一层薄薄的糖液即可食用。

扫一扫学烘焙

红豆铜锣烧

⏱ 10分钟 难易度：★★☆

材料 低筋面粉240克，鸡蛋200克，食粉3克，水6毫升，牛奶15毫升，蜂蜜60克，色拉油40毫升，细砂糖80克，糖液适量，红豆馅40克

做法 ①将水、牛奶、细砂糖、色拉油、鸡蛋、蜂蜜、低筋面粉、食粉搅拌成糊状，挤入裱花袋中。②煎锅置于火上，倒入适量面糊，用小火煎至起泡，翻面，煎至熟即成，依此将余下的面糊煎成面皮。③取一块面皮，刷上适量糖液，再放入适量红豆馅，盖上另一块面皮，刷上糖液即可。

扫一扫学烘焙

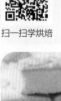

凤梨酥

⏱ 15分钟 难易度：★★☆

🔲 上、下火170℃

材料 酥皮料：低筋面粉325克，杏仁粉260克，糖粉145克，鸡蛋1个，黄奶油260克；馅料：冬瓜粒50克，菠萝粒250克，冰糖25克，白砂糖25克，盐1.5克

扫一扫学烘焙

做法 ①馅料：锅中倒入馅料，煮大约20分钟。②将酥皮的材料揉成面团，搓成长条，切成6等份，包好馅料，制成凤梨酥生坯，将凤梨酥生坯倒入模具中，用手压平，放入烤盘中。③将烤箱温度调成上、下火170℃，放入烤箱中，烤15分钟，取出即可。

雪媚娘

⏱ 20分钟 难易度：★☆☆

材料 三洋糕粉100克，牛奶180毫升，玉米淀粉30克，色拉油10毫升，打发鲜奶油、海绵蛋糕各适量

做法 ①牛奶、色拉油拌匀，小火加热，再加入玉米淀粉、三洋糕粉不停搅拌，至其成糕状，搓成长条状，切成小剂子，包好保鲜膜，压平。②将海绵蛋糕切成粒，沾上鲜奶油，放在小剂子上，包好呈球形。③再沾上少许三洋糕粉（分量外），装入盘中即可。

Tips 米糕比较粘手，在操作时可以在手指上粘点三洋糕粉再操作。

椰子球

⏱ 15分钟　难易度：★☆☆

🔲 上、下火170℃

材料 椰丝150克，蛋白30克，细砂糖30克，盐3克

扫一扫学烘焙

做法 ①将蛋白快速打发，加入细砂糖，搅拌均匀，放入盐，快速拌匀。②将椰丝倒入容器中拌匀，捏成圆球形，放入烤盘中。③将烤箱温度调成上、下火170℃，放入烤盘，烤至椰球上色，取出，装入盘中即可。

乳酪黄金月饼

⏱ 15分钟　难易度：★★★

🔲 上火180℃、下火140℃

材料 饼料：黄奶油83克，白糖14克，鸡蛋1个，低筋面粉95克，玉米淀粉10克，奶粉8克 馅料：乳酪165克，白糖64克，蛋黄80克，水20毫升

扫一扫学烘焙

做法 ①饼料：将饼料揉搓成面团，压成0.3厘米厚的面皮，用模具压出数个月饼生坯，放在烤盘上。②馅料：取一个大碗，倒入蛋黄、白糖、水、乳酪搅匀，制成馅料。③将做好的馅料倒入生坯里，放入烤箱，以上火180℃、下火140℃烤15分钟至熟，取出即可。

五仁月饼

⏱ 15分钟　难易度：★★★

🔲 上火200℃、下火170℃

材料 月饼皮：低筋面粉500克，糖浆400克，花生油200毫升，碱水适量；月饼馅：冰冻肥肉馅50克，烤杏仁30克，烤核桃仁50克，烤花生米40克，烤葵花子30克，陈皮丝5克，糯米粉100克，黑芝麻、花生油各适量；蛋黄适量

做法 ①月饼皮：月饼皮材料拌匀，醒30分钟。②月饼馅：锅烧热，倒入糯米粉炒香，倒入果仁、陈皮丝、黑芝麻、肉馅、花生油炒匀。月饼皮揉成长条状，切成段，揉成球状，切成数个小剂子，压平，放入馅料，将面皮收口，放入月饼压模里，压成生坯，烤5分钟，取出，刷上蛋黄，烤10分钟即可。

紫薯月饼

⏱ 15分钟　难易度：★★★

🔲 上火200℃、下火170℃

材料 月饼皮：低筋面粉500克，糖浆400毫升，花生油200毫升，碱水适量；月饼馅：熟紫薯300克；蛋黄适量

扫一扫学烘焙

做法 ①月饼馅：熟紫薯压成紫薯泥，搓成条，切成数个小段，揉成球状。②月饼皮：把饼皮部分材料拌匀，用保鲜膜封紧碗口，饧30分钟。切成数个小剂子，揉圆压平，放入馅料，将面皮收口，放入月饼压模里，压成月饼生坯，放入烤盘中。③在月饼生坯表层刷上一层蛋黄，烤15分钟即可。